生物材料表面改性技术及其在医疗器械上的应用

陈红 等 著

科学出版社
北京

内 容 简 介

生物材料表面改性技术可以赋予医疗器械各种功能，不仅能够满足临床需求，也是助力高端医疗器械功能创新的关键技术与手段。本书共 7 章，介绍了相关背景和市场情况，从理论角度介绍了生物材料表面改性的方法、原理及其表征技术，重点阐述了亲水润滑、抗凝和抗菌等各种功能性表面的构建原理和方法，并选取代表性器械举例说明表面改性技术在医疗器械上的实际应用，是一部从基础理论到应用实例的教科书。

本书不仅适合从事生物材料及相关领域的科研人员、高校教师和学生阅读，也可作为从事医疗器械行业的相关人员的参考资料。

图书在版编目（CIP）数据

生物材料表面改性技术及其在医疗器械上的应用 / 陈红等著. —北京：科学出版社，2023.11

ISBN 978-7-03-076806-3

Ⅰ. ①生… Ⅱ. ①陈… Ⅲ. ①生物材料-表面改性-应用-医疗器械-研究 Ⅳ. ①TH77

中国国家版本馆 CIP 数据核字（2023）第 205714 号

责任编辑：张淑晓 孙静惠 / 责任校对：杜子昂

责任印制：吴兆东 / 封面设计：楠竹文化

科学出版社 出版

北京东黄城根北街 16 号

邮政编码：100717

http://www.sciencep.com

北京天宇星印刷厂印刷

科学出版社发行 各地新华书店经销

*

2023 年 11 月第 一 版 开本：787×1092 1/16

2024 年 9 月第二次印刷 印张：17 3/4

字数：360 000

定价：118.00 元

（如有印装质量问题，我社负责调换）

前　言

随着社会经济与科学技术的飞速发展，健康已成为当代人重点关注的话题之一。人类健康的可持续发展离不开医疗器械的保驾护航。生物材料表面改性技术可以赋予医疗器械各种功能，不仅能够满足临床需求，也是助力高端医疗器械功能创新的关键技术与手段。形象地讲，生物材料表面改性技术可以为医疗器械注入“动态”的生命力，构筑其与生理环境交互的“窗口”，使之与人体成为互相接纳的“和谐体”。然而，尽管生物材料表面改性技术在医疗器械上的应用前景广阔，国内却尚无相关专著将二者直接关联，从理论到实际应用的层面对其进行深入探讨。因此，作者基于课题组在生物材料表界面领域近 20 年的基础研究经历和成果，结合产业转化中丰富的应用实例，参考国内外相关文献资料，系统总结了生物材料表面改性技术在医疗器械上的应用原理和实践。

本书从生物材料的历史出发，阐述了生物材料发明和医疗器械创新之间的紧密关系。特别强调了表面改性技术对于医疗器械功能实现的重要性，以及目前市场上各类医疗器械对亲水润滑、抗凝、抗菌等高端涂层的迫切需求。全书总结了生物材料表面通用的改性方法、原理和表征手段，详细介绍了亲水润滑表面、抗凝表面、抗菌表面的构建策略，以及表面改性技术在代表性医疗器械上的应用案例。全书将基础研究成果和市场产品需求紧密结合，旨在为读者介绍表面改性方法与原理的同时，为该领域的研究及应用转化带来一些启发和思考，并为从事医疗器械行业的相关人员提供基础理论知识的支持。

本书的撰写得到了苏州大学于谦、刘小莉、陈高健、张泽新、方菁嶷等多位老师，江苏百赛飞生物科技有限公司李丹、王蕾、唐增超、王境鸿、戴以恒、刘浩然等多位博士及李翔、汤天爱、黄佳磊等工程师，以及百因特表界面检验检测技术(苏州)有限公司陈益平和张蕊等的大力支持和帮助，在此对他们的努力付出表示由衷的感谢。同时，本书还参考、总结了国内外相关研究成果，在此对相关作者表示感谢。此外，还要特别感谢科学出版社相关领导和编辑团队，正是他们的大力支持使得本书得以顺利出版。感谢饶钰、邹一、林元城、王亦陈、朱志晨、单方涧、衡星宇、郭帅航、李爱清、王苏健、范段琪等研究生和本科生对部分资料收集、图表整理和初稿校对工作的贡献。

最后，诚挚感谢国家自然科学基金专项项目(科学传播类：生物医用材料表面改性技术的应用科普)对本书出版的大力支持。

由于生物材料表界面改性研究及其在医疗器械产品表面的应用涉及多学科交叉领域，且相关市场和技术研究日新月异，加之作者的水平和时间有限，书中可能存在不足和疏漏之处，敬请广大读者和同行专家指正！

陈　红

2023 年 5 月于苏州大学

目　录

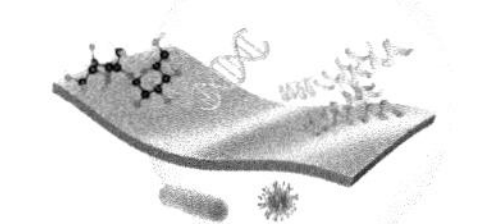

第1章

绪　　论

生物材料表面改性技术是降低医疗器械使用风险，减少器械使用相关并发症，方便器械操作者操作，提高器械使用者舒适度的重要保障，也是助力高端医疗器械功能创新的重要方式。本章从生物材料的历史出发，详细介绍了生物材料的定义、分类、市场，以及我国生物材料应用领域仍然面临的卡脖子难题。本章重点阐述了生物材料和医疗器械间的紧密关系，并讨论了现阶段高端医疗器械对润滑、抗凝血、抗菌等功能性涂层具有迫切需求的原因，以及高端医用涂层原材料和涂覆工艺面临的国产化难题。

1.1 生物材料的定义与历史

生物材料是一种经过设计能够通过与生命系统的相互作用来指导治疗或诊断过程的物质(A material designed to take a form which can direct, through interactions with living systems, the course of any therapeutic or diagnostic procedure)[1]。由于大部分的生物材料直接作用于人体，因此，生物材料学中最重要的概念之一是生物相容性(biocompatibility)。生物相容性是指材料在具体应用中表现出对宿主环境适当的响应能力(The ability of a material to perform with an appropriate host response in a specific application)[2]。例如，当生物材料植入人体后，通常会立即发生炎症反应，临床上表现为植入部位发红、肿胀、发热和疼痛。但对于生物相容性较好的材料，这些症状通常只是暂时的，可通过多种方式消除，包括材料完全整合到周围组织中，或者纤维包囊将植入物与周围组织完全隔离。根据植入部位和材料的性质不同，也可能引发一些其他的反应，如免疫系统激活局部血栓形成、感染、肿瘤生成及植入体的钙化等。这些反应中大部分是不希望发生的，例如，植入物表面血栓的形成会造成严重的危害，因此血液接触材料必须具备良好的血液相容性。但是根据植入目的不同，某些反应却是可以接受的。例如，用于支撑骨组织的植入体发生钙化对确保材料与周围骨组织良好的整合是十分必要的。

任何一种材料的设计和发展都是以满足人类的需求为基础的。生物材料的发展与人类的医学实践紧密相关。早在公元前 1100 年的木乃伊身上，人们便发现了现存最古老的缝合线[3]。泌尿导管插入术最早可追溯到公元前 5 世纪，当时医师使用容易获得的青铜制备导尿管插入患者尿道治疗尿潴留。幸运的是，青铜具有抗菌特性，但是手术无疑是相当痛苦的[4]。在漫长的历史岁月里，医生尝试使用各类材料制备的器械来辅助对患者的治疗。特别是当外科医生掌握了消毒、止血、麻醉三大手段后，他们向器械植入的未知领域发起挑战。然而，在人类初步掌握生物材料的基本性质之前，大部分的器械应用尝试都是以失败告终的。一些植入物，如金属，在使用过程中会损伤人体组织并会在人体内发生严重的腐蚀，释放有毒的金属离子。此外，植入物还会导致血栓、感染、肿瘤的形成，这些不良反应使得器械植入面临着巨大的安全风险[5]。

第二次世界大战期间，医生在救治患者的过程中发现了一些塑料材料，如聚甲基丙烯酸甲酯(PMMA)具有良好的生物惰性，不会在人体内引起一系列不良反应。类似地，金和铂等惰性金属以及玻璃、橡胶、硅胶等材料被发现与人体组织有着较好的相容性。上述一系列发现使得人们意识到材料的基础研究能够有力地推动医疗器械的发明与进步，生物材料正式成为一门专业的研究型学科。

生物材料推动医疗器械创新的一个经典案例来自骨科医疗器械。在 20 世纪初，外科医生一直致力于寻找与人体相容性良好的材料用于髋关节置换术。1923 年，Smith Petersen 使用玻璃杯进行了髋关节置换术。他发现玻璃与人体组织有着较好的相容性，尽管玻璃本身太脆，在体内存在碎裂的风险。后来，研究者发现钴铬钼(Co-Cr-Mo)合金，一种耐磨损且耐腐蚀的金属，在人体内不会造成严重的不良反应，于是 Co-Cr-Mo 合金杯取代了玻璃杯用于髋关节置换。20 世纪 50 年代，Charnley 发明了全髋关节置换术，使得杯状关节置换术成为历史。全髋关节置换术采用 Co-Cr-Mo 合金材质的香蕉形柄、超高分子量聚乙烯(UHMWPE)材质的臼杯衬及骨水泥技术，是现代髋关节置换术的雏形[6]。值得一提的是，无论是超高分子量聚乙烯还是制备超高分子量聚乙烯所依赖的第一代 Ziegler-Natta 催化剂都是在 20 世纪 50 年代开发的。目前，超高分子量聚乙烯已成为制造人工关节不可替代的高分子材料。

另一个生物材料应用于医疗器械的经典案例来自血液氧合器(又称为人工肺)的发明与应用。20 世纪 30 年代，肝素提取技术的成熟和使用解决了外科手术中的凝血问题。20 世纪 40～50 年代，血液氧合器开始出现。早期的血液氧合采用鼓泡式，但是气泡会破坏血液成分。Kolff 和 Berk 发现血液经过人工透析器时能够氧合，从而发明了膜式氧合器。随后，Gibbon 用自制的带有氧合器的体外循环装置进行了世界上首例体外循环心内直视下房缺补手术，开创了体外循环系统外科手术使用的先河。第一代膜式氧合器采用固体硅胶膜制备。硅橡胶在 1945 年被发明，该材料具有生物惰性，能够在一定程度上改善血栓的形成情况，血浆渗透量小，但是排气困难、跨膜压差大。20 世纪 80 年代，泰尔茂株式会社(Terumo)等发明了中空聚丙烯纤维制备的膜式氧合器，提高了血氧交换能力。但是该类纤维属于微孔纤维，血浆渗漏可能性较高，使得氧合能力下降。现在所使用的膜式氧合器由聚甲基戊烯(PMP)中空纤维制备而成。PMP 膜对氧气和氮气的渗透系数高、氧气通量大，在所有聚合物中居前列，还具有低溶出及生物安全性等特性，增加了血液相和气相分离度，克服了血浆渗漏的问题，延长了体外膜氧合(ECMO)的临床使用时间。PMP 膜工作原理简单，但是制膜却有很大的难度。PMP 的晶区和非晶区密度一样，成孔尺度很小，结晶规律不一样，晶粒的尺寸、形态比较特殊，成膜拉伸成孔要在非晶区。所以 PMP 膜在工艺控制、成膜、拉伸成孔方面，比聚乙烯、聚丙烯都难控制。目前，全球只有 3M 公司旗下的 Membrana 公司独家供应 PMP 膜。因其产能紧张，导致下游 ECMO 企业产能受限、价格居高不下[7]。

由上述案例不难得出结论，生物材料的研究成果将直接决定医疗器械的发明和创新。特别是对于植介入类医疗器械而言，由于使用环境复杂和风险高，对于材料本身的性质和生产工艺要求更加苛刻，原材料的垄断将直接影响医疗器械的开发。目前，发展具有核心自主知识产权的国产医疗器械是我国保障基本医疗、成功实现医疗卫生改革、构建和谐社会与实现可持续发展的迫切需求。我国庞大人口的医疗保健服务不可能完全依赖进口产品予以解决。约占世界人口 1/5 的国家解决民众的健康问题不能没有以国产医疗器械产业为基础的技术支撑。医疗器械，尤其是高端医疗器械的临床应用，在促进医学进步、提高健康水平的同时，也关系着国家的战略安全问题，而高端医疗器械所依赖的生物材料技术是解决上述问题的关键。

1.2　生物材料的分类

1. 按材料性质分类

生物材料的种类繁多，传统的生物惰性材料大部分是由最初的工业材料转化而来。按照材料的性质不同，生物材料可以分为金属材料、高分子材料、无机非金属材料、复合材料、生物衍生材料等。

金属材料具有良好的导电性，优异的综合力学性能(强度、韧性、延展性，硬度、疲劳、磨损、弯曲、扭转等)，因此适用于外科矫形替代物、牙科材料、颅面修复材料和心血管类器械。常见的医用金属材料包括金和铂、镁合金、钛合金、钴-铬合金和不锈钢(表 1-1)。医用金属材料长期植入人体后最大的缺点就是腐蚀问题。由于体液环境复杂，包含多种有机组分和无机盐离子等，加速了金属的腐蚀。腐蚀不仅会导致金属材料机械性能下降或失效，还会溶出有毒金属离子，产生炎症反应、免疫反应等，给机体带来严重影响。因此，如何增强医用植入材料的耐腐蚀性能，是当前金属材料研究的方向之一[8]。

表 1-1　生物材料中常用的金属材料

金属	应用
金和铂	牙科材料、植入电极
镁合金	血管支架、骨科固定材料、牙种植体材料
钴-铬合金	血管支架、人工关节
不锈钢	血管支架、矫形装置
钛合金	血管支架、机械瓣

与金属材料相比，陶瓷材料更硬也更难降解。除此之外，陶瓷材料还具有良好的机械性能和生物相容性。由于其化学性质与骨组织相似，因此陶瓷材料主要用作骨科与牙科材料。常见的医用陶瓷材料包括氧化铝、磷酸钙、生物活性玻璃等(表 1-2)。医用陶瓷材料最大的缺点在于其很脆，而生物体绝大多数组织如骨骼、牙齿等都是由多种成分组成的复合体，人体组织的力学性能会随组分比例不同而显现出巨大差异。为更好地模拟人体正常组织的结构和功能，将生物陶瓷与高分子材料组合制备的复合材料成为未来发展的重要趋势[9]。

表 1-2　生物材料中常用的陶瓷材料

陶瓷	应用
氧化铝	人工关节、植入体涂层、种植牙
磷酸钙	种植牙、种植牙涂层、人造骨
生物活性玻璃	种植牙、种植牙涂层、骨水泥

高分子材料的种类最为丰富。传统生物医用高分子材料可分为生物惰性高分子材料和生物可降解高分子材料两大类。其中，生物惰性高分子材料是指在生物环境下呈现化学和物理惰性的材料，它们在生理环境中能够长期保持稳定，不发生降解、交联和物理磨损等化学反应和物理反应，并具有良好的力学性能。这些材料包括：聚乙烯、聚丙烯、聚丙烯酸酯、芳香聚酯、聚砜、聚四氟乙烯(PTFE)、硅橡胶、聚氨酯(PU)、聚醚醚酮、聚氯乙烯(PVC)、聚苯乙烯(PS)、聚丙烯酸类、聚丙烯酰胺(PAM)、聚乙烯醇(PVA)、乙烯-乙烯醇共聚物、聚 *N*-乙烯基吡咯烷酮(PVP)、聚丙烯腈(PAN)、聚酰胺(PA)、聚酯纤维、纤维素、聚乙二醇等。生物可降解高分子材料包括聚羟基乙酸(PGA)、聚乳酸(PLA)、聚 ε-己内酯(PCL)及其共聚物。新型的生物医用高分子材料主要为生物活性材料，如聚糖和聚氨基酸等(表 1-3)。高分子原材料是高分子基医疗器械的关键，目前部分高品质的医用高分子原材料被国外垄断，典型的例子包括路博润(Lubrizol)的医用热塑性聚氨酯(TPU)粒料；大金工业株式会社（ダイキン工業株式会社，Daikin Industries, Ltd.）、杜邦(DuPont)公司的医用聚氟类原料；阿科玛(Arkema)的医用 Pebax®粒料等[10]。近年来我国的医用高分子产业快速发展，建立了相对较全的门类，但主流产品在产量和质量上与国外对比仍有较大差距。

表 1-3 生物材料中常用的聚合物

聚合物	应用
聚甲基丙烯酸甲酯	骨水泥、角膜镜
聚甲基丙烯酸羟乙酯	隐形眼镜
聚二甲基硅氧烷	导管、隐形眼镜、乳房假体、人工关节
聚乙烯	人工关节植入体
聚丙烯	手术缝合线
聚氯乙烯	导管
聚四氟乙烯	人造血管、缝合线、医用涂层
聚异戊二烯	医用手套
聚氨酯	导管、植入体
聚对苯二甲酸乙二醇酯	人造血管、缝合线
聚乙二醇	医用填料、创伤敷料

2. 按材料用途分类

按用途来分，生物材料可进一步分为医用耗材类生物材料(如医用导管、组织黏合剂、血液净化及吸附等医用耗材)、植入类，以及组织工程与再生修复用生物材料(如骨科材料、心脑血管系统修复材料)、创新药物中的生物材料(如药物控释载体及系统)、体外检测与医学影像用生物材料(如生物传感器、生物及细胞芯片、分子影像剂)和前沿交叉技术中的生物材料(如植入式微电子器械、脑机接口电极材料)。

医用耗材类生物材料通常应用于一次性医疗器械产品，不与人体发生长期接触，并且器械使用场景多变，需要考虑产品的塑形需求。因此，该类器械大部分选择具有良好生物惰性的高分子材料，如聚乙烯、聚氯乙烯、聚氨酯、硅橡胶、聚四氟乙烯等。

植入类医疗器械不同于一次性耗材，需要长期或终身植入人体，因此对材料的生物相容性和生物活性有着更高的要求。例如，理想的支架材料应能在损伤的组织周围诱导目标细胞的迁移并刺激其生长和分化实现组织修复，在组织完全修复后支架能够完全降解。也就是说，在支架植入后，病变部位能够恢复成正常的血管组织。但是，目前的金属类支架材料通常永久存在于血管中，由于内皮化不完全仍然存在着增生和血栓的风险。除了心血管支架外，心脏瓣膜、骨科植入等材料等已被广泛应用于组织工程与再生修复。目前与组织工程相关的生物材料包括：①生物降解高分子材料，如胶原、明胶、壳聚糖、海藻酸盐、透明质酸、血纤蛋白、聚丙烯酸及其衍生物、聚乙二醇及其共聚物、聚乙烯醇、聚磷腈、多肽、聚交酯、聚乳酸等；②生物活性玻璃和生物陶瓷；③生物复合材料，如羟基磷灰石/胶原、羟基磷灰石/胶原/透明质酸、磷灰石/壳聚糖、多孔羟基磷灰石/壳聚糖-明胶、磷酸三钙/聚乳酸共聚物、磷酸三钙/壳聚糖-明胶复合材料等[11]。

创新药物中的生物材料包括抗体、多肽、疫苗、药物、酶及其他相关物质。近年来有机合成化学、材料科学、基因工程和生物技术的交叉融合，使得新型聚合物和脂质材料被广泛应用于药物递送。这些材料中已有很多被设计用于延长作用时间，还可以通过进一步修饰实现对特定位置的靶向递送，减少药物用量的同时也能达到预期的治疗效果，且降低对患者的毒副作用。与传统惰性生物材料不同，创新药物中的生物材料大部分具有生物活性，因此需要单独设计生物材料的理化特性和递送途径，将治疗效果最佳化。作为常见的给药方式，生物材料增加了口服和注射给药的递送效率，同时也促进了包括肺部、经皮、眼部、鼻腔给药途径的发展。每一种给药途径都有其自身的优点和局限性，这就要求根据给药途径的需求来设计适合的生物材料。尽管已经取得了部分进展，但药物递送对新型递送材料的需求依旧存在挑战。事实上，基因工程和生物技术的进步已经促进了新型核酸、抗体和蛋白质疗法的发展，这些技术需要具有保护功能、特异性和控释能力的新型生物材料来进一步完善。随着生物学家和临床医生对生理应答机制的探索，开发智能或者响应性的生物材料是开发下一代精准药物的基础。生物材料在新药研发领域的应用潜力逐渐彰显。针对明确的临床需求，以生物材料和生物技术赋能新药研发，为肿瘤免疫治疗药物提供新的可能途径[12]。

医学分子影像结合基因检测或者纳米材料的分子探针，采用多模态成像方法，可最终实现对体内特定靶点进行分子水平无创伤成像。它涉及多学科交叉，如分子生物学、材料学、医学影像学、核医学、计算机学等，同时涵盖多种尖端技术，是未来影像医学和精准医疗的重要分支。分子影像学能够在分子和细胞水平观察、定性和定量分析生命体内的生物学过程，从而更好地对疾病进行诊断和治疗。目前，用于临床诊断的影像学手段主要包括磁共振成像(MRI)、计算机断层扫描(CT)、超声成像及光学成像等，这些成像技术随着现代物理学和医用电子技术的快速发展而不断进步，但其分辨率仍远远达不到单个细胞或分子成像的水平。此外，传统的小分子影像探针往往具有靶向性差、体内循环时间短等问题，难以满足精准成像的需求。因此，针对疾病微环境特征来设计和研发具有病灶信号放大效应、高度特异性的影像探针，对医学影像学的发展及疾病的精准诊疗意义重大。生物材料和生物技术的迅速发展为医学影像学带来新的契机。通过巧妙的化学设计，能够开发出在疾病微环境刺激下成像信号特异性放大的影像探针，从而可得到病灶部位的实时、高分辨、细胞水平甚至分子水平的成像，及时掌握病灶信息。近年来，分子影像探针被应用于疾病的组织表现型、酶活性及基因表达等方面的研究，已能够达到细胞、分子水平的诊断效果。例如，在细胞水平可以通过探针标记实现细胞的活体影像学技术示踪；在分子水平可以通过标记特异性识别靶组织的纳米探针，动态监测疾病的发生、发展过程。作为医学影像最前沿的技术，分子影像诊断研究已经涉足肿瘤前期诊断、精准药物开发等领域。作为体外无创的前期诊断技术，分子影像技术在未来整个医疗影像行业中将占据重要地位[13]。

与信息和电子学技术相结合的有源植入或部分植入器械，如生物芯片、人工耳蜗、神经调节与刺激装置、可植入的生物传感器、心脏起搏器等，既可用于离体和在体细胞及细胞内蛋白质和基因的实时、动态检测，早期发现重大疾病，又可用于中枢神经系统功能恢复和治疗(如帕金森病等中枢神经系统病的治疗)，心律管理和调节等。这类器械的发展将为生物材料产业开拓新的市场和空间。关键核心技术是精密微加工，包括表面微图案加工、高灵敏度弱电信号检测、生理环境响应传感器的设计和制备，以及长寿命微电池的研发和制备等。智能可穿戴设备近来已迅速从科幻作品转变为各种成熟的消费品和医疗产品。为了满足可穿戴设备的要求，传感器的材料需要具有轻薄、柔软和耐腐蚀等特点。用于可穿戴设备的主要材料包括柔性材料、纸基材料、纳米材料和有机材料等生物材料。近年来，可穿戴设备的应用主要集中在人体健康监测方面，其在人体各项指标的检测中有着重要的应用，如汗液检测、呼吸检测、心率和血氧检测。神经系统通过神经网络产生的复杂动作电位模式来控制身体。随着材料科学、电子工程和生物医学研究的发展，出现了神经调节技术的发展。光神经调节方法，或光遗传学，通过特定波长的光照控制光敏蛋白的构象，在细胞膜上诱导离子电流。与传统的电神经调节方法相比，光学方法具有一定的潜力。由于它不涉及直接将电荷注入细胞，因此被认为是对组织更安全的方法。此外，通过将光敏蛋白仅靶向特定的细胞类型，然后照射光，可以将刺激定位于特定细胞类型。基于新材料、机械设计及新型制造技术和方法的大脑界面神经探针系统的创新，促进了神经科学和神经药物领域的突破。这些技术可以使神经探针装置进行微创植入，并防止额外的创伤。此外，基于中枢神经系统反应的神经科学高级研究可以发现大脑功能[14]。

1.3　生物材料的市场及现状

生物材料的市场与医疗器械市场紧密相关。据文献资料报道，2021年，全球生物材料市场规模超过1000亿美元，年均复合增长率超过15%。从材料用途角度，骨科植入材料和心血管材料占据了全球生物材料市场70%以上的份额；从材料性质角度，医用金属材料市场，以不锈钢、钛合金及钴基合金为主，占据了重要的市场份额，医用陶瓷材料和医用聚合物材料的市场正不断扩大[15]。

我国人口基数大，随着医疗水平的提高，医疗装备产业已实现快速发展。据新华社报道，我国 2020 年医疗装备市场规模就已达到 8400 亿元。近年来，与医疗装备紧密相关的生物材料的市场逐年扩大[16]。尽管我国的生物材料产业发展速度令人欣喜，但是在产业细分领域仍然面临卡脖子的技术难题。这些难题主要集中在两个方面：一是部分高品质原材料的配方与生产工艺被国外垄断，存在严重的专利壁垒和技术壁垒；二是部分国产原材料的稳定性不佳，使得医疗器械厂商在关键原材料的选择上仍然青睐国外品牌。

以生物医用金属材料为例，医用金属产业是大者恒大的市场，一方面源于医疗器材厂商对材料品质的高标准要求，一方面是因为采购商转换成本高（包括材料验证、品质可靠度、产品信赖度等方面）。生物材料厂商一旦打入医疗器材厂商的供货体系，几乎都可建立长久的供需关系。如冶联科技（Allegheny Technologies Incorporated，ATI）、卡朋特科技（Carpenter Technology Corporation，CRS）、山特维克可乐满切削刀具（Sandvik Coromant Cutting Tools）等在内的少数厂商成为生物医用金属材料市场的代表性企业。

高端医疗器械方面，如心血管医疗器械和骨科植入器械，同时涉及了高端原材料和精密加工。以宙斯工业品公司（Zeus Industrial Products, Inc.）用于神经血管介入的微导管为例：产品内径仅为 0.70~1.30 mm，却包含了 6 层结构，包括了 PTFE 芯轴、内衬管、黏结层、中空编织纤维、聚合物护套和可剥离热塑管（图 1-1）[17]。该微导管所采用的原材料大部分来自国外知名品牌。例如，PTFE 芯轴、内衬管和可剥离热塑管的专利技术和生产技术主要来自宙斯和润工社（株式会社潤工社，Junkosha）等，所用的 PTFE 和 FEP 等聚氟原料主要由杜邦公司和大金工业株式会社等公司提供；其聚合物护套由宙斯提供，所采用的 Pebax®是阿科玛的专利技术；尼龙材料则由巴斯夫股份公司（BASF SE）或杜邦公司提供；中空编织纤维由金属或聚合物编织而成，除了应用于微导管外还用于球囊扩张导管、药物支架输送器、造影导管、指引导管、射频消融导管、标测导管等。中空编织纤维对力学性能要求很高，美、日在其制造技术上具有一定优势。目前，已有部分国内厂商针对以上原材料进行创新研发，并进行生产替代。

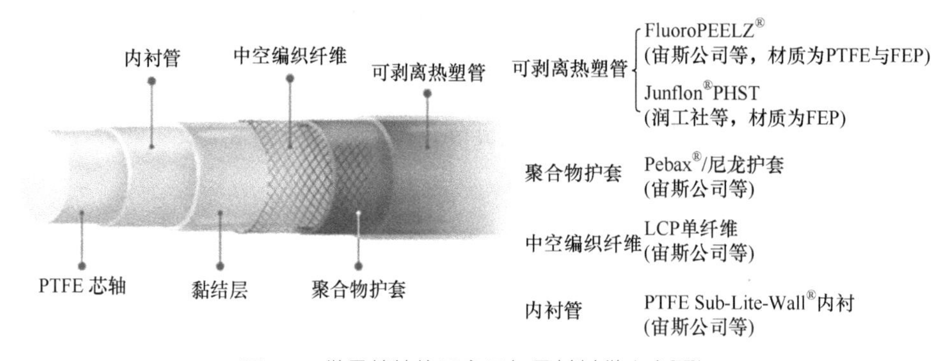

图 1-1　微导管结构示意图与原材料供应商[17]*

* 扫描封底二维码可见本图彩图。全书同。

在骨科植入器械与原材料方面，人工关节是典型的多种生物材料复合体，同时涉及了金属、陶瓷和聚合物。所使用的聚合物材料包括超高分子量聚乙烯（UHMWPE）、聚醚醚酮（PEEK）、聚乳酸类可吸收材料大部分来自国外厂商。UHMWPE 具有超强的抗冲击性、优秀的耐磨损性（是钢铁的 8～9 倍）、低摩擦系数（和聚四氟乙烯相当）以及优良的生物相容性和自润滑性等性能，是目前不可替代的人工关节高分子材料。目前，全球主要有美国塞拉尼斯公司（Celanese）生产可用于人工关节的 UHMWPE 粉料，该公司对美国、德国的 3 家人工关节型材材料企业销售，并签署排他协议。由于国外企业的垄断，UHMWPE 人工关节型材材料售价昂贵，其中高交联抗氧化产品甚至是非医用 UHMWPE 价格的数百倍。PEEK 与骨骼相似度最高，具有耐磨损、耐腐蚀、耐高温、强度高、透 X 光、良好的生物相容性等诸多优点，是目前公认的最理想的骨植入材料。PEEK 自从 1999 年首次用于临床以来，已经有超过 9000000 件产品被植入人体，以其优异的性能得到了众多医疗器械制造商和外科医生的广泛认可，在脊柱融合器领域已成为行业标杆。随着骨科融合器等产品的推广和普及，PEEK 骨科植入材料用量将增长数十倍。可吸收医用高分子材料在骨科内固定材料、手术缝合线、眼科材料和药物控制释放等领域有广泛应用。聚乳酸类是目前可吸收高分子医用材料中最有前景的高分子材料之一。国外医用聚乳酸类可吸收材料的生产厂家为科碧恩-普拉克(Corbion-Purac)公司、赢创(Evonik Industries)公司、BMG 有限公司、勃林格殷格翰（Boehringer Ingelheim）公司等。国内长春圣博玛生物材料有限公司开发了一系列聚乳酸类产品，目前已应用于整形美容领域，但是国内聚乳酸材料仍有部分依赖进口。

除了心血管医疗器械和骨科植入器械外，其他植入、介入器械同样使用了大量的聚合物材料。器械制造所使用的医用聚合物粒料仍有部分依赖进口。以热塑性聚氨酯（TPU）粒料为例，TPU 具备优良的生物相容性、血液相容性以及优异的机械力学性能和加工性能，已成为体内使用的中高端医疗器械的关键制备材料之一，广泛用于介入医用导管、人造血管、心脏瓣膜、心脏起搏器、人工髋臼等领域。美国的特种化学品企业路博润是 TPU 粒料的主要供应商之一，占据了 TPU 粒料市场的重要份额。

医用功能性涂层是大多数高品质植介入医疗器械的核心原材料，其市场需求在近 5 年也随着整个医疗器械行业的增长而快速增长。国外提供亲水润滑涂层技术的企业，例如帝斯曼（DSM Biomedical）和苏尔莫迪克斯（Surmodics）等企业起步较早，并率先进入中国市场。由于国内早期缺乏提供医用功能性涂层服务的相关企业，国外公司提供的涂层涂液存在一定的限制性条款，制约了国内带涂层医疗器械的发展。近年来，随着国内涂层企业的崛起，带国产涂层的医疗器械数量日益增长。除了亲水润滑涂层外，抗凝血和抗菌涂层等先进功能涂层对于植介入类医疗器械的应用也至关重要。例如，心血管医疗器械与血液接触，表面未经特殊处理的材料在接触血液时将不可避免地引起凝血反应，形成的血栓会污染器械本身，影响其正常使用，掉落的栓子还可能随着血流进入肺部、脑部造成栓塞，引起全身性并发症，因此与血液大面积接触或长期接触的器械表面通常需要抗凝血涂层。国外对于抗凝血涂层的研究起步较早，目前已有部分商业化的肝素抗凝血涂层产品，代表性的产品包括迈柯唯(MAQUET)的 BIOLINE®涂层、戈尔(W. L. Gore & Associates)的 CARMEDA®生物活性表面、科林系统(Corline Systems AB)的 CORLINE®

肝素表面等。除了肝素涂层外，磷酰胆碱涂层也被应用于血液接触器械，例如，美敦力(Medtronic)的 Pipeline 密网支架表面经磷酰胆碱成分改性具有良好的抗凝血能力。近年来，国内医用功能性涂层领域的研究工作与国际快速接轨。目前，江苏百赛飞生物科技有限公司(简称百赛飞公司)建立了服务于健康生活的表面改性技术平台，拥有较全的医用功能涂层种类，包括 SurfLubri®系列亲水涂层，SurfInert®系列生物惰性涂层以及 Clotclear®系列生物活性涂层，相关技术不仅被成功应用于导管、导丝、导引鞘、引流管、胃管等大量植介入类器械产品并获得相关注册证，还拓展应用于生命科学耗材领域。

1.4 生物材料表面改性的意义及应用

虽然前沿研究正在取得重大进展，但是由于技术及其他原因，传统材料至少仍将是未来 20～30 年内生物医学工程产业的基础和临床应用的重要材料。传统生物材料在生物学性能方面的改进和提高，也是当代生物材料发展的另一个重点。生物材料植入体内与机体的反应首先发生于植入材料的表面/界面，即材料表面/界面对体内蛋白质/细胞的吸附/黏附。传统材料的主要问题是对蛋白质/细胞的随机吸附/黏附，包括蜕变蛋白的吸附，从而导致炎症、异体反应、植入失效。控制材料表面/界面对蛋白质的吸附以及后续的细胞活动，是控制和引导其生物学反应、避免异体反应的关键。因此，深入研究生物材料的表面/界面，发展表面改性技术及表面改性植介入器械，是现阶段改进和提高传统材料的主要途径，也是发展新一代生物材料的基础。

常见的不带有涂层的医疗器械在使用过程中可能存在以下几个问题。

1. 组织摩擦

微创手术出血量少、创口小、术后恢复快，在临床中实施量逐年增大。常见的微创手术包括冠脉介入、结构性心脏病和左心耳封堵、心脏电生理、神经介入、肿瘤介入、外周介入、静脉输注等。上述手术通常需要首先建立血管通路，并通过导丝和导管将相关治疗器械输送至病变部位。除了导管的材料机械性能、加工成型技术之外，导管表面的润滑性能受到越来越广泛的关注。由于医用导管多为高分子材料加工制备而成，而这类表面往往较为疏水，在介入人体时容易与接触的组织之间产生较大摩擦，致使患者有疼痛或灼伤感，更为严重的是损伤血管和腔道组织。导管留置则容易产生生物被膜，多重原因叠加造成感染等并发症[18]。

2. 血栓形成

血液接触医疗器械在临床治疗中应用广泛。常见的器械包括：留置针、静脉插管、中央或外周插入的中心静脉导管(CVC)、冠状动脉支架、人工心脏瓣膜、心室辅助装置(VAD)，以及透析回路、体外循环回路或膜式氧合回路。根据使用场景不同，上述器械使用时间从数小时到数月不等，少数会终生使用。然而无论器械类型或使用时间如何，器械材料作为异物暴露在血液中，可能会在表面引发凝血导致血栓形成或免疫反应。血栓块会污染设备，或阻塞植入器械的血管引起局部问题。如果血栓块流动到肺、脑或其他器官，则会导致全身并发症。因此，抗凝血处理在血液接触类器械上具有普遍重要性[19]。

不同器械的凝血风险与其使用场景紧密相关。例如，CVC形成血栓风险较高，会引起症状性静脉血栓栓塞(VTE)，包括CVC插入部位的深静脉血栓(DVT)及栓块从器械中脱落并通过上腔静脉进入肺部引起的肺栓塞(PE)。据报道，超过70%的上肢DVT可归因于中央或外周插入的CVC。特别是癌症患者使用CVC进行治疗时，会增加额外栓塞的风险。因此，迫切需要降低CVC相关血栓形成风险的方法[20]。

冠状动脉支架是最常用的心脏植入器械。在用球囊导管增宽狭窄或闭塞的冠状动脉之后植入支架，以防止动脉再次变窄。支架植入的危险之一是出现急性血栓——在支架植入术中至术后24 h内形成血栓。因发生时间距离手术时间较短，不仅对患者生命健康造成威胁，而且极难被家属理解。此外，尽管支架植入后长期服用抗凝血药物，但是支架内血栓形成的发生率1年内不大于1%，随后每年的发生率为0.2%～0.4%[21]。

人工心脏瓣膜是另一种心脏植入器械，其用途随着人口老龄化而扩大。尽管瓣膜技术和手术操作取得了进步，但因为人工瓣膜表面出现凝血，患者仍容易发生脑卒中或全身性栓塞。其中，植入机械瓣膜(MHV)患者凝血风险最高，需要终生使用维生素K拮抗剂(如华法林)进行抗凝血治疗。植入生物瓣膜(BHV)患者发生脑卒中的风险较低，但通常在瓣膜植入后的前3～6个月给予抗凝血治疗，以防止缝纫环凝结，直至缝纫环被内皮层覆盖[22]。

体外回路能够补充心脏和肺部的功能，在外科手术中发挥着重要的作用，例如心脏手术中的心肺转流术（cardiopulmonary bypass，CPB）以及心肺衰竭时的体外膜氧合（extracorporeal membrane oxygenation，ECMO）。自2006年以来，ECMO的使用增加了400%以上，特别是近年来受新冠病毒感染的重症患者往往需要ECMO进行抢救。对于CPB和ECMO，需要高浓度的肝素来防止体外回路中的凝血。在这些手术中使用的肝素浓度比用于治疗已确诊血栓形成患者的浓度高10倍以上，这突出了回路的血栓形成性。使用这些高浓度的肝素，患者出血的风险增加。因此，需要新的策略来防止体外回路中的凝血[23]。

3. 细菌感染

在治疗或手术期间，使用植介入器械的患者可能会因为细菌黏附在器械材料表面而发生感染。据报道，60%～70%的院内感染与医疗器械的使用有关，其中导管引起的尿路感染(CAUTIs)发生得最为频繁[24]。院内感染不仅导致卫生系统和患者医疗成本的增加，也会导致患者住院时间延长，并且发病率和死亡率增加。院内感染最常见的危险因素包括年龄超过65岁、住院时间超过7天、放置中心静脉导管(CVC)或导尿管。此外，在重症监护病房(ICU)分别有96.7%和43.3%的病例与尿路和血液通路感染相关[25]。

生物被膜与医疗器械引发的感染关系密切。细菌可以在非生物表面(医院墙壁、医疗设备、植入物等)及生物表面(手术部位、伤口、肺、尿路、心脏组织、骨骼等)上形成生物被膜。生物被膜的形成原理包括："初始黏附"，即微生物通过细胞表面相关黏附素黏附于医疗器械表面；"早期生物被膜形成"，即微生物开始分裂并产生胞外聚合物基质(EPS)增强黏附；"生物被膜成熟"，由此形成三维结构为细菌提供多功能和保护性的基质层，使异质的化学和物理微环境能够形成；最后是"扩散"，细菌离开生物被膜重新

进入浮游期。生物被膜可以阻止抗生素的渗透，并且膜内的细菌对抗生素是不敏感的。这通常会导致慢性感染，低浓度的抗生素环境同时也加剧了细菌的耐药性[26]。

研究证据表明当导尿管在原位放置超过 7 天时，导尿管的细菌定植是不可避免的，即使通过这些导尿管尿液的标准微生物学分析显示没有感染。这是因为尿液中的漂浮细菌对于抗生素或尿液中的成分更为敏感，而定植的细菌由于微环境发生了变化有利于生物被膜的形成从而对抗生素产生抵抗力。细菌通常来源于尿道口或被污染的套管，并沿导管的管腔方向迅速传播。与导尿管上生物被膜形成相关的最常见微生物是大肠杆菌、肺炎克雷伯菌、粪肠球菌、表皮葡萄球菌和奇异变形杆菌，但奇异变形杆菌通常被认为与导尿管表面结壳直接相关，这是因为它产生的脲酶(urease)能够分解尿液中尿素生成氨和二氧化碳。导尿管的结壳会使导管拔出困难并增加患者的痛苦[27]。CVC 感染主要由凝固酶阴性葡萄球菌、金黄色葡萄球菌、肺炎克雷伯菌、铜绿假单胞菌、粪肠球菌和念珠菌属引起。与尿路感染不同，血液感染可能会进一步导致全身继发性败血症，严重时将危及患者的生命安全[28]。

由上述案例不难得出结论，如果医疗器械在原有功能的基础上还具备润滑、抗凝血、抗菌等功能中的一种或多种，可以有效改善植介入器械使用的不良反应，减少患者使用医疗器械的痛苦和并发症。近年来，亲水超润滑涂层的应用已被证实能够减少摩擦带来的损伤和患者的不适感[18]。抗凝血涂层同样已被应用于体外循环装置、冠脉支架、人工血管和血液透析导管等，极大程度地减少了血栓的形成和相关并发症[29]。抗菌涂层则适合引流管、尿路和血路介入类导管的应用场景[24]。遗憾的是，目前国内仍然没有明确的带有国产抗凝血、抗菌涂层的三类医疗器械产品注册，生物材料表面改性技术的应用转化之路仍然充满挑战。

1.5 小　　结

生物材料具有广阔的应用市场，其研究成果将直接决定医疗器械的发明和创新。对于植介入类医疗器械等高端医疗器械而言，原材料和技术的垄断将直接影响医疗器械的开发。其中，高端医用涂层原材料和涂覆技术是我国生物材料应用领域现阶段仍然面临的卡脖子难题。目前，植介入类医疗器械的应用场景对润滑、抗凝血、抗菌等功能性涂层的需求迫在眉睫。材料的表面改性技术从基础研究向产品应用的转化对于突破原材料的局限及提升医疗器械的品质有着重要意义。

参 考 文 献

[1] Williams D, Zhang X D. Definitions of Biomaterials for the Twenty-First Century. Amsterdam: Elsevier, 2019.

[2] Temenoff J, Mikos A. 生物材料：生物学与材料科学的交叉. 北京：科学出版社, 2009.

[3] 张蕾. 从羊肠线到智能缝合线——看医用缝合材料发展史. 新材料产业, 2016(9): 69-70.

[4] Moog F P, Karenberg A, Moll F. The catheter and its use from Hippocrates to Galen. J Urology，2005, 174(4): 1196-1198.

[5] Sakiyama-Elbert S E. Introduction to biological responses to materials// Wagner W R, Sakiyama-Elbert S E, Zhang G, et al. Biomaterials Science. 4th Ed. Amsterdam, Netherlands: Academic Press，2020: 735.

[6] 茹江英, 刘璠. 全髋关节表面置换技术的历史与现状. 国际骨科学杂志, 2006, 27(1): 36-37.

[7] He T, Yu S H, He J H, et al. Membranes for extracorporeal membrane oxygenator(ECMO): history, preparation, modification and mass transfer. Chinese Journal of Chemical Engineering, 2022(9):49-75.

[8] 任玲, 杨柯. 医用金属的生物功能化——医用金属材料发展的新思路. 中国材料进展, 2014, 33(2): 125-128.

[9] 王迎军. 生物医用陶瓷材料. 广州：华南理工大学出版社, 2010.

[10] 陈学思, 陈红. 生物医用高分子. 北京：科学出版社, 2018.

[11] Anderson D G, Burdick J A, Langer R. Smart biomaterials. Science, 2004, 305(5692): 1923-1924.

[12] Sakiyama-Elbert S E, Hubbell J A. Functional biomaterials: design of novel biomaterials. Annu Rev Mater Res, 2001, 31: 183-201.

[13] 耿鸿武, 王宝亭, 于清明,等. 中国医疗器械行业发展报告. 北京：社会科学文献出版社, 2020.

[14] 陈学思. 生物医用高分子材料研究与产业发展现状和趋势. “中国生物材料研究与产业发展现状及趋势”工程科技论坛. 2009. https://new.qq.com/rain/a/20210304A0271200. 2021-03-04.

[15] 胡堃, 刘晨光. 生物医用材料在医疗器械领域的应用及产业发展概述. 新材料产业, 2010 (7):28-33.

[16] 周廉. 中国生物医用材料科学与产业现状及发展战略研究. 北京：化学工业出版社, 2012.

[17] 图片改编自 https://www.zeusinc.com/products/heat-shrinkable-tubing/fluoropeelz-peelable-heat-shrink.

[18] 李业, 杨贺, 方菁嶷, 等. 医用导管聚合物亲水润滑涂层研究进展. 中国医疗器械杂志, 2021, 45(1): 57-61.

[19] Jaffer I H, Weitz J I. The blood compatibility challenge. Part 1: Blood-contacting medical devices: the scope of the problem. Acta Biomater, 2019, 94: 2-10.

[20] Baumann Kreuziger L, Jaffray J, Carrier M. Epidemiology, diagnosis, prevention and treatment of catheter-related thrombosis in children and adults. Thromb Res, 2017, 157: 64-71.

[21] Gopalakrishnan M, Lotfi A. Stent thrombosis. Semin Thromb Hemost, 2018, 44(1): 46-51.

[22] Jaffer I H, Stafford A R, Fredenburgh J C, et al. Dabigatran is less effective than warfarin at attenuating mechanical heart valve-induced thrombin generation. J Am Heart Assoc, 2015, 4(8): e002322.

[23] Mosier J M, Kelsey M, Raz Y, et al. Extracorporeal membrane oxygenation(ECMO) for critically ill adults in the emergency department: history, current applications, and future directions. Crit Care, 2015, 19(1): 431.

[24] Ricardo S I C，Anjos I I L，Monge N，et al. A glance at antimicrobial strategies to prevent catheter-associated medical infections. ACS Infect Dis, 2020, 6(12): 3109-3130.

[25] Pontes C, Alves M, Santos C, et al. Can sophorolipids prevent biofilm formation on silicone catheter tubes? Int J Pharm, 2016, 513(1/2): 697-708.

[26] Percival S L, Suleman L, Vuotto C. Healthcare-associated infections, medical devices and biofilms: risk, tolerance and control. J Med Microbiol, 2015, 64: 323-334.

[27] Neoh K G, Li M, Kang E T, et al. Surface modification strategies for combating catheter-related complications: recent advances and challenges. J Mater Chem B, 2017, 5(11): 2045-2067.

[28] Nicolle L E. Catheter associated urinary tract infections. Antimicrob Resist Infect Control, 2014, 3: 23.

[29] Biran R, Pond D. Heparin coatings for improving blood compatibility of medical devices. Adv Drug Delivery Rev, 2017, 112: 12-23.

第 2 章

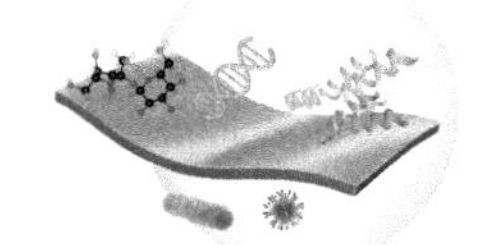

生物材料表面改性方法与原理

几乎所有生物材料的应用都涉及其表面与生物环境的相互作用。材料表面的特性影响着材料整体的生物相容性和功能性。通过改变生物材料表面的化学组分和微观结构，可以提高生物材料的生物相容性或者进一步赋予其特殊功能。根据基体材料的特性及改性目的的不同，生物材料有着种类多样的表面改性技术。本章详细介绍了生物材料表面改性方法与原理，包括等离子体、紫外、电子束处理等物理改性方法，以及小分子偶联、表面接枝等化学改性方法。

2.1　生物材料表面物理改性

生物材料表面的物理改性方法是指将磁、光、超声等物理场施加于材料或材料周围的环境，致使表面发生一系列物理化学变化的改性方法。这些变化改变了表面的微纳形貌或化学组成，以适应不同的生物医用场景。物理改性方法相对简单高效，除了单独使用，往往还作为化学改性的前处理步骤。

2.1.1　等离子体处理法

等离子体(plasma)是由强磁场、激光、射频、电场和微波等激发电离惰性气体(如 Ar、Ne、He 等)或活性气体(如 O_2、N_2、NH_3、CO_2 等)产生的高能分子、分子碎片、离子、自由基和自由电子所组成。这些高度激发的物质构成了具有极高活性的环境，可以用于包括金属、聚合物或是惰性的陶瓷等多种固体材料表面改性。当等离子体接触固体表面时会导致材料表面性状发生重大变化，能有效地改变材料的表面能、润湿性、化学性质甚至表面形貌，以适应各种应用的需要，同时还能保留主体材料的力学特性。

材料表面原子经过短暂等离子体处理可产生大量自由基，这些自由基能引发一系列的反应。一方面，这些自由基可与 NH_3、O_2、CO 或 CO_2 等活性气体产生的等离子体反应，从而在材料表面引入一系列活性官能团。表面改性时使用含氧、氮的等离子体处理材料，可以在表面引入大量亲水基团来增加亲水性，使用氟基等离子体能够植入含氟官能团从而增强疏水性。通过改变气体种类引入合适的官能团能够调控材料表面的理化性质，提高材料所需性能，如抗菌性、生物相容性和抗凝血性等[1-3]。同时，这些官能团的引入有利于实现后续其他分子的共价连接。另一方面，对于聚合物材料，在表面聚合物链上产生的自由基之间可以发生反应，产生交联。聚合物的进一步交联有利于阻止小分子在材料表面的传质作用，包括渗透和释放[4, 5]。

基于等离子体开发的表面处理手段还包括表面刻蚀、表面接枝和表面沉积。这些技术将分别在相应的物理刻蚀方法、辐射接枝和化学气相沉积中详细阐述。

2.1.2　紫外/臭氧处理法

紫外/臭氧(UV/ozone)处理是生物材料常用的表面改性和清洁技术之一。类似于等离子体处理法，该方法同样制造了一个高度反应性的环境来实现生物材料表面的改性，具体的工作原理如下[6]。

处理过程通常使用 184.9 nm 和 253.7 nm 波长的紫外线，当波长为 184.9 nm 的紫外

线被氧分子(O_2)吸收后，将按照以下反应式生成臭氧(O_3)，随后臭氧分子可被 253.7 nm 紫外线分解，在臭氧的形成或分解过程中，生成具有强氧化能力的氧原子(O)。

$$O_2 \xrightarrow{\lambda=184.9\text{nm}} 2O$$

$$O + O_2 \longrightarrow O_3$$

对于这两种波长的紫外线，每摩尔光子具有的能量 $E=\dfrac{Nhc}{\lambda}\times 10^5(\text{kJ/mol})$，其中 h 是普朗克常数，c 是光速，λ是波长，N 是阿伏伽德罗常数。每摩尔波长为 184.9 nm 或 253.7 nm 的光子的能量分别为 $E_{184.9\,\text{nm}}=647$ kJ/mol，$E_{253.7\,\text{nm}}=472$ kJ/mol。该能量大于绝大多数共价键键能(表 2-1)，即当有机物受这两种波长的紫外线照射时共价键将被激发乃至断裂，这一过程产生了一系列的活性物质，包括受激分子、离子、自由基，这些高度活化的物质将与同样高度活性的氧原子反应。当反应充分时，材料表面的有机物可被转化为 CO_2、H_2O、N_2 等一系列简单气体小分子脱离表面，结合掩模技术，这种对有机物的刻蚀可以实现材料表面微纳图案的加工制备[7]。合理控制这一反应进程可以在有机材料，如聚乙烯、聚醚醚酮、聚四氟乙烯、聚苯乙烯等表面形成新的官能团[8-10]，改变表面理化性质并改善其在生物相容、抗蛋白质和细胞黏附等方面的性能[11]，并为后续修饰提供必要的化学界面[12]。

表 2-1　常见化学键的键能[6]

化学键	键能/(kJ/mol)	化学键	键能/(kJ/mol)
O — O	138.9	C ═ C	607.0
O ═ O	490.4	C ≡ C	828.0
O — H	462.8	C ═ O	724.0
C — C	347.7	C — Cl	328.4
C — H	413.4	H — F	563.2
C — N	291.6	C — F	441.0
C ≡ N	791.0	H — Cl	431.8
C — O	351.5	N — H	309.8

对于非有机材料，紫外/臭氧处理法通常用于表面清洁，但也有用于改性的报道。例如，Okazaki 小组[13]证明经过紫外/臭氧处理的钛，可以增强机体对金黄色葡萄球菌的免疫反应，使其具有良好的抗菌活性，同时在钛合金上产生良好的骨免疫微环境。紫外/臭氧处理下的强氧化环境也同样值得注意，Mekhalif 小组[14]使用紫外/臭氧清理表面污物的同时利用强氧化条件巩固了材料氧化钽层的强度。

2.1.3　物理刻蚀法

物理刻蚀是采用物理手段进行材料表面减材的“自上而下”加工手段，以在材料表面形成微纳结构。多项研究表明，不同的微结构将会诱导细胞与生物材料表面之间的各种协同相互作用[15]。例如，在骨免疫调节的研究中发现表面纳米结构可以调控骨免疫环境，对增强成骨分化有积极作用[16]。物理刻蚀包括使用紫外、电子束、离子束、等离子体及激光等不同手段的刻蚀方法，每种方法都有其特定的优点和缺点，刻蚀方法的选择取决于被刻蚀的特定材料和所需的最终结果。需要注意的是，物理刻蚀法虽然采用了物理的手段，但在纳米结构形成过程中往往伴随着化学反应。

1. 紫外光刻

紫外光刻(UV lithography)使用紫外光作为光源，可以在材料表面刻蚀出微小的图案，是微电子制造领域的典型加工方法。其具有较长的历史，方法成熟，图形的设计具有高度的灵活性，可以创建极小的图案。紫外光刻方法可以分为以下几步(图 2-1)[17, 18]：

(1) 涂胶：将一薄层光刻胶旋涂到洁净的基材(又称基板、基底)上；

(2) 曝光：使用包含所需图案的掩模对光刻胶进行曝光，在光刻胶光中引起光致化学反应，使其易溶(正性光刻胶)或难溶(反性光刻胶)于显影液；

(3) 显影：将基材置于显影液中，显影液溶解光刻胶，在基材上形成图案化的光刻胶保护膜，这一层光刻胶在后续的基材刻蚀过程中将保护所覆盖的基材；

(4) 刻蚀：使用化学腐蚀或等离子体刻蚀方法，将图案从光刻胶掩模转移到基板材料上；

(5) 光刻胶剥离：将剩余的光刻胶从基材上去除，通常使用溶剂溶解。

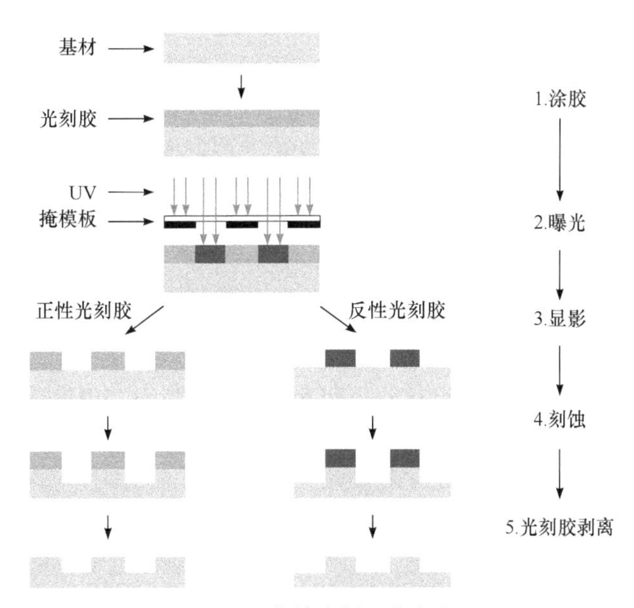

图 2-1　紫外光刻工艺步骤

对于生物材料表界面加工，利用紫外光刻技术可以获得用于影响细胞行为的微纳图案。虽然以上工艺最终的目的是刻蚀基材，但在该处理过程中可以得到由光刻胶或基材组成的两种微纳图案。这两种图案除了直接使用，还可以作为模板衍生出其他微纳图案[19]加工方法，如微接触压印[20]、转移光刻技术[21]、铸塑成型[22]等。传统的紫外光刻技术要求被加工基材的高度平整，而且价格高昂，而其衍生方法则很

好地克服了这些弊端。

2. 电子束光刻

电子束光刻(electron beam lithography，EBL)类似于紫外光刻，但使用电子束作为特殊的“光”制造微纳图案。该技术由微电子领域中芯片的制备发展而来，现今在细胞生物学、组织工程材料领域的研究中也获得了关注和应用[17, 23, 24]。紫外光刻使用掩模遮挡光线，所设计的图案在光刻胶上进行曝光，而电子束光刻通过聚焦电子束的扫描可在覆盖有抗蚀剂(“光刻胶”)的电子敏感膜的表面上绘制自定义形状的图案。与紫外光刻一样，其目的是在抗蚀剂中创建非常小的结构，随后可以通过物理或化学刻蚀将其转移到基板材料上。

电子束光刻的主要优势在于光电子极短的衍射波长及较高的能量，使得它可以绘制分辨率低于 10 nm 的定制图案。例如，陈高健小组[25]使用糖聚合物作为抗蚀剂，利用电子束光刻实现了含糖生物活性量子点的图案化。电子束光刻技术具有很高的分辨率，但效率低、成本高，限制了它在生产及研发中的使用。

3. 聚焦离子束光刻

聚焦离子束(focused ion beam，FIB)技术是指使用窄扫描离子束源的直接写入工艺，通常使用镓离子[26, 27]。FIB 被用于多种纳米制造工艺，包括铣削、刻蚀、离子注入和聚焦离子束光刻(focused ion beam lithography，FIBL)，在生物材料表面加工方面常用于构建表面微纳图案，从而调整蛋白质吸附[28]、细胞行为[29]或是增加抗菌性[30]。与 EBL 相比，FIBL 只需要 1%～10%的粒子剂量来曝光抗蚀剂，在曝光期间抗蚀剂吸收大部分离子，因此对敏感的底层结构的辐射损伤比较小。

4. 等离子体刻蚀

根据所使用的等离子体气体的性质，等离子体刻蚀(plasma etching)可通过物理(惰性气体)或化学(活性气体)刻蚀完成[31, 32]。物理刻蚀通过定向加速离子轰击材料表面，导致表面原子发生物理溅射而实现。它具有各向异性刻蚀的优点，但缺乏对材料的选择性。等离子体化学刻蚀，又称为反应离子刻蚀(reactive ion etching，RIE)，反应性物质扩散至材料表面并与表面原子反应[33]。化学刻蚀是各向同性的，因为反应性物质的扩散发生在各个方向上。根据等离子体与基材的化学组成，化学刻蚀具有反应选择性。刻蚀的选择性、均匀性和方向性，以及刻蚀率是用来评估等离子体刻蚀过程质量的参数。

通过等离子体刻蚀及处理后的表面微纳图案化，可以有效影响细胞在生物材料表面的黏附、增殖和分化等行为[34]。例如，使用氩气等离子体对聚乙烯材料表面进行刻蚀，导致的表面形貌及粗糙度的改变对血管平滑肌细胞和小鼠成纤维细胞的黏附和增殖具有积极影响[35]。

5. 激光刻蚀

激光刻蚀(laser etching)是通过将材料暴露于高度可控的聚焦激光束下来刻蚀材料的

过程[36]。激光被聚焦到材料的微小区域并被吸收，使材料该区域升温并蒸发或发生化学反应，从而在材料表面精确控制图案、结构、润湿性和化学性质。激光刻蚀能够快速创建精确且高度可控的结构，这使其在生物医学工程领域广泛应用，包括开发可植入医疗设备、组织工程支架及诊断/治疗设备等，以提高其生物兼容性并降低排斥风险。例如，激光刻蚀可用于在钛植入物上创建纳米级表面纹理，从而改善植入物与周围生物组织之间的相互作用。激光刻蚀由于允许大面积加工且高度可控，具有天然的优势，尤其是对骨材料和牙种植材料这类大体积材料的加工[36]。

2.1.4　电镀法

电镀(electroplating)的原理是通过电流将金属离子从金属盐溶液(电解质)转移到导电基质(生物材料)上。电镀过程中待改性材料作为阴极，要沉积的金属作为阳极。当施加电流时，金属离子在阳极被氧化，在阴极被还原，从而导致金属原子沉积到材料的表面。金属涂层的厚度和成分可以通过调整电镀参数(如电流密度、电压、电镀时间和电解质等)来调整。

在生物材料领域，电镀通常被用来将生物相容性高或生物惰性的金属，如钽[37]、铂[38]或金[39]，沉积到生物医学植入物的表面。电镀金属涂层可以通过降低植入物的毒性和减少免疫反应来提高其生物相容性。此外，涂层可以增强植入物的机械强度和耐腐蚀性，延长寿命，提高其在体内的性能。需要注意的是，表面处理和电解质的选择在电镀过程中起着至关重要的作用，会影响到沉积金属涂层的质量。

2.1.5　超声处理法

超声波可以有效地清洁表面，此外超声处理也被用于改性生物材料表面。超声处理的原理基于空化现象[40]，高频声波在液体中产生压力变化，导致小气泡的形成和随后的崩塌。气泡在声波纵向传播的负压区形成和生长，在正压区快速闭合，在气泡被压缩崩塌的一瞬间会产生巨大的瞬间压力，这导致高密度能量和压力冲击波从塌陷的气泡中扩散出去，为驱动物理、化学反应提供了一种独特的方法。

在水溶液中对金属进行超声处理能实现外表面(粗糙度、表面积、表面化学)和金属内部结构(结晶度、非晶化、相分离)的改性[41, 42]。超声处理是表面粗糙化和产生纳米结构的有效手段，同时还能改性表面的化学成分。例如，作为医疗植入物的聚乙烯具有惰性表面[43]，传统上使用铬酸或氧等离子体对其表面进行活化，而利用超声波增强反应，可以用更温和、更环保的氧化剂(如过硫酸钾或过氧化氢)快速改变聚乙烯的表面特性[44]，在表面上形成一层薄薄的极性基团，使表面具有更大的附着力。

使用超声波进行表面处理的优点之一是成本效益。此外，它还可用于选择性地处理材料表面特定区域，从而实现精确和可控的处理[45]。

2.1.6　物理气相沉积法

物理气相沉积(physical vapor deposition，PVD)，包含多种真空沉积方法，如阴极电弧沉积、磁控溅射及等离子体浸没离子注入与沉积等，可用于在金属、陶瓷、玻璃和聚合物等生物材料基材上产生薄膜涂层。PVD 主要包括三个过程(图 2-2)：①气化：沉积材料通过蒸发、升华或溅射从凝聚态转变为气态；②迁移：气态的沉积材料迁移到基材；③沉积：沉积材料在基材表面回到凝聚态的成膜过程。

图 2-2　PVD 的流程示意图

PVD 涂层可以起到保护基材免受腐蚀环境影响及增强表面机械性能的作用。例如，通过 PVD 技术在材料表面引入基于 SiC 和 Al_2O_3 的硬质涂层[46]。多项附着力测试、微观试验和耐腐蚀试验的结果表明：这些硬质涂层可以增强钛合金的耐磨性和耐腐蚀性。此外，采用 PVD 技术能够制备可以有效促进骨细胞的附着、增殖、生长和分化的钙-磷表面，如羟基磷灰石[47, 48]。与其他涂层工艺(如电镀或喷涂)相比，PVD 技术通常不会产生有害的副产物，对环境的危害比较小。

2.2　生物材料表面化学改性

2.2.1　自组装单分子膜法

自组装单分子膜(self-assembled monolayers，SAMs)被定义为小分子以高度有序的方式附着在表面的薄的单层膜[49]。能够成为 SAMs 的分子由三部分组成：表面锚定基团、末端基团和连接子(图 2-3)。

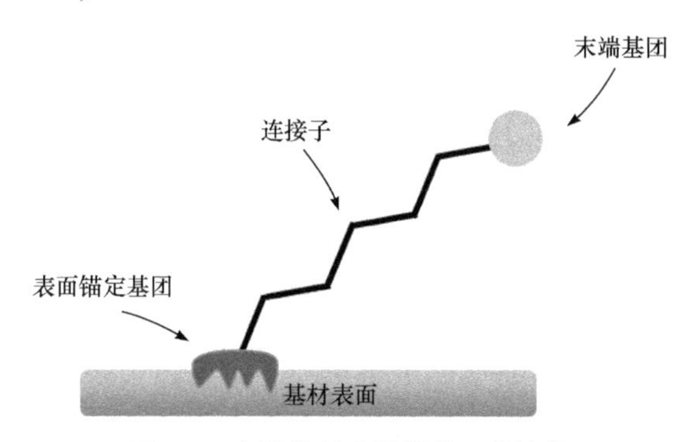

图 2-3　自组装单分子膜的一般结构

SAMs 最早是由 Zisman 小组于 1946 年报道的[50, 51]。由于 SAMs 是由小分子组装得到的，根据分子的大小，其厚度通常被限制在 1～5 nm 的范围内，因此属于纳米材料的范畴。目前，主要有两类分子能够形成定义明确、致密的 SAMs：硅烷基单分子膜和硫醇基单分子膜。此外，其他一些分子锚定基团也可以用来形成 SAMs，包括磷酸盐、羧酸盐、儿茶酚、烯烃/炔烃、胺、烷基碘、异羟肟酸和硼酸化合物等，但必须指出的是，它们的应用相对较少。SAMs 的物理化学性质往往由吸附物末端基团的特性来决定[50, 52]。末端基团要么是吸附物本身携带的功能性基团，要么是通过将吸附物本身的官能团原位转化所得，即在形成的 SAMs 的表面进行化学反应。

因此，几乎所有的官能团都可以引入材料表面从而调控表面的化学性质。由于可以通过简单的吸附作用就可以制备出含有广泛化学成分且化学性质能系统性改变的表面，SAMs 技术作为一种控制固体底物和生物系统间相互作用的方法被广泛研究，如研究各种表面化学对蛋白质吸附[53-58]、细胞黏附[59-62]及血液相容性的影响[63]等。

由于易于制备，硫醇和二硫醇在金属表面(特别是金表面)形成的 SAMs[图 2-4(a)]引起了人们的极大关注。其中，最重要的 SAMs(也是迄今为止研究最多的)是烷硫醇 SAMs，其次是芳硫醇、烷二硫醇和芳二硫醇 SAMs。硫醇和二硫醇在金表面的自组装很容易进行，并且可以在气相和液相环境中完成[64]。烷硫醇在金表面生成的 SAMs 提供了合适的生物环境来探索表面化学对蛋白质吸附和细胞、细菌黏附等生命活动的影响[65-68]。例如，末端含有糖分子(琼脂糖或甘露醇)的硫醇 SAMs 可以在体外环境下阻止蛋白质吸附和细胞的黏附长达 25 天[53]。需要注意的是，硫醇容易氧化，导致从表面脱附，且暴露在环境空气和光线下会加速这一过程[69]。

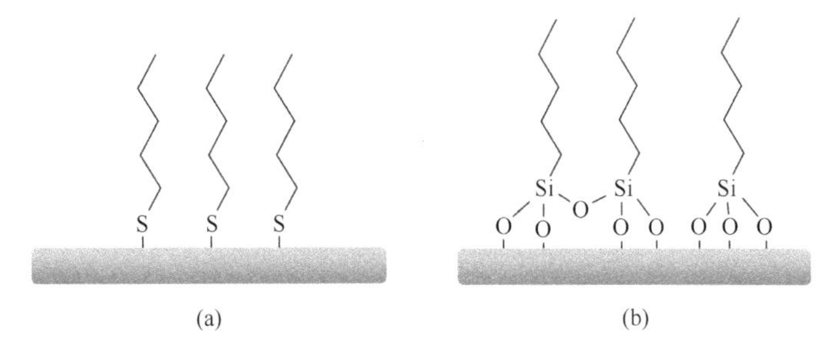

图 2-4　(a) 硫醇基 SAMs 在金表面；(b) 硅烷基 SAMs 在二氧化硅、聚二甲基硅氧烷、金属氧化物表面

与硫醇基 SAMs 相比，硅烷基 SAMs[图 2-4(b)]具有更好的化学稳定性，这是因为硅烷基 SAMs 在制备过程中常常选用三氯硅烷、三甲氧基硅烷或三乙氧基硅烷作为反应小分子[70, 71]，它们能够在其锚定基团之间形成多个共价键。这些二价或三价锚定单元使得附着在表面的分子网络发生侧向聚合，从而形成规整且致密的单分子层，后续可用作保护层或进一步进行化学反应[72]。但是，硅烷分子与巯基 SAMs 的制备过程相比更难以控制，这是由于它们的反应活性相当高。例如，三氯硅烷分子非常敏感，它可以与少量的水发生反应导致生成化学成分复杂的多层膜。因此组装过程十分依赖环境条件，必须在自组装过程中仔细处理化学试剂。硅烷基修饰表面可以在溶液中或在气相中进行。气相组装通常可以获得更致密的单分子膜[73]。硅烷基 SAMs 的高稳定性使得很多反应可以直接在单分子膜的表面进行，这就使得硅烷基 SAMs 常常被用作探究蛋白质、活性高分子等与细胞、细菌相互作用的基材。例如，将万古霉素(一种有效的糖肽抗生素)通过自身的氨基或羧基偶联到硅烷基 SAMs 上，最终得到的基材可以有效抑制革兰氏阳性细菌金黄色葡萄球菌和表皮葡萄球菌菌落及随后的生物被膜的形成[74-76]。

2.2.2　层层自组装法

层层自组装(layer-by-layer，LBL)法是目前表面改性领域中一种常用的表面成膜手段。自从 Decher 等[77, 78]于 1991 年首次报道了在平板上由相反电荷的聚电解质通过静电作用层层交替沉积形成膜的详细过程后，LBL 技术逐渐被广为研究。一般，LBL 的基本操作步骤是基底交替暴露于带正电荷和带负电荷的聚电解质溶液中(图 2-5)。为了消除过量的聚电解质同时避免聚电解质溶液间的交叉污染，在每个沉积步骤之后，需要将基材在洗涤剂(主要是蒸馏水)中漂洗并在氮气或空气气流下干燥。根据沉积方式的不同，可以将 LBL 成膜方法分为三种：浸渍沉积、喷涂沉积和旋涂沉积。每种方法都有各自的优点和缺点。

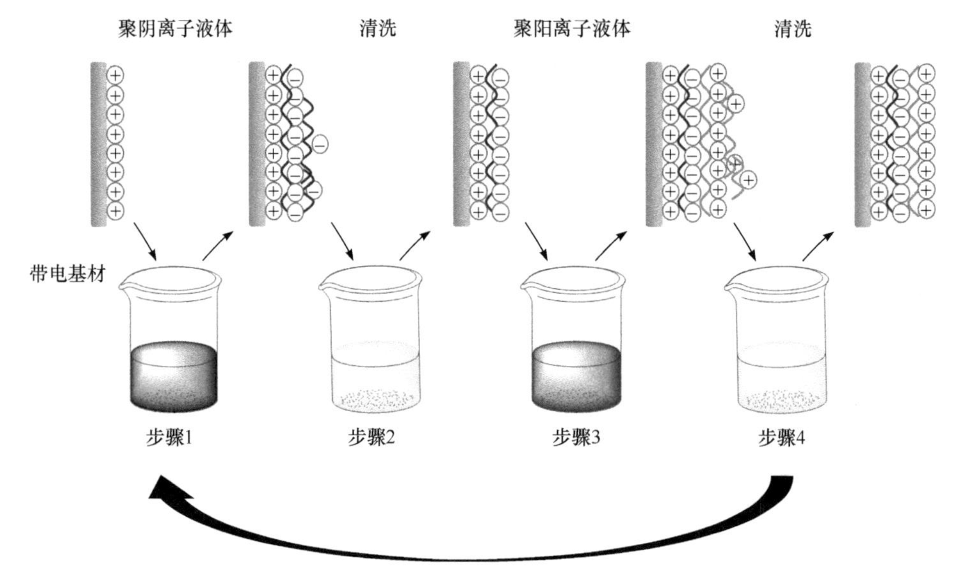

图 2-5 交替浸入聚电解质溶液的 LBL 薄膜沉积过程示意图

交替地将基底浸入聚电解质溶液中是最广泛使用的 LBL 沉积方法，同时也是三种方法中最简单和最通用的方法，但它的制备过程也是三种方法中最耗时的，而且会残留大量的聚电解质。旋涂是通过溶剂从涂层材料中的快速蒸发来完成沉积过程，这类薄膜通常比浸渍技术产生的薄膜更厚。然而，对特殊的 2D 基质和 3D 基质，旋涂在技术上是具有挑战性的。喷涂所制备的涂层没有上述这些缺点，但是在制备过程中，在可变的外部条件下形成的喷涂涂层不太稳定[79]。

起初，大部分 LBL 多层膜的制备是由相反的聚电解质之间的静电相互作用驱动的，随着技术的不断发展，其他类型的相互作用，如共价键[80]、氢键[81, 82]、电荷转移[83, 84]、疏水作用[85, 86]和配位键[87, 88]等，也逐渐用于此方法。 因此，该项技术目前不仅可以沉积水溶性带电化合物(如二氧化硅胶体[75, 89]、染料[90, 91]、金属氧化物[92, 93]、两亲试剂[94, 95]、聚苯乙烯纳米球[96, 97])，还可以沉积天然聚电解质(如透明质酸、胶原、弹性蛋白、纤维连接蛋白、层粘连蛋白、核酸和多糖等)[98-100]，以及病毒[101]等来实现材料的表面改性。例如，Sperling 等[102]将白蛋白和肝素依次交替吸附在聚醚砜(polyethersulfone，PES)材料表面，有效提高了材料表面的血液相容性。

由于 LBL 技术适用于任何形状和尺寸的基材，并且在成膜过程中，通过调整溶液的 pH、离子强度和聚电解质浓度等试验参数可以在分子水平上调整表面的粗糙度、厚度和孔隙率[103]，因此，LBL 技术可以制备具有精确和可预测结构的均匀涂层。同时，在LBL 技术中所有沉积过程都可以在温和的条件下进行，制造成本低[104]，使得 LBL 技术成为发展最快的制备生物医学支架[105-108]、图案化表面[109, 110]、医疗器械[111, 112]、植入物[113, 114]和一系列替代生物应用的薄膜涂层的策略之一。例如，基于静电相互作用在材料表面交替组装聚乙烯亚胺[poly(ethylene imine)，PEI]和聚丙烯酸(polyacrylic acid，PAA)，并利用组装层的多孔结构负载药物，从而获得一种具有自修复功能的药物洗脱涂层[115]。或者通过控制在硬质基材上所制备的聚赖氨酸和透明质酸的层层自组装膜的厚度，获得一系列硬度不同的表面来调控内皮细胞在这些表面上的迁移和增殖行为[116]。例如，Wang 等[117]通过预先合成一系列由葡萄糖、磺酸和羧酸三个单元组成的仿肝素聚合物(GSAs)，然后利用 LBL 方法可以构建由 GSAs 与聚乙烯亚胺和壳聚糖两种典型阳离子聚合物组成的人工细胞外基质，用于研究 GSAs 的抗凝血和内皮化作用。另外，综合利用 LBL 沉积的多功能性、糖-蛋白质相互作用的特异性及主客体相互作用的灵活性，Qu 等[118]开发了能够高效捕获和按需释放特定蛋白质和细菌的超分子平台。以聚丙烯酸-*co*-1-金刚烷-1-酰基丙烯酸甲酯[P(AA-*co*-Ada)]和聚烯丙胺盐酸盐(polyallylamine hydrochloride，PAH)为原料，采用 LBL 沉积法制备了含有客体部分 Ada 的多层膜。然后加入甘露糖修饰的β-环糊精(β-cyclodextrin，β-CD)衍生物(CD-M)作为具有蛋白质(凝集素)结合特性的“主体”分子。该平台结合了三种不同的非共价相互作用：用于多层膜 LBL 沉积的静电相互作用，用于结合β-CD 偶联配体的主客体相互作用，以及用于捕获特定蛋白质和细菌的糖-蛋白质亲和识别。

总之，LBL 法是在生物医学领域制备功能性薄膜的一个有价值的工具，与其他技术相比具有许多优势，能对涂层进行特定性质和功能的定制设计。

2.2.3　化学刻蚀法

刻蚀是通过物理或化学方法去除基材表面特定成分的一种表面修饰手段，能够实现对基材表面的微纳米改性。刻蚀技术可以大致分为湿法刻蚀和干法刻蚀两种类型。本小节的化学刻蚀方法目前主要是由湿法刻蚀以及干法刻蚀中的等离子体化学刻蚀所组成。

1. 湿法刻蚀

湿法刻蚀是指刻蚀基片浸泡或涂上化学试剂(如酸、碱等)，刻蚀液与材料发生反应，去除特定的表面材料的刻蚀方法。湿法刻蚀过程可分为三个步骤：①化学刻蚀液扩散至待刻蚀材料表面；②刻蚀液与待刻蚀材料发生化学反应；③反应之后将产物从刻蚀材料表面去除[119-121]。

湿法刻蚀具有选择性高、刻蚀总体各向同性、成品率高、设备成本低、操作简单等优点[122]，但也存在着刻蚀精度较低、需要对危险化学品进行处理、溶剂污染等缺点[123]。目前常使用湿法刻蚀的材料有：硅(Si)、二氧化硅(SiO_2)和氮化硅(Si_3N_4)，以及多晶硅和铝等无机金属和非金属材料。在湿法刻蚀过程中通常根据材料的不同来选择不同的刻蚀液。刻蚀液一般分为酸类和碱类，酸类包括硝酸、盐酸、硫酸、磷酸和氢氟酸等，碱类包括氢氧化钾和氢氧化四甲铵等。基材可以通过单一成分的刻蚀液进行刻蚀，也可以通过混合溶液进行刻蚀，例如，硅表面常用硝酸和氢氟酸的混合溶液；二氧化硅常用氢氟酸和氟化铵的混合溶液；铝常用磷酸、硝酸和乙酸的混合溶液；而多晶硅则常用单一的磷酸或氢氟酸溶液。在生物材料领域，湿法刻蚀常常被用来作为表面的预处理手段，包括基材表面的清洁工作或在基材表面制备纳米阵列等。例如，Xüe 等[124]通过湿法刻蚀得到硅纳米线阵列，并将聚(*N*-丙烯酰基葡糖胺)[poly(*N*-acryloglucosamine)，PAGA]和核酸适配体 TDO5 修饰到硅纳米线阵列上，成功地实现了对 Ramos 细胞的特异性捕获。

2. 干法刻蚀

干法刻蚀是指利用激光或等离子体使反应气体生成反应活性高的离子和电子，对基材表面进行物理轰击及化学反应，以选择性地去除需要去除的区域的刻蚀方法。被刻蚀的物质变成挥发性的气体，经抽气系统抽离，最后按照设计图形的要求刻蚀出需要的深度[125-128]。

与湿法刻蚀相比，刻蚀的方向性(各向异性刻蚀)是等离子体化学刻蚀的一个显著优势，并且等离子体化学刻蚀能够在很小的尺度(约 10 nm)内精确刻蚀(图 2-6)。

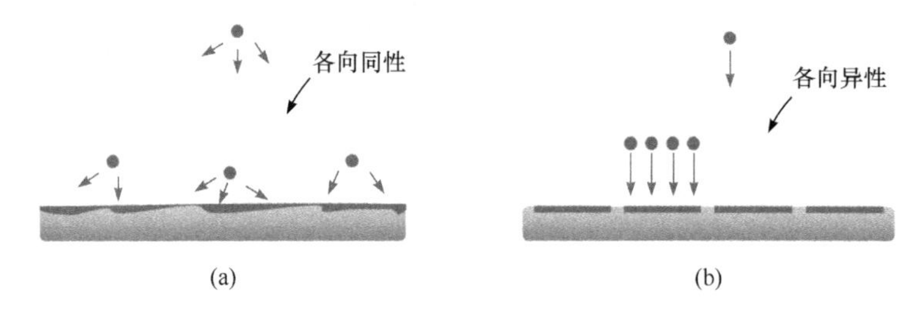

图 2-6　湿法化学刻蚀(a)和等离子体化学刻蚀(b)的示意图

等离子体化学刻蚀在操作过程中通常无有害化学物质，无污染问题，是一种环境友好的表面改性技术。然而，等离子体化学刻蚀具有设备成本高和有潜在辐射危害的缺点[123]。根据被用来产生等离子体能量源的不同，可以分为射频等离子体、电感耦合等离子体[129]等。在等离子体刻蚀过程中，从等离子体中扩散出来的活性物质被吸附在材料/基底表面。反应物质与基底材料之间发生化学反应，随后产生从基底上解吸并排出的挥发性产物。由于具有高的各向异性刻蚀能力，等离子体化学刻蚀技术在制作尺寸为纳米级的图形及聚合物刻蚀方面显示出巨大的潜力，尤其是在生物应用中可以制备出形貌各异的硅纳米阵列表面[130]。

2.2.4　化学气相沉积法

化学气相沉积(chemical vapor deposition，CVD)，也称为薄膜沉积，是一种使用气相前体进行化学反应的薄膜沉积方法，能够生成厚度均匀、孔隙率可控的纯涂层。CVD 的反应系统通常由三部分组成(图 2-7)：

(1) 进气口：气化前体(如单体)通过它送入沉积室；

(2) 沉积室：前体被化学激活，从而在底物上或底物附近发生化学反应形成薄膜；

(3) 气体排出口：去除活性物质，并为各种沉积机制保持低至中真空。

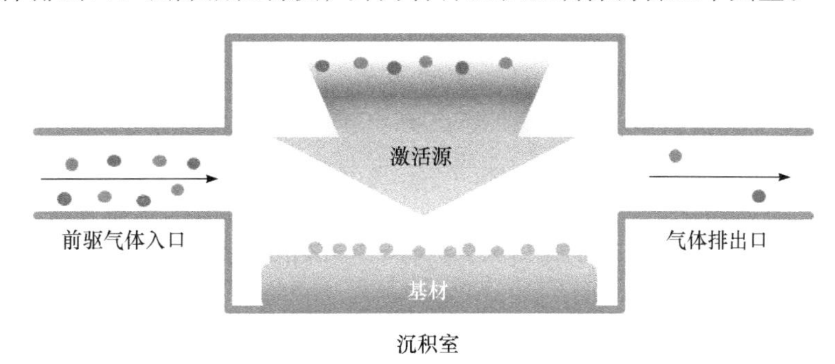

图 2-7　化学气相沉积技术示意图

传统上的 CVD 反应过程是由热作为能量源来启动和控制的，通常情况下需要较高的沉积温度，这限制了可以使用的基材类型和可以沉积的涂层材料，特别是热敏材料[131]。随着技术的发展，等离子体和光子被广泛应用于 CVD 工艺，等离子体增强化学气相沉积(plasma-enhanced chemical vapor deposition，PECVD)、光化学气相沉积(photo chemical vapor deposition，PCVD)、激光辅助化学气相沉积(laser assisted chemical vapor deposition，LCVD)和引发式化学气相沉积(initiated chemical vapor deposition，iCVD)等方法应运而生，这些方法的沉积温度都比较低，有的甚至在常温下就可以进行反应。对于生物材料，尤其是在表面修饰过程中往往因为过高的温度而失去活性的蛋白质、核酸等对温度较敏感的生物大分子，反应温度的降低极大地拓宽了 CVD 技术在该领域的应用。

目前，CVD 技术已在生物材料中用于沉积无机材料、金属或功能性聚合物薄膜，其中，金属硅化物和过渡金属等无机材料的表面沉积基本都是由 PECVD 来完成的，特别是 PECVD 制备的硅基薄膜在生物材料领域备受关注，如非晶硅[132]、碳化硅[133, 134]和氮化硅[135, 136]。由于硅烷(SiH_4)的广泛使用，这些薄膜通常是氢化的[137]。利用 PECVD 在硅表面上制备氢化非晶硅薄膜，可以研究表面羟基磷灰石的形成。表面 Si—H 键的存在被认为是诱导羟基磷灰石形成的原因。此外，还可以通过合成不同 N/Si 比的薄膜来探究不同表面的血液相容性[136]。除了硅基薄膜以外，PECVD 的类金刚石(diamond-like carbon，DLC)和氮化碳等碳基薄膜作为生物材料也受到越来越多的关注。以甲烷(CH_4)为前体，采用 PECVD 方法在硅片上沉积 DLC 薄膜，体外成骨细胞黏附和增殖测试表明，DLC 涂层具有更好的表面稳定性和改善的细胞响应[138]。利用乙炔(C_2H_2)和四氟化碳(CF_4)将氟引入 DLC，可以探究不同氟掺杂表面对蛋白质的吸附能力[139]。

对于功能性聚合物薄膜，CVD 由于不需要使用溶剂，可以避免不良的表面张力效应，但这也是导致涂层缺陷的主要根源，会引起基材的脱湿、聚集物的形成[140]和其他类型的不均匀性[141]。无溶剂的性质使得 CVD 技术能够对柔性、脆弱或非湿润基质进行无损涂层处理[142, 143]，并避免残余溶剂对组织和哺乳动物细胞的毒性。在 CVD 技术中，功能聚合物薄膜的制备通常分为链增长和逐步增长聚合两种机制。iCVD[144, 145]和

PECVD[146]等技术采用链增长机制，其中单体被添加到自由基链上；而在逐步增长机制中，任何两个相邻的带有适当基团的分子之间都可以发生反应。后者通常见于氧化化学气相沉积(oxidative chemical vapor deposition，oCVD)[147, 148]。上述技术中，iCVD、PECVD 和 oCVD 是在生物应用中最常用的形成功能聚合物薄膜的技术。由于许多亲水性涂层可以抵抗非特定蛋白质或细胞粘连，而 iCVD 技术具有较高的官能团保留率，可以确保官能团的密度所带来的强大的亲水性，并且它的温和的反应条件允许以非破坏性的方式对脆弱的膜基质进行表面修饰，因此 iCVD 技术常用来制备亲水性的聚合物涂料。例如，利用 iCVD 技术，采用两步法制备了超薄的两性离子聚合物涂层：第一步，将聚(甲基丙烯酸二甲氨基乙酯-二甲基丙烯酸乙二醇酯)[P(DMAEMA-*co*-EGDMA)]沉积并接枝到商业用反渗透膜上；第二步，用含有 1,3-丙磺酸内酯的水蒸气处理 P(DMAEMA-*co*-EGDMA)涂层，得到两性离子磺基甜菜碱结构[149]。该涂层最终在不影响膜选择性或渗透性的情况下，有效防止了大肠杆菌的黏附[149]。与 iCVD 技术不同，采用 PECVD 技术得到的聚合物薄膜被广泛应用于控制细胞在血管假体、人工晶状体、植入性电极和导管等植入性设备表面的黏附[150]。在制备过程中经常使用丙烯酸(acrylic acid，AA)和异丙醇作为前体，它可以促进人成纤维细胞的可控黏附，同时减少非特异性蛋白质结合和血栓形成[151]。相比之下，气相沉积聚羟乙基丙烯酸甲酯(PHEMA)则是组织工程中更常见的表面涂层选择[152, 153]。

2.2.5 化学偶联法

化学偶联是指通过化学键将生物活性分子修饰到基材表面，本质上是一种非均相的化学反应。为了保证偶联分子的生物活性，反应中所使用的化学试剂需要避免在生物分子的活性部位发生反应。因此，需要考虑偶联反应的机制和偶联产物的应用方向来选择合适的表面偶联方法。

表面进行化学偶联之前往往需要先在表面引入活性分子或基团。常见的引入方法包括表面等离子体改性、臭氧或氧化物处理、电晕放电和辉光放电。目前，表面引入的反应基团主要包括氨基、羟基、羧基和双键等。但是反应基团的引入并不能保证偶联的效率，所以在进行偶联反应之前，根据表面基团种类的特性需要采用不同的活化试剂来进行活化。例如，与含有氨基的生物分子偶联之前，羟基化的材料表面需要溴化氰或 *N*-羟基琥珀酰亚胺酯等化学试剂进行活化，羧基化的表面需要碳二亚胺或羰基二咪唑等化学试剂进行活化；与含有巯基的生物分子偶联之前，氨基化表面需要碘乙酸、溴乙酸或 4-(*N*-马来酰亚胺基甲基)环己烷-1-羧酸琥珀酰亚胺酯等化学试剂进行活化；与含有羟基的生物分子偶联之前，羟基化/氨基化/巯基化的表面需要环氧化物进行活化。

1. 含羟基表面的常用偶联方法

溴化氰法[图 2-8(a)]：溴化氰(CNBr)是一种常用的氰化试剂。溴化氰活化羟基过程主要是生成亚胺碳酸活性基团，活化条件是在碳酸盐条件下，pH 保持在 11 左右，之后可以和氨基(—NH_2)反应，主要生成异脲衍生物[154]。

氰脲酰氯法[图 2-8(b)]：氰脲酰氯是对称杂环化合物。在苯作为溶剂条件下，50℃保温 2 h，羟基和氰脲酰氯的氯原子发生取代反应，之后其他氯原子与生物分子中的氨基反应[154, 155]。

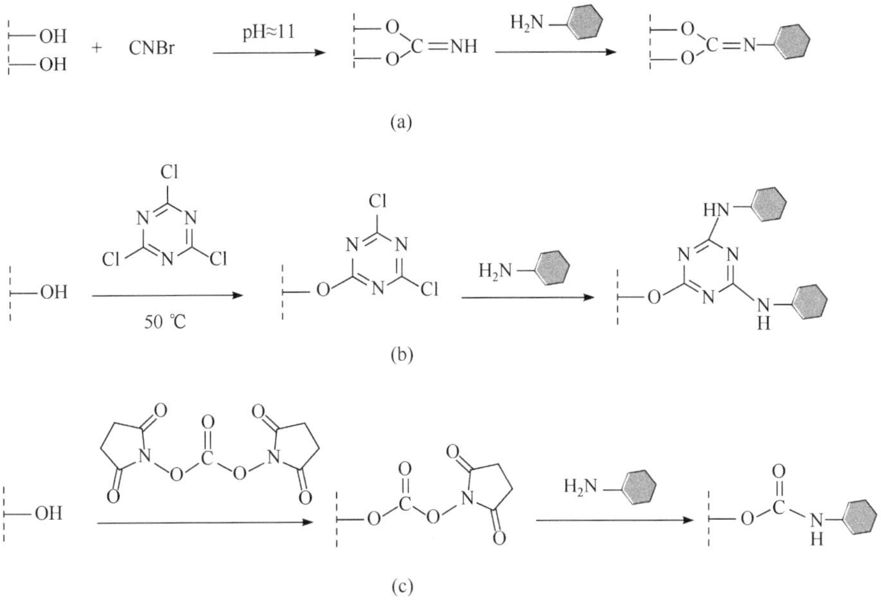

(a)

(b)

(c)

图 2-8　(a) 溴化氰法；(b) 氰脲酰氯法；(c) *N*-羟基琥珀酰亚胺酯法

N-羟基琥珀酰亚胺酯法[图 2-8(c)]：在无水条件下，材料表面的羟基被 *N*-羟基琥珀酰亚胺酯活化，后与含有氨基的生物分子发生偶联[156]。

2. 含氨基表面的常用偶联方法

4-(*N*-马来酰亚胺基甲基)环己烷-1-羧酸琥珀酰亚胺酯法[图 2–9(a)]：4-(*N*-马来酰亚胺基甲基)环己烷-1-羧酸琥珀酰亚胺酯(SMCC)是常见的官能团转化的试剂，与胺类试剂反应形成稳定的酰胺键，然后通过 Michael 加成来引入硫醇功能化的生物分子[157, 158]。

二氯硫化碳法[图 2-9(b)]：二氯硫化碳($CSCl_2$)，又名硫光气。材料表面的氨基在含 10%硫光气的三氯甲烷中回流反应，生成异硫氰酸盐，后在pH=9～10，25℃下和带有氨基的生物分子反应生成硫脲[154, 159]。

戊二醛法[图 2-9(c)]：2.5%的戊二醛先在 pH=7.0 条件下和材料表面的氨基反应生成带有醛基的亚胺，材料表面的醛基在 pH=5～7，0.5 mol/L 的磷酸盐溶液中，常温下和生物分子上的氨基反应 3 h，得到不稳定的亚胺键，随后可以通过硼氢化钠还原来稳定亚胺形成仲胺[154, 160, 161]。

碳酰氯法[图 2-9(d)]：碳酰氯($COCl_2$)，又名光气，是非常活泼的亲电试剂。将材料表面的氨基在含 10%光气的三氯甲烷中回流反应，得到异氰酸盐，后与生物分子上的氨基反应生成脲[154, 159]。

图 2-9 (a) 4-(*N*-马来酰亚胺基甲基)环己烷-1-羧酸琥珀酰亚胺酯法；(b) 二氯硫化碳法；(c) 戊二醛法；(d) 碳酰氯法

3. 含羧基表面的常用偶联方法

碳二亚胺法[图 2-10(a)]：碳二亚胺能够加速羧酸和氨基之间的酰胺化反应。常用的水溶性碳二亚胺为 1-(3-二甲基氨丙基)-3-乙基碳二亚胺(EDC)，可以活化羧基形成高反应活性和短寿命的酰胺异脲衍生物。该结构可进一步与伯胺或巯基反应形成酰胺键或硫醚键，也能与水分子反应水解成原来的羧基，被广泛应用于表面化学偶联反应中[162]。为了进一步提高形成酰胺键的效率，通常将 *N*-羟基琥珀酰亚胺(NHS)与 EDC 共同使用。NHS 与羧基反应生成相较于酰胺异脲衍生物具有更好稳定性的 NHS 酯中间体，在弱碱性环境下能较好地与氨基反应形成酰胺键[162-164]。

二氯亚砜法[图 2-10(b)]：二氯亚砜先与材料表面的羧酸基团反应生成酰氯，活化条件为 10%的亚硫酰氯/三氯甲烷和回流 4 h，然后酰氯基团在 pH=8～9，室温下 1 h 和生物分子上的氨基反应形成酰胺键[154, 159]。

除此之外，还有一种非活化的手段将生物分子偶联在基材表面，即光化学法。该方法需要带有双基团(通常一端为热敏基团，另一端为光敏基团)的光偶联剂进行反应，首先将生物活性分子与光偶联剂上的热敏基团反应制备出带有光敏基团的生物活性分子，随后利用光化学反应将目标分子共价偶联至基材表面。这种方法常用的光偶联剂主要有芳香叠氮类和二苯酮类。

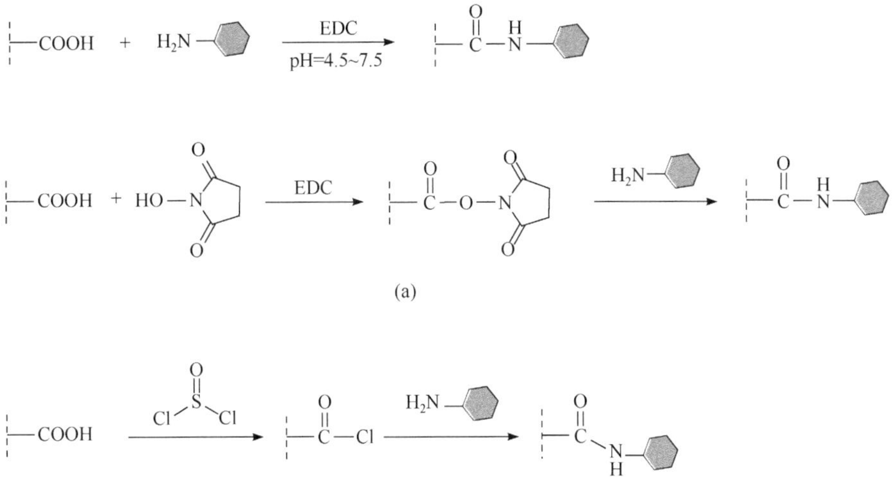

(a)

(b)

图 2-10　(a) 碳二亚胺法；(b) 二氯亚砜法

偶联过程除了需要考虑偶联效率外，最终偶联上去的生物分子的活性也需要被重视。如果生物分子是直接偶联在基材表面，那么生物分子的活性可能会由于空间位阻的影响而降低。这种情况下，在生物分子和表面基材之间引入适当长度的连接臂可以使生物分子具有合适的空间取向和适当的灵活度，从而保证生物分子的活性。通常情况下连接臂为长度为十个碳原子以内并且两端均含有活性反应基团的有机物。常用的连接臂包括分子两端各有一个伯胺基，分子中间含有一个仲胺基的 3,3′-二氨丙基亚胺，分子两端各有一个伯胺基和羧基的 6-氨基己酸及分子两端各有一个环氧乙烷的 1,4-丁二醇缩水甘油等。值得注意的是，在选择连接臂时需要考虑其对基材性能的影响，避免因为连接臂的引入而改变基材本身的理化性质。

另外，偶联完成后，表面上剩余的活性基团可能会引起非特异性吸附等不必要的化学反应从而影响生物分子的活性，因此这些活性基团通常需要一些小分子来进行封闭。根据表面活性基团的不同，常常需要用到不同的封闭试剂，例如，封闭氨基的有三羟甲基氨基甲烷、乙醇胺和甘氨酸等；封闭巯基的有半胱氨酸、β-巯基乙醇和β-巯基乙胺等。需要注意的是，这些小分子在引入时既不能与生物分子发生反应，也不能再次引入新的活性基团，或是改变表面基材的特性。因此，在选择时需要结合表面与小分子的反应性能来挑选最合适的封闭分子。

2.2.6　表面接枝法

表面接枝是一种将聚合物嫁接到固体基材表面的修饰手段。它通常可以产生具有高聚合物密度并且聚合物结构比较明确的表面，是目前研究最多、最具吸引力的聚合物表面改性技术。与其他技术(如聚合物沉积)相比，表面接枝聚合物层更稳定[165, 166]。另外，该方法还可以方便地将不同功能的聚合物接枝到同一表面上，从而获得具有综合性能的表面材料，同时它的操作过程还避免了其他技术可能发生的宏观相分离。要将聚合物固定到表面，一般有三种手段：第一种是将预先合成的聚合物链偶联到表面上；第二种是在表面原位合成聚合物链；第三种则是聚合物链在开始时在溶液中生长，然后正在生长的链插入表面单体单元进行传播。这三种手段分别对应了三大类表面接枝方法："grafting-to"(接枝到)、"grafting-from"(接枝自)和"grafting-through"(经表面接枝)[167-171]。

1. "grafting-to"方法

"grafting-to"方法(图 2-11)是含有一定活性基团的预合成聚合物与基材表面基团进行的耦合反应[172]。区别于前面的化学偶联生物活性分子表面改性，聚合物分子的反应基团可以预先设计，可以在其侧基也可以在其端基，"grafting-to"方法的范围更大。在"grafting-to"方法中常常使用的耦合手段有硫醇-金、羟基-羧基、羟基-羟基、氨基-羧基、亲和素-生物素及点击反应等。对于某些表面，如金，可以直接与带有硫醇端基的聚合物连接，但大多数表面需要引入氨基、羟基或亲和素等官能团作为锚才能连接具有活性基团的预合成聚合物。比较特殊的是，由于带有多巴胺或邻苯二酚基团的分子可以附着在不同类型的表面上，因此多巴胺功能性分子或聚合物可以直接与表面结合或者利用多巴胺分子上的官能团与聚合物反应将聚合物接枝到表面上。"grafting-to"方法最显著的优点就是聚合物可以在改性之前预先设计、合成和表征，所以它非常适合用来制备具有明确的分子量和分子量分布的聚合物改性表面。然而，用这种方法固定在表面的聚合物数量通常很少。这是因为随着接枝过程的进行，越来越多的聚合物链附着在基材表面造成空间位阻，掩盖反应位点，使得后续的聚合物链很难与表面上的官能团反应并成功接枝。所以，用"grafting-to"方法得到的聚合物层往往很薄，接枝密度也很低[171]。

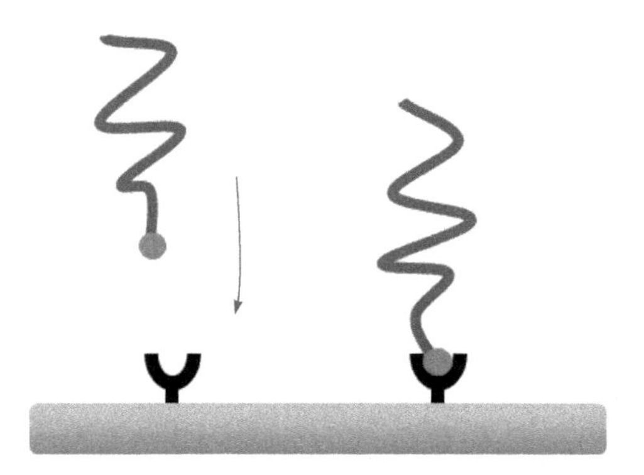

图 2-11 "grafting-to"方法示意图

1) 基于亲和素-生物素的"grafting-to"方法

亲和素是一种来自鸟类和两栖动物的蛋白质，对生物素有相当大的亲和力。生物素是一种存在于所有活细胞中的少量维生素。亲和素包括链霉亲和素，它是从链霉菌中分离出来的，具有类似于亲和素的结构，能够结合多达四个生物素分子。亲和素与生物素的相互作用是已知的蛋白质与配体之间最强的非共价相互作用(图 2-12)，所形成的产物称为亲和素-生物素复合物(avidin-biotin complex，ABC)。在不同的 pH、温度和有机溶剂中，生物素与亲和素之间的键形成迅速而稳定[173]。这些特性使其成为将聚合物接枝到表面的有力手段。

图 2-12　亲和素-生物素复合物合成方法

2) 基于点击反应的“grafting-to”方法

硫醇和活化烯之间的 Michael 加成反应[图 2-13(a)]是一种很有吸引力的聚合后修饰工具，因为它在温和的条件下很容易在水介质中进行[174]。

(a)

(b)

(c)

(d)

(e)

图 2-13　(a) 硫醇-烯点击反应；(b) 叠氮-炔点击反应；(c) 无 Cu 叠氮-炔点击反应；(d) 硫醇-炔点击反应；(e) 1,5,7-三氮杂二环[4.4.0]癸-5-烯(TBD)催化下的 SuFEx 点击反应

2002 年由 Sharpless 小组[175]和 Meldal 小组[176]独立发现了铜(Ⅰ)催化的叠氮-炔环加成反应(CuAAc)，使该反应在各个领域的应用得到了前所未有的推动[图 2-13(b)]。这一反应引起科学家关注的主要原因是叠氮和炔基的 1,3-偶极环加成反应的效率和区域选择性的提高，条件温和，实现了官能团的高度稳定性等优点。因此，该反应被称为“迄今为止最好的点击反应”和“最有效和最广泛使用的点击反应”。由于反应条件温和，且不与天然的反应基团(如氨基)发生交叉反应，该反应适用于将不同聚合物接枝到材料表面。

第一个无 Cu 的应变促进叠氮-炔环加成(strain-promoted azide-alkyne cycloaddition，SPAAC)反应是由 Bertozzi 小组开发的[177]，基于环状炔烃和叠氮化物的使用[图 2-13(c)]。该反应使用环辛基的环应变能的释放促进碳碳三键的几何变形，以使 1,3-偶极环加成反

应不用金属催化剂即可快速进行[178]。由于无 Cu 催化剂可能具有的细胞毒性，因此SPAAC 适用于生物材料的表面修饰。

硫醇-炔点击反应在室温、氧气或水存在下进行[图 2-13(d)]，效率高，动力学快，没有昂贵的和潜在的有毒催化剂，因此基于硫醇-炔的点击反应更有吸引力[179]。氢硫化反应也可以在紫外可见范围内(254～470 nm)光引发，提供了反应的时间和空间控制。大量商业上可获得的硫醇是这个反应作为广泛适用平台的另一个优势。

硫(Ⅵ)-氟化物交换(SuFEx)的点击反应由 Sharpless 小组提出[180]，与之前的点击反应相比，SuFEx 具有许多吸引人的特点，它不需要金属催化剂，对环境中氧和水不敏感，对反应条件的变化有很高的耐受性，反应速率快并且拥有较高的产率[181]。SuFEx 反应[图 2-13(e)]已被公认为聚合物合成、表面官能化和其他形式的聚合物材料工程中一种优越的聚合后修饰方法。

2. “grafting-from”*方法*

“grafting-from”方法(图 2-14)是指利用基材表面的活性位点来引发单体的原位聚合反应，换句话讲该方法是使用表面附着或自组装的引发剂部分从基材表面生长出聚合物链，因此“grafting-from”方法有时也被称为表面引发聚合。

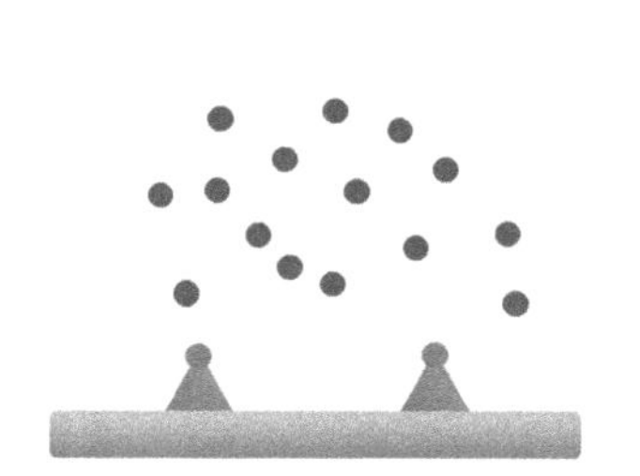

图 2-14 “grafting-from”方法示意图

与上面提到的“grafting-to”方法相比，“grafting-from”是一种有效的可以直观控制接枝聚合物刷密度和厚度的方法，几乎可以达到分子级的精度[182, 183]。首先，将带有引发剂的自组装单分子膜固定到基材表面。然后，将带有引发剂的表面、催化剂和单体混合在一起，通过聚合反应进行表面接枝，比较常见的是利用传统自由基聚合(conventional free radical polymerization)。

1) 传统自由基聚合

自由基聚合通常需要在固体表面引入引发剂以进行接枝。但对于某些表面，直接对其进行高能处理后(如自由基、紫外线或等离子体等)，可在固体材料(如聚丙烯或聚对苯二甲酸乙二醇酯等聚合物)表面上产生活性中心，用于随后的直接聚合以生长聚合物。其中具有代表性的是辐射接枝(radiation grafting)。

辐射接枝的过程是基于辐射能量对待改性材料的活化，活化产生高活性的自由基，这些自由基很容易与适当的功能单体反应形成共价键，从而实现聚合物链的增长[184]。

电离辐射通过与物质相互作用(电离激发)产生基本相同的效果[185]，但根据它们的物理性质的差异，包括电荷、穿透能力和传能线密度(linear energy transfer，LET)等可以产生不同的自由基分布。在使用电子或离子的情况下，由于其高 LET 值、带电和拥有质量的原因，每个粒子在材料表面几毫米内传递掉全部能量。对于γ射线，由于其高穿透力，会出现能量在表面和材料内部的均匀传递[186]。对于一些特定的需求，可以通过将不同类型的辐射结合在一起，对材料表面和浅层产生均匀的影响[187]，所以在研究及生产过程中需要关注电离辐射的类型和能量，这将决定产生哪种材料的结构变化。由于在材料表面接枝了“新”分子，因此常用于改变聚合物材料的性能。辐射接枝方法可以分为直接辐射接枝、预辐射接枝和预辐射过氧化物接枝。

(1) 直接辐射接枝：多用于聚合物基材(图 2-15)。将聚合物基材浸入液态或气态的单体中，辐射在聚合物基质中产生主要是自由基的活性位点，其可以引发接枝聚合。但辐射也可以与单体发生作用产生自由基并发生均聚，后者是一种不利的副反应。由于聚合物降解需要比接枝过程更高的辐射吸收剂量，因此可以在受控条件下进行直接接枝，而不会对基材造成明显损坏[188]。

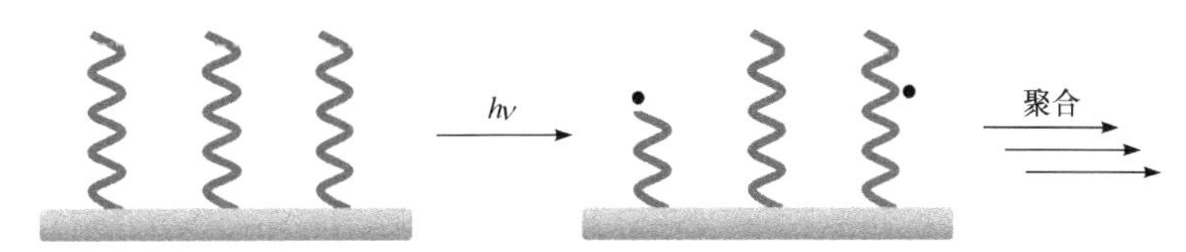

图 2-15　直接辐射接枝示意图

(2) 预辐射接枝：聚合物基材先在真空中或在惰性气氛下受照射产生自由基，接枝过程由被困在聚合物中的自由基引发，这样就避免了单体的均聚。该方法的缺点是需要比直接辐射接枝更高的辐射剂量，可能导致聚合物基材的分解。此外，反应对温度和结晶度高度敏感，聚合物结晶区捕获的自由基浓度高于非晶区，获得聚合物的聚合度也相对较低。

(3) 预辐射过氧化物接枝：在氧气存在的情况下对聚合物材料进行预辐照。通过这种方式，形成的自由基转化为过氧化物和/或氢过氧化物，当已经辐照的聚合物在单体存在下加热时，过氧化物分解产生自由基，引发接枝聚合(图 2-16)。预辐射过氧化物接枝的一个优点是可以在接枝前将经过辐照的聚合物储存一段时间；缺点是氢过氧化物基团裂解产生的羟基自由基会诱发均聚，而且同样需要比直接辐射接枝更高的辐射剂量[188]。

辐射接枝是表面改性的有效方法，可以用于控制药物释放的智能表面及组织工程材料的构建。例如，McGuire 小组[189]使用 γ 射线辐射，在聚氨酯表面接枝聚乙二醇-*co*-聚丁二烯-*co*-聚乙二醇三嵌段聚合物，增强了表面对纤维蛋白原的吸附抗性，提高了血液相容性。

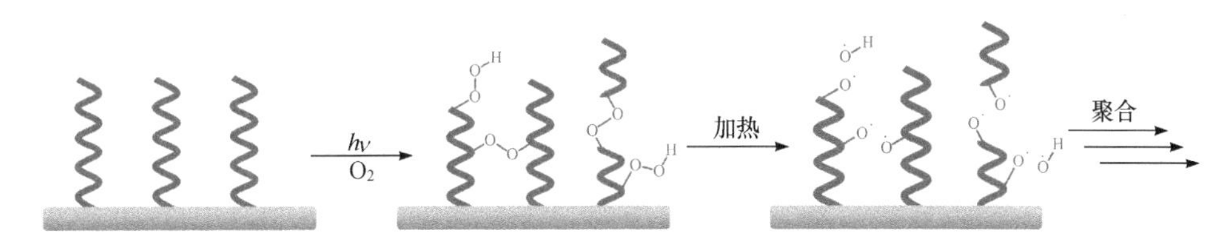

图 2-16　预辐射过氧化物接枝示意图

2) 可控和活性表面聚合

为了最大限度地控制聚合物刷密度、多分散性和组成，同时允许在表面形成嵌段共聚物，“grafting-from”方法对可控和活性聚合的需求很大，几乎所有常见的高分子合成策略都已应用于该方法中(图 2-17)，例如：①原子转移自由基聚合(atom transfer radical polymerization，ATRP)；②可逆加成-断裂链转移聚合(reversible addition-fragmentation chain transfer polymerization，通常简称 RAFT 聚合)；③氮氧化物介导聚合(nitroxide-mediated polymerization，NMP)；④开环异位聚合(ring-opening metathesis polymerization，ROMP)等。

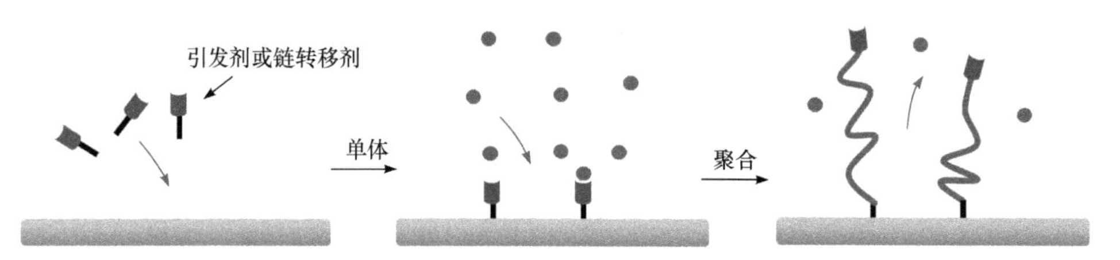

通常为硫代酯、溴代酰溴或氮氧化合物等

图 2-17　可控和活性聚合示意图

(1) 原子转移自由基聚合(ATRP)。由 Wang[190]、Matyjaszewski 等[191, 192]于 1995 年发现的 ATRP，是一种强大的可控/活性自由基聚合(controlled/living radical polymerization，CRP)方法。在此基础上发展出表面引发原子转移自由基聚合(surface-initiated atom transfer radical polymerization，SI-ATRP)[171, 193-200]。SI-ATRP 作为一种接枝方法，能够精确地控制和调节所制备的杂化材料的结构和性能[201]。Liu 等[202]在金表面采用 ATRP 在室温下进行了 *N*-乙烯基吡咯烷酮(*N*-vinyl-2-pyrrolidinone，NVP)的可控聚合，采用硅烷化方法形成黏结层用于引发剂的附着，相较于硫醇法，具有更好的稳定性。Qu 等[203]报道了一种广泛适用的基于含苯硼酸(phenylboronic acid，PBA)基团的糖响应性聚合物修饰的硅纳米线阵列(silicon nanowire array，SiNWA)。通过 SI-ATRP 技术在硅纳米线阵列上引发得到聚(2-甲基丙烯酸羟乙酯-*co*-2-甲基丙烯酸氨基乙酯)[poly(2-hydroxyethyl methacrylate)-*co*-(2-aminoethyl methacrylate)，PHA]，后激活 PHA 的氨基，通过形成酰胺键与 PBA 基团缀合得到一种广泛适用的基于含 PBA 基团的糖响应性聚合物修饰的硅纳米线阵列集成多功能平台。

(2) 可逆加成-断裂链转移聚合(RAFT 聚合)。RAFT 聚合不需要金属催化剂，单体适用面广，在生物材料改性中应用广泛[204]。例如，Kuliasha 等[205]利用丙烯酸酯/甲基丙烯酸酯单体的 RAFT 聚合，实现了聚二甲基硅氧烷(PDMS)的表面改性。Liu 等[206]将 SuFEx 反应与二苯甲酮光化学相结合，实现了 PVC 表面的功能化。利用这种技术，RAFT 试剂被有效固定，进一步通过表面引发 RAFT(Surface-initiated RAFT，SI-RAFT)聚合进行表面改性。

光诱导电子/能量转移 RAFT(photoinduced electron/energy transfer-RAFT，PET-RAFT)技术是一种利用紫外/可见光引发聚合的方法，具有绿色化学的优点，同时保持了 RAFT

良好的控制性，也被应用于生物材料的表面改性[207, 208]。Zhou 等[209]将[2-(甲基丙烯酰基氧基)乙基]二甲基-(3-磺酸丙基)氢氧化铵{[2-(methacryloxy)ethyl] dimethyl-(3-sulfopropyl) ammonium hydroxide，MEDSAH}作为一种磺基甜菜碱单体，通过 PET-RAFT 聚合在 PVA 水凝胶上构建了防污表面。结果表明，PVA-*g*-PMEDSAH 水凝胶具有亲水性、无细胞毒性和抗污性能。无须除氧、条件温和的特性使其在生物材料表面改性中具有很好的应用前景。

(3) 氮氧化物介导聚合(NMP)。NMP 的基础是活性链末端自由基与氮氧化物离去基团的可逆封端[210]。最早的例子是 Daly 等[211]发表的，他们利用 NMP 过程制备了基于多糖基的梳状共聚物以研究纤维素的接枝化学。Studer 小组[212-214]证明，由表面引发 NMP(surface-initiated NMP，SI-NMP)方法在硅片上制备的 PS 聚合物刷具有蛋白质吸附或蛋白质排斥特性，具体取决于 PS 聚合物刷的厚度。通过相同的方法，将聚甲基丙烯酸羧基甜菜碱[poly(carboxybetaine methacrylate)，PCBMA]接枝到硅片上，可以获得能够抑制蛋白质吸附的聚合物刷，而端膦酸基则能够促进内皮黏附[215]。

(4) 开环易位聚合(ROMP)。ROMP 是 Robert Grubbs 首创的术语，是烯烃歧化反应的一种变体，它使用环烯烃来合成立体规则和单分散的聚合物[216-219]。环烯烃单体的 ROMP，特别是官能化降冰片烯，常被用于聚合物生物材料的改性。Xue 等[220]利用苯酚功能化的降冰片烯衍生物，基于 ROMP 合成了一种新型的聚合物抗氧化剂，用于保护聚丙烯免受热氧化降解。Isarov 等[221]在溶液中使用特定的催化剂和水溶性降冰片烯从蛋白质表面进行 ROMP，得到了高分子量的蛋白质/聚合物络合物。

3. “grafting-through”方法

“grafting-through”方法(图 2-18)是指溶液中的自由单体和基材上可聚合单元的共聚。聚合物链最初在溶液中形成，通过与基材表面的单体聚合以共价键连接到表面。随着越来越多的聚合物链连接到基材表面的单体上，表面形成了牢固的聚合物层[171]。也就是说，“grafting-through”方法需要使用具有可聚合基团的表面来进行接枝。这种方法的优点是与现有的聚合工艺(即自由基聚合或可控自由基聚合)兼容。与以上两种方式不同，“grafting-through”方法制备的表面接枝聚合物层的厚度是通过调节表面单体的密度和聚合反应的条件来控制的，它可以在几平方厘米的衬底上得到均匀且粗糙度较低的聚合物薄膜，这些薄膜可以完全或部分覆盖表面的单体层，因此，通过调整反应参数可以对表面的性质进行调控[222]。例如，将低聚(乙二醇甲基醚)甲基丙烯酸酯[oligomeric(ethylene glycol methyl ether) methacrylate，OEGMA]和甲基丙烯酰胺基赖氨酸(methyl acrylamide lysine，LysMA)两种单体，通过“grafting-through”方法连接到乙烯基官能化的聚氨酯(PU)表面，得到了具有抗蛋白质吸附(通过 OEGMA)和具有溶解凝血性能(通过 LysMA)的表面(PU-POL)，随后将硒代胱胺(可在血管中催化 *S*-亚硝基硫醇分解产生 NO)通过共价连接固定在 PU-POL 表面，可以构建出具有纤溶活性(溶解新生凝块)和 NO 释放能力(抑制血小板黏附和 SMC 黏附以及增殖)的双重功能表面[223]。

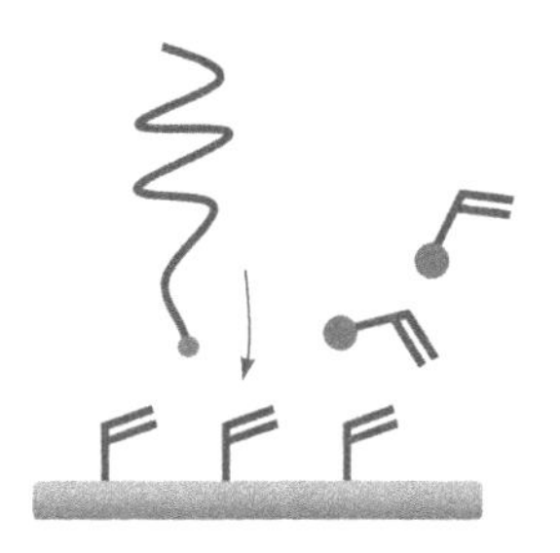
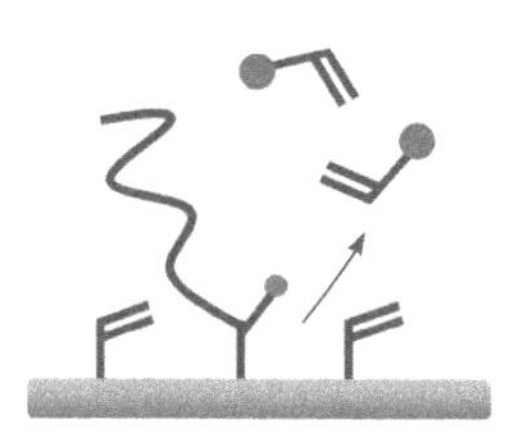

图 2-18 “grafting-through”方法示意图

2.3 小　　结

本章主要总结了生物材料表面改性的物理和化学方法，以实现材料表面组成和结构的变化。物理改性主要有等离子体、紫外/臭氧、物理刻蚀、电镀、超声及物理气相沉积的方法，化学改性主要有自组装单分子膜、层层自组装、化学刻蚀、化学气相沉积、化学偶联和表面接枝的方法。在实际应用中，为了达到材料表面特定的生物学性能，往往不会采用单一的物理或化学方法，而是将不同的物理和化学方法结合起来，以发挥表面改性策略的全部潜力，从而达到最好的改性效果。另外，本章中列举了目前代表性的生物材料表面改性策略，随着需要表面改性的材料的日益发展，针对固体平面材料、纳米粒子及基于细胞的材料等不同种类的表面，对应的改性方法也在不断创新和改进。

生物材料表面改性技术的优化依赖于物理、化学及其他学科的发展。除了改性方法外，在改性过程中需要实现绿色制造、可控加工和确保低生物毒性。卓越的性能、优良的耐久性、简单的操作步骤及制造自动化是生物材料表面改性的要求。由于全球对于医用植入物和设备的重视，生物材料的表面改性受到了广泛的关注，其未来是充满希望的。有理由相信，随着生物材料表面改性技术的不断发展，包括智能机器制造等技术的引入，最终能够实现生物医学应用的各种需求。

参 考 文 献

[1] Mahmoodi M, Zamanifard M, Safarzadeh M, et al. *In vitro* evaluation of collagen immobilization on polytetrafluoroethylene through NH_3 plasma treatment to enhance endothelial cell adhesion and growth. Bio-Med Mater Eng, 2017, 28(5): 489-501.

[2] Bahramian B, Chrzanowski W, Kondyurin A, et al. Fabrication of antimicrobial poly(propylene carbonate) film by plasma surface modification. Ind Eng Chem Res, 2017, 56(44): 12578-12587.

[3] Wang W P, Zheng Z, Huang X, et al. Hemocompatibility and oxygenation performance of polysulfone membranes grafted with polyethylene glycol and heparin by plasma-induced surface modification. J Biomed Mater Res Part B, 2017, 105(7): 1737-1746.

[4] Placinta G, Arefi-Khonsari F, Gheorghiu M, et al. Surface properties and the stability of poly(ethylene terephtalate) films treated in plasmas of helium-oxygen mixtures. J Appl Polym Sci, 1997, 66(7): 1367-1375.

[5] Gilbert Carlsson C M, Johansson K S. Surface modification of plastics by plasma treatment and plasma polymerization and its effect on adhesion. Surf Interface Anal, 1993, 20(5): 441-448.

[6] Vig J R. UV/ozone cleaning of surfaces. J Vac Sci Technol A, 1985, 3(3): 1027-1034.

[7] Watanabe S, Hayashi F, Matsumoto M. Hydrogel-free alternate soaking technique for micropatterning of bioactive ceramics on wettability-patterned substrates around room temperature. Colloids Surf A, 2015, 478: 7-14.

[8] Mathieson I, Bradley R H. Improved adhesion to polymers by UV/ozone surface oxidation. Int J Adhes Adhes, 1996, 16(1): 29-31.

[9] Mathieson I, Bradley R H. Effects of ultra violet/ozone oxidation on the surface chemistry of polymer films. Key Eng Mater, 1995, 99-100: 185-192.

[10] Davidson M R, Mitchell S A, Bradley R H. Surface studies of low molecular weight photolysis products from UV-ozone oxidised polystyrene. Surf Sci, 2005, 581(2/3): 169-177.

[11] Desmet T, Morent R, De Geyter N, et al. Nonthermal plasma technology as a versatile strategy for polymeric biomaterials surface modification: a review. Biomacromolecules, 2009, 10(9): 2351-2378.

[12] Sahin O, Ashokkumar M, Ajayan P M. Micro- and nanopatterning of biomaterial surfaces// Balakrishnan P, Sreekala M S, Thomas S. Fundamental Biomaterials: Metals. Cambridge: Woodhead Publishing, 2018: 67-78.

[13] Yang Y Y, Zhang H H, Komasa S, et al. UV/ozone irradiation manipulates immune response for antibacterial activity and bone regeneration on titanium. Mater Sci Eng C, 2021, 129: 112377.

[14] Arnould C, Delhalle J, Mekhalif Z. Multifunctional hybrid coating on titanium towards hydroxyapatite growth: electrodeposition of tantalum and its molecular functionalization with organophosphonic acids films. Electrochimica Acta, 2008, 53(18): 5632-5638.

[15] Wang S, Li J G, Zhou Z X, et al. Micro-/nano-scales direct cell behavior on biomaterial surfaces. Molecules, 2019, 24(1): 75.

[16] Chen Z T, Bachhuka A, Han S W, et al. Tuning chemistry and topography of nanoengineered surfaces to manipulate immune response for bone regeneration applications. ACS Nano, 2017, 11(5): 4494-4506.

[17] Xu L C, Siedlecki C A. Surface texturing and control of bacterial adhesion // Ducheyne P. Comprehensive Biomaterials Ⅱ. Oxford: Elsevier, 2017: 303-320.

[18] Mustafa F, Finny A S, Kirk K A, et al. Printed paper-based (bio)sensors: Design, fabrication and applications // Merkoçi A. Comprehensive Analytical Chemistry. Amsterdam: Elsevier, 2020: 63-89.

[19] Xia Y N, Whitesides G M. Soft lithography. Angew Chem Int Ed, 1998, 37(5): 550-575.

[20] Kilian K A, Bugarija B, Lahn B T, et al. Geometric cues for directing the differentiation of mesenchymal stem cells. Proc Natl Acad Sci, 2010, 107(11): 4872-4877.

[21] Peng R, Yao X, Ding J D. Effect of cell anisotropy on differentiation of stem cells on micropatterned surfaces through the controlled single cell adhesion. Biomaterials, 2011, 32(32): 8048-8057.

[22] Terris B D, Mamin H J, Best M E, et al. Nanoscale replication for scanning probe data storage. Appl Phys Lett, 1996, 69(27): 4262-4264.

[23] McMurray R J, Gadegaard N, Tsimbouri P M, et al. Nanoscale surfaces for the long-term maintenance of mesenchymal stem cell phenotype and multipotency. Nat Mater, 2011, 10(8): 637-644.

[24] Schvartzman M, Palma M, Sable J, et al. Nanolithographic control of the spatial organization of cellular adhesion receptors at the single-molecule level. Nano Lett, 2011, 11(3): 1306-1312.

[25] Weng Y Y, Li Z Y, Peng L, et al. Fabrication of carbon quantum dots with nano-defined position and pattern in one step via sugar-electron-beam writing. Nanoscale, 2017, 9(48): 19263-19270.

[26] Martinez-Chapa S O, Salazar A, Madou M J. Two-photon polymerization as a component of desktop integrated manufacturing platforms // Baldacchini T. Three-Dimensional Microfabrication Using Two-photon Polymerization. Oxford: William Andrew Publishing, 2016: 374-416.

[27] Watt F, Bettiol A A, Van Kan J A, et al. Ion beam lithography and nanofabrication: a review. Int J Nanosci, 2005, 4(3): 269-286.

[28] Sommerfeld J, Richter J, Niepelt R, et al. Protein adsorption on nano-scaled, rippled TiO_2 and Si surfaces. Biointerphases, 2012, 7(1): 55.

[29] Tocce E J, Smirnov V K, Kibalov D S, et al. The ability of corneal epithelial cells to recognize high aspect ratio nanostructures. Biomaterials, 2010, 31(14): 4064-4072.

[30] Elbourne A, Crawford R J, Ivanova E P. Nano-structured antimicrobial surfaces: from nature to synthetic analogues. J Colloid Interface Sci, 2017, 508: 603-616.

[31] Wang J H. Surface preparation techniques for biomedical applications // Driver M. Coatings for Biomedical Applications. Cambridge: Woodhead Publishing, 2012: 143-175.

[32] Nageswaran G, Jothi L, Jagannathan S. Plasma assisted polymer modifications // Thomas S, Mozetič M, Cvelbar U, et al. Non-Thermal Plasma Technology for Polymeric Materials. Amsterdam: Elsevier, 2019: 95-127.

[33] Li D. Encyclopedia of Microfluid Nanofluid. Boston： Springer, 2008.

[34] Tserepi A, Gogolides E, Bourkoula A, et al. Plasma nanotextured polymeric surfaces for controlling cell attachment and proliferation: a short review. Plasma Chem Plasma Process, 2016, 36(1): 107-120.

[35] Reznickova A, Novotna Z, Kolska Z, et al. Enhanced adherence of mouse fibroblast and vascular cells to plasma modified polyethylene. Mater Sci Eng C, 2015, 52: 259-266.

[36] Sirdeshmukh N, Dongre G. Laser micro & nano surface texturing for enhancing osseointegration and antimicrobial effect of biomaterials: a review. Mater Today: Proc, 2021, 44: 2348-2355.

[37] Cao L, Yang J J, Li J, et al. Tantalum nanoparticles reinforced polyetheretherketone coatings on titanium substrates: bio-tribological and cell behaviour. Tribol Int, 2022, 175: 107847.

[38] De Haro C, Mas R, Abadal G, et al. Electrochemical platinum coatings for improving performance of implantable microelectrode arrays. Biomaterials, 2002, 23(23): 4515-4521.

[39] Weigl P, Hahn L, Lauer H C. Advanced biomaterials used for a new telescopic retainer for removable dentures. J Biomed Mater Res, 2000, 53(4): 320-336.

[40] Suslick K S, Price G J. Applications of ultrasound to materials chemistry. Annu Rev Mater Sci, 1999, 29: 295-326.

[41] Skorb E V, Shchukin D G, Möhwald H, et al. Ultrasound-driven design of metal surface nanofoams. Nanoscale, 2010, 2(5): 722-727.

[42] Skorb E, Shchukin D, Möhwald H, et al. Sonochemical design of cerium-rich anticorrosion nanonetwork on metal surface. Langmuir, 2010, 26(22): 16973-16979.

[43] Paxton N C, Allenby M C, Lewis P M, et al. Biomedical applications of polyethylene. Eur Polym J, 2019, 118: 412-428.

[44] Price G J, Keen F, Clifton A A. Sonochemically-assisted modification of polyethylene surfaces. Macromolecules, 1996, 29(17): 5664-5670.

[45] Fernandez Rivas D, Verhaagen B, Seddon J R T, et al. Localized removal of layers of metal, polymer, or biomaterial by ultrasound cavitation bubbles. Biomicrofluidics, 2012, 6(3): 034114.

[46] Sella C, Martin J C, Lecoeur J, et al. Biocompatibility and corrosion resistance in biological media of hard ceramic coatings sputter deposited on metal implants. Mater Sci Eng A, 1991, 139: 49-57.

[47] Jansen J A, Wolke J G C, Swann S, et al. Application of magnetron sputtering for producing ceramic coatings on implant materials. Clin Oral Implants Res, 1993, 4(1): 28-34.

[48] Xu S Y, Long J D, Sim L, et al. RF plasma sputtering deposition of hydroxyapatite bioceramics: synthesis, performance, and biocompatibility. Plasma Processes Polym, 2005, 2(5): 373-390.

[49] Lundin P M, Fiser B L, Blackledge M S, et al. Functionalized self-assembled monolayers: versatile strategies to combat bacterial biofilm formation. Pharmaceutics, 2022, 14(8): 1613.

[50] Ulman A. Formation and structure of self-assembled monolayers. Chem Rev, 1996, 96(4): 1533-1554.
[51] Flink S, Van Veggel F C J M, Reinhoudt D N. Sensor functionalities in self-assembled monolayers. Adv Mater, 2000, 12(18): 1315-1328.
[52] Dubois L H, Nuzzo R G. Synthesis, structure, and properties of model organic surfaces. Annu Rev Phys Chem, 1992, 43: 437-463.
[53] Luk Y Y, Kato M, Mrksich M. Self-assembled monolayers of alkanethiolates presenting mannitol groups are inert to protein adsorption and cell attachment. Langmuir, 2000, 16(24): 9604-9608.
[54] Sigal G B, Mrksich M, Whitesides G M. Effect of surface wettability on the adsorption of proteins and detergents. J Am Chem Soc, 1998, 120(14): 3464-3473.
[55] Capadona J R, Collard D M, García A J. Fibronectin adsorption and cell adhesion to mixed monolayers of tri(ethylene glycol)- and methyl-terminated alkanethiols. Langmuir, 2003, 19(5): 1847-1852.
[56] Ostuni E, Chapman R G, Liang M N, et al. Self-assembled monolayers that resist the adsorption of proteins and the adhesion of bacterial and mammalian cells. Langmuir, 2001, 17(20): 6336-6343.
[57] Deng L, Mrksich M, Whitesides G M Self-assembled monolayers of alkanethiolates presenting tri(propylene sulfoxide) groups resist the adsorption of protein. J Am Chem Soc, 1996, 118(21): 5136-5137.
[58] Evans-Nguyen K M, Schoenfisch M H. Fibrin proliferation at model surfaces: influence of surface properties. Langmuir, 2005, 21(5): 1691-1694.
[59] Chen C S, Mrksich M, Huang S, et al. Geometric control of cell life and death. Science, 1997, 276(5317): 1425-1428.
[60] Chen C S, Mrksich M, Huang S, et al. Micropatterned surfaces for control of cell shape, position, and function. Biotechnol Prog, 1998, 14(3): 356-363.
[61] Lahiri J, Ostuni E, Whitesides G M. Patterning ligands on reactive SAMs by microcontact printing. Langmuir, 1999, 15(6): 2055-2060.
[62] Gallant N D, Capadona J R, Frazier A B, et al. Micropatterned surfaces to engineer focal adhesions for analysis of cell adhesion strengthening. Langmuir, 2002, 18(14): 5579-5584.
[63] Zhang A Y, Sun W, Liang X Y, et al. The role of carboxylic groups in heparin-mimicking polymer-functionalized surfaces for blood compatibility: enhanced vascular cell selectivity. Colloids Surf B, 2021, 201: 111653.
[64] Vericat C, Vela M E, Benitez G, et al. Self-assembled monolayers of thiols and dithiols on gold: new challenges for a well-known system. Chem Soc Rev, 2010, 39(5): 1805-1834.
[65] Bain C D, Troughton E B, Tao Y T, et al. Formation of monolayer films by the spontaneous assembly of organic thiols from solution onto gold. J Am Chem Soc, 1989, 111(1): 321-335.
[66] Bain C D, Evall J, Whitesides G M. Formation of monolayers by the coadsorption of thiols on gold: variation in the head group, tail group, and solvent. J Am Chem Soc, 1989, 111(18): 7155-7164.
[67] Bain C D, Whitesides G M. Formation of monolayers by the coadsorption of thiols on gold: variation in the length of the alkyl chain. J Am Chem Soc, 1989, 111(18): 7164-7175.
[68] Martins M C L, Ratner B D, Barbosa M A. Protein adsorption on mixtures of hydroxyl- and methyl-terminated alkanethiols self-assembled monolayers. J Biomed Mater Res Part A, 2003, 67A(1): 158-171.
[69] Maciel J, Martins M C L, Barbosa M A. The stability of self-assembled monolayers with time and under biological conditions. J Biomed Mater Res Part A, 2010, 94A(3): 833-843.
[70] Nicosia C, Huskens J. Reactive self-assembled monolayers: from surface functionalization to gradient formation. Mater Horiz, 2014, 1(1): 32-45.
[71] Haensch C, Hoeppener S, Schubert U S. Chemical modification of self-assembled silane based monolayers by surface reactions. Chem Soc Rev, 2010, 39(6): 2323-2334.

[72] Casalini S, Bortolotti C A, Leonardi F, et al. Self-assembled monolayers in organic electronics. Chem Soc Rev, 2017, 46(1): 40-71.
[73] Pujari S P, Scheres L, Marcelis A T M, et al. Covalent surface modification of oxide surfaces. Angew Chem Int Ed, 2014, 53(25): 6322-6356.
[74] Antoci V, Jr, King S B, Jose B, et al. Vancomycin covalently bonded to titanium alloy prevents bacterial colonization. J Orthop Res, 2007, 25(7): 858-866.
[75] Antoci V, Jr, Adams C S, Parvizi J, et al. Covalently attached vancomycin provides a nanoscale antibacterial surface. Clinical Orthopaedics and Related Research, 2007, 461: 81-87.
[76] Antoci V, Jr, Adams C S, Parvizi J, et al. The inhibition of *Staphylococcus epidermidis* biofilm formation by vancomycin-modified titanium alloy and implications for the treatment of periprosthetic infection. Biomaterials, 2008, 29(35): 4684-4690.
[77] Decher G, Hong J D. Buildup of ultrathin multilayer films by a self-assembly process: Ⅱ. Consecutive adsorption of anionic and cationic bipolar amphiphiles and polyelectrolytes on charged surfaces. Ber Bunsenges Phys Chem, 1991, 95(11): 1430-1434.
[78] Decher G, Hong J D. Buildup of ultrathin multilayer films by a self-assembly process, 1 consecutive adsorption of anionic and cationic bipolar amphiphiles on charged surfaces. Makromolekulare Chemie Macromol Symp, 1991, 46(1): 321-327.
[79] Kolasinska M, Krastev R, Gutberlet T, et al. Layer-by-layer deposition of polyelectrolytes. Dipping versus spraying. Langmuir, 2009, 25(2): 1224-1232.
[80] Feng Z, Wang Z, Gao C, et al. Direct covalent assembly to fabricate microcapsules with ultrathin walls and high mechanical strength. Adv Mater, 2007, 19(21): 3687-3691.
[81] Stockton W B, Rubner M F. Molecular-level processing of conjugated polymers. 4. Layer-by-layer manipulation of polyaniline via hydrogen-bonding interactions. Macromolecules, 1997, 30(9): 2717-2725.
[82] Lu Y X, Choi Y J, Lim H S, et al. pH-induced antireflection coatings derived from hydrogen-bonding-directed multilayer films. Langmuir, 2010, 26(22): 17749-17755.
[83] Shimazaki Y, Mitsuishi M, Ito S, et al. Preparation of the layer-by-layer deposited ultrathin film based on the charge-transfer interaction. Langmuir, 1997, 13(6): 1385-1387.
[84] Wang F, Ma N, Chen Q X, et al. Halogen bonding as a new driving force for layer-by-layer assembly. Langmuir, 2007, 23(19): 9540-9542.
[85] Xu L, Zhu Z C, Sukhishvili S A. Polyelectrolyte multilayers of diblock copolymer micelles with temperature-responsive cores. Langmuir, 2011, 27(1): 409-415.
[86] Al-Hariri L A, Reisch A, Schlenoff J B. Exploring the heteroatom effect on polyelectrolyte multilayer assembly: the neglected polyoniums. Langmuir, 2011, 27(7): 3914-3919.
[87] Kurth D G, Osterhout R. *In situ* analysis of metallosupramolecular coordination polyelectrolyte films by surface plasmon resonance spectroscopy. Langmuir, 1999, 15(14): 4842-4846.
[88] Welterlich I, Tieke B. Conjugated polymer with benzimidazolylpyridine ligands in the side chain: metal ion coordination and coordinative self-assembly into fluorescent ultrathin films. Macromolecules, 2011, 44(11): 4194-4203.
[89] Lvov Y, Ariga K, Onda M, et al. Alternate assembly of ordered multilayers of SiO_2 and other nanoparticles and polyions. Langmuir, 1997, 13(23): 6195-6203.
[90] Sun Y P, Zhang X, Sun C Q, et al. Supramolecular assembly of alternating porphyrin and phthalocyanine layers based on electrostatic interactions. Chem Commun, 1996(20): 2379-2380.
[91] Linford M R, Auch M, Möhwald H. Nonmonotonic effect of ionic strength on surface dye extraction during dye-polyelectrolyte multilayer formation. J Am Chem Soc, 1998, 120(1): 178-182.

[92] Caruso F, Caruso R A, Möhwald H. Nanoengineering of inorganic and hybrid hollow spheres by colloidal templating. Science, 1998, 282(5391): 1111-1114.
[93] Hu S H, Tsai C H, Liao C F, et al. Controlled rupture of magnetic polyelectrolyte microcapsules for drug delivery. Langmuir, 2008, 24(20): 11811-11818.
[94] Ichinose I, Fujiyoshi K, Mizuki S, et al. Layer-by-layer assembly of aqueous bilayer membranes on charged surfaces. Chem Lett, 1996, 25(4): 257-258.
[95] Sohling U, Schouten A J. Investigation of the adsorption of dioleoyl-L-α-phosphatidic acid mono- and bilayers from vesicle solution onto polyethylenimine-covered substrates. Langmuir, 1996, 12(16): 3912-3919.
[96] Serizawa T, Akashi M. Accumulation of cationic-polymer grafted poly(styrene) nanospheres onto an anionic-polymer surface. Chem Lett, 1997, 26(8): 809-810.
[97] Correa-Duarte M A, Kosiorek A, Kandulski W, et al. Layer-by-layer assembly of multiwall carbon nanotubes on spherical colloids. Chem Mater, 2005, 17(12): 3268-3272.
[98] Lvov Y, Ariga K, Kunitake T. Layer-by-layer assembly of alternate protein/polyion ultrathin films. Chem Lett, 1994, 23(12): 2323-2326.
[99] Komatsu T, Qu X E, Ihara H, et al. Virus trap in human serum albumin nanotube. J Am Chem Soc, 2011, 133(10): 3246-3248.
[100] Vikulina A S, Skirtach A G, Volodkin D. Hybrids of polymer multilayers, lipids, and nanoparticles: mimicking the cellular microenvironment. Langmuir, 2019, 35(26): 8565-8573.
[101] Lvov Y, Haas H, Decher G, et al. Successive deposition of alternate layers of polyelectrolytes and a charged virus. Langmuir, 1994, 10(11): 4232-4236.
[102] Sperling C, Houska M, Brynda E, et al. *In vitro* hemocompatibility of albumin-heparin multilayer coatings on polyethersulfone prepared by the layer-by-layer technique. J Biomed Mater Res Part A, 2006, 76A(4): 681-689.
[103] Ai H, Jones S A, Lvov Y M. Biomedical applications of electrostatic layer-by-layer nano-assembly of polymers, enzymes, and nanoparticles. Cell Biochem Biophys, 2003, 39(1): 23-43.
[104] Kharlampieva E, Kozlovskaya V, Sukhishvili S A. Layer-by-layer hydrogen-bonded polymer films: from fundamentals to applications. Adv Mater, 2009, 21(30): 3053-3065.
[105] Sergeeva A, Feoktistova N, Prokopovic V, et al. Design of porous alginate hydrogels by sacrificial $CaCO_3$ templates: pore formation mechanism. Adv Mater Interfaces, 2015, 2(18): 1500386.
[106] Sergeeva A, Vikulina A S, Volodkin D. Porous alginate scaffolds assembled using vaterite $CaCO_3$ crystals. Micromachines, 2019, 10(6): 357.
[107] Easton C D, Bullock A J, Gigliobianco G, et al. Application of layer-by-layer coatings to tissue scaffolds: development of an angiogenic biomaterial. J Mater Chem B, 2014, 2(34): 5558-5568.
[108] Paulraj T, Feoktistova N, Velk N, et al. Microporous polymeric 3D scaffolds templated by the layer-by-layer self-assembly. Macromol Rapid Commun, 2014, 35(16): 1408-1413.
[109] Madaboosi N, Uhlig K, Schmidt S, et al. Microfluidics meets soft layer-by-layer films: selective cell growth in 3D polymer architectures. Lab Chip, 2012, 12(8): 1434-1436.
[110] Machillot P, Quintal C, Dalonneau F, et al. Automated buildup of biomimetic films in cell culture microplates for high-throughput screening of cellular behaviors. Adv Mater, 2018, 30(27): 1801097.
[111] Vaterrodt A, Thallinger B, Daumann K, et al. Antifouling and antibacterial multifunctional polyzwitterion/enzyme coating on silicone catheter material prepared by electrostatic layer-by-layer assembly. Langmuir, 2016, 32(5): 1347-1359.
[112] Srisang S, Nasongkla N. Layer-by-layer dip coating of Foley urinary catheters by chlorhexidine-loaded

micelles. J Drug Delivery Sci Technol, 2019, 49: 235-242.
[113] Govindharajulu J, Chen X, Li Y P, et al. Chitosan-recombinamer layer-by-layer coatings for multifunctional implants. Int J Mol Sci, 2017, 18(2): 369.
[114] Shi Q A, Qian Z Y, Liu D H, et al. Surface modification of dental titanium implant by layer-by-layer electrostatic self-assembly. Front Physiol, 2017, 8: 574.
[115] Chen X C, Ren K F, Zhang J H, et al. Humidity-triggered self-healing of microporous polyelectrolyte multilayer coatings for hydrophobic drug delivery. Adv Funct Mater, 2015, 25(48): 7470-7477.
[116] Hu M, Jia F, Huang W P, et al. Substrate stiffness differentially impacts autophagy of endothelial cells and smooth muscle cells. Bioactive Materials, 2021, 6(5): 1413-1422.
[117] Wang H H, Wang J H, Feng J A, et al. Artificial extracellular matrix composed of heparin-mimicking polymers for efficient anticoagulation and promotion of endothelial cell proliferation. ACS Appl Mater Interfaces, 2022, 14(44): 50142-50151.
[118] Qu Y C, Wei T, Zhan W J, et al. A reusable supramolecular platform for the specific capture and release of proteins and bacteria. J Mater Chem B, 2017, 5(3): 444-453.
[119] Huang Z P, Geyer N, Werner P, et al. Metal-assisted chemical etching of silicon: a review. Adv Mater, 2011, 23(2): 285-308.
[120] Yeganeh M, Mohammadi N. Superhydrophobic surface of Mg alloys: a review. J Magnesium Alloys, 2018, 6(1): 59-70.
[121] Jayarama A, Kannarpady G K, Kale S, et al. Chemical etching of glasses in hydrofluoric acid: a brief review. Mater Today-Proc, 2022, 55: 46-51.
[122] He T, Wang Z, Zhong F, et al. Etching techniques in 2D materials. Adv Mater Technol, 2019, 4(8): 1900064.
[123] Puliyalil H, Cvelbar U. Selective plasma etching of polymeric substrates for advanced applications. Nanomaterials, 2016, 6(6): 108.
[124] Xue L L, Lyu Z L, Luan Y F, et al. Efficient cancer cell capturing SiNWAs prepared via surface-initiated SET-LRP and click chemistry. Polym Chem, 2015, 6(19): 3708-3715.
[125] Lee R E. Microfabrication by ion-beam etching. J Vac Sci Technol, 1979, 16(2): 164-170.
[126] Selim E, Gabe G, Manyalibo J M, et al. Laser-Induced Gas Plasma Etching of Fused Silica under Ambient Conditions. Colorado: Society of Photo-Optical Instrumentation Engineers (SPIE), 2012, 8530: 853022.
[127] Wang X D, Yu H B, Li P W, et al. Femtosecond laser-based processing methods and their applications in optical device manufacturing: a review. Opt Laser Technol, 2021, 135: 106687.
[128] Fan Y Y, Li S Y, Wei D S, et al. Bioinspired superhydrophobic cilia for droplets transportation and microchemical reaction. Adv Mater Interfaces, 2021, 8(24): 2101408.
[129] Cardinaud C, Peignon M C, Tessier P Y. Plasma etching: principles, mechanisms, application to micro- and nano-technologies. Appl Surf Sci, 2000, 164(1): 72-83.
[130] He B, Yang Y, Yuen M F, et al. Vertical nanostructure arrays by plasma etching for applications in biology, energy, and electronics. Nano Today, 2013, 8(3): 265-289.
[131] Malandrino G. Chemical vapour deposition. precursors, processes and applications. Edited by Anthony C. Jones and Michael L. Hitchman. Angew Chem Int Ed, 2009, 48(41): 7478-7479.
[132] Persheyev S, Fan Y C, Irving A, et al. BV-2 microglial cells sense micro-nanotextured silicon surface topology. J Biomed Mater Res Part A, 2011, 99A(1): 135-140.
[133] Bolz A, Schaldach M. Artificial heart valves: improved blood compatibility by PECVD a-SiC：H coating. Artif Organs, 1990, 14(4): 260-269.
[134] Daves W, Krauss A, Behnel N, et al. Amorphous silicon carbide thin films(a-SiC：H) deposited by

plasma-enhanced chemical vapor deposition as protective coatings for harsh environment applications. Thin Solid Films, 2011, 519(18): 5892-5898.
[135] Wei J S, Ong P L, Tay F E H, et al. A new fabrication method of low stress PECVD SiN_x layers for biomedical applications. Thin Solid Films, 2008, 516(16): 5181-5188.
[136] Wan G J, Yang P, Shi X J, et al. *In vitro* investigation of hemocompatibility of hydrophilic SiN_x：H films fabricated by plasma-enhanced chemical vapor deposition. Surf Coat Technol, 2005, 200(5/6): 1945-1949.
[137] Liu X Y, Chu P K, Ding C X. Formation of apatite on hydrogenated amorphous silicon(a-Si：H) film deposited by plasma-enhanced chemical vapor deposition. Mater Chem Phys, 2007, 101(1): 124-128.
[138] Chai F, Mathis N, Blanchemain N, et al. Osteoblast interaction with DLC-coated Si substrates. Acta Biomater, 2008, 4(5): 1369-1381.
[139] Ahmed M H, Byrne J A, McLaughlin J. Evaluation of glycine adsorption on diamond like carbon(DLC) and fluorinated DLC deposited by plasma-enhanced chemical vapour deposition(PECVD). Surf Coat Technol, 2012, 209: 8-14.
[140] Asatekin A, Barr M C, Baxamusa S H, et al. Designing polymer surfaces via vapor deposition. Mater Today, 2010, 13(5): 26-33.
[141] González J P P, Lamure A, Senocq F. Polyimide(PI) films by chemical vapor deposition(CVD): novel design, experiments and characterization. Surf Coat Technol, 2007, 201(22): 9437-9441.
[142] Servi A T, Guillen-Burrieza E, Warsinger D M, et al. The effects of iCVD film thickness and conformality on the permeability and wetting of MD membranes. J Membr Sci, 2017, 523: 470-479.
[143] Pryce Lewis H G, Bansal N P, White A J, et al. HWCVD of polymers: commercialization and scale-up. Thin Solid Films, 2009, 517(12): 3551-3554.
[144] Lau K K S, Gleason K K. Initiated chemical vapor deposition(iCVD) of poly(alkyl acrylates): an experimental study. Macromolecules, 2006, 39(10): 3688-3694.
[145] Martin T P, Lau K K S, Chan K, et al. Initiated chemical vapor deposition(iCVD) of polymeric nanocoatings. Surf Coat Technol, 2007, 201(22/23): 9400-9405.
[146] D'Agostino R, Cramarossa F, Illuzzi F. Mechanisms of deposition and etching of thin films of plasma-polymerized fluorinated monomers in radio frequency discharges fed with C_2F_6-H_2 and C_2F_6-O_2 mixtures. J Appl Phys, 1987, 61(8): 2754-2762.
[147] Tenhaeff W E, Gleason K K. Initiated and oxidative chemical vapor deposition of polymeric thin films: iCVD and oCVD. Adv Funct Mater, 2008, 18(7): 979-992.
[148] Winther-Jensen B, West K. Vapor-phase polymerization of 3,4-ethylenedioxythiophene: a route to highly conducting polymer surface layers. Macromolecules, 2004, 37(12): 4538-4543.
[149] Yang R, Xu J J, Ozaydin-Ince G, et al. Surface-tethered zwitterionic ultrathin antifouling coatings on reverse osmosis membranes by initiated chemical vapor deposition. Chem Mater, 2011, 23(5): 1263-1272.
[150] Egitto, Frank D. Plasma etching of organic polymers // d'Agostino R. Plasma Deposition, Treatment, and Etching of Polymers. Academic Press，1990: 321-422.
[151] Förch R, Chifen A N, Bousquet A, et al. Recent and expected roles of plasma-polymerized films for biomedical applications. Chem Vap Deposition, 2007, 13(6/7): 280-294.
[152] Chan K, Gleason K K. Initiated chemical vapor deposition of linear and cross-linked poly(2-hydroxyethyl methacrylate) for use as thin-film hydrogels. Langmuir, 2005, 21(19): 8930-8939.
[153] Bose R K, Lau K K S. Initiated CVD of poly(2-hydroxyethyl methacrylate) hydrogels: synthesis, characterization and *in-vitro* biocompatibility. Chem Vap Deposition, 2009, 15(4/5/6): 150-155.
[154] Schügerl K, Lücke J, Lehmann J, Wagner F. Application of tower bioreactors in cell mass production // Ghose T K, Fiechter A，Blakebrough N. Advances in Biochemical Engineering, Volume 8. Berlin,

Heidelberg: Springer, 1978: 63-131.

[155] Gotoh Y, Tsukada M, Minoura N. Chemical modification of silk fibroin with cyanuric chloride-activated poly(ethylene glycol): analyses of reaction site by proton NMR spectroscopy and conformation of the conjugates. Bioconjugate Chem, 1993, 4(6): 554-559.

[156] Diamanti S, Arifuzzaman S, Elsen A, et al. Reactive patterning via post-functionalization of polymer brushes utilizing disuccinimidyl carbonate activation to couple primary amines. Polymer, 2008, 49(17): 3770-3779.

[157] Ichihara T, Akada J K, Kamei S C, et al. A novel approach of protein immobilization for protein chips using an oligo-cysteine tag. J Proteome Res, 2006, 5(9): 2144-2151.

[158] Guo Y X, Werbel T, Wan S G, et al. Potent antigen-specific immune response induced by infusion of spleen cells coupled with succinimidyl-4-(*N*-maleimidomethyl cyclohexane)-1-carboxylate(SMCC) conjugated antigens. Int Immunopharmacol, 2016, 31: 158-168.

[159] Ratner B D, Hoffman A S, Schoen F J, et al. Biomaterials science: an introduction to materials in medicine. J Clin Eng, 1997, 22(1): 26.

[160] Tomizaki K Y, Usui K, Mihara H. Protein-detecting microarrays: current accomplishments and requirements. ChemBioChem, 2005, 6(5): 782-799.

[161] Rozkiewicz D I, Kraan Y, Werten M W T, et al. Covalent microcontact printing of proteins for cell patterning. Chem Eur J, 2006, 12(24): 6290-6297.

[162] Patel N, Davies M C, Hartshorne M, et al. Immobilization of protein molecules onto homogeneous and mixed carboxylate-terminated self-assembled monolayers. Langmuir, 1997, 13(24): 6485-6490.

[163] Yam C M, Deluge M, Tang D, et al. Preparation, characterization, resistance to protein adsorption, and specific avidin-biotin binding of poly(amidoamine) dendrimers functionalized with oligo(ethylene glycol) on gold. J Colloid Interface Sci, 2006, 296(1): 118-130.

[164] Jiang K Y, Schadler L S, Siegel R W, et al. Protein immobilization on carbon nanotubes via a two-step process of diimide-activated amidation. J Mater Chem, 2004, 14(1): 37-39.

[165] Iyer K S, Zdyrko B, Malz H, et al. Polystyrene layers grafted to macromolecular anchoring layer. Macromolecules, 2003, 36(17): 6519-6526.

[166] Hoffman A S. Surface modification of polymers: physical, chemical, mechanical and biological methods. Macromol Symp, 1996, 101(1): 443-454.

[167] Gong L Z, Friend A D, Wool R P. Polymer-solid interfaces: influence of sticker groups on structure and strength. Macromolecules, 1998, 31(11): 3706-3714.

[168] Ford J F, Vickers T J, Mann C K, et al. Polymerization of a thiol-bound styrene monolayer. Langmuir, 1996, 12(8): 1944-1946.

[169] Qin S H, Qin D Q, Ford W T, et al. Functionalization of single-walled carbon nanotubes with polystyrene via grafting to and grafting from methods. Macromolecules, 2004, 37(3): 752-757.

[170] Zdyrko B, Luzinov I. Polymer brushes by the "grafting to" method. Macromol Rapid Commun, 2011, 32(12): 859-869.

[171] Henze M, Mädge D, Prucker O, et al. "grafting through": mechanistic aspects of radical polymerization reactions with surface-attached monomers. Macromolecules, 2014, 47(9): 2929-2937.

[172] Wong I, Ho C M. Surface molecular property modifications for poly(dimethylsiloxane)(PDMS) based microfluidic devices. Microfluid Nanofluid, 2009, 7(3): 291-306.

[173] Wilchek M, Bayer E A. The avidin-biotin complex in immunology. Immunol Today, 1984, 5(2): 39-43.

[174] Calcagno V, Vecchione R, Sagliano A, et al. Biostability enhancement of oil core-polysaccharide multilayer shell via photoinitiator free thiol-ene 'click' reaction. Colloids Surf B, 2016, 142: 281-289.

[175] Rostovtsev V V, Green L G, Fokin V V, et al. A stepwise huisgen cycloaddition process: copper(Ⅰ)-catalyzed regioselective "ligation" of azides and terminal alkynes. Angew Chem Int Ed, 2002, 41(14): 2596-2599.

[176] Tornøe C W, Christensen C, Meldal M. Peptidotriazoles on solid phase: [1,2,3]-triazoles by regiospecific copper(Ⅰ)-catalyzed 1,3-dipolar cycloadditions of terminal alkynes to azides. J Org Chem, 2002, 67(9): 3057-3064.

[177] Agard N J, Prescher J A, Bertozzi C R. A strain-promoted [3 + 2] azide-alkyne cycloaddition for covalent modification of biomolecules in living systems. J Am Chem Soc, 2004, 126(46): 15046-15047.

[178] Escorihuela J, Marcelis A T M, Zuilhof H. Metal-free click chemistry reactions on surfaces. Adv Mater Interfaces, 2015, 2(13): 1500135.

[179] Hensarling R M, Doughty V A, Chan J W, et al. "Clicking" polymer brushes with thiol-yne chemistry: indoors and out. J Am Chem Soc, 2009, 131(41): 14673-14675.

[180] Dong J J, Krasnova L, Finn M G, et al. Sulfur(Ⅵ) fluoride exchange(SuFEx): another good reaction for click chemistry. Angew Chem Int Ed, 2014, 53(36): 9430-9448.

[181] Dong J J, Sharpless K B, Kwisnek L, et al. SuFEx-based synthesis of polysulfates. Angew Chem Int Ed, 2014, 53(36): 9466-9470.

[182] Martinez A P, Carrillo J M Y, Dobrynin A V, et al. Distribution of chains in polymer brushes produced by a "grafting from" mechanism. Macromolecules, 2016, 49(2): 547-553.

[183] Hansson S, Trouillet V, Tischer T, et al. Grafting efficiency of synthetic polymers onto biomaterials: a comparative study of grafting-from versus grafting-to. Biomacromolecules, 2013, 14(1): 64-74.

[184] Gupta S, Variyar P S, Sharma A. Application of mass spectrometry based electronic nose and chemometrics for fingerprinting radiation treatment. Radiat Phys Chem, 2015, 106: 348-354.

[185] Pino-Ramos V H, Ramos-Ballesteros A, López-Saucedo F, et al. Radiation Grafting for the Functionalization and Development of Smart Polymeric Materials // Venturi M, d'Angelantonio M. Applications of Radiation Chemistry in the Fields of Industry, Biotechnology and Environment. Cham: Springer International Publishing, 2017: 67-94.

[186] Leroy C, Rancoita P G. Principles of Radiation Interaction in Matter and Detection. Singapore: World Scientific, 2004.

[187] Kimura Y, Chen J H, Asano M, et al. Anisotropic proton-conducting membranes prepared from swift heavy ion-beam irradiated ETFE films. Nucl Instrum Methods Phys Res Sect B, 2007, 263(2): 463-467.

[188] Alvarez-Lorenzo C, Bucio E, Burillo G, et al. Medical devices modified at the surface by γ-ray grafting for drug loading and delivery. Expert Opin Drug Delivery, 2010, 7(2): 173-185.

[189] Schilke K F, McGuire J. Detection of nisin and fibrinogen adsorption on poly(ethylene oxide) coated polyurethane surfaces by time-of-flight secondary ion mass spectrometry(TOF-SIMS). J Colloid Interface Sci, 2011, 358(1): 14-24.

[190] Wang J S, Matyjaszewski K. Controlled/ "living" radical polymerization. Halogen atom transfer radical polymerization promoted by a Cu(Ⅰ)/Cu(Ⅱ) redox process. Macromolecules, 1995, 28(23): 7901-7910.

[191] Matyjaszewski K, Xia J H. Atom transfer radical polymerization. Chem Rev, 2001, 101(9): 2921-2990.

[192] Matyjaszewski K, Tsarevsky N V. Nanostructured functional materials prepared by atom transfer radical polymerization. Nat Chem, 2009, 1(4): 276-288.

[193] Matyjaszewski K, Tsarevsky N V. Macromolecular engineering by atom transfer radical polymerization. J Am Chem Soc, 2014, 136(18): 6513-6533.

[194] Ejaz M, Ohno K, Tsujii Y, et al. Controlled grafting of a well-defined glycopolymer on a solid surface by surface-initiated atom transfer radical polymerization. Macromolecules, 2000, 33(8): 2870-2874.

[195] Xu F J, Zhong S P, Yung L Y L, et al. Surface-active and stimuli-responsive polymer-Si(100) hybrids from surface-initiated atom transfer radical polymerization for control of cell adhesion. Biomacromolecules, 2004, 5(6): 2392-2403.

[196] Huang J Y, Murata H, Koepsel R R, et al. Antibacterial polypropylene via surface-initiated atom transfer radical polymerization. Biomacromolecules, 2007, 8(5): 1396-1399.

[197] Valencia L, Kumar S, Jalvo B, et al. Fully bio-based zwitterionic membranes with superior antifouling and antibacterial properties prepared via surface-initiated free-radical polymerization of poly(cysteine methacrylate). J Mater Chem A, 2018, 6(34): 16361-16370.

[198] Jain P, Dai J H, Baker G L, et al. Rapid synthesis of functional polymer brushes by surface-initiated atom transfer radical polymerization of an acidic monomer. Macromolecules, 2008, 41(22): 8413-8417.

[199] Che Y J, Zhang T, Du Y H, et al. "On water" surface-initiated polymerization of hydrophobic monomers. Angew Chem Int Ed, 2018, 130(50): 16618-16622.

[200] Kim J B, Bruening M L, Baker G L. Surface-initiated atom transfer radical polymerization on gold at ambient temperature. J Am Chem Soc, 2000, 122(31): 7616-7617.

[201] Khabibullin A, Mastan E, Matyjaszewski K, et al. Surface-initiated atom transfer radical polymerization // Vana P. Controlled Radical Polymerization at and from Solid Surfaces. Cham: Springer International Publishing, 2016: 29-76.

[202] Liu X L, Xu Y J, Wu Z Q, et al. Poly(*N*-vinylpyrrolidone)-modified surfaces for biomedical applications. Macromol Biosci, 2013, 13(2): 147-154.

[203] Qu Y C, Zheng Y J, Yu L Y, et al. A universal platform for high-efficiency "engineering" living cells: integration of cell capture, intracellular delivery of biomolecules, and cell harvesting functions. Adv Funct Mater, 2020, 30(3): 1906362.

[204] Chiefari J Bill, Chong Y K, Ercole F, et al. Living free-radical polymerization by reversible addition-fragmentation chain transfer: the RAFT process. Macromolecules, 1998, 31(16): 5559-5562.

[205] Kuliasha C A, Fedderwitz R L, Calvo P R, et al. Engineering the surface properties of poly(dimethylsiloxane) utilizing aqueous RAFT photografting of acrylate/methacrylate monomers. Macromolecules, 2018, 51(2): 306-317.

[206] Liu W Y, Dong Y S, Zhang S X, et al. A rapid one-step surface functionalization of polyvinyl chloride by combining click sulfur(Ⅵ)-fluoride exchange with benzophenone photochemistry. Chem Commun, 2019, 55(6): 858-861.

[207] Xu J T, Jung K, Atme A, et al. A robust and versatile photoinduced living polymerization of conjugated and unconjugated monomers and its oxygen tolerance. J Am Chem Soc, 2014, 136(14): 5508-5519.

[208] Phommalysack-Lovan J, Chu Y Y, Boyer C, et al. PET-RAFT polymerisation: towards green and precision polymer manufacturing. Chem Commun, 2018, 54(50): 6591-6606.

[209] Zhou J, Ye L, Lin Y, et al. Surface modification PVA hydrogel with zwitterionic via PET-RAFT to improve the antifouling property. J Appl Polym Sci, 2019, 136(24): 47653.

[210] Sciannamea V, Jérôme R, Detrembleur C. *In-situ* nitroxide-mediated radical polymerization(NMP) processes: their understanding and optimization. Chem Rev, 2008, 108(3): 1104-1126.

[211] Daly W H, Evenson T S, Iacono S T, et al. Recent developments in cellulose grafting chemistry utilizing Barton ester intermediates and nitroxide mediation. Macromol Symp, 2001, 174(1): 155-164.

[212] Wagner H, Li Y, Hirtz M, et al. Site specific protein immobilization into structured polymer brushes prepared by AFM lithography. Soft Matter, 2011, 7(21): 9854-9858.

[213] Hentschel C, Wagner H, Smiatek J, et al. AFM-based force spectroscopy on polystyrene brushes: effect of brush thickness on protein adsorption. Langmuir, 2013, 29(6): 1850-1856.

[214] Roling O, Mardyukov A, Krings J A, et al. Polymer brushes exhibiting versatile supramolecular interactions grown by nitroxide-mediated polymerization and structured via microcontact chemistry. Macromolecules, 2014, 47(7): 2411-2419.

[215] Abraham S, Unsworth L D. Multi-functional initiator and poly(carboxybetaine methacrylamides) for building biocompatible surfaces using "nitroxide mediated free radical polymerization" strategies. J Polym Sci Part A: Polym Chem, 2011, 49(5): 1051-1060.

[216] Frenzel U, Nuyken O. Ruthenium-based metathesis initiators: development and use in ring-opening metathesis polymerization. J Polym Sci Part A: Polym Chem, 2002, 40(17): 2895-2916.

[217] Schwab P, Grubbs R H, Ziller J W. Synthesis and applications of $RuCl_2(=CHR')(PR_3)_2$: the influence of the alkylidene moiety on metathesis activity. J Am Chem Soc, 1996, 118(1): 100-110.

[218] Nguyen S T, Johnson L K, Grubbs R H, et al. Ring-opening metathesis polymerization(ROMP) of norbornene by a Group Ⅷ carbene complex in protic media. J Am Chem Soc, 1992, 114(10): 3974-3975.

[219] Bielawski C W, Grubbs R H. Highly efficient ring-opening metathesis polymerization(ROMP) using new ruthenium catalysts containing N-heterocyclic carbene ligands. Angew Chem Int Ed, 2000, 39(16): 2903-2906.

[220] Xue B Y, Ogata K, Toyota A. Synthesis of polymeric antioxidants based on ring-opening metathesis polymerization(ROMP) and their antioxidant ability for preventing polypropylene(PP) from thermal oxidation degradation. Polym Degrad Stab, 2008, 93(2): 347-352.

[221] Isarov S A, Pokorski J K. Protein ROMP: aqueous graft-from ring-opening metathesis polymerization. ACS Macro Lett, 2015, 4(9): 969-973.

[222] Mohammadi Sejoubsari R, Martinez A P, Kutes Y, et al. "Grafting-through": growing polymer brushes by supplying monomers through the surface. Macromolecules, 2016, 49(7): 2477-2483.

[223] Gu H, Chen X S, Liu X L, et al. A hemocompatible polyurethane surface having dual fibrinolytic and nitric oxide generating functions. J Mater Chem B, 2017, 5(5): 980-987.

第 3 章

生物材料表面表征技术

生物材料表面表征技术是探索材料表面物理性质、化学性质及表面相互作用的重要技术手段，对于了解材料性质、分析材料功效、设计材料应用具有重要的指导意义。合适的表征技术能够在高效准确反映表面信息的同时，减少表征过程中测试样品的损耗，进而提高生物材料的研发效率。同时，原位实时的表征手段能够动态监测生物材料表面与应用环境交互的物理化学过程，为多功能智能化界面的设计提供支撑。本章将介绍常用的生物材料表面表征技术，概述工作原理，阐明工作过程，分析其特色及优缺点，为在实际场景中选取合适的表面表征技术提供参考和指导。

3.1　生物材料表面表征技术概述

生物材料的应用场景多为动态多变的生理环境，除了常见的水与无机盐，小分子、生物蛋白、细胞等一系列活性成分无时无刻不与材料表面发生着能量与物质的交换[1-3]。因此，对于材料表面的表征，不但要关注表面的静态性质，还需要监测其实时变化。只有结合各种静态和动态表征技术才能充分了解材料表面性质，这是制备结构稳定、功能强大且生物相容性良好的生物材料的基础与前提。在常见的表面性质表征过程中，研究人员采用物理接触、电子、光子等条件作为刺激源与样品表面作用，进而通过分析测量作用后的响应信号得到表面性质信息。生物材料表面表征通常从表面物理性质、表面化学性质、表面相互作用三个角度入手。生物材料常见的表面物理性质有表面浸润性、拓扑结构、涂层厚度等，这些物理性质直接影响了材料在实际应用中的表现。生物材料表面的化学性质决定材料表面极性、稳定性与反应活性的重要因素，进而影响了材料在实际应用场景中的表现。材料表面的化学性质由表面元素组成、含量、价态、官能团类型等因素决定。对上述化学因素的表征能够帮助研究人员了解材料表面化学性质，进而对其性能进行评估或开展进一步的化学修饰。表面相互作用指材料与应用环境发生能量交换、活性物质释放或目标分子吸附的动力学、热力学因素及微观作用强度。上述相互作用信息能够帮助研究人员更深入地理解生物材料发挥功效的机制，进而对材料的性能进行预测、定量评估及优化。

3.2　表面物理性质表征

3.2.1　表面浸润性表征

表面浸润性可被简单理解为固体表面对液体吸引能力的大小，浸润性强的固体表面容易被液体铺展，反之，浸润性弱的固体表面不容易被液体铺展。表面浸润性在自然界中扮演着重要的角色。例如，荷叶表面具有微米级的蜡状复合乳突结构，这种结构为荷叶带来了超疏水特性，使水滴可以在荷叶表面自由滚动，带走表面的灰尘，在沼泽环境中保持自身清洁进而达到“出淤泥而不染”的效果[4]；生活于纳米比亚(The Republic of Namibia)纳米布沙漠中的沙漠甲虫(*Stenocara gracilipes*)通过其表面翅膀超亲水纹理与超疏水凹槽的协同作用，以迎风而立的姿势从大气中收集水蒸气，进而在干旱的沙漠环境中生存[5]。实际应用场景中，常见的浸润过程多为固体表面气体分子被液体分子取代进而实现表面自由能再次平衡的过程。该过程在生物材料表面功能化涂覆及生物材料与目标环境相互作用中普遍存在。因此，对材料表面浸润性的表征能够帮助研究人员直观地了解材料的表面物理属性，进而对反应条件与化学结构进行更高效的筛选[6]。在此，将以生物材料应用中最常见的液体——水为例(本节后续出现的液体，如无特别标注均指水)，对表面浸润性表征技术进行介绍。

接触角是反映表面润湿性的定量度量，因其数学模型清晰、试验设备及操作简便、表征过程迅速、对固体表面无破坏而得到广泛的应用。接触角的定义为液体-蒸气界面的切线与三相接触线处的固体表面之间的角度(按照惯例，接触角是从液体侧测量)(图 3-1)。在理想条件下(即固体表面原子光滑、化学均匀、无反应且不会因为液体而变形)接触角的数值是特定的，由固液气三个界面分子间的相互作用决定。具体而言，当接触角数值较小时，固体表面对液体的黏附力更强，液体分子与固体分子的相互作用力大于液体分子内部的相互作用力，液体倾向于铺展于固体表面；当接触角数值较大时，固体表面对液体的排斥力更强，液体分子内部的相互作用力大于液体分子与固体分子的相互作用力，液体倾向于在固体表面凝聚成滴。

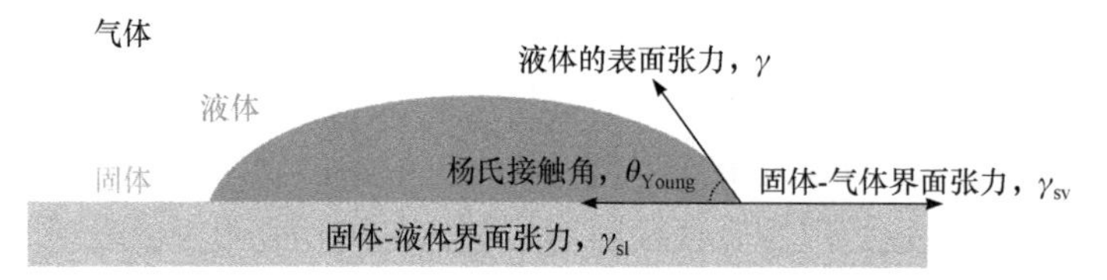

图 3-1　理想固体基质上的一滴水：液体的表面张力(γ，即液体-气体界面张力)在固体表面方向的投影($\gamma\cos\theta_{Young}$)与固体-液体界面张力(γ_{sl})及固体-气体界面张力(γ_{sv})在三相接触线处实现平衡

接触角的大小可由杨-拉普拉斯公式(Young-Laplace equation，接触角作为方程的边界条件)进行数学定义[式(3-1)]：

$$\cos\theta_{Young}=\frac{\gamma_{sv}-\gamma_{sl}}{\gamma} \tag{3-1}$$

其中，θ_{Young} 为杨氏接触角；γ_{sv} 和γ_{sl} 分别为固体-气体和固体-液体界面张力；γ为液体的表面张力，即液体-气体界面张力(γ_{lv})。由它可以预测如下几种浸润情况：①当$\theta=0$时，完全浸润；②当$\theta<90°$时，部分浸润或浸润；③当$\theta=90°$时，是浸润与否的分界线；④当$\theta>90°$时，不浸润；⑤当$\theta=180°$时，完全不浸润。通常情况下，接触角大于 150°时，可认为材料表面具有超疏水性；接触角小于 10°时，可认为材料表面具有超亲水性(实际数值大小需结合应用场景分析)。因此，接触角数值的大小是评估材料表面浸润性及能否满足实际应用场景的重要标准。

在所有常见接触角测量方法中，最为普遍的是躺滴法(sessile drop method，也被称为卧滴法)。躺滴法因其简便的操作、快速的测量过程而受到广泛的应用(图 3-2)。在该方法中，液体通过注射器放置于固体样品表面，随后通过光学仪器对接触角进行观察与测量。现阶段基于躺滴法的接触角测试系统通常会引入发光二极管(LED)光源、高分辨相机、自动样品台及图像识别软件与数据拟合系统，上述四个核心部分能够有效提升躺滴法测量接触角的精确度与准确度：①LED 光源能够为试验过程提供稳定的光学环境，同时 LED 光源热效应低，减少了液体挥发过程对试验结果的影响；②高分辨相机能够及时准确地采集高质量的图像信息；③自动样品台能够在预设条件下进行连续多次滴样，有助于高效获取具有统计学意义的测试结果，同时，自动样品台能够准确控制滴样间距及液滴体积，避免了操作人员手动滴样带来的污染与误差；④图像识别软件与数据拟合系统能够帮助操作人员实时获取接触角测量结果，同时减少了人工视觉观察测量的误差，确保了试验数据处理过程和标准的统一性。

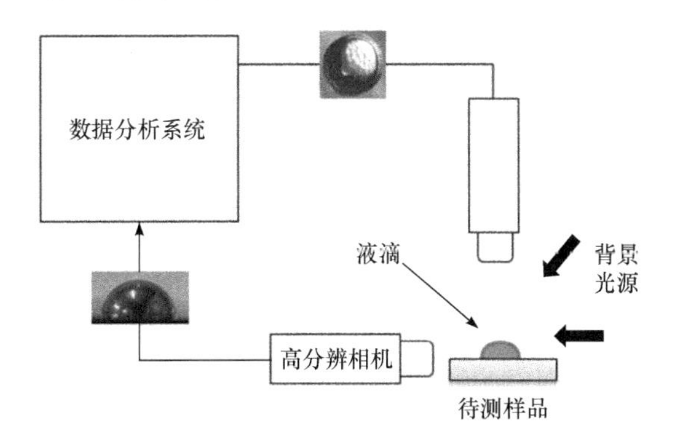

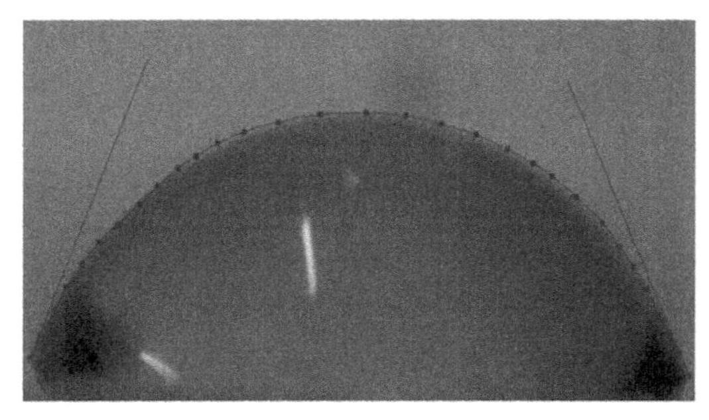

图 3-2　躺滴法测量接触角的装置示意图与液滴侧视图[7]

尽管躺滴法因其简便快捷的优势得到了广泛使用，该方法在一些非常规条件下仍具有较大的局限性。例如，当待测样品具有较高的表面自由能，躺滴法放置的液滴会在固体表面迅速扩散，进而难以获取到有效的数据；当待测样品需要模拟升温环境，温度的升高会加剧固体表面液滴的挥发，进而引入较大的试验误差；当待测样品表面与液滴需要一定时间达到平衡(如材料表面具有吸水性等)，躺滴法将难以获取重复性良好的试验结果。针对上述问题，研究人员可以采用俘泡法(captive bubble method，也称气泡捕获法)测量接触角(图 3-3)。俘泡法可视为躺滴法的互补，该方法将固体表面放置于液体中，待固体表面与液体达到平衡状态后将气泡注入固体表面下方，当气泡转移到样品表面时，气泡通过往外排挤原先润湿样品表面的液体实现其在样品表面的铺展，进而形成清晰稳定的三相界面，提供接触角数据(因其测试环境在液体中，基于俘泡法测得的接触角也通常称为水下接触角)[8]。

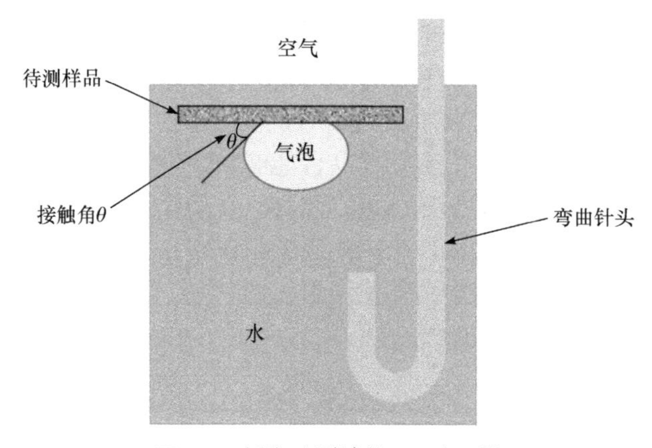

图 3-3　俘泡法测试装置示意图[9]

上述所讨论的试验环境均假设待测固体表面处于理想情况，即材料表面在原子水平上具有完美的化学均匀性，光滑且惰性。在这样的假设下，固体表面自由能处处相等，因此材料表面仅有一个稳定接触角。这一推论与实际情况具有显而易见的偏差，如果固体表面只有一个稳定接触角，固体的任何轻微倾斜都会导致界面夹角偏离稳定接触角，进而使液滴进入非平衡状态而发生移动。然而，倾斜固体表面的稳定水滴在日常生活中随处可见，如雨伞上的雨点、植物叶片上的露珠、汽车前挡风玻璃上的水珠等。因此，真实固体表面会因化学组成不均一、粗糙程度不一致或受到外界污染表现出不规则性，真实固体表面的浸润性也就无法用单次表征结果进行描述。为了更精确地表征固体表面的浸润性，需要引入静态接触角(static contact angle)、接触角滞后(contact angle hysteresis)与动态接触角(dynamic contact angle)等一系列概念[10]。

当液滴在固体表面达到平衡时所表现出的接触角即为静态接触角。实际应用中，当接触角的数值在一定范围内变化时，液滴均能在固体表面保持稳定，因此静态接触角的测量值可能在一定范围内波动。研究人员可以通过在固体表面各个部位多次测量静态接触角取平均值的方式获得结果。这一方法简洁直观，但由于真实固体表面的不规则性，静态接触角所反映的结果可能会导致很大的误差，且单一的数值无法反映固体表面的不均匀程度。

这一缺陷可通过动态接触角的测量进行弥补。当固体表面由水平至倾斜程度不断增大时，液滴将发生由静止至滚落的变化，在该过程中，液滴的气-液界面不断发生变化，研究人员能够测得多个接触角。针对液滴由静止至滚落这一过程中的接触角数值变化的监测便被称为动态接触角测量技术(图 3-4)。在该过程中，固体润湿(液-固界面取代气-固界面)时所得的接触角称为前进接触角(advancing contact angle，θ_A)；固体去润湿(气-固界面取代液-固界面)时所得的接触角称为后退接触角(receding contact angle，θ_R)。前进接触角的数值总是大于后退接触角的数值，二者之差($\Delta\theta = \theta_A - \theta_R$)被定义为接触角滞后(contact angle hysteresis，CAH)。接触角滞后的数值大小体现了液滴从固体表面滚落的难易程度，数值越大表明液滴越不容易从表面滚落，因此接触角滞后可以被进一步用于评估固体表面的不均匀程度与粗糙程度(完全平整、光滑、化学均一且无外界污染的理想固体表面接触角滞后数值为 0)。除此以外，当平面达到一定的倾斜角度时液滴由静止状态开始移动，此时的平面倾斜角度称为倾斜角(tilting angle)或滚落角(roll-off angle)。滚落角的数值大小是衡量材料表面黏附性的重要指标，具有良好自清洁或抗黏附性能的材料通常具有较小的滚落角。

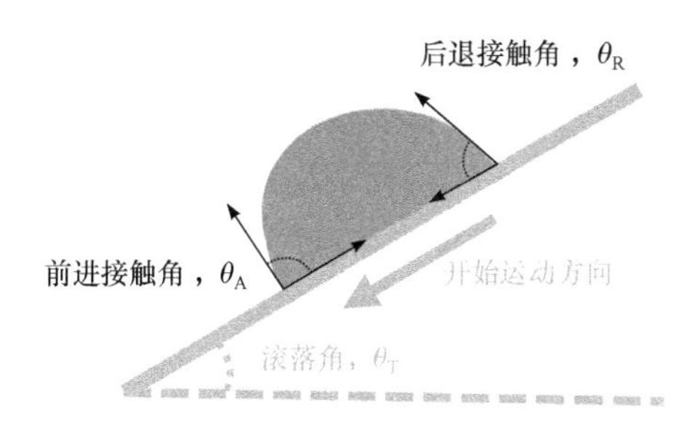

图 3-4　动态接触角分析：前进接触角、后退接触角及滚落角[11]

动态接触角测量技术的核心在于诱导液滴的气-液界面发生改变，基于这一要点，研究人员设计了一系列动态接触角测量方法(粉体材料或多孔材料等特殊情况的动态接触角分析可通过 Washburn 渗透法进行测量[12]，由于篇幅原因，相关数学模型与测量装置将不在此处进行深入讨论)。常见的动态接触角测量技术有以下三种。

1) 倾斜基座法

倾斜法(tilting method)可被简单视为在躺滴法中引入角度可调的样品台，通过将样品表面放置在样品台上，将液滴放置在表面上，以受控的速度缓慢倾斜表面，直到液滴开始滑动(或滚动)或达到最大倾斜角(大多数为 90°)。在该过程中，研究人员可通过高分辨相机跟踪固液气三相接触线位置的变化，进而通过拟合软件图像获取前进接触角与后退接触角的数值大小。

2) 针法

针法(needle method)可被简单视为在躺滴法中引入改变液滴体积的分配针(图 3-5)。在该测试中，分配针通常置于液滴中，以避免液滴振动或变形对试验结果的影响。通过向液滴内添加液体增大体积可以促进液滴浸润未润湿的固体表面，进而对前进接触角进行测量；通过从液滴内吸取液体减小体积可以促使液滴离开已润湿的固体表面，进而对后退接触角进行测量。

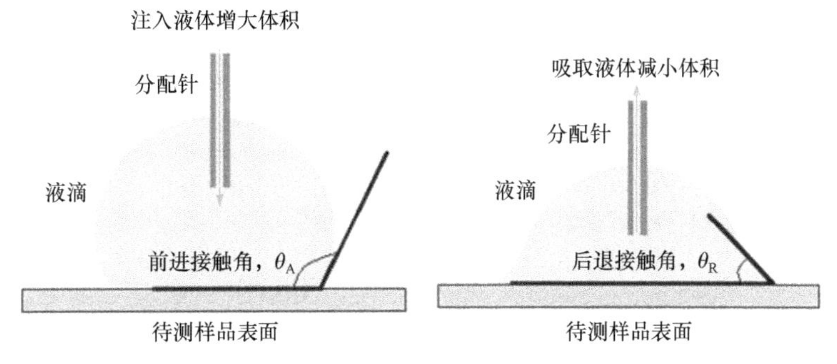

图 3-5　针法动态接触角分析的示意图[13]

3) Wilhelmy 板法

Wilhelmy 板法(Wilhelmy plate method)是一种常用于表面张力测量的方法，但也适用于接触角的测量(图 3-6)。该测量由张力计完成，通过记录样品接触与离开液体时的力值变化，基于式(3-2)对接触角进行计算

$$\gamma_{lv}\cos\theta = \left(F + \Delta\rho g d l L_w\right)/L \tag{3-2}$$

其中，F 为张力计记录的力值大小；L 为样品润湿周长；γ_{lv} 为测试环境下液体-气体界面张力；d 为样品浸入液体的深度；$\Delta\rho$为液体与样品之间的密度差；g 为重力加速度；l 为样品厚度；L_w为样品宽度。Wilhelmy 板法在浸入样品时能够测量前进接触角的大小，在拉起样品时能够测量后退接触角的大小。值得注意的是，Wilhelmy 板法要求样品的两侧完全相同。同时，由于该方法具有高灵敏性，经常用于微米级别材料的接触角测量。

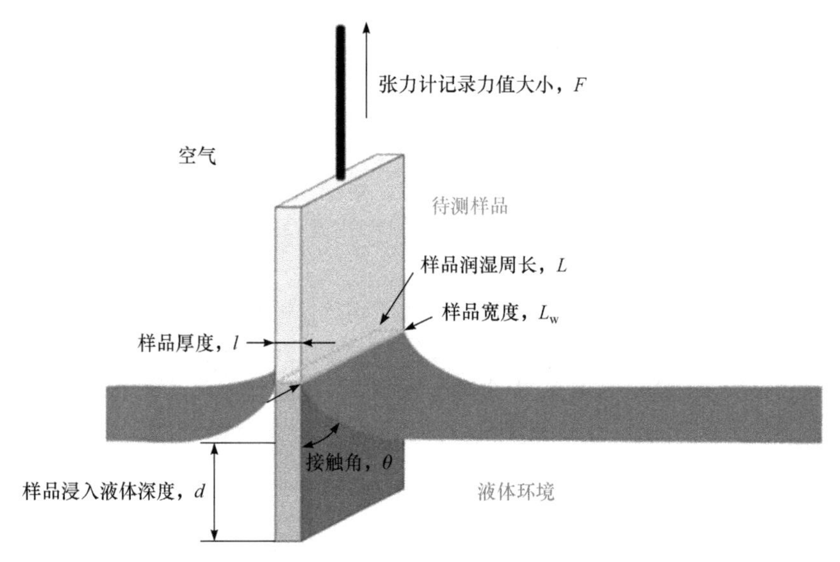

图 3-6　Wilhelmy 板法动态接触角分析的示意图[14]

3.2.2　表面拓扑结构表征

表面拓扑结构是指材料表面与完美平面的局部偏差，即材料表面的三维结构。虽然材料表面的拓扑结构通常为纳米级的微观结构，但这些微观结构是材料吸附性、浸润性、光洁度、颜色等一系列宏观性质的决定因素，直接影响材料的实际应用[15]。因此，材料表面拓扑结构的表征能够帮助研究人员从微观本质层面分析理解材料的宏观性能，进而为后续的材料设计提供反馈与指导，具有重要的意义。本节将介绍扫描电子显微镜与原子力显微镜这两种常用的表面拓扑结构表征手段。

1. 扫描电子显微镜

扫描电子显微镜(scanning electron microscope，SEM)是一种强大的材料表面分析仪器，能够直接给出表面拓扑结构可视化的图像信息。自 20 世纪 60 年代成为商用仪器以来，扫描电子显微镜已经被广泛应用于科研与工业生产。因此，了解扫描电子显微镜的基本工作原理、常见应用场景、现阶段优势及局限性，能够有效提高研究人员分析表面拓扑结构的能力与效率。

为了便于理解，我们将光学显微镜与扫描电子显微镜进行类比。与光学显微镜收集样品的光学信息进行成像类似，扫描电子显微镜主要通过收集材料表面电子相关的信息对其拓扑结构进行成像；同时，类似于光学显微镜中采用光学透镜调控光子束的会聚与发散，扫描电子显微镜采用电磁透镜(外加电场与磁场)调控电子束的会聚与发散。其简要工作原理如下(图 3-7)：电子源(electron source，多为具有低逸出功的材料)所产生的电子束经过阳极(anode)加速、聚焦透镜(condensor lens)准直、物镜(objective lens)聚焦后轰击待测样品，入射电子与样品碰撞后会产生背散射电子(back scattered electron，其中被样品原子核反弹的入射电子为弹性背散射电子，被样品核外电子反弹的入射电子为非弹性背散射电子)、次级电子(secondary electron，与背散射电子不同，次级电子是被入射电子撞击后成为自由电子的样品电子)、X 射线等一系列物理信号并分别被对应的信号检测器收集分析[16]。当上述信号进入对应的探测器时，它们会撞击闪烁体(一类发光材料，当被带电粒子或高能光子撞击时发出荧光)发出闪光，通过光电倍增管转换成电流，将样品表面的拓扑结构转变为可以拟合分析的电信号。通过使用扫描线圈(scanning coil)改变电子束在样品 x 轴与 y 轴的入射位置，便可获得其他区域的样品信息。将上述各电子束入射点的样品信息进行拟合，便可获得样品表面的整体图像。

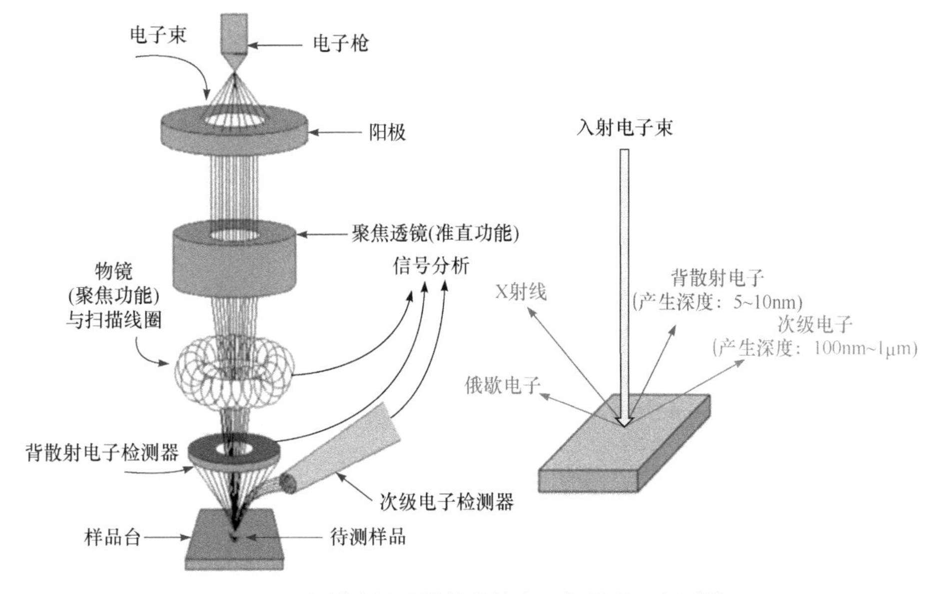

图 3-7　扫描电子显微镜的基本工作原理示意图[17]

以同一化学组分的样品表面为例，样品的拓扑结构是影响进入探测器的电子数量的决定因素。具体而言，电子束入射凸起表面则到达检测器的电子更多，因此凸起表面在图像上看起来更亮；电子束入射凹陷表面则到达检测器的电子更少，因此凹陷表面在图像上看起来更暗。基于这一现象，研究人员可以通过扫描电子显微镜直观地获取样品表面拓扑结构的可视化图像(图 3-8)。

图 3-8　扫描电子显微镜对壁虎足部仿生材料(a)、蓝闪蝶翅膀(b)、花粉粒(c)及霍乱细菌(d)微观拓扑结构的表征[18]

扫描电子显微镜对材料表面拓扑结构的表征具有一系列显著的优势：①分辨率高：常见的扫描电子显微镜分辨率为 3～10 nm(高分辨冷场发射扫描电子显微镜可实现高达 0.4 nm 的分辨率)[19]，可以满足绝大多数拓扑结构表征的需求；②分析过程迅速：样品室抽真空后，单个样品通常能够在 5 min 内实现成像；③成像景深大：能够在观察样品微观结构的同时，获取整体形貌的信息；④图像放大范围广且连续可调：研究人员可以在不同放大程度下观察样品的形貌；⑤用户友好：扫描电子显微镜设备易于操作，绝大多数研究人员可在培训后熟练操作，并且有直观的分析软件帮助研究人员对样品图像实时分析。然而，扫描电子显微镜也具有许多局限性：①现阶段扫描电子显微镜无法实现单个原子成像。②扫描电子显微镜仅能表征样品的表面形貌，无法观察深层的结构。③扫描电子显微镜无法定量地提供样品高度相关的信息，仅能通过图像的明暗程度定性分析。④常见的扫描电子显微镜需要在真空环境下观察样品，限制了这项技术对含溶剂样品与低压分解样品的表征。不过，大气压扫描电子显微镜(atmospheric scanning electron microscope，ASEM)与液相扫描电子显微镜(liquid scanning electron microscope，LSEM)已被发展，具有良好的应用前景[20, 21]。⑤扫描电子显微镜要求样品具有一定的导电性，绝缘样品测试前需要喷涂导电涂层(金、铂等)，这一过程存在破坏样品拓扑结构的可能。因此，研究人员需要选择合适的喷涂材料与喷涂工艺，减少对试验结果的干扰。

除此以外，为了获取更高的图像分辨率与更完整的样品信息，研究人员通过将扫描电子显微镜与其他技术结合开展了一系列升级。常见的策略有改良测试所用的电子束，基于此研究人员引入场发射电子束技术(更高电子强度与更窄电子能量散布)，将传统的钨灯丝电子枪替换为场发射电子枪，发展了场发射扫描电子显微镜(field-emission scanning electron microscope，FE-SEM)。基于其工作原理不同，场发射扫描电子显微镜可以进一步分为冷场发射式(cold field emission，CFE)与热场发射式(thermal field emission，

TFE)。冷场发射式电子枪通过在金属表面施加强电场产生电子束，由于其阴极材料发射面积小，因此能够将工作电子束聚焦在很小的范围进而实现更高的分辨率。然而，冷场发射式电子枪的阴极材料会在工作过程中逐渐吸附电子枪内残留的气体分子使工作电子束不稳定，这一局限性要求冷场发射式电子枪具有更高的真空环境(增加设备维护成本)，或在工作一段时间后加热电子枪还原其初始工作状态(影响仪器使用的连续性)。热场发射式电子枪将阴极材料加热至高温后对其施加强电场产生电子束，在其工作温度下，电子枪中残留的气体分子难以吸附在阴极材料表面。因此，热场发射式扫描电子显微镜相比冷场发射式扫描电子显微镜具有更加稳定的工作电子束。与此同时，热场发射产生的电子束强度更高，有助于材料的能谱分析。其不足之处在于图像分辨率及灯丝寿命均略低于冷场发射式扫描电子显微镜。

除了改良工作电子束，研究人员还可以通过改良待测样品获取更高质量的样品图像。通过引入超低温快速冷冻制样技术，研究人员可以最大限度地保留样品原有信息。利用这种制样技术的扫描电子显微镜被称为冷冻扫描电子显微镜(cryogenic scanning electron microscope，Cryo-SEM)。该技术通常用于观察水凝胶材料、生物组织、生物分子等含水样品。快速冷冻过程(通常采用沉浸式冻结法)能够避免冰晶生长对样品微观结构的破坏及对工作电子束的干扰，进而最大程度地保留待测样品原有的形貌。除此以外，由于冷冻扫描电子显微镜在真空条件下工作，其分辨率远高于液相扫描电子显微镜，可在分子层面研究细胞、病毒及蛋白质的微观结构。

2. *原子力显微镜*

原子力显微镜(atomic force microscope，AFM)是另一类常用的表面拓扑结构表征技术，该技术的工作原理是采用物理探针的针尖扫描待测样品表面进而获取样品表面拓扑结构的信息[22]。下面将简述原子力显微镜的工作原理(如何将微观相互作用力转变为可识别的数字图像)、常见工作模式及其特点，以及原子力显微镜与电子显微镜相比的优势和不足，以便研究人员掌握多样化的材料表面拓扑结构表征技术。

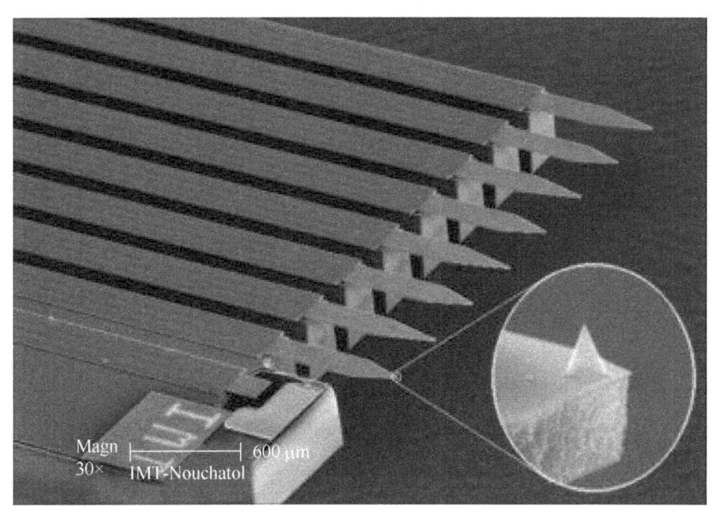

图 3-9　原子力显微镜的探针及探针针尖[23]

原子力显微镜的功能由力检测系统、位置检测系统、反馈系统三者协同实现。力检测系统检测的是探针针尖原子与样品表面原子之间的斥力或范德瓦耳斯力，这一过程由探针实现。探针由微悬臂(cantilever)与针尖(tip)两部分组成(图 3-9)。微悬臂长度为 100～500 μm，宽度为 0.5～5.0 μm，可被视为一个微型弹簧，其作用在于将原子尺度的作用力放大为便于观测的物理振动。针尖是微悬臂末端的一个尖锐结构，是与样品表面直接接触的部分。针尖与样品表面原子尺度的相互作用将会表现为微悬臂的振动，基于微悬臂的长度、宽度、弹性系数、针尖模量，以及微悬臂振动的振幅、相位等因素的测量即可计算出作用力的大小。探针通常由硅或氮化硅制成，这两种材料各有优势，硅探针通常可以做得更锋利，检测精度更高；而氮化硅探针比硅探针耐磨损，使用寿命更长。研究人员应当根据试验目的与待测材料的性质选择合适的探针。

尽管微悬臂的形变与振动状态记录了原子间的相互作用，这一物理过程仍不便于直接观测，需要通过位置检测系统进一步放大测量。在该系统中，通过激光(laser)照射微悬臂(微悬臂背面镀有金膜，可以反射激光)获得反射光斑，进一步通过光电二极管(photodiode)记录反射光斑相对初始位置的偏移测量微悬臂的运动状态(图 3-10)。简而言之，原子间微小的相互作用力首先经探针针尖感知，随后以弹簧振动形式被微悬臂记录，进而通过反射光放大，转变为便于分析调控的电学信号。这一电学信号将被反馈系统记录分析，通过压电陶瓷转变为特定力值大小，进一步调控样品与针尖的相互作用。基于上述过程，研究人员能够将原子间相互作用作为可读取的信息提取，最终转变为拓扑结构的图像。

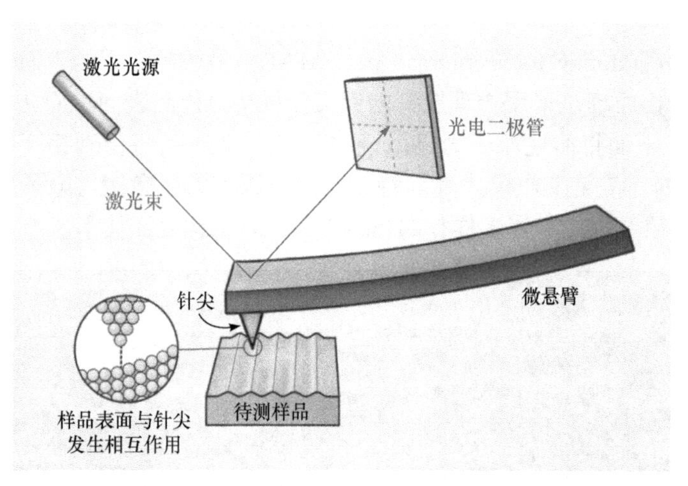

图 3-10　原子力显微镜的工作原理示意图[24]

基于原子力显微镜针尖与样品物理接触方式的不同，可以将常见的原子力显微镜成像模式分为接触模式(contact mode)、非接触模式(non-contact mode)、敲击模式(tapping mode)(图 3-11)。了解这三种模式各自的优势及局限性有助于研究人员针对不同类型的样品选择合适的测试条件，进而获取更为准确有效的样品形貌信息。

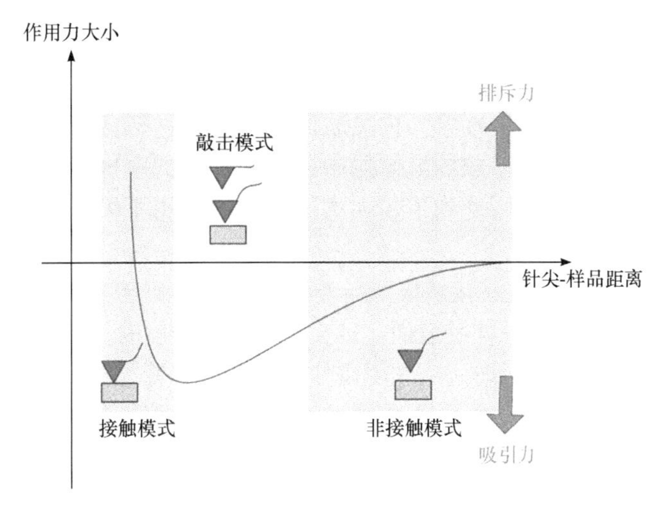

图 3-11　原子力显微镜的常见工作模式：接触模式、非接触模式、敲击模式[25]

(1) 接触模式。从概念上来理解，接触模式是原子力显微镜最直接的成像模式。原子力显微镜在整个扫描成像过程中，探针针尖始终与样品表面保持“接触”，在相互作用力为排斥力的条件下进行工作。当针尖被“拖动划过”样品表面时，排斥力将引起悬臂弯曲[恒力模式(constant-force mode)]或检测力值的变化[恒高模式(constant-height mode)]，通过分析上述变化即可得到样品表面的微观结构。扫描时，悬臂施加在针尖上的力有可能破坏试样的表面结构，故而表面脆弱易损的样品不宜采用接触模式进行表征(力的大小范围为 10^{-8}～10^{-6} N)。

如前文所述，接触模式细分为恒力模式与恒高模式，它们将适用于不同的测试目的。在恒力模式中，悬臂通过改变偏转程度保证样品与针尖之间的作用力始终不变。当沿样品表面 x 轴、y 轴方向扫描时，记录 z 轴方向上悬臂的偏转情况来得到样品的表面形貌图像。恒力模式主要用于获取准确的 z 轴信息，适用于具有明显凹凸表面微结构材料的定量表征。在恒高模式中，样品与针尖的相对高度保持不变，直接测量出悬臂保持在该位置所受排斥力的大小，通过分析力值的改变获得样品表面的图像。由于力值变化更为灵敏，该模式主要适用于样品形貌的快速扫描分析或分子、原子图像(在 xy 平面进行原子级分辨率的高精度分析且在 z 轴无定量分析需求)的观察。接触模式工作下的原子力显微镜具有许多优势：①接触模式操作简便，对操作技能要求较低，适合初学者使用；②接触模式具有高扫描速度，能够在较短的时间内获取试验数据。然而，接触模式下原子力显微镜尖端与样品表面的材料磨损是不可忽略的，多次扫描后，针尖会出现钝化现象进而影响成像质量；同时，针尖对样品表面的摩擦容易损坏低模量样品，因此柔性聚合物、生物大分子等样品需要选择其他的成像模式。

(2) 非接触模式。采用非接触模式探测试样表面时，微悬臂置于样品表面上方 5～10 nm 的位置。在该距离下，样品与针尖之间的相互作用由范德瓦耳斯作用力、静电相互作用等长程作用力控制，样品不会被破坏，针尖也不会发生磨损，特别适用于柔性材料表面形貌的表征。然而，非接触模式的使用存在许多限制：①此类作用力的强度相比排斥力更小，因此检测过程需要使用灵敏度更高的检测装置；②非接触模式的操作相比接触模式更为困难；③由于针尖与样品分离，非接触模式下原子力显微镜的横向分辨率较低，为了有效获取样品表面形貌，非接触模式相比接触模式和敲击模式会更为耗时；④由于探针与样品表面不发生接触，样品表面随测试的进行逐渐吸附空气中的水汽，进而将探针尖端吸附进水汽形成的流体层中，导致样品的摩擦及信号的不稳定。基于上述原因，非接触模式的使用受到了较大的限制，通常用于极度疏水表面的拓扑结构表征。

(3) 敲击模式。敲击模式是接触模式与非接触模式的结合，微悬臂在样品表面上方振荡，针尖周期性地短暂接触样品表面。针尖与样品不接触时，微悬臂以最大振幅自由振荡。当针尖与样品表面接触时，空间阻碍作用使得微悬臂的振幅减小，反馈系统接收信号并控制微悬臂的振幅跟随表面上下起伏，进而获得形貌信息。在敲击模式下探针与样品接触时间短，对样品的损害很小，可用于测试许多无法用接触模式表征的样品(柔软、脆弱或具有黏性的样品)，在聚合物拓扑结构表征及生物大分子结构分析中有着广泛的应用。其不足之处在于扫描速度比接触模式更慢。

除了拓扑结构的表征，原子力显微镜还可以在相位成像模式(phase imaging mode)下分析平整表面，识别无法通过拓扑形貌区分的微观结构(表面图案、无显著立体结构的污染物等)。相位成像模式通过比对探针振动与驱动信号之间的相位差异检测样品表面

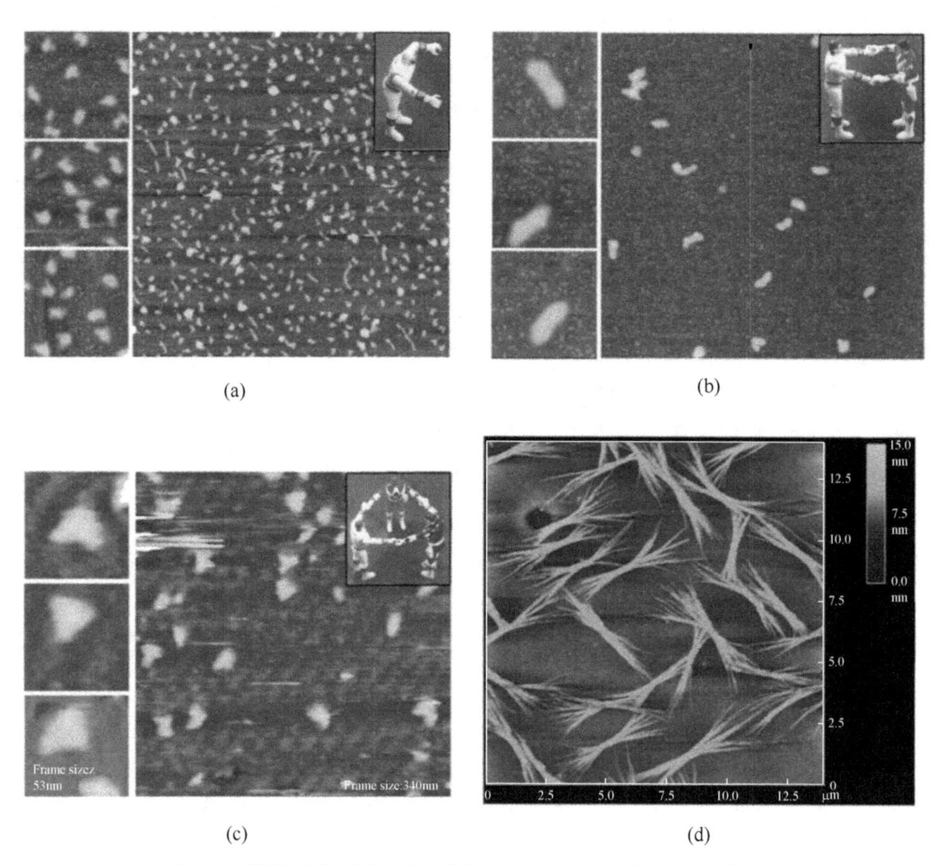

图 3-12　原子力显微镜图像对启动子相关 RNA(pRNA)单链折叠拓扑结构的表征[26]

(a) 单体；(b) 二聚体；(c) 三聚体；(d) 多聚体

的力学性质(弹性模量、黏附性、摩擦系数等)。当表面力学性质一致时，信号无相位差异。然而，当样品表面的不同区域表现出差异化的力学性质，即可通过相位差异进行成像——当探针接触具有不同力学性质的表面区域时，微悬臂会发生不同程度的能量损失，进而转化为不同的图像。

综上所述，原子力显微镜表现出许多独特的优点：①原子力显微镜能够提供定量的三维拓扑结构信息(图 3-12)；②原子力显微镜不需要对样品进行特殊处理，如喷镀导电层，避免了对样品造成不可逆转的伤害；③不同于电子显微镜常见的高真空工作环境，原子力显微镜在室温常压及液体环境下都可以良好工作，有助于研究生物活性分子及活体细胞的成像。然而，相比扫描电子显微镜，原子力显微镜也存在成像范围小、成像速度慢、成像质量受探针影响大(针尖放大效应、针尖磨损及针尖污染)的局限性。

3.2.3　表面涂层厚度表征

1. 椭圆偏振光谱仪

椭圆偏振光谱仪(ellipsometer，也称为椭偏仪)，其测量的物理量为特定波长的线性偏振光经涂层与材料界面反射后极化性质的变化(振幅比 Ψ与相位差Δ)(图 3-13)。由于这一变化来源于涂层与材料的光学特性、涂层厚度等因素，因此可以基于测试结果计算涂层厚度及材料的光学常数。由于测试过程对涂层性能无破坏、测试环境无须真空或惰性气体氛围，并且能同时获取涂层微结构、结晶度、粗糙度、光学响应性等信息，椭圆偏振光谱仪已成为一种功能强大且应用广泛的测量设备。本节内容将着重于椭圆偏振光谱仪工作机理的简述、试验结果的分析及其优势与局限性的探讨，以便帮助研究人员能够快速了解这类常见的表面涂层厚度表征技术。

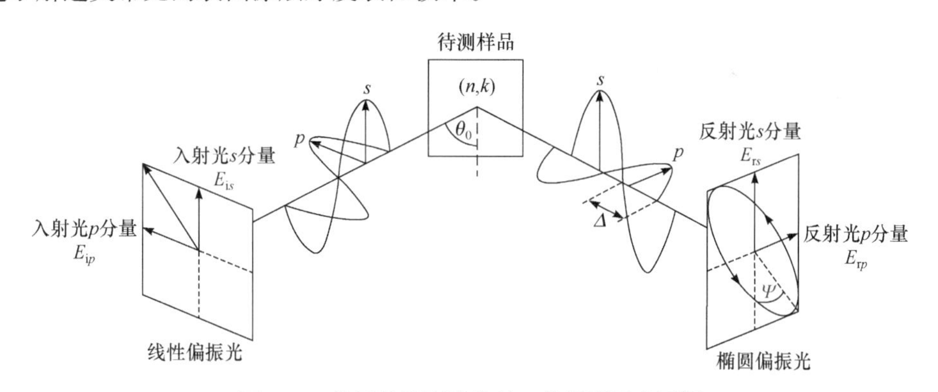

图 3-13　椭圆偏振光谱仪的工作机理示意图[27]

首先，为了更好地解释椭圆偏振光谱仪的工作原理，将基于光的波动性介绍一些光学定义与公式。当光表现出完全随机的振动矢量时，它被认为是非偏振光。绝大多数光源都发射非偏振光，经过起偏器后，光在垂直光传播方向的平面上表现出单一的振动矢量。光矢量只沿一个固定的方向振动，这种光称为线性偏振光。当光在垂直光传播方向的平面上表现出单一的振动矢量，并且振动矢量的大小与方向不断改变(振幅与相位不断变化)，振动矢量的末端将会形成一个椭圆形轨迹，此时的光称为椭圆偏振光。椭圆偏振光谱仪即是检测在线偏振光与待测样品作用后转变为椭圆偏振光的过程中振幅与相位的变化，进而基于物理模型得出材料相关信息的仪器[27]。线偏振光与样品作用时，将在空气-涂层界面与涂层-基底界面分别发生反射与折射。为了便于讨论，光矢量被分解成平行于入射平面的正交分量(p 极化)与垂直于入射平面的正交分量(s 极化)。菲涅耳方程(Fresnel equation)描述了在材料之间的界面处反射与透射的光量[式(3-3)～式(3-6)]：

$$r_p \equiv \frac{E_{\mathrm{rp}}}{E_{\mathrm{ip}}} = \frac{n_{\mathrm{t}}\cos\theta_{\mathrm{i}} - n_{\mathrm{i}}\cos\theta_{\mathrm{t}}}{n_{\mathrm{t}}\cos\theta_{\mathrm{i}} + n_{\mathrm{i}}\cos\theta_{\mathrm{t}}} \tag{3-3}$$

$$t_p \equiv \frac{E_{\mathrm{tp}}}{E_{\mathrm{ip}}} = \frac{2n_{\mathrm{i}}\cos\theta_{\mathrm{i}}}{n_{\mathrm{t}}\cos\theta_{\mathrm{i}} + n_{\mathrm{i}}\cos\theta_{\mathrm{t}}} \tag{3-4}$$

$$r_s \equiv \frac{E_{\mathrm{r}s}}{E_{\mathrm{i}s}} = \frac{n_{\mathrm{i}}\cos\theta_{\mathrm{i}} - n_{\mathrm{t}}\cos\theta_{\mathrm{t}}}{n_{\mathrm{i}}\cos\theta_{\mathrm{i}} + n_{\mathrm{t}}\cos\theta_{\mathrm{t}}} \tag{3-5}$$

$$t_s \equiv \frac{E_{\mathrm{t}s}}{E_{\mathrm{i}s}} = \frac{2n_{\mathrm{i}}\cos\theta_{\mathrm{i}}}{n_{\mathrm{i}}\cos\theta_{\mathrm{i}} + n_{\mathrm{t}}\cos\theta_{\mathrm{t}}} \tag{3-6}$$

其中，r_p 为入射光 p 极化分量的反射率；t_p 为入射光 p 极化分量的透射率；r_s 为入射光 s 极化分量的反射率；t_s 为入射光 s 极化分量的透射率；n_{i} 为入射介质的折射率；n_{t} 为透射介质的折射率；θ_{i} 为入射角，即入射光线与界面垂直线在入射介质中的夹角；θ_{t} 为折射角，即折射光线与界面垂直线在透射介质中的夹角。在测试中，上述过程发生在每个界面(图 3-14)。

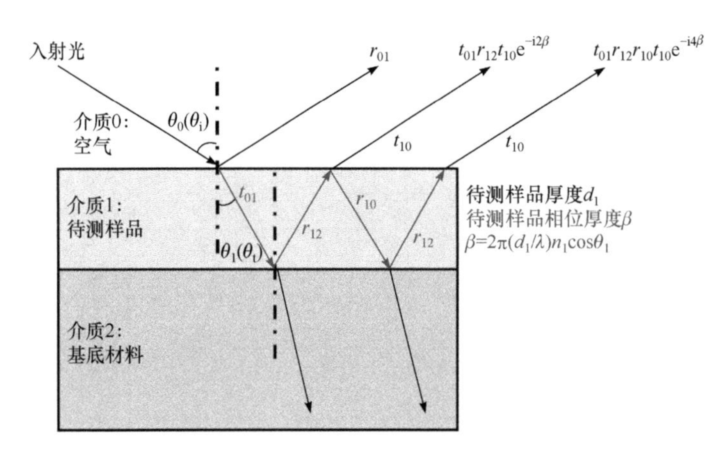

图 3-14　椭圆偏振光谱仪测试光路示意图

数据分析过程如下：测量样品后，系统将构建一个光学模型来描述样本(图 3-15)。该模型再根据菲涅耳方程计算预测响应，其中菲涅耳方程描述了每种材料的厚度与光学常数。由于这些参量处于未知状态，系统将估计初步计算值。将计算值与试验数据进行比较，并通过改变模型参数以提高试验与计算之间的匹配性。通常采用回归分析来确定模型与试验之间的最佳匹配——采用均方误差等统计学指标量化曲线之间的差异，通过改变未知参数达到最小均方误差。当试验数据与光学模型匹配时，系统将计算并输出样品厚度、折射率等一系列测量结果。其中，样品厚度由表面反射光与穿过膜后产生的反射光之间的干涉确定(相长干涉或相消干涉)，该方法的测量范围从亚纳米到几微米。如果样品厚度超过几十微米，测量结果将会产生较大的误差。在这种情况下，研究人员应该使用波长更长的红外光或优先考虑其他厚度表征技术。同时，基于椭圆偏振光谱仪厚度测量的原理，测量过程要求一部分光穿过整个膜并返回到表面。如果待测样品对测试光存在吸收，厚度测量将限于半透明层。通过在具有较低吸收的光谱区域开展表征，可以减少材料吸收带来的误差。

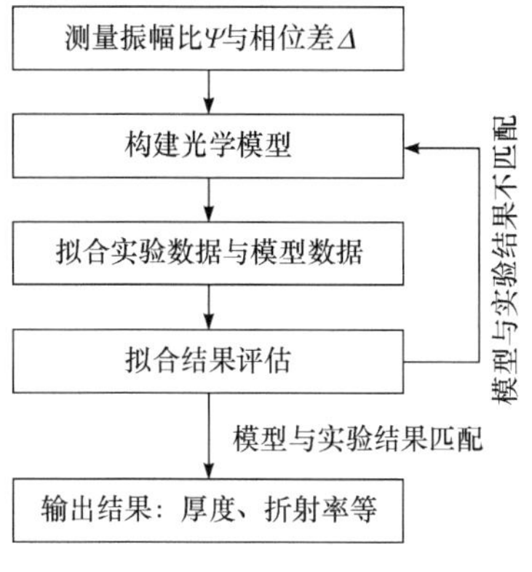

图 3-15　椭圆偏振光谱仪数据处理过程示意图[28]

作为一种在实验室及工业领域都受到广泛应用的表征手段，椭圆偏振光谱仪具有许多显著的优点：①非侵入性测试过程，对样品无损伤；②适用于固-液、液-气、固-固等任何可以实现镜面反射的界面；③具有很高的灵敏度，可以检测薄膜厚度 0.1 nm 的变化与折射率 0.001 的变化；④能够在测量涂层厚度的同时测量涂层的折射率与吸收率，获取多样化的信息。

2. 基于扫描电子显微镜与原子力显微镜的断面表征

扫描电子显微镜与原子力显微镜能够直接表征材料的断面，获取涂层厚度、涂层内部结构等信息。其表征原理与前面所述无明显区别，测试的关键在于制备清晰完整的断面结构。对于脆性材料(如硅片、玻璃片等)可以直接外力破坏制造断面，但该方法处理具有黏弹性的高分子材料会得到粗糙度较大的断面或破坏样品内部结构，进而影响表征结果。对于此类样品，研究人员需要使用特殊的处理方法来获取高质量样品断面[29, 30]。常见的处理方法有：①液氮淬断：将样品进行液氮冷冻，使其温度降至玻璃化转变温度以下后，通过外力折断，可得到较为光滑平整的断面；②划痕法：利用金属刀片或细胞刮刀去除材料表面的部分涂层进而暴露基底材料，观察划痕处获取涂层断面的信息，并可通过比较涂层处与划痕处，分析涂层材料对基底材料表面的改性(划痕法所施加外力不可破坏基底材料)；③离子束抛光：利用氩离子束抛光仪，将氩气离子化后在电场加速作用下轰击到样品表面，采用物理溅射轰击的方式对样品表面进行精细抛光处理(离子束抛光前样品需要机械抛光预处理)；④冷冻超薄切片：冷冻超薄切片能够获取高质量的平整样品面，且切片样品更接近固有状态结构，常用于高韧性的聚合物样品及生物组织样品。

3.3　表面化学性质表征

3.3.1　X 射线光电子能谱

X 射线光电子能谱(X-ray photoelectron spectroscopy，XPS)是利用单色 X 射线照射样品表面，样品吸收 X 射线的能量后产生光电子，通过测量原子内层的电子结合能来推知样品中所含元素的种类，并通过分析结合能的化学位移，确定元素的价态变化或与电负性不同原子结合的表征手段[31]。

X 射线光电子能谱技术生成光电子的过程可以简单通过以下三个过程描述(图 3-16)：①样品中原子的内层电子吸收特定的 X 射线能量被激发至样品表面(即费米能级，到达费米能级的电子不再受原子核的束缚，但要继续前进须克服样品表面的能垒)；②电子进一步克服样品表面功函数(又称逸出功)，成为自由电子；③自由电子被检测器捕获，得到电子动能相关信息。

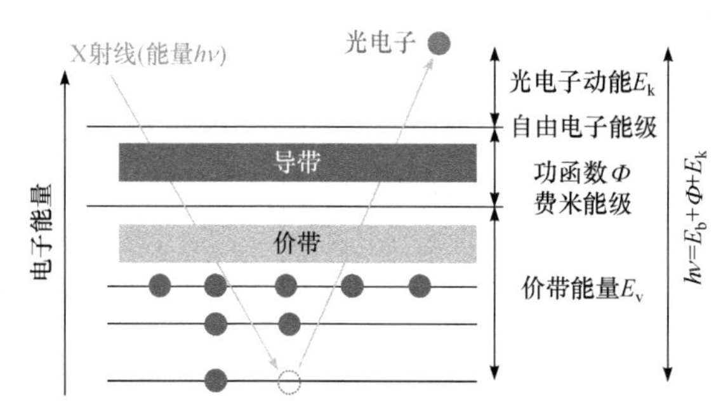

图 3-16　X 射线光电子能谱工作原理示意图

相关过程可以用式(3-7)描述：

$$E_v = h\nu - E_k - \Phi \tag{3-7}$$

其中，$h\nu$为激发所用 X 射线的能量，为已知量；E_k 为自由电子的动能，由检测器获取；Φ为功函数，与测试环境有关，为特定常数。基于自由电子动能的测试结果，通过式(3-7)便可计算得出价带能量 E_v。电子结合能是元素的特征属性，也是 X 射线光电子能谱图提供的主要信息。基于上述公式，X 射线光电子能谱能够实现以下 4 种基本功能。

(1) 元素的定性分析。元素的定性分析需要对样品进行全谱扫描，将扫描得到的光电子谱图与标准图谱相对照，来确定样品中存在的元素。若要确定样品表面的元素组成可以进行全谱扫描，若要鉴别某特定元素的存在可进行窄谱扫描。对一个化学成分未知的样品，通常采用全谱扫描，以便对材料表面的化学成分做出初步的判断。

(2) 元素的化学态分析。X 射线光电子能谱主要是通过测定内壳层电子能级谱的化学位移来推知原子结合状态和电子分布状态的，可对感兴趣的几个元素的光电子峰附近的峰进行窄谱扫描，以获取结合能的准确峰位，鉴定元素的氧化态等更加精确的信息。

(3) 元素的定量分析。X 射线光电子能谱的定量分析是统计具有某种能量的光电子数量，进而分析该元素在样品表面的含量。光电子能谱峰的强度可以是谱峰的面积也可以是谱峰的高度，一般试验中采用谱峰的面积，因其测量的结果更精确。通常是利用特定元素谱线强度作为参考标准，测得其他元素相对谱线强度，以求得各元素的相对含量。由于光电子的数量与信号强度不是简单的正比关系，因此目前采用灵敏度因子法进行半定量分析[式(3-8)]：

$$\frac{n_a}{n_b}=\frac{\frac{I_a}{S_a}}{\frac{I_b}{S_b}} \tag{3-8}$$

式中，假设某样品中含有 a、b 两种元素，已知它们的灵敏度因子分别为 S_a 与 S_b，并且由试验测出各自特定谱线强度分别为 I_a 与 I_b，则它们的原子浓度之比 n_a/n_b 可通过计算获得。

(4) 化学结构分析。化学位移是指元素的电子结合能会随原子化学态的变化而发生变化，通过对谱峰化学位移的分析可以对样品元素所属的官能团结构进行研究。

X 射线光电子能谱作为一种常见的表面化学性质表征技术具有以下优点：①检测采用光子且分析所需样品量很少，对样品表面几乎无破坏，是一种无损分析方法；②分析元素范围广，可以对固体样品中除氢、氦之外的所有元素进行定性及半定量分析；③可以对元素的组成、含量、电子结合能、氧化态等信息进行表征。然而，传统的 X 射线光电子能谱无法对挥发性样品及含有挥发性成分的样品(水凝胶、有机凝胶等)进行有效的表面分析。引入冷冻真空样品传输系统(图 3-17)的冷冻 X 射线光电子能谱仪为这一不足之处提供了解决方案。该系统能够对待测样品进行快速的冷冻转移，进而对挥发性样品或含有挥发性成分的样品表面开展近似原位的化学元素表征。

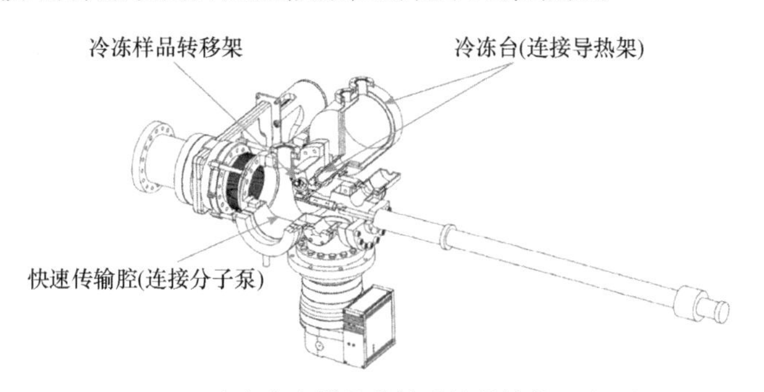

图 3-17　冷冻真空样品传输系统的结构示意图[32]

3.3.2　能量色散 X 射线光谱

能量色散 X 射线光谱(electron dispersive X-ray spectroscopy，简写为 EDS，或 EDX、XEDS)是一种用于材料元素分析的表征手段。该技术通常与电子显微镜仪器(扫描电子显微镜或透射电子显微镜)联用，在观测样品微观形貌的同时对其元素组成进行表征[33]。其基本工作原理如下：当电子显微镜发射的电子束轰击样品时，样品原子的内层电子受到撞击成为自由电子；随后，一个更高能量的外层电子填充了它的位置，将能量差以 X 射线的形式释放。该 X 射线的能量与原子的特征结构有关，因此可以根据光谱中峰的位置识别元素种类；同时，可以基于信号强度与标样强度的比例进行元素浓度的半定量分析。

能量色散 X 射线光谱常用的分析方法有点扫描、线扫描、面扫描三种。点扫描指将电子束固定在样品表面的某一点进行定性或半定量分析。该方法最为灵敏且准确度高，

适合表征微观结构中的元素成分。线扫描指控制电子束沿直线方向扫描，进而获取不同位置的元素组分含量。该方法可以用于比较样品表面不同结构中元素含量的变化。面扫描指用电子束扫描整个样品的表面，通过不同的颜色标注元素的种类，并采用不同的亮度展示同种元素的含量(颜色越亮说明元素含量越高)。面扫描灵敏度最低但能够给出元素的可视化数据，并能与电子显微镜图像相结合，直观地分析元素分布与拓扑结构的相关性(图 3-18)。

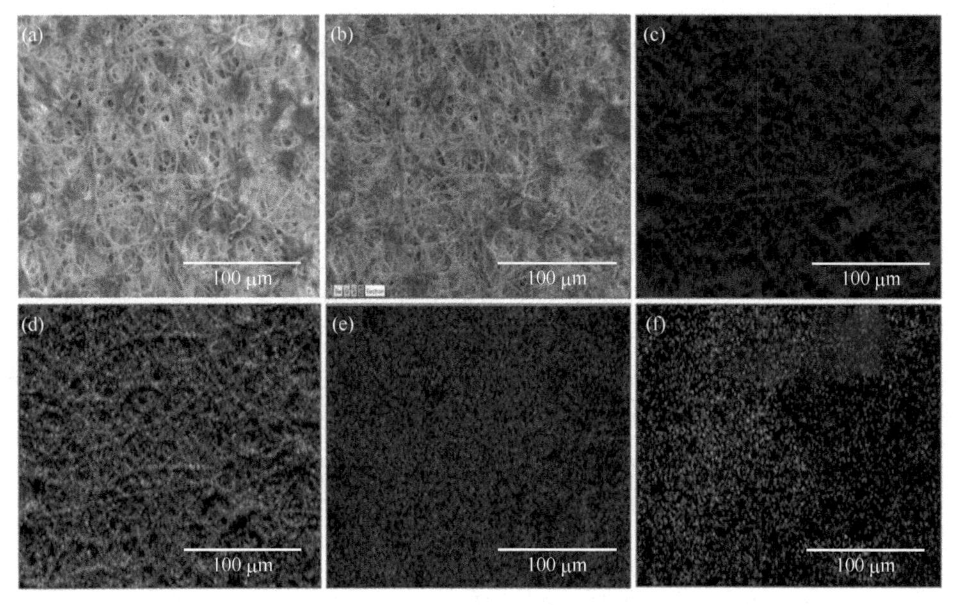

图 3-18　内蛋壳膜的扫描电子显微镜及能量色散 X 射线光谱分析[34]

(a) 扫描电子显微镜图像；(b) 能量色散 X 射线光谱面扫描图像；(c) 钾元素信号图像；(d) 氧元素信号图像；(e) 硫元素信号图像；(f) 钠元素信号图像

最后，通过 X 射线光电子能谱(XPS)与 EDS 的比较，可以更清晰地展示二者的特点：①基本原理不同：XPS 是用 X 射线轰击样品获取样品内被激发的自由电子，分析对象是来自样品特征电子的能量；EDS 则是用电子束轰击样品激发 X 射线，分析对象是来自样品特征 X 射线的能量。②XPS 既可以测定表面元素并进行含量分析，又可以测定元素价态；EDS 只能检测元素的组成与半定量分析，不能测定元素的价态。③XPS 的最低检测浓度 > 0.1%，灵敏度高；EDS 的最低检测浓度 > 2%，灵敏度较低。④试验范围不同：EDS 不能用于分析导电性较差的样品(喷镀导电层的过程会大量引入镀层元素的信号，影响试验结果)，但 XPS 不存在此类限制。⑤XPS 一般仅独立使用，对样品表面信息进行检测，用于判定元素的组成、化学态、分子结构信息等；EDS 能够与电子显微镜系统联用，在观察拓扑结构的同时获取各点的元素组成，直观便捷地了解样品的元素分布情况。

3.3.3　衰减全反射傅里叶变换红外光谱

傅里叶变换红外光谱是分析化合物结构的重要手段，常规的透射式傅里叶变换红外光谱通过压片或涂膜的方法进行制样，使测试光(波长范围为 2.5～25 μm，通常用波数表示为 400～4000 cm^{-1})透过样品片获取结构信息。因为红外线能引起分子振动能级的跃迁，因此通过特定区域红外光谱的吸收峰便能判断样品的特征结构(以官能团为主)[35]。然而，该测试过程操作较为复杂，无法表征难溶、难熔、难粉碎的试样，并且制样方法会影响试验结果的重复性。基于上述缺陷，研究人员在傅里叶红外光谱中引入了内反射谱(internal reflection spectroscopy)技术，由于内反射光谱也称为衰减全反射光谱，这类新型的红外光谱技术被称为衰减全反射傅里叶变换红外光谱(attenuated total reflectance-Fourier transform infrared spectroscopy，ATR- FTIR)[36]。

衰减全反射光谱技术的原理是基于光的内反射现象——当满足条件介质 1(反射元件)的折射率 n_1 大于介质 2(待测样品)的折射率 n_2，即光线由光密介质进入光疏介质，且入射角 θ 大于临界角 θ_c($\sin\theta_c = n_2/n_1$)时，就会发生全反射。然而实际情况中，光线并不是完全被反射回来，而是穿透到样品表面内一定深度后再返回，这部分光称为消逝波(evanescent wave，又称表面波、渐逝波、隐失波或倏逝波)。在此过程中，待测样品对入射光特定波长进行吸收，反射光强度减弱，产生与透射吸收效果相似的谱图，从而获得样品表面的结构信息(图 3-19)。

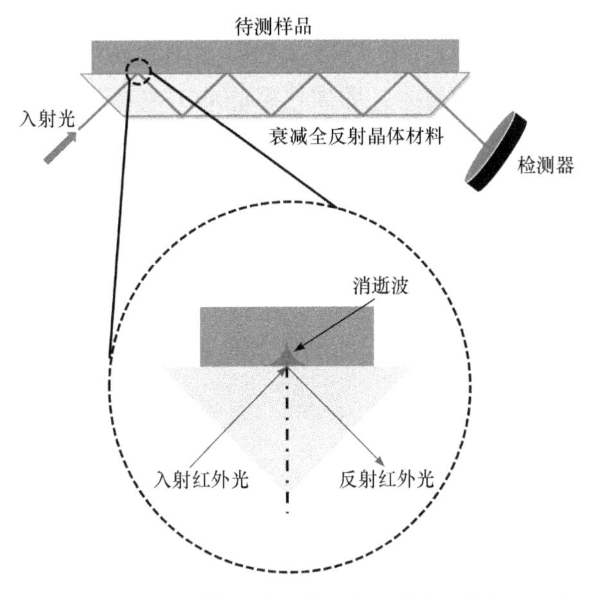

图 3-19　衰减全反射傅里叶变换红外光谱的工作原理示意图

由于绝大多数有机物的折射率在 1.5 以下，因此根据 $n_1 > n_2$ 要求，要获得衰减全反射谱需要试样折射率大于 1.5 的红外透光晶体。常用的衰减全反射晶体材料有 KSR-5、锗(Ge)、氯化银(AgCl)、溴化银(AgBr)、硅(Si)等。前两种材料使用较多，其中 KRS-5 是由溴化铊(TlBr)与碘化铊(TlI)组成的混合晶体(注意：由于 KRS-5 含有铊元素，吸入 KRS-5 晶体抛光时产生的粉末可能会导致中毒，因此研究人员不可自行打磨 KRS-5)。试验中通常将衰减全反射晶体做成菱形体，晶体的几何尺寸取决于仪器对全反射次数的要求及光谱仪光源光斑的大小。

与传统的透射式傅里叶变换红外光谱技术相比，衰减全反射傅里叶变换红外光谱技术具有显著的优势：①无须制样且对待测样品无破坏，能够保持样品原貌进行原位实时的表征。传统的透射式傅里叶变换红外光谱需要对样品进行分离及制样，对样品的研磨或挤压过程可能会改变样品的微观结构。②测试过程对样品的大小、形状、含水量没有特殊要求。③能够对样品表面不同区域分别进行检测，表征样品表面化学环境的差异性。④能够调节红外线穿透的深度，进而得到待测样品不同深度的化学结构信息。但与此同时，衰减全反射傅里叶变换红外光谱相比其他表面检测技术也存在一些局限性，主要表现在定量分析效果不好，难以对痕量组分进行分析。另外，红外光谱是一种间接分析技术，测试的精确度与适用性方法受校正模型与标准方法的影响。

3.3.4 其他技术

除上述方法以外，还有一些方法可以用于表面化学性质的表征，这些表征手段在特定的试验需求中扮演着重要的角色，下面将对这些技术进行简述：

1) 固体核磁共振技术

固体核磁共振技术(solid state nuclear magnetic resonance，SSNMR)将样品分子视为一个整体，探测固体样品中的相互作用，通常用于表征难以溶解或溶解后结构发生改变的样品[37, 38]。在生物材料表面表征中，固体核磁能够实现基底材料表面生物涂层无损检测、生物涂层与基底材料化学偶联的表征、基底材料功能化程度表征等一系列功能。除此以外，在液体核磁样品中，分子的快速运动能够减弱化学环境各向异性、偶极-偶极相互作用等导致核磁共振谱线增宽的各种相互作用，从而获得高分辨的核磁谱图。在固体核磁样品中，分子的快速运动受到限制，化学位移各向异性等各种作用的存在使谱线增宽严重，因此固体核磁共振技术分辨率相对较低。但也基于这一特性，固体核磁共振技术能够表征材料中如多重氢键作用、配位相互作用等在液体核磁共振技术下难以检测的超分子相互作用(图 3-20)。

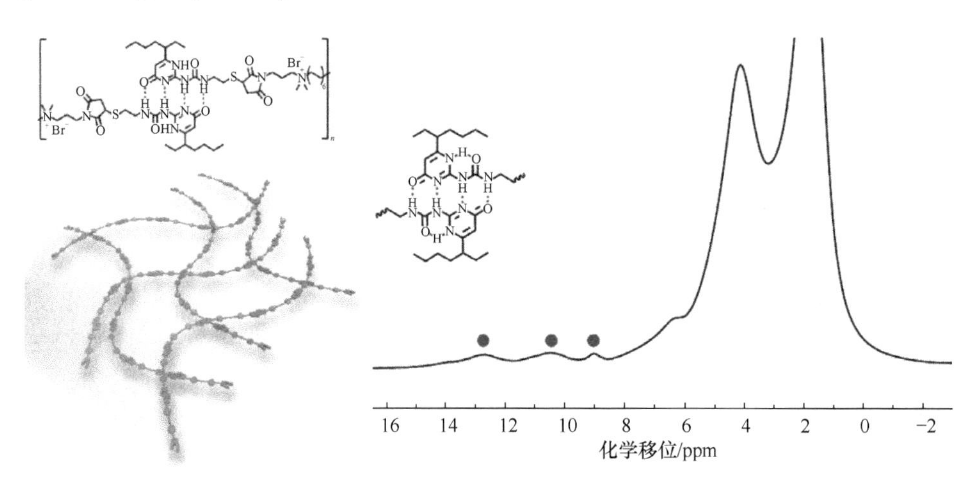

图 3-20 基于固体核磁共振技术 ^{1}H-NMR 谱(600 MHz，自旋频率 60 kHz)对超分子固体膜中脲基嘧啶酮结构分子间四重氢键相互作用的表征[39]

2) 圆二色光谱

圆二色(circular dichroism, CD)光谱是一类用于测定分子光学异构性与二级结构的表征手段[40, 41]。圆二色性指在手性光学活性中心的作用下，样品对左旋圆偏振光与右旋圆偏振光的吸收存在差异，使圆偏振光转变为椭圆偏振光。由于大部分生物大分子均含有手性基团或手性结构，因此圆二色光谱仪可以帮助测量及实时观测生物大分子构象的变化。

3) 飞行时间二次离子质谱

飞行时间二次离子质谱(time-of-flight secondary ion mass spectrometry, TOF-SIMS)主要通过离子源发射离子束溅射样品表面进行分析。离子束作为一次离子源，经过一次离子光学系统的聚焦与传输到达样品表面；样品表面经过溅射产生二次离子，系统将产生的二次离子提取和聚焦，并将二次离子送入离子飞行系统。在离子飞行系统中，不同种类的二次离子由于质荷比不同，飞行速度也不同，在飞行系统发生分离，通过检测这些离子进行相关分析[42, 43]。二次离子质谱主要利用质谱法区分一次离子溅射样品表面后产生的二次离子，可用来分析样品表面元素成分和分布。飞行时间分析技术利用不同离子的质荷比不同造成的飞行速度不同来区分不同种类的离子，能够在横向与纵向分布提供高分辨率及高准确度的样品表面信息，包括元素种类、元素分布、同位素信息、分子结构等。同时，由于检测装置灵敏、离子利用率高，飞行时间二次离子质谱能实现对样品几乎无损的静态分析。这些特点使得飞行时间二次离子质谱在材料主要成分分析、添加剂分析与分布、材料表面缺陷分析、材料降解分析等应用场景中都发挥着重要的作用。

4) 中子反射技术

中子反射计利用热中子与冷中子的折射特性(即光或其他波穿过介质时的角度变化)，将一束高度准直的中子束照射到极平整的表面上，以 0.5～350 nm 的长度尺度探测薄膜的表面和界面结构。由于中子的散射特性，中子反射技术(neutron reflectometry, NR)能够测试与角度或中子波长有关的反射束流强度。反射率分布形状提供了表面结构的详细信息，包括薄膜厚度、密度、粗糙度。中子反射技术的工作原理与电子显微镜、椭圆偏振光显微镜类似，但中子反射技术在一些方面具有独特的优势：①中子反射技术探测对象为原子核衬度，而非电子密度，适合用于氢、碳、氧、氮等低原子序数元素的测量；②中子反射技术具有同位素敏感性，能够检测出同位素的分布；③中子具有无损深穿透性，中子反射技术可用于测试生物试样等对电子束或光子束敏感的样品。

5) 全内反射荧光显微镜

在传统荧光显微镜应用中，研究人员经常使用各种机制来限制荧光团的激发，进而从焦平面外消除背景荧光，提高图像的信噪比。全内反射荧光显微镜(total internal reflection fluorescent microscope，TIRFM)利用了两种折射率不同的介质界面(通常为试样与玻璃盖玻片或组织培养容器之间的接触区域)附近有限样品区域内感应消逝波的独特物理性质激发样品[44]，从而使样品表面数百纳米内的荧光基团受到激发，产生荧光信号(图 3-21)。由于仅在靠近样品表面的区域产生激发信号，全内反射显微镜技术能够观察到样品表面精度达到单分子的细微信号[45]。

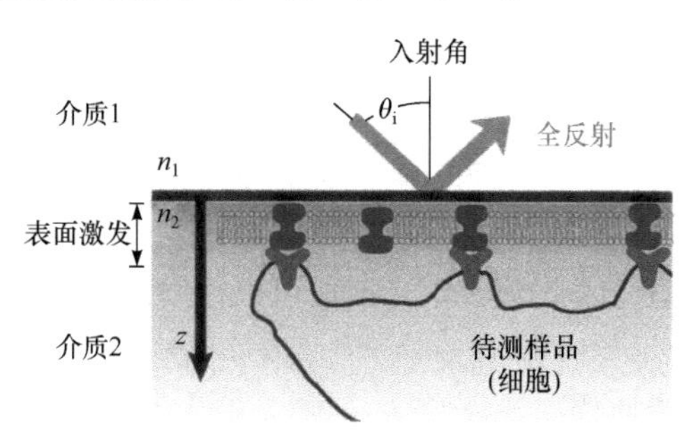

图 3-21　全内反射荧光显微镜工作原理示意图[46]

6) 和频振动光谱

和频振动光谱(sum frequency generation vibrational spectroscopy, SFG-VS)是一类可以原位实时检测生物材料涂层官能团结构及官能团空间构象的表征手段。和频振动现象是一种二阶非线性光学过程，两束不同波长的入射光(通常为一束可见光激光与一束红外激光)同时扫描待测表面。待测表面与两束入射光分别相互作用后产生和频信号(图 3-22)。和频信号具有准单分子层的检测精度，在表征官能团化学结构的同时，能够提供分子排列方向、生物大分子多级结构、表面结合水等传统光谱手段难以捕捉的信息，具有高灵敏性、非破坏性、原位检测性的特点。

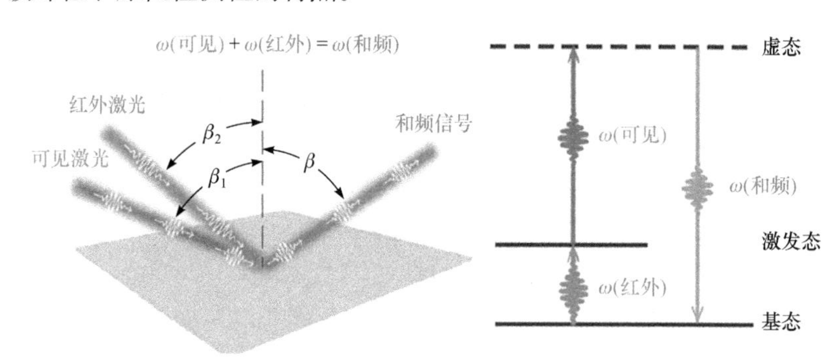

图 3-22　和频振动光谱的工作原理示意图[47]

3.4　表面相互作用表征

3.4.1　表面等离子体共振

表面等离子体共振(surface plasmon resonance，SPR)是一种用于实时测量分子相互作用的光学技术。与前文所述的衰减全反射傅里叶变换红外光谱及全内反射荧光显微镜类似，该技术同样使用了光内反射过程中形成的消逝波。该过程发生在金属表面(通常是金表面)，当平面偏振光在全内反射条件下接触金属界面时，会产生消逝波进入金属材料。由于金属中含有能够自由移动的电子，这些自由电子受到外部扰动时会瞬间偏离电中性状态，并在库仑力及电子自身惯性的作用下回到平衡位置，这种简谐振动的现象称为等离子体振荡[48]。当样品表面的电子通过这种波动行为与消逝波发生共振时，部分能量将从光子转移到表面等离子，入射光特定波段的能量被表面等离子波吸收，使反射光的能量减少(图 3-23)。

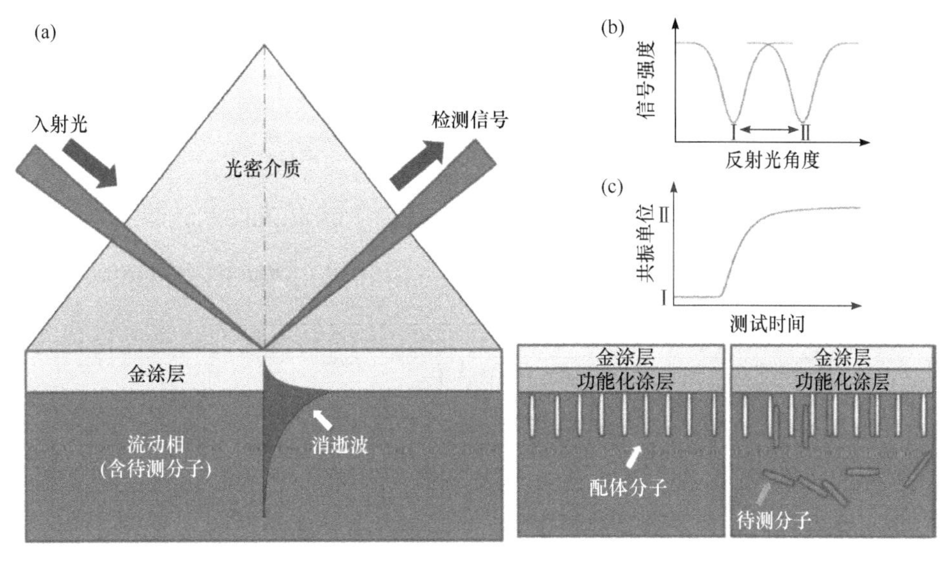

图 3-23　表面等离子体共振生物传感器[49]

(a) 基本工作原理；(b) 表面折射率变化前后光信号强度与反射光角度的相关性；(c) 测试过程中共振单位随时间的变化

在常见表面等离子体共振生物传感器中，在恒定光源波长与金属薄表面的条件下，表面等离子体共振过程受金属表面附近材料折射率的影响。因此，对于这类生物传感器，表面等离子体共振信号源自金表面折射率的变化，当流动相中待测样品与固定相配体结合增加界面密度时，这一相互作用过程的光学表象表现为反射光共振角的变化[50, 51]。对于任何给定的相互作用，仪器的响应信号与结合到表面的分子数量成正比(常见的表面等离子体共振生物传感器具有 10 pg/mL 量级的检测限)。通过实时记录响应并显示为传感图，表面等离子体共振试验可用于动力学结合常数与平衡结合常数的测量。非常重要的是，在抗原-抗体相互作用中，表面折射率的变化与结合的分子数量呈线性关系。响应信号以共振单位(resonance unit，RU)定量表示，1RU 等于 10^{-4}°或 10^{-12} g/mm^2 的临界角偏移。当仪器达到最大共振单位时，表面上述结合过程达到稳态，即所有结合位点被占据[52]。

将配体固定在传感器表面后，研究人员便可进行表面等离子体共振分析，其过程包括以下四个阶段(图 3-24)：①平稳基线：注射缓冲液得到稳定的基线信号；②结合过程：注入样品，待测分子与配体结合，产生信号；③解离过程：注入缓冲液，待测分子与配体解离；④再生过程：注入再生溶液，将待测分子完全洗脱，进入下一个分析周期。由于上述四个步骤可以实现循环，利用表面等离子体共振可以实现样品的高通量检测。

表面等离子体共振技术具有一系列显著的优点：①对生物分子无任何损伤且待分析物无须标记；②能够实现配位强度的定量测定，以及配位作用动力学、热力学等一系列重要过程的动态监测；③测量过程具有高特异性、高通量及高响应速度；④待测样品量

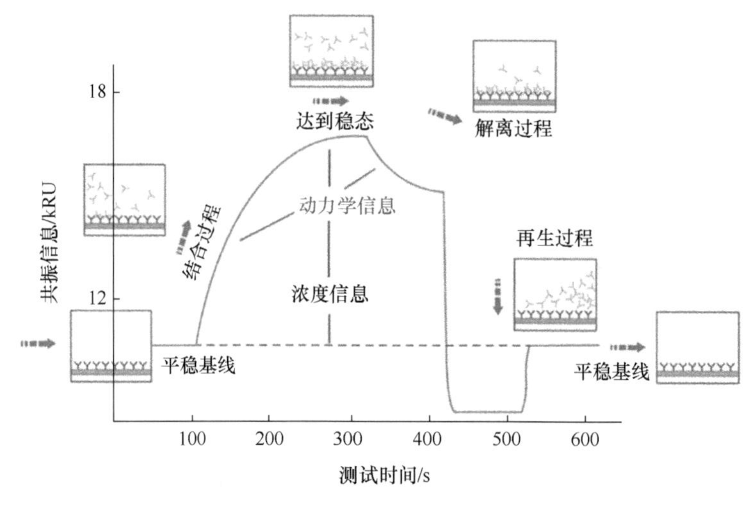

图 3-24 基于表面等离子体共振进行样品检测的工作流程示意图[53]

少。新型的表面等离子体共振技术通常会结合特定结构的纳米材料，通过构建具有高共振响应性、高表面积、大负载容量和高电子转移效率的纳米材料层，来实现具有更低检测限与更高灵敏度的生物传感器[54]。

3.4.2 石英晶体微天平

材料表面微量的质量变化可通过石英晶体微天平(quartz crystal microbalance，QCM)表征。石英晶体微天平是一种极其灵敏的质量天平，利用石英晶体的压电效应对质量进行精确检测(可测量单位面积质量的纳克至微克级变化)，其核心部件是一个基于压电现象实现微质量传感的谐振器[55, 56]。

石英晶体的压电现象包括向石英晶体施加电位后，晶体结构会发生物理变形；反之向石英晶体施加机械力，晶体也会发生电荷分离——石英晶体内部每个晶格在不受外力作用时呈正六边形，若在晶片的两侧施加机械压力，会使晶格的电荷中心发生偏移而极化，则在晶片相应的方向上将产生电场；反之，若在石英晶体的两个电极上加一电场，晶片就会产生机械变形。如果在晶片的两极上加交变电压，晶片就会产生机械振动，同时晶片的机械振动又会产生交变电场。由于机械力不能分离电荷，压电现象的本质是由外加机械力或电场诱导晶体发生永久偶极矩的改变。石英晶体的这一性质与谐振电路(LC 电路，一个电感连接一个电容)的谐振现象相似，即石英晶体不发生振动时，可被看作静电电容，当石英晶体发生机械振动时，机械振动过程可以用电感描述。基于上述等效过程，石英晶体的振动频率等同于谐振电路的振荡频率。通过电路设备将所测的振荡频率转化为电信号输出便可以研究石英晶体的振动模式(图 3-25)。如果在石英晶体表面均匀生长一层薄膜，石英晶体的振动频率会下降，G. Sauerbrey 通过物理模型表述了这种行为[式(3-9)]：

$$\Delta f = -\frac{2f_0^2}{A\sqrt{\rho\mu}}\Delta m \tag{3-9}$$

其中，Δf 为石英晶体的频率变化；f_0 为石英晶体无负载时的振荡频率；Δm 为石英晶体表面负载质量的变化；A 为电极间面积；ρ为石英的密度，为2.648 g/cm^3；μ为石英的剪切模量，为 2.947×10^{10} N/m^2。如果样品发生物理化学过程，如表面吸附蛋白分子、活性涂层释放功能性分子、表面发生化学修饰、溶剂分子挥发等，仪器将检测到频率变化，进而推算出质量的变化[57, 58]。在实际应用中，石英晶体微天平所用的石英晶体是从一大块石英晶体上采用 AT-CUT 法切割获取，然后在晶体的两个对应面上涂敷贵金属层(金、银或铂)作为导电层，并在每个电极上各焊接一根导线至电极端，最后再加上封装外壳就制成了石英晶体谐振器。通过监测石英晶体谐振器振动频率的变化便可计算出微小的质量变化。

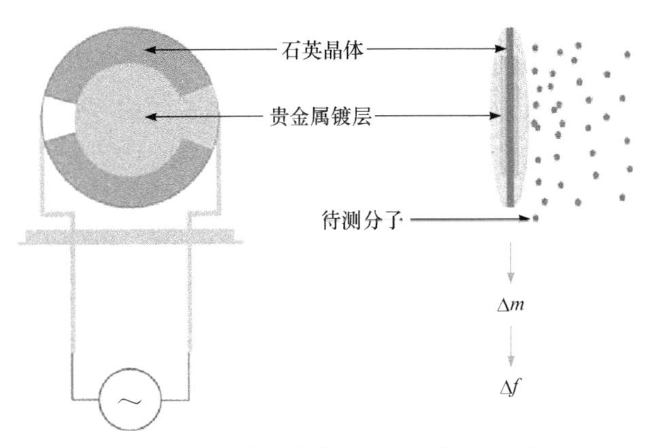

图 3-25　石英晶体微天平的工作原理[59]

然而，上述物理模型默认了引起质量改变的物质是刚性的。因此，当测量对象为气体分子、有机小分子等可被看作刚性结构的物质时，石英晶体微天平能够取得准确的效果。然而，当引起质量变化的物质具有黏弹性时(如人工合成高分子、蛋白质、核酸等)，石英晶体微天平会产生较大的误差。造成这一现象的原因是黏弹性物质自身的耗散属性会导致部分频率的衰减，测量所得的频率变化无法反映真实的质量改变。在这种情况下，研究人员需要使用耗散型石英晶体微天平(quartz crystal microbalance with dissipation，QCM-D)。耗散型石英晶体微天平可以同时测量石英晶体频率与耗散因子(D，指当驱动石英晶体振荡的电路断开后，晶体频率降低到 0 所用的时间)的变化，从而修正耗散导致的频率损失，进而在精准获取质量变化的同时获取样品结构相关的信息。耗散型石英晶体微天平将石英晶体微天平的检测对象范围拓展至聚合物(蛋白质、脂质、聚电解质、核酸)、细胞和细菌等。同时，耗散型石英晶体微天平可检测分子的结构变化，以及吸附与解吸的动态过程。

综上所述，石英晶体微天平具有一系列显著的优点：设备成本低、灵敏度高、测量精度可以达到纳克量级、可实现原位实时监测等，是一类功能强大且应用广泛的表征技术。石英晶体微天平的局限性在于使用之前必须针对特定表面进行校准。

3.4.3　基于原子力显微镜技术的单分子力谱

基于原子力显微镜技术的单分子力谱(atomic force microscopy-based single-molecule force spectroscopy, AFM-SMFS)是直接表征聚合物单链弹性(single-chain elasticity)的技术。在测量过程中，微悬臂接近并插入样品，然后缩回；通过测量微悬臂的偏转与压电信号，将其转换为原子力显微镜针尖与样品相互作用的测量，从而提供样品相关的微观力学信息。由于原子力显微镜针尖尖端非常锋利，该过程能够精准测量单根高分子链的熵弹性、化学键的强度，以及超分子作用体系中的分子内与分子间相互作用[60, 61]。

单分子力谱可以简单理解为一台在纳米尺度上进行应力-应变曲线测试的拉力机(图 3-26)。待测样品在微观环境(如溶剂)中通过表面分子桥连到原子力显微镜的针尖尖端。然后，通过操纵针尖运动以研究样品表面的力学性质或与微环境的相互作用。实现样品表面与针尖桥连的方法可分为两种：化学吸附与物理吸附。化学吸附使用化学键(如共价键或配位键)将样品表面分子连接到原子力显微镜针尖，通常能够取得良好的桥连效果。物理吸附利用微小针尖(10～20 nm)高表面能下的非特异性吸附与样品表面进行作用，该过程简单且能用于未进行表面分子官能化样品的测试。由于化学吸附与物理吸附测试所用的仪器相似，下面将以适用范围更广泛的物理吸附为例简述单分子力谱的工作原理。当原子力显微镜的针尖尖端开始接近样品表面时，单分子力谱试验的一个周期开始；在针尖接近样品的过程中，如果不存在强的长程相互作用，微悬臂将保持松弛状态；随后，原子力显微镜针尖尖端与样品表面接触，与一个或多个表面分子发生物理吸附(样品与探针针尖桥连)；同时，由于空间位阻效应，该过程产生强烈的排斥力，微悬臂发生弯曲；当针尖尖端与样品分离时，弯曲的微悬臂逐渐恢复到松弛状态，样品与针尖桥连的分子结构伸长，微悬臂进一步向相反方向弯曲，直到桥连的分子结构断裂，标志单分子力谱试验的一个周期结束。上述周期基于微悬臂的运动行为可被总结为接近-吸附-回缩过程。仪器通过记录一个试验周期中微悬臂的激光偏转信号，将其转换为力值-伸长曲线(force-extension curve, F-E curve)。由于微观试验环境存在许多不确定性，样品表面杂质、样品表面结构不均匀、测试环境不稳定及仪器误差均会影响试验结果，因此无法仅凭单次测试结果得到力值-伸长曲线，通常需要多次测量并进行平均。

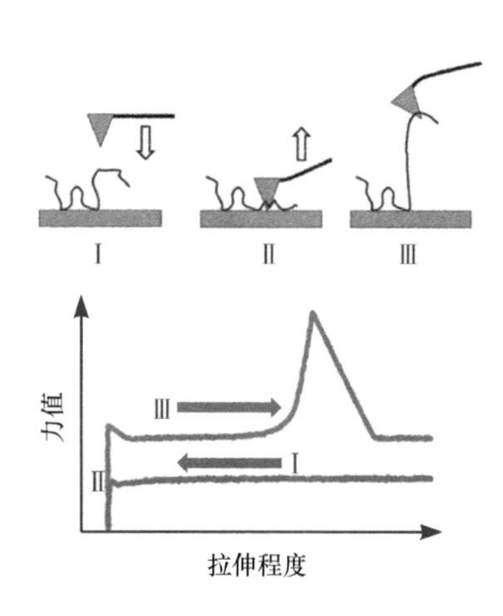

图 3-26　基于原子力显微镜技术的单分子力谱的工作原理示意图及对应阶段的力值-伸长曲线[62]

单个工作周期可被描述为接近(Ⅰ)、吸附(Ⅱ)、回缩(Ⅲ)过程

单分子力谱试验数据需要在特定理论模型下才能进行有效的数据分析与拟合，理论模型对于拟合力值-伸长曲线和分析聚合物的单链弹性非常重要。常见的理论模型有：自由旋转链(freely rotating chain, FRC)模型、自由连接链(freely jointed chain, FJC)模型及蠕虫状链(worm-like chain, WLC)模型。这些高分子物理常用模型假设了聚合物单链在拉伸时仅涉及熵弹性，因此它们仅可以在低力值下拟合力值-伸长曲线，涉及化学键断裂、高级结构破坏等过程则会产生较大的误差。因此，研究人员会对模型进行修正，根据修正方法的不同可进一步产生 M-FRC、M-FJC、M-WLC、QM-FRC、QM-FJC、QM-WLC、TSQM-FRC、

TSQM-FJC、TSQM-WLC 九种物理模型[M 指修正了高力值的情况；QM 指引入了量子力学计算(quantum mechanical calculation)；TSQM 指引入了双态量子力学计算(two states quantum mechanical calculation)][62]。进行多种模型及多种修正计算的目的在于考虑无法忽略的分子内或分子间相互作用(氢键、侧基位阻、亲疏水相互作用等)，进而使物理模型与真实情况更为符合。例如，材料表面的聚乙二醇(PEG)可通过 QM-FRC 模型拟合[63]；单链 DNA 或单链 RNA 通常采用 QM-FJC 模型拟合；多肽通常采用 QM-WLC 模型拟合[64]。选用合适的模型拟合单分子力谱数据能够帮助研究人员更为精准高效地分析试验结果。基于单分子力谱结果，研究人员可以从微观力学的角度理解、分析材料的性质，并实现材料性能预测、物理性质及刺激响应功能设计等一系列目标。

3.4.4　生物膜干涉技术

生物膜干涉技术(bio-layer interferometry，BLI)是一种用于测量生物分子相互作用的无标记技术，通过分析从两个表面反射的白光的干涉图案(生物传感器尖端上的一层固定蛋白、一个内部参考层)获取样品信息。光谱仪射出的测试光在生物传感器尖端的光学膜层的两个界面会形成两束反射光，这两束反射光将形成特定的干涉图案。与生物传感器尖端结合的分子数量的变化会导致干涉图案的变化，例如，配体与溶液中的分析物之间的结合导致生物传感器尖端处的光学膜层厚度增加，进而导致干涉波长的偏移。当生物传感器尖端结合的体系中分子或分子数量发生变化时，生物传感器尖端的厚度或折射率会发生变化，进而干涉图案会发生变化，这一变化以波长变化($\Delta\lambda$)的形式在试验结果中实时展示(图 3-27)。生物膜干涉技术能够实现表面相互作用实时测定、结合/解离平衡常数测定、特异性结合监测、痕量样品浓度分析等一系列重要的功能[65]。

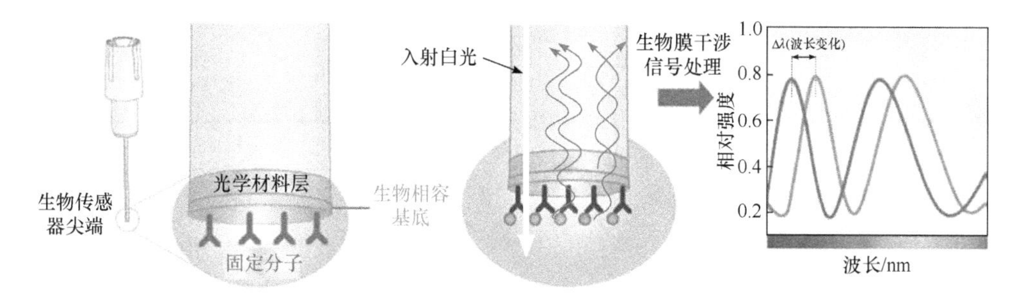

图 3-27　生物膜干涉技术的工作原理示意图[66]

生物膜干涉技术表现出许多显著的优点：①生物膜干涉技术能够对表面相互作用进行实时动态的检测；②检测过程利用干涉现象，无须对待测样品或传感器基底进行荧光标记；③干涉图案的变化具有高度灵敏性，因此生物膜干涉技术可以分析纳摩尔级别的样品；④生物膜干涉技术操作简便，能够实现高通量、精确定量的分析(通常采用 96 孔板进行测试)。其局限性在于当检测分子的分子量远小于固定分子的分子量时，测量结果的灵敏度较差。

3.5 小　　结

生物材料表面表征技术是研究人员探索表面物理性质、化学性质及相互作用的关键。掌握多种表面表征技术能够帮助研究人员全方位、多角度地了解分析材料表面。与此同时，随着生物材料的不断发展及对生物体内微环境认知的进步，研究人员对材料表面表征技术也有了进一步的要求，如更高的分辨率与信噪比、对样品无损伤的测试、原位动态的实时监测等。这些表征技术将在帮助研究人员探索表面微观结构与微观性质的同时，为生物材料的发展带来更多的机遇。

现将生物材料表面表征技术小结于图 3-28。

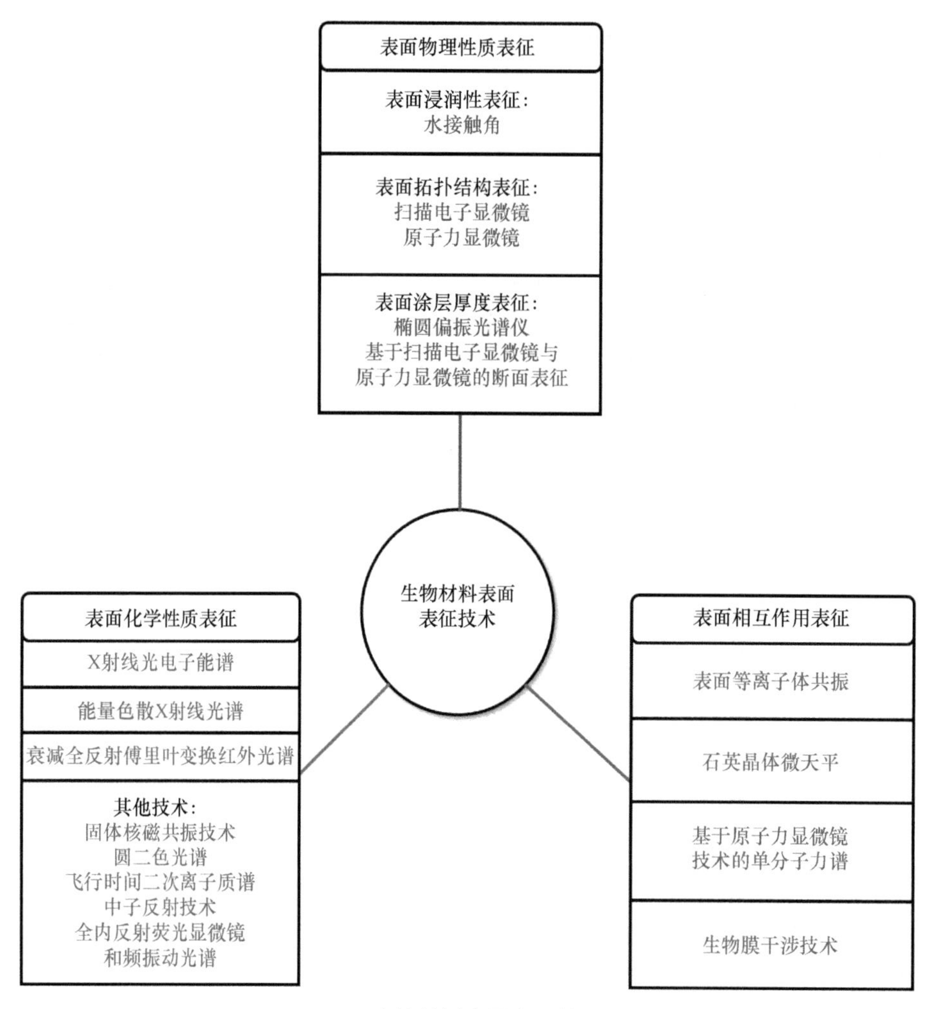

图 3-28　生物材料表面表征技术小结

参 考 文 献

[1] Rahmati M, Silva E A, Reseland J E, et al. Biological responses to physicochemical properties of biomaterial surface. Chem Soc Rev, 2020, 49(15): 5178-5224.
[2] Ren X K, Feng Y K, Guo J T, et al. Surface modification and endothelialization of biomaterials as potential scaffolds for vascular tissue engineering applications. Chem Soc Rev, 2015, 44(15): 5680-5742.
[3] Sun W, Liu W, Wu Z, et al. Chemical surface modification of polymeric biomaterials for biomedical applications. Macromol Rapid Commun, 2020, 41(8): 1900430.
[4] Feng L, Li S H, Li Y S, et al. Super-hydrophobic surfaces: from natural to artificial. Adv Mater, 2002, 14(24): 1857-1860.
[5] Zhai L, Berg M C, Cebeci FÇ, et al. Patterned superhydrophobic surfaces: toward a synthetic mimic of the Namib Desert beetle. Nano Lett, 2006, 6(6): 1213-1217.
[6] Agrawal G, Negi Y S, Pradhan S, et al. Wettability and contact angle of polymeric biomaterials // Tanzi M C, Farè S. Characterization of Polymeric Biomaterials. Cambridge: Woodhead Publishing, 2017: 57-81.
[7] Schuster J M, Schvezov C E, Rosenberger M R. Influence of experimental variables on the measure of contact angle in metals using the sessile drop method. Procedia Mater Sci, 2015, 8: 742-751.
[8] Montes Ruiz-Cabello F J, Rodríguez-Valverde M A, Marmur A, et al. Comparison of sessile drop and captive bubble methods on rough homogeneous surfaces: a numerical study. Langmuir, 2011, 27(15): 9638-9643.
[9] Nguyen D C T, Dowling J, Ryan R, et al. Pharmaceutical-loaded contact lenses as an ocular drug delivery system: a review of critical lens characterization methodologies with reference to ISO standards. Contact Lens Anterior Eye, 2021, 44(6): 101487.
[10] Huhtamäki T, Tian X, Korhonen J T, et al. Surface-wetting characterization using contact-angle measurements. Nat Protoc, 2018, 13(7): 1521-1538.
[11] Biolin Scientific. [2023-02-01]. https://www.biolinscientific.com.
[12] Alghunaim A, Kirdponpattara S, Newby B M Z. Techniques for determining contact angle and wettability of powders. Powder Technol, 2016, 287: 201-215.
[13] Toosi S F, Moradi S, Hatzikiriakos S G. Fabrication of micro/nano patterns on polymeric substrates using laser ablation methods to control wettability behaviour: a critical review. Prog Adhes Adhes, John Wiley & Sons, Inc, 2018: 53-75.
[14] Fataraitė E, Jankauskaite V, Marazas G, et al. Viscosity and surface properties of melamine-formaldehyde resin composition. Medziagotyra, 2009, 15(3): 250-254.
[15] Zhou F, Li D, Wu Z Q, et al. Enhancing specific binding of L929 fibroblasts: effects of multi-scale topography of GRGDY peptide modified surfaces. Macromol Biosci, 2012, 12(10): 1391-1400.
[16] Vernon-Parry K D. Scanning electron microscopy: an introduction. Ⅲ-Vs Review, 2000, 13(4): 40-44.
[17] Walock M J. Nanocomposite Coatings Based on Quaternary Metal-nitrogen and Nanocarbon Systems. Birmingham: The University of Alabama at Birmingham, 2012.
[18] NISE Network. [2023-02-01]. https://www.nisenet.org.
[19] Inada H, Kakibaya shi H, Isakozawa S, et al. Chapter 4 - Hitachi's development of cold-field emission scanning transmission electron microscopes. Adv Imaging Electron Phys, 2009, 159: 123-186.
[20] Morrison I E G, Dennison C L, Nishiyama H, et al. Chapter 16 - atmospheric scanning electron microscope for correlative microscopy. Method Cell Biol, 2012, 111: 307-324.
[21] Peckys D B, De Jonge N. Liquid scanning transmission electron microscopy: imaging protein complexes in their native environment in whole eukaryotic cells. Microsc Microanal, 2014, 20(2): 346-365.

[22] Müller D J, Dumitru A C, Lo Giudice C, et al. Atomic force microscopy-based force spectroscopy and multiparametric imaging of biomolecular and cellular systems. Chem Rev, 2021, 121(19): 11701-11725.
[23] NASA Office of Communications. [2023-02-01]. https://images.nasa.gov/details-PIA11041.html.
[24] Emily Maletz/NISE Network. Scientific image-atomic force microscope illustration. [2023-02-01]. https://www.nisenet.org/catalog/scientific-image-atomic-force-microscope-illustration.
[25] Ovchinnikova E S, Krom B P, Busscher H J, et al. Evaluation of adhesion forces of staphylococcus aureus along the length of Candida albicanshyphae. BMC Microbiol, 2012, 12: 281.
[26] National Science Foundation. [2023-02-01]. https://www.nsf.gov/news/mmg/mmg_disp.jsp?med_id=51292.
[27] Fujiwara H. Principles of spectroscopic ellipsometry// Fujiwara H. Spectroscopic Ellipsometry. Chichester: John Wiley & Sons, Inc., 2007: 81-146.
[28] Ogieglo W, Wormeester H, Eichhorn K J, et al. *In situ* ellipsometry studies on swelling of thin polymer films: a review. Prog Polym Sci, 2015, 42: 42-78.
[29] Xia Z B, Fang F Z, Ahearne E, et al. Advances in polishing of optical freeform surfaces: a review. J Mater Process Technol, 2020, 286: 116828.
[30] Kolotuev I, Bumbarger D J, Labouesse M, et al. Chapter 11 - targeted ultramicrotomy: a valuable tool for correlated light and electron microscopy of small model organisms. Method Cell Biol, 2012, 111: 203-222.
[31] Greczynski G, Hultman L. X-ray photoelectron spectroscopy: towards reliable binding energy referencing. Prog Mater Sci, 2020, 107: 100591.
[32] Zhao Z J, Yuan Z, Zhang X Y, et al. Design of a cryogenic air-free sample transfer system to enable volatile materials analysis with X-ray photoelectron spectroscopy. Chem Mater, 2021, 33(23): 9101-9107.
[33] Shindo D, Oikawa T. Energy dispersive X-ray spectroscopy // Shindo D, Oikawa T. Analytical Electron Microscopy for Materials Science. Tokyo: Springer Japan, 2002: 81-102.
[34] Khan M U, Hassan G, Bae J. Bio-compatible organic humidity sensor based on natural inner egg shell membrane with multilayer crosslinked fiber structure. Sci, Rep, 2019, 9(1): 5824.
[35] Griffiths P R. Infrared and raman instrumentation for mapping and imaging// Salzer R, Siesler H W. Infrared and Raman Spectroscopic Imaging. Hoboken: John Wiley & Sons, Inc., 2009: 1-64.
[36] Kazarian S G, Chan K L A. ATR-FTIR spectroscopic imaging: recent advances and applications to biological systems. Analyst, 2013, 138(7): 1940-1951.
[37] Reif B, Ashbrook S E, Emsley L, et al. Solid-state NMR spectroscopy. Nat Rev Methods Primers, 2021, 1: 2.
[38] Schaefer J, Stejskal E O. Carbon-13 nuclear magnetic resonance of polymers spinning at the magic angle. J Am Chem Soc, 1976, 98(4): 1031-1032.
[39] Qin B, Zhang S, Song Q, et al. Supramolecular interfacial polymerization: a controllable method of fabricating supramolecular polymeric materials. Angew Chem Int Ed, 2017, 56(26): 7639-7643.
[40] Ranjbar B, Gill P. Circular dichroism techniques: biomolecular and nanostructural analyses: a review. Chem Biol Drug Des, 2009, 74(2): 101-120.
[41] Greenfield N J. Circular dichroism analysis for protein-protein interactions// Fu H. Protein-Protein Interactions: Methods and Applications. Totowa, NJ: Humana Press, 2004: 55-77.
[42] Massonnet P, Heeren R M A. A concise tutorial review of TOF-SIMS based molecular and cellular imaging. J Anal At Spectrom, 2019, 34(11): 2217-2228.
[43] Fearn S. Characterisation of biological material with ToF-SIMS: a review. Mater Sci Technol, 2015, 31(2): 148-161.
[44] Fish K N. Total internal reflection fluorescence(TIRF) microscopy. Curr Protoc, 2022, 2(8): e517.
[45] Schneckenburger H. Total internal reflection fluorescence microscopy: technical innovations and novel

applications. Curr Opin Biotechnol, 2005, 16(1): 13-18.
[46] Ajo-Franklin C M, Kam L, Boxer S G. High refractive index substrates for fluorescence microscopy of biological interfaces with high z contrast. Proc Natl Acad Sci U S A, 2001, 98(24): 13643-13648.
[47] Lu X L, Zhang C, Ulrich N, et al. Studying polymer surfaces and interfaces with sum frequency generation vibrational spectroscopy. Anal Chem, 2017, 89(1): 466-489.
[48] De Mol N J, Fischer M J E. Surface plasmon resonance: a general introduction // Mol N J, Fischer M J E. Surface Plasmon Resonance: Methods and Protocols. Totowa: Humana Press b2010: 1-14.
[49] Nguyen H H, Park J, Kang S, et al. Surface plasmon resonance: a versatile technique for biosensor applications. Sensors, 2015, 15(5): 10481-10510.
[50] Kooyman R P H, Corn R M, Wark A, et al. Handbook of Surface Plasmon Resonance. London: RSC Publishing of Chemistry, 2008.
[51] Brogioni B, Berti F. Surface plasmon resonance for the characterization of bacterial polysaccharide antigens: a review. Med Chem Commun, 2014, 5(8): 1058-1066.
[52] Zhan W J, Wei T, Yu Q A, et al. Fabrication of supramolecular bioactive surfaces via β-cyclodextrin-based host-guest interactions. ACS Appl Mater Interfaces, 2018, 10(43): 36585-36601.
[53] CREATIVE BIOMART INC. [2023-02-01]. https://www.creativebiomart.net/resource/principle-protocol-principle-and-protocol-of-surface-plasmon-resonance-spr-361.htm.
[54] Wu J X, Qu Y C, Yu Q, et al. Gold nanoparticle layer: a versatile nanostructured platform for biomedical applications. Mater Chem Front, 2018, 2(12): 2175-2190.
[55] Alassi A, Benammar M, Brett D. Quartz crystal microbalance electronic interfacing systems: a review. Sensors, 2017, 17(12): 2799.
[56] Henry C. Product review: measuring the masses: quartz crystal microbalances. Anal Chemi, 1996, 68(19): 625A-628A.
[57] Marx K A. Quartz crystal microbalance: a useful tool for studying thin polymer films and complex biomolecular systems at the solution-surface interface. Biomacromolecules, 2003, 4(5): 1099-1120.
[58] Jandas P J, Prabakaran K, Luo J T, et al. Effective utilization of quartz crystal microbalance as a tool for biosensing applications. Sens Actuators, A, 2021, 331: 113020.
[59] Yuwono A S, Lammers P S. Odor pollution in the environment and the detection instrumentation. Agric Eng Int, CIGR J, 2004, 6: 1-33.
[60] Janshoff A, Neitzert M, Oberdörfer Y, et al. Force spectroscopy of molecular systems: single molecule spectroscopy of polymers and biomolecules. Angew Chem Int Ed, 2000, 39(18): 3212-3237.
[61] Cui S X, Yu J, Kühner F, et al. Double-stranded DNA dissociates into single strands when dragged into a poor solvent. J Am Chem Soc, 2007, 129(47): 14710-14716.
[62] Bao Y, Luo Z L, Cui S X. Environment-dependent single-chain mechanics of synthetic polymers and biomacromolecules by atomic force microscopy-based single-molecule force spectroscopy and the implications for advanced polymer materials. Chem Soc Rev, 2020, 49(9): 2799-2827.
[63] Luo Z L, Zhang B, Qian H J, et al. Effect of the size of solvent molecules on the single-chain mechanics of poly(ethylene glycol): implications on a novel design of a molecular motor. Nanoscale, 2016, 8(41): 17820-17827.
[64] Hugel T, Rief M, Seitz M, et al. Highly stretched single polymers: atomic-force-microscope experiments versus *ab-initio* theory. Phys Rev Lett, 2005, 94(4): 048301.
[65] Petersen R L. Strategies using bio-layer interferometry biosensor technology for vaccine research and development. Biosensors(Basel), 2017, 7(4): 49.
[66] Northwestern University. [2023-02-25] https://keckbio.facilities.northwestern.edu/instruments/.

第 4 章

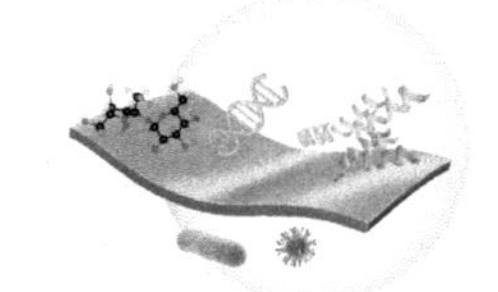

亲水润滑表面的构建

亲水润滑表面能够有效减小医疗器械与组织间的摩擦，改善由摩擦引起的相关不良反应。本章从润滑的概念出发，详细阐述了亲水润滑的基本原理、常见的亲水润滑聚合物、亲水润滑表面的构建策略，以及表面润滑性的影响因素与评价方法。本章还进一步强调了润滑涂层在医疗器械表面应用的安全性，特别提供了关于亲水润滑涂层牢固度的评价方法。

4.1　润滑的概念

润滑是摩擦学的基本概念，指减少发生相对滑动界面间的摩擦阻力。现实生活中有很多润滑的案例。例如，机械设备需要添加润滑剂提高其使用性能和寿命，减少能源损耗。鱼类体表的黏液和鳞片结构起到润滑作用，减少游动时水的阻力。哺乳动物的滑膜关节具有出色的活动性，因为关节软骨间含有润滑液，能够保护软骨组织，减少摩擦损耗。

物理学上，润滑通过摩擦系数(coefficient of friction，CoF)来衡量，CoF 被定义为摩擦阻力与压力的比值。按照界面间摩擦状态的不同，润滑又可以分为流体润滑和边界润滑。流体润滑(也称为液膜润滑)，指摩擦界面间存在润滑液层。此时，摩擦的能量通过流体的静/动力和弹性流体动力耗散，CoF 受流体膜的黏弹性、几何形状及剪切速率的影响。当摩擦界面的间距仅几个分子层的厚度时(通常在高负载状态下发生)，摩擦界面间不存在润滑液层。此时，由边界膜起到的润滑作用称为边界润滑。在这种状态下，耗散是由边界膜内分子重排和变形引起的，包括分子键的断裂或分子间的局部排斥[1]。

在解释润滑机制时，流体润滑和边界润滑可能同时存在。例如，人体的滑膜关节系统中，当关节软骨表面间的压力较低时，滑膜关节存在滑膜液减小摩擦阻力。当关节软骨表面间的压力较高时，高压会挤出液体，软骨之间的流体膜便会部分或全部消失，造成软骨间局部或全部接触。此时，由关节软骨接触表面极薄的黏附层(1～10 nm)发挥关键性的边界润滑功能[2]。

材料表面的润滑性与润湿性相关。疏水表面一般被认为具有较大的 CoF，这是因为疏水作用是黏性的。但是，部分疏水聚合物具有自润滑性，包括聚四氟乙烯(PTFE)、超高分子量聚乙烯(UHMWPE)和聚醚醚酮(PEEK)等，其低摩擦系数可以与添加传统固体润滑剂(石墨、二硫化钼)相媲美。这类聚合物通常具有规则的化学结构，即没有大的侧基、取代基和分支，具有所谓的“光滑分子轮廓”。另一个关键性的特征是这些聚合物主链中没有反应性或极性基团。PTFE 和 UHMWPE 链段中分别富含的 C—F 和 C—H 键具有很高的键能，提供了良好的耐化学性、弱分子间相互作用和低密度的内聚能，从而有利于剪切[3]。

亲水表面在水性环境中被认为具有较好的润滑性。这涉及边界润滑中一个被广泛讨论的概念——水合润滑。水合润滑的原理是水分子与边界层的亲水成分相结合形成水化壳，通过其流体状态对施加滑动的响应来耗散能量。水化壳的形成来源于水分子独特的偶极性质。虽然水分子总体上是中性的，但带有正电荷的 H 原子和负电荷的 O 原子形成了强偶极。置换水化壳中的水分子需要很大的能量，而具有水化壳的物质之间的排斥力

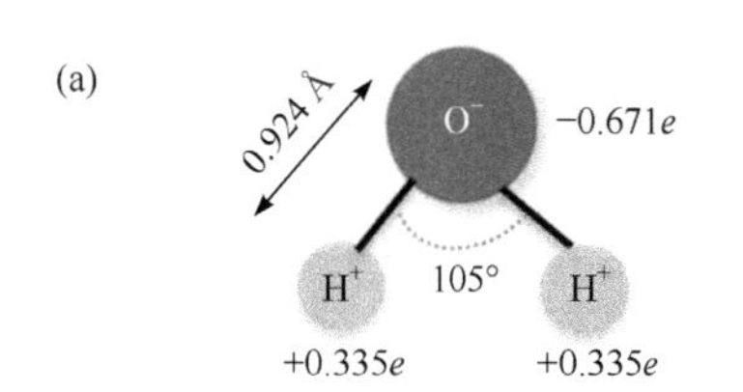

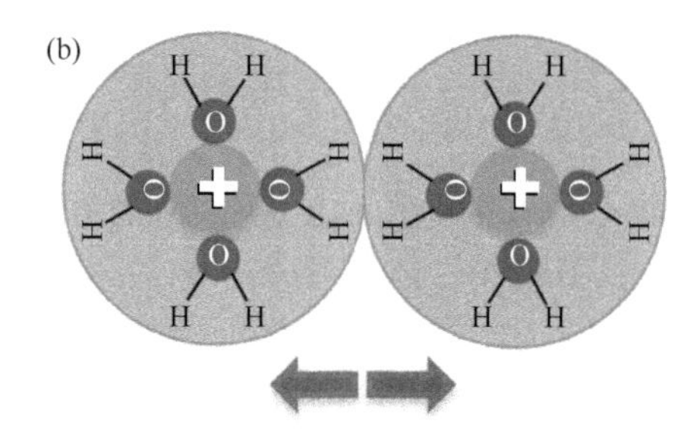

图 4-1　水分子的结构特征(a)和水化壳之间的排斥作用(b)[4]

也超过了其他力学相互作用，如静电作用(图 4-1)。因此，这种水化壳充当了非常有效的润滑元件，是水合润滑机制的基础。在水合润滑的背景下，材料表面附着的物质的水溶性、吸附倾向、水化性质起着至关重要的作用[4]。例如，水生植物莼菜表面的黏液由厚度为 75 nm 的多糖凝胶纳米片组成，多糖带有羟基、氨基等亲水基团能够结合大量的水分子，这些黏液吸附在玻璃上时 CoF 低至 0.005[5]。

作为水合润滑重要场景，生物系统的润滑研究有趣且富有挑战性，这是因为组织界面的润滑性往往维持着关键的生理功能。重要的生理润滑系统包括眼睑、食道、关节、肠道和阴道等。当组织因受伤、疾病或衰老而受损时，润滑性的下降会导致组织磨损并引起相关的并发症，包括干眼症、口干症、便秘、关节疼痛和活动受限等[6]。在使用医疗器械进行介入治疗时，也有必要充分考虑生理系统的润滑性。例如，导尿管的使用会与尿道腔发生摩擦或导丝和导管介入与血管壁发生摩擦，这些摩擦尽管在一定程度上能够被内皮细胞表面富含多糖的糖萼减小(图 4-2)，但是摩擦力的降低是有限的，在没有外部润滑措施干预的情况下摩擦会损伤人体正常的组织结构，许多患者都会经历与摩擦相关的不适。为此，导管和导丝等介入器械表面已经使用亲水润滑性聚合物涂层，以最大限度地减小插入或移除时传递到腔内的剪切力[7]。

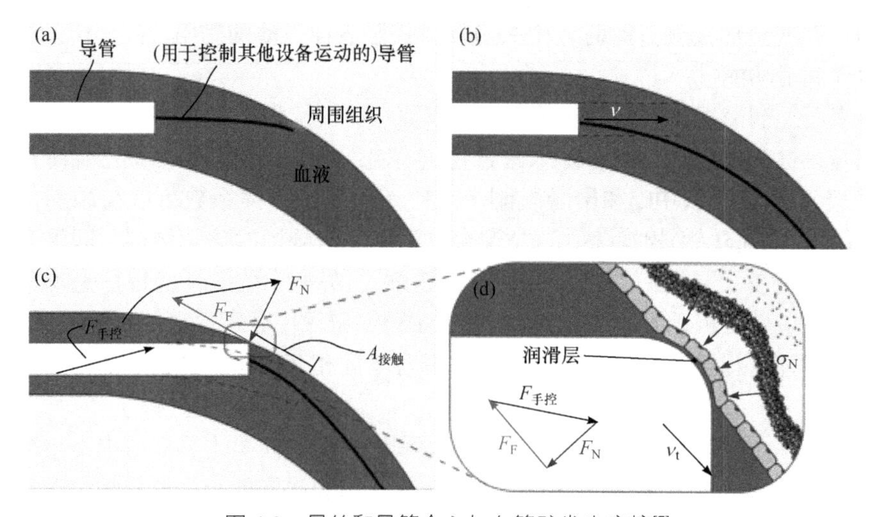

图 4-2　导丝和导管介入与血管壁发生摩擦[7]

4.2　亲水润滑聚合物

亲水润滑聚合物是构建亲水润滑表面的主体。常见的亲水润滑聚合物包括：天然聚合物，如多糖、磷脂、黏蛋白等；人工合成聚合物，如聚乙二醇(PEG)、聚丙烯酰胺(PAM)、聚乙烯基吡咯烷酮(PVP)等，大部分都含有羟基、氨基、酰胺基团、醚基及两性离子基团等亲水基团，具有良好的水合能力。下面是对这些物质性质的详细介绍。

4.2.1　天然聚合物

1. *多糖*

多糖是生物体内润滑剂的主要成分，分子结构含有大量的羟基和其他亲水性功能基团，因此具有良好的水合作用能力。多糖在自然界内含量丰富，包括壳聚糖、糖胺聚糖、纤维素及其衍生物等，大多数无毒且具有良好的生物相容性，因此成为亲水润滑聚合物的研究热点。

透明质酸(HA，又称玻尿酸)，是由 D-葡萄糖醛酸和 *N*-乙酰葡糖胺组成的双糖单位糖胺聚糖，是正常关节腔滑液的主要成分[8]。临床上，通过向关节内注射 HA 以暂时重建因炎症性疾病(如骨关节炎)引起的滑液降解的黏弹性[9]。天然 HA 的一个主要缺点是其在体内的快速清除和降解。因此，可以通过交联 HA 或对 HA 进行化学修饰，在保留 HA 润滑性能的同时增加 HA 在膝关节中的停留时间[10]。

纤维素是由葡萄糖组成的大分子多糖，不溶于水及一般有机溶剂，是植物细胞壁的主要成分。纤维素是自然界中分布最广、含量最多的一种多糖。羟乙基纤维素(HEC)作为水基润滑添加剂能够使钛合金表面的 CoF 降低至 0.005，达到稳定的超低摩擦状态[11]。HEC 还是医用润滑凝胶的主要成分之一，被用于超声检测中设备与皮肤组织的接触[12]。

多糖及其衍生物的润滑性和其水合状态紧密相关。研究者使用热响应多糖——壳聚糖-儿茶酚-聚(*N*-异丙基丙烯酰胺)，研究了聚合物结构及水合作用如何影响其润滑性能。研究证明聚合物在最低临界共溶温度(LCST ～ 35 ℃)上下可以动态调控其润滑性。不具有温敏性的壳聚糖-儿茶酚的 CoF 在不同温度下保持在 0.01 左右，但是引入聚(*N*-异丙基丙烯酰胺)链段后，聚合物的 CoF 随温度的升高而线性增加。在 0 ℃(LCST 以下)时，聚合物保持良好的亲水性，CoF 为 0.005；而在 40 ℃和 50 ℃(LCST 以上)时，聚合物亲水性下降，CoF 分别上升至 0.018 和 0.127[13]。此外，正负电荷多糖间的组合被证实可以在保持润滑性的同时平衡表面的净电荷状态，从而改善表面的耐生物污染能力。例如，聚二甲基硅氧烷(PDMS)表面由壳聚糖和透明质酸组成的交联聚电解质多层可以形成高度润滑的薄膜，具有良好的耐磨性和抗蛋白质吸附特性。多层膜对人唾液蛋白质吸附的抵抗力比疏水或简单亲水改性的 PDMS 表面强得多[14]。

2. *磷脂*

磷脂是关节滑液和软骨边界层的另一主要成分。磷脂头端的磷酰胆碱(PC)结构同时带有正负电荷，因此具有良好的水合能力，是滑膜关节系统润滑性能的关键。受磷脂启发，Goldberg 等[15]发现氢化大豆卵磷脂(HSPC)的脂质体具有超润滑特性。在云母表面上自组装的氢化 HSPC 脂质体以二维紧密堆积阵列吸附到表面上，水性环境中在 12 MPa 压力下可以将表面的 CoF 降低到 0.00002～0.0005 范围内。即使在 150 mmol/L 的盐溶液中，6 MPa 压力下 CoF 依然保持在 0.0006。超低的 CoF 归因于暴露在脂质壁上的水合磷酰胆碱基团，在高压下，凝胶状的脂质体通过紧密堆积形成刚性稳定的表面促进了润滑。Klein 小组[16]研究了附着有透明质酸表面之间的相互作用，并向其中添加三种不同的 PC 脂质体，包括 HSPC、1,2-二肉豆蔻酰-*sn*-甘油-3-磷酰胆碱(DMPC)及 1-棕榈酰-*sn*-甘油-3-磷酸胆碱(POPC)来阐明可能的软骨边界润滑原理。HA-HSPC 复合物被证实能够提供非常有效的润滑，在生理压力(P≈150 atm，1atm=1.01325×10^5 Pa)下 CoF 低至 0.001，而 HA-DMPC 和 HA-POPC 复合物仅在 10～20 atm 条件下具备有效的润滑性。显然在所有情况下，润滑性归因于 PC-HA 复合物暴露的亲水基团，但是相较于其他两种脂质较短或不饱和的疏水尾，HSPC 疏水尾之间的范德瓦耳斯吸引力更强，从而充分暴露磷酰胆碱基团。同样受磷脂结构的启发，Tairy 等[17]在云母表面构建了磷酰胆碱的聚合物刷，试验证实在 75 atm 条件下，表面 CoF 仅为 0.0004，提供了优异的边界润滑性能。由于磷酰胆碱改性的表面具有出色的抗蛋白质吸附特性，并且已被证实可以防止细菌黏附及组织血栓形成，这使得磷酰胆碱等两性离子涂层在构建润滑、抗菌、抗凝血等多功能表面的应用中有着广阔的前景[18,19]。

3. 黏蛋白

关节滑液和软骨边界层中还有一个关键成分黏蛋白，是一类主要由黏多糖组成的糖蛋白。黏蛋白家族包含至少 20 种蛋白质，分子质量 0.5～50 MDa，均具有高分子质量、高度糖基化的特征。其蛋白质主链(疏水结构域)中具有某些氨基酸的串联重复序列，其中多达一半的氨基酸是丝氨酸或苏氨酸。这个区域连接 *O*-糖基化的寡糖，占分子质量的 50%～80%。由于黏蛋白的两性特征，黏蛋白能够通过疏水和静电相互作用及氢键黏附在各种表面上。黏蛋白的润滑性主要基于寡糖羟基基团的水合能力。这些基团远离蛋白质骨架，具有很高的自由度。寡糖通常由 *N*-乙酰葡糖胺、半乳糖胺、半乳糖和唾液酸组成。由于存在唾液酸残基和硫酸基团，黏蛋白带有净负电荷[20]。除了在关节软骨中发挥关键润滑作用，黏蛋白在眼睑中也表现出多功能性，研究发现黏蛋白由结膜上皮和泪腺的特定细胞(杯状细胞)分泌到泪膜中并跨越上皮膜。它们被认为在眼睑眨眼期间充当角膜和结膜上皮表面的润滑剂[21]。黏蛋白在疏水表面上的吸附往往会暴露更多的亲水性基团，从而在蛋白质-水界面处具有更高的水合度和更好的润滑性。Harvey 等[22]的研究结果表明，疏水云母上黏蛋白层之间的摩擦比亲水表面黏蛋白层之间的摩擦低一个数量级。

4.2.2 人工合成聚合物

1. 聚乙二醇

聚乙二醇(PEG)是非离子型的水溶性聚合物，广泛应用于食品、制药、美容等各个行业。由于PEG的醚键结构能够通过氢键结合大量的水分子，因此能够起到良好的润滑效果。PEG 已被证实具有良好的生物相容性并且具有生物惰性，能够与蛋白药物偶联增长其代谢时间。尽管在最近有关 PEG 免疫原性的报道引起部分担忧，但 PEG 一直是防污领域应用最广泛的聚合物，被称为防污聚合物的“黄金标准”。由 PEG 构建的聚合物刷层经常作为模型用于聚合物结构对润滑性能或防污性能影响的研究[23]。

2. 聚丙烯酰胺

聚丙烯酰胺(polyacrylamide, PAM)是另一种水溶性高分子，分子链上的大量酰胺基团使 PAM 具有比其他聚合物更显著的亲水性。PAM 在食品行业及化妆和美容行业已有成熟的应用，是一种经美国食品药品监督管理局(FDA)批准的直接食用添加剂。近年来，PAM 良好的细胞相容性、血液相容性及出色的亲水润滑性使其在医疗器械领域的应用也越来越广泛[24]。

3. 聚乙烯基吡咯烷酮

聚乙烯基吡咯烷酮(polyvinyl pyrrolidone, PVP)是一种两亲性高分子，由于结构中有内酰胺基结构，分子极性极大，亲水性很强。PVP 亲水润滑涂层在接触水时，分子中的亲水基团将水分子连接在网状交联结构内部形成凝胶，从而降低导管介入人体时表面与人体组织间的摩擦，起到润滑的作用。PVP 曾被广泛用作血浆替代品，具有较好的血液相容性。不同分子量的 PVP 通过 K 编号进行区分，例如，K-12、K-15、K-17、K-30 用于注射用人体和兽医制剂；K-25 和 K-30 用于口服药物和食品，以及外用药物和化妆品；K-90 用于口服和外用药物；所有等级都可用于工业用途。PVP 是常见的药物片剂辅料，已有充分的证据证明小分子量的 PVP 在肠道给药中的安全性[25]。

4. 聚两性离子

聚两性离子(polyzwitterionic)是指在其重复单元中带有一对带相反电荷基团的聚合物。当这些带相反电荷的基团在分子水平上均匀分布时，分子表现出总体中性电荷，通过离子溶剂化具有强烈的水合作用。常见的聚两性离子包括磷酰胆碱(PC)、磺基甜菜碱(SB)、羧基甜菜碱(CB)的均聚物或共聚物。其中，磷酰胆碱是滑膜液中磷脂的重要官能团。高度水合的磷酰胆碱基团通过水合润滑机制减少摩擦，而磷脂在摩擦磨损发生后通过细胞补充得到良好维持。聚合物能够包含多个两性离子侧基以进一步提升润滑性能[26]。

4.3 亲水润滑表面的改性策略

4.3.1 表面引发

聚合物链的一个端锚定在基材上被称为聚合物刷。由于聚合物刷的理化性质在组分、表面形貌和表面电荷等方面易于控制，因此一直以来都是具有前景的表面改性策略，并且是表面改性基础研究的重要模型。但是目前大部分聚合物刷的制备仍然需要无氧条件，因此在工业应用中具备挑战。共价作用是聚合物刷在表面固定的经典方法，包括“grafting to”和“grafting from”两种策略。对于“grafting to”策略，聚合物链通常是通过末端官能团和表面之间的反应进行的。常见的官能团包括：巯基与金/银表面键合、硅烷偶联剂和带有羟基的表面键合、儿茶酚类结构的通用键合性质，以及酰胺化或点击化学等化学键合方式。“grafting to”策略中使用的聚合物通常结构信息是明确的，但是聚合物链之间的空间位阻效应和不利的反应方向使得“grafting to”策略总是存在一些不可避免的限制，包括低的接枝密度和有限的薄膜厚度。因此，“grafting to”通常应用于表面模型的研究中。与“grafting to”策略不同，“grafting from”是一种自下而上的策略。首先将小分子引发剂锚定在材料表面上，随后通过表面引发剂引发聚合(SIP)制备聚合物链。SIP 可以精确控制聚合物刷的厚度、成分和结构。因此近年来表面引发聚合已成为定制表面/界面物理化学性质的最广泛使用的方法之一。但是 SIP 也存在一定的限制，包括表面聚合物没有明确的结构信息和构象[27]。

1982 年活性自由基聚合技术的出现，迅速推动了 SIP 方面的革命。发展出包括表面引发原子转移自由基聚合(SI-ATRP)、过渡金属催化的活自由基聚合、单电子转移和单电子转移退行性链转移活自由基聚合、开环易位聚合(ROMP)、表面可逆加成断裂链转移聚合(S-RAFT)、表面引发的氮氧化物介导聚合(SI-NMP)等。由于反应条件温和、试验设置简单及与水性和有机介质的相容性，这些自由基活聚合技术经常应用于各种表面/界面工程。特别是 ARTP 的快速发展极大地促进了 SIP 技术，并且 SI-ATRP 被认为是设计和制备功能化智能表面/界面的最有前途的技术之一。使用 SI-ATRP 策略制备了各种具有不同成分和形态的聚合物刷，如均质聚合物刷、图案化聚合物刷和梯度聚合物刷[27]。

SIP 已用于制备亲水聚合物刷并用于比较分析聚合物刷参数(如分子量和接枝密度)、嵌段共聚物的应用、支化和交联的引入或聚合物拓扑结构对表面润滑性能的影响。PMPC 或 PSBMA 等聚两性离子刷引起广泛的研究兴趣。这是因为它们既提供了带电聚合物的摩擦学特性，同时对带电物质(如离子、蛋白质或表面活性剂)的静电效应表现出很好的抵抗力。PMPC 刷已在多种基材表面表现出良好的润滑性，包括云母、硅片或超高分子量聚乙烯(UHMWPE)。例如，云母表面接枝 PMPC 刷在 150 MPa，0.2 mol/L 的硝酸钠溶液中 CoF 低至 10^{-4}。聚两性离子刷在接近或高于生理压力的条件下具有良好的润滑性能，这使得其更适合用于生物材料表面的润滑，如作为植入假体表面的涂层[26]。在钴铬钼(Co-Cr-Mo)合金和 UHMWPE 之间，PMPC 在 29 MPa，纯水或模拟体液环境，室温或 37 °C 下保持恒定的润滑性能。除此之外，一些聚两性离子聚合物刷表现出积极的盐和热敏感行为，为进一步调整其摩擦行为并扩展其应用提供了可能性[26]。

4.3.2 原位聚合

通过经典接枝方法获得的聚合物刷通常非常薄。这类聚合物刷在平面测试中(通常是在石英表面制备)显示出非凡的润滑性质，但在实际摩擦中往往缺乏耐磨性。这是因为实际的摩擦界面是不平整的，施加足够大的压力会使原先的边界润滑机制彻底破坏，甚至破坏聚合刷和基底间的共价作用。因此，为了获取更加牢固的亲水润滑表面，通常会在材料表面制备一层薄的聚合物层。

受摩擦学中“原位摩擦聚合理念”启发，研究人员发现将铁丝浸没到水凝胶预聚液中后，室温下铁丝表面会聚合形成一层具有低摩擦系数的透明水凝胶膜。当水凝胶膜被破坏之后，铁丝表面会重新生成新的凝胶润滑膜。基于以上试验结果，Zhou 小组[28]发展了一种通用的水凝胶表面修饰技术。通过不同的成型技术将铁催化剂复合到不同的基体材料中(包括聚氨酯、环氧树脂、聚四氟乙烯、PDMS、PTFE、偏氟乙烯、UHMWPE、PEEK、陶瓷、金属间化合物等)，制备得到了含铁催化剂的一系列复合材料。在室温下将复合材料浸入到水凝胶预聚液中，经过很短的反应时间复合材料表面即可通过原位聚合包覆一层均匀的水凝胶膜，进而快速地改变了材料表面的润湿和润滑特性。其间，水凝胶膜厚度及网络结构可通过聚合反应动力学精准控制。研究人员将这一新方法命名为 SCIRP。实验过程中，研究人员还发现 SCIRP 具有多次连续引发聚合特征，即在无须去除原有材料表面第一层水凝胶涂层的前提下，第二种或第三种凝胶单体可在材料表面发生连续聚合，形成多网络或者梯度结构水凝胶涂层。基于类似的引发原理，Zhou 小组[29]提出了一种用于生长水凝胶涂层的新方法，即来自黏性引发层(SIL)的紫外触发表面催化引发自由基聚合(UV-SCIRP)。该方法涉及三个关键步骤：①在基材表面沉积黏性聚多巴胺/Fe^{3+}涂层作为 SIL；②在柠檬酸的辅助下通过紫外照射将 Fe^{3+}还原为 Fe^{2+}作为活性催化剂；③室温下在单体溶液中进行 SCIRP 生长水凝胶涂层。该水凝胶涂层与基材具有良好的界面结合，并能轻松改变其润滑性能。

Zhao 小组[30]则报道了另一种在各类聚合物(包括硅橡胶、聚氨酯、PVC、丁腈橡胶和任意形状的天然橡胶)表面有效制备水凝胶皮肤的简单策略。他们利用含疏水光引发剂或热引发剂的有机溶液处理聚合物表面，通过溶胀驱动疏水引发剂在聚合物基材上形成扩散层。随后通过 UV(用于光引发)或热(用于热引发)聚合与交联水凝胶层。

4.3.3　原位交联

考虑到原位聚合可能残留着反应单体，这些单体一旦在人体内渗出会造成未知影响。因此，商业化的亲水润滑涂层配方通常选择已充分去除单体的聚合物作为原料，经热固化或光固化工艺原位交联制备涂层。通过调控交联度，聚合物层不是完全交联的，部分聚合物仍然具有良好的自由度和出色的水合能力，从而保证涂层良好的润滑性能。

热固化工艺是常用的医用导管涂层工艺，即将热固化涂液涂在导管上，放置于较高温度环境中几十分钟到数小时不等，使热固化涂液中的活性基团发生反应，溶剂挥发，最终在导管表面固化成膜。Nagaoka 等[31]制备了乙烯基吡咯烷酮、乙酸乙烯酯和丙烯酸缩水甘油酯的三元共聚物，并采用热固化工艺与经过水解处理的多异氰酸酯基底反应。研究发现，乙酸乙烯酯含量非常关键。乙酸乙烯酯比例过低会导致涂层整体的耐磨性降低，而比例过高会导致摩擦力过大。采用这种方法获得的亲水涂层有效且高度耐用，但是热固化所使用的试剂比紫外光固化更加复杂。在已披露的另一款热固化亲水润滑涂层配方中，首先配制含有硅烷偶联剂和亲水聚合物 PVP 的溶液。随后将偶联剂溶液作为底层涂覆在导尿管表面，烘干后再将亲水涂层溶液作为表层键合到底层上，最终热固化得到干态下的润滑涂层[32]。该亲水润滑涂层在水中浸泡 8 天后，CoF 依然能够维持在

0.0042，润滑涂层仅发生部分脱落(约占总涂层量的 1.8%)。热固化工艺简单，基本只需要浸提和烘干，但是缺点较多，如反应时间较长；高温影响导管材料性能和加速小分子助剂的迁移；加热固化使得生产工艺可控性较差，导致涂层稳定性较差，特别是涂层牢固度和不耐老化等问题。目前热固化工艺逐步被光固化工艺取代。

光固化原位交联工艺是指在光的照射作用下，含有聚合物和反应活性分子的涂液在产品表面发生反应，固化成膜。目前在生产中通常以紫外光作为固化光源，其中光源又可分为汞灯光源和 LED 光源。LED 光源虽然有节能、高效、污染小等优点，但由于目前LED光源价格昂贵，因此在较为低值的医用导管涂层生产工艺中还很少应用。相比热固化工艺，光固化工艺具有固化速度快、环境更友好、稳定性更高等优点，且光固化所制亲水涂层具有更好的牢固度、润滑性、耐老化性和安全性能。紫外光固化是目前市售亲水润滑涂料的优选方法。DSM Biomedical 的 ComfortCoat®系列、Surmodics 的 Harmony®系列及百赛飞公司的 SurfLubri®系列润滑涂层都是通过Ⅱ型光引发剂的夺氢能力攻击 PVP、PAM 主链上不稳定的 α-H，从而使聚合物链之间及聚合物和基底间形成交联网络。在已披露的资料中，DSM Biomedical 利用具有黏附性的底层和具有亲水性的面层双聚合物体系网络来构建亲水润滑涂层并强化 PVP 涂层的耐磨性。无论技术如何不同，基本策略都有共同的目标，即将亲水聚合物固定在基材上，使所得涂层在水中充分溶胀，以实现其作为水凝胶的功能，并且在整个应用过程中充分保持涂层与基材间的良好结合。在涂层技术方面，除了工艺方法的区别外，配方、设备和工艺参数的配合在涂层工艺中是非常重要的。从涂层技术的未来发展来讲，需要进一步从技术和工艺的稳定性、产能和环境友好性等方面提升。

4.4 亲水润滑表面润滑性的影响因素

亲水润滑表面润滑性的影响因素包括聚合物的种类、聚合物的分子量和接枝密度、聚合物的结构(嵌段共聚物的应用、聚合物的支化和交联及聚合物的拓扑结构)。

相较于PEG等非离子型聚合物刷，带电聚合物刷通过带电基团结合更多的水分子，CoF 能够控制在 10^{-5}～10^{-2}，因此通常具有更好的润滑性能。Kallmes 等[33]利用 SI-ATRP 研究了聚合物刷厚度对表面润滑性的影响。对于高亲水性的聚合物刷，如两性离子聚合物刷，表面 CoF 随着刷子厚度的增加而逐渐减小，这是因为两性离子聚合物刷的水合能力随着聚合物分子量的增加而增大。但对于PEG及其衍生物的刷子，通常表现出相反的行为。通过 SI-ATRP 合成的聚(寡聚乙二醇甲醚甲基丙烯酸酯)(POEGMA)刷子就是这种情况，其在水中表现出两亲性，并且当通过侧向力显微镜(LFM)分析时发现聚合物刷的 CoF 随着刷子厚度的增加而逐渐增加。这种现象归因于在剪切逐渐变厚的 POEGMA 刷子时产生的机械耗散增加，其结构中只结合了有限量的溶剂，并且对原子力显微镜(AFM)胶体探针显示出黏性疏水相互作用[34]。在研究聚(*N*-异丙基丙烯酰胺)(PNIPAM)聚合物刷的摩擦学特性时也发现了在 LCST 上下表面润滑性随厚度变化呈现不同规律。在 LCST 以下，较厚的聚合物刷结合更多的水分子，因此润滑性随着厚度的增加而增加。相比之下，在 LCST 以上，PNIPAM 水结合能力变差，摩擦力随着聚合物刷厚度的增加而增加[35]。

聚合物链密度对润滑性能的影响与施加的负载力相关。Rosenberg 等[36]研究了 PLL-*g*-dex 在 SiO_2/Si 衬底上的密度对其润滑性能的影响。结果表明，在低负载力条件下，增加聚合密度可显著降低摩擦力($F_N < 50$ nN)。而在高负载力条件($F_N > 100$ nN)下，更高的链密度导致更高的 CoF。聚合物在表面的拓扑结构也被证实可以影响其润滑性能。Divandari 等[37]比较了线形和环状聚(2-乙基-2-噁唑啉)(pEOXA)接枝表面的润滑性能。在高接触压力下，环状 pEOXA 聚合物刷的 CoF 明显低于线形聚合物刷，这是由于环状链拓扑结构的水化程度更高，并且环状吸附物中没有链端，从而防止聚合物刷滑动时相互渗透。Divandari 等还改变了两种聚合物刷的表面密度，发现线形和环状聚合物的 CoF 与其表面密度成反比，证实了两种结构的聚合物均会因为过强的空间排斥作用导致结合的水分子减少，聚合物链的刚性增加。

表面聚合物的润滑性能还与聚合物的交联结构相关。在共价交联的 PAM 水凝胶中，当交联剂浓度从 0 mol%(摩尔分数，后同)增加到 5 mol%时，CoF 从 0.007 增加到 0.1[38]。同样，不带电荷的聚羟乙基丙烯酸甲酯(PHEMA)的摩擦力低于共价交联的聚合物层，CoF 也与交联剂浓度成正比。水凝胶通常表现出比聚合物刷更高的摩擦力，这是因为聚合物的交联网络影响了聚合物分子的移动能力[39]。因此，如分子动力学模拟所示，增加交联剂链的长度会降低 CoF。此外，增加交联剂含量也会导致聚合物结合溶剂的能力下降，从而降低层内流体润滑剂的含量并降低水凝胶的润滑性能。但是，聚合物的交联可以增强聚合物层的耐磨性。

4.5　亲水润滑表面的测试方法与原理

随着亲水润滑涂层在各类医用导管产品中的大规模应用，建立涂层相关的性能评价方法至关重要，成为确保相关涂层产品稳定、安全和有效的重要前提。带涂层产品不仅要在涂层润滑性、均匀性、牢固性等方面达到要求，同时还需要关注涂层带来的检测方法上的差异性。例如，与无涂层产品相比，涂层产品在化学性质检测、生物相容性检测及灭菌和有效期等方面的验证需结合涂层的特殊性予以合理论证。

亲水润滑涂层在医用导管表面的应用首先会改变基材表面亲疏水性质，具体来讲就是提高基材表面的亲水性。例如，在 PVC、硅胶、乳胶和氟化乙烯丙烯共聚物(FEP)等几种医用导管表面涂覆亲水润滑涂层后，表面的水接触角显著下降，表明导管表面的亲水性显著提高，这也是涂层具备润滑性能的基本前提[40,41]。

对于亲水润滑涂层的性能评价而言，涂层的润滑性能是关注的重点。由于亲水润滑涂层的基本功能是减小医用导管与人体组织之间的摩擦，因此，通常从评估摩擦力和摩擦系数大小的角度来评估医用导管的润滑性能。涂层的涂覆往往能够将导管表面的摩擦力降低 98%，显著提升导管的润滑性能。百赛飞公司提供的摩擦测试装置可以用于评估设备加持力和提升速度对摩擦力测试结果的影响。设备由一个拉伸装置、一个夹持装置、一个恒温水浴和一个控制面板组成，如图 4-3 所示。样品通过一个夹具固定在拉伸装置上，该夹具与一个力传感器相连，可以反馈拉伸力的大小(这里，拉伸力等于施加在测试样品上的摩擦力)。硅胶片用于模拟与样品接触的人体组织，并与样品直接接触。它还与压力传感器相连，实时反馈施加在样品表面的压力(夹紧力)的大小。硅胶片的位置由电机系统调整，以确保夹紧力在测试过程中相对稳定。在测试之前，传感器被归零，以消除样品自重的影响，所以压力传感器指示的是施加在样品上摩擦力的大小(图 4-3)。利用该设备评估了多种涂层涂覆不佳的情况，包括：摩擦系数呈直线上升，说明涂层与硅胶片摩擦后可能大面积脱落，涂层的牢固性极差；摩擦系数起初略有上升，表明涂层脱落，然后摩擦系数在增长一段时间后趋于平缓，意味着涂层部分脱落后，残留部分仍与基体表面结合；摩擦系数随着摩擦次数的增加而缓慢上升，表明涂层随着摩擦次数的增加而不断剥落；摩擦系数在开始时保持稳定，数次后开始增加，意味着涂层在多次摩擦后开始剥落。

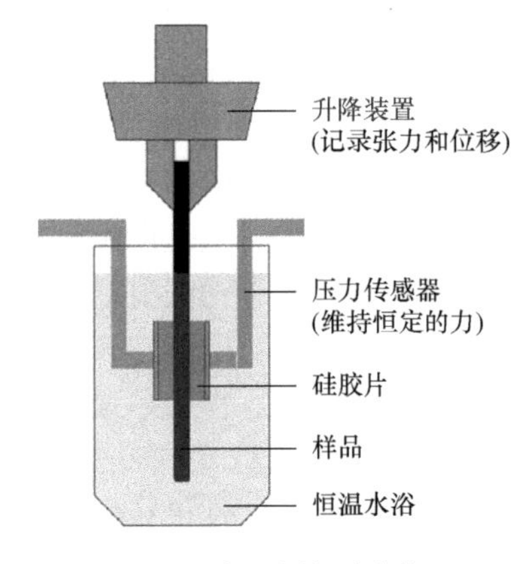

图 4-3　涂层摩擦测试装置

除了上述亲水性及润滑性的基本要求，涂层的均匀性及牢固性也是确保涂层有效和安全的重要评价参数。在上述涂层有效性评价的基础之上，安全性评价成为带涂层医用导管技术指标中的重中之重。在化学安全性评价中，目前医用导管化学性能的测定主要是参考《医用输液、输血、注射器具检验方法　第 1 部分：化学分析方法》(GB/T 14233.1—2022)的测试方法，对于血液接触类产品，可参考《一次性使用血路产品　通用技术条件》(GB/T 19335—2022)中化学五项指标要求，但是其他类型产品的各项指标并没有相关标准进行规定。原则上，研究者应根据不同材料的特性和用途，对涂层产品材料的化学性能提出相应的要求范围。在生物安全性评价中，目前主要是参考 GB/T 16886 医疗器械生物学评价系列标准，但是在测试项目的选择及涂层导管样品制备过程中要充分关注涂层的特殊性，对测试方案的合理性进行论证。

4.6　亲水润滑涂层的牢固度

自 20 世纪 80 年代以来，聚合物润滑涂层已被广泛应用于神经血管、心血管和外周血管介入器械的表面，从而提高器械的润滑性和生物相容性。润滑涂层能够有效减小器械与血管内壁或者器械与器械之间的摩擦，降低血管壁损伤风险，防止血管痉挛和血栓形成。因此，表面润滑涂层的应用扩大了介入器械在手术治疗中的应用范围，减少了手术时间和成本，提高了器械在脆弱血管中使用的安全性，成为微创介入治疗的关键技术。

与此同时，品质不佳的聚合物涂层在器械表面的“剥落”或“剥离”，以及未反应成分的渗出开始引起担忧。其中，聚合物涂层“剥落”或“剥离”掉落的颗粒物会随着血液流动至重要器官、冠状动脉或外周脉管系统并引起栓塞，这会导致严重的不良反应。美国食品药品监督管理局(FDA)在 2015 年 11 月发表了题为“从血管内医疗器械中分离的润滑涂层”的安全通讯，表达了关于润滑涂层安全性日益增长的担忧并警告医学界关注这一问题。该机构披露了近 500 份医疗器械报告(MDR)(主要针对血管导丝)，其中包括 2010 年 1 月至 2015 年 11 月期间与剥离润滑涂层有关的 9 例死亡和 11 起召回。聚合栓塞也引起了病理学家、临床医生及其他相关领域研究学者的关注[42]。

涂层从器械表面的“剥落”或“剥离”与机械磨损、化学降解及涂层配方和工艺紧密相关。商业化的润滑涂层与基底材料属于两个本体，通常通过化学键相结合，因此当达到键能阈值时，化学键会断裂导致涂层从器械上分离。造成化学键断裂的因素除了涂层配方和工艺不当外，还包括使用不当或使用中多次穿插、器械困难穿行时施加过大的应力，以及器械与动脉粥样硬化碎片和病变硬化部位的反复摩擦。此外，随着使用时间的延长，环境对涂层与基材间结合的牢固度影响很大，例如，聚合物涂层与基底间的键合会随着与生理盐水或血管中血液的长期接触而减弱。其中部分涂层，如多糖成分，会在体内发生化学降解导致涂层的脱落[43]。

涂层自身的配方和工艺是影响涂层牢固度的关键因素。特别是对于亲水润滑涂层，聚合物在接触水后会充分溶胀使得涂层和基底间存在应力作用。聚合物涂层固化不完全、完整性欠佳，以及涂层成分与器械材料间的不适配极易导致涂层的脱落。例如，在一项试验中，带有亲水润滑涂层的导管鞘在 0.9%盐水中浸润短短 15min 时，鞘中的亲水涂层即发生撕裂。超过 60min，更多的涂层从导管表面脱落[44]。除了涂覆工艺外，聚合物涂层的厚度、产品储存条件和保质期、医生做血管内手术的频率和熟练程度，以及目标血管的情况都会影响涂层的稳定性。

涂层脱落的颗粒会给患者带来难以预知的情况。有报道称，在心脏中观察到聚合物栓塞会导致心肌缺血、心肌梗死，在大脑中观察到聚合物颗粒环形强化及周围水肿，在部分伴有神经退行性改变的病例中，新生聚合物栓塞和真皮血管闭塞会导致下肢的皮肤损伤，表现为斑点和紫色斑块[43]。

尽管已知涂层脱落会造成潜在的危害，但是识别涂层脱落较为困难。2009 年，Rupal 等[57]首次向 FDA 报道了医源性亲水性聚合物栓塞(HPE)的致命风险和可能引起的并发症，以及目前对 HPE 引起的发病率和死亡率的认识。事实上，1997 年起就有使用输液微导管后小动脉中出现异物的报道。然而，在介入性涂层使用 30 多年后，涂层 HPE 的危害仍未得到足够重视。主要原因是聚合物栓塞在临床环境中很难发现。由于以前没有遇到这些异物，不同医生的意见分歧及对意外阴性结果细节的谨慎披露，阻止和推迟了这些病例的报道。由于临床上缺乏对医源性涂层并发症的怀疑，或缺乏有针对性的组织病理学分析，多年来 HPE 未能获得充分的临床关注和认识[43]。

识别临床 HPE 现象需要对重要组织进行直接活检，对器官和脉管系统进行彻底的解剖分析，或对取出的血栓/栓子进行组织学检测。但医院的低解剖率及解剖程序的不完善，使得进一步分析聚合物栓塞与临床后遗症之间的关联具有挑战性。此外，虽然组织学分析仍然是唯一明确的诊断方法，但是血管内聚合物的微观性和组织取样的局限性，导致频繁出现假阴性结果和严重漏报的情况。另一个原因是，对于同一器械，不同的外科医生由于操作熟练程度不同而有不同的结果，并且由于独特的解剖学和临床考虑，与 HPE 现象相关的风险在不同的患者身上可能进一步发生变化。因此，在缺乏临床涂层脱落并发症和缺乏针对性的组织病理学分析的情况下，HPE 多年来一直没有得到足够的临床重视[43]。

涂层脱落还可能以很隐蔽的形式发生，特别是未固化的成分的释放。这些成分原先包埋在涂层内部或是与聚合物交联网络相互穿插。这会使得原先安全的亲水涂层存在未知的风险。一个重要的例子是 PVP-90(分子量在百万级)，一种常见的亲水润滑涂层的原料。当它牢固地结合在器械表面时能够良好地发挥润滑效果，但是 PVP-90 一旦在血管中释放，就会在人体内永久积累引起潜在的风险。与可代谢的小分子量 PVP(分子量通常为数万)不同，高分子量的 PVP 不可代谢且存在引起栓塞的风险[43]。

目前国内外对血管内介入器械监管方法存在一定差异。血管内介入器械，如血管导管或导丝，在欧盟和中国被作为三类医疗器械监管，较为严格。但是在美国被作为二类器械，属于不需要临床试验的监管产品。目前，涂层血管内介入器械上市前评估要求包括涂层稳定性/完整性和润滑性研究，以及评估器械表面涂层稳定性/完整性。申请人基本上是用自己的方法研究涂层的耐久性、摩擦力和稳定性。而管理部门通常建议与已获得批准的产品的实质等效性进行评估。

然而目前的问题是，现阶段既没有检测涂层脱落颗粒物的标准方法，也没有有关颗粒物在体内允许的尺寸和数量的相关标准。对于介入类器械表面润滑涂层及其性能评估，目前还没有国际公认的标准。美国医疗器械促进协会(AAMI)将颗粒测试作为评估血管内设备涂层完整性的行业标准，但在 AAMI TIR42:2021 第 6 节中指出，“由于缺乏全面和明确的临床数据，本 TIR 针对颗粒尺寸和颗粒数量限制不做推荐”。国际标准化组织 10993 标准系列(ISO 10993)，题为“医疗器械的生物学评估”，提出了亲水血管医疗器械针对生物相容性和安全性的审批评估准则，其中包括聚合物降解的临床前测试要求。该准则的第 13 部分提供了在模拟临床环境下评估从聚合物医疗器械表面释放的微粒的一般要求。值得注意的是，被推荐的研究是由各个制造商通过非标准化协议进行的。目前国内对颗粒物的关注主要是对生产环境、工艺或产品及其包装所引起的颗粒物的控制。例如现阶段，产品的颗粒物控制普遍遵循《中华人民共和国药典》(2020 年版)中小规格注射剂的标准，即每个供试品中 10 μm 以上的颗粒不得超过 6000 个，25 μm 以上的颗粒不得超过 600 个。但是，这类颗粒的评价方法并不能反映颗粒在涂层产品临床应用中的真实情况。此外聚合物栓塞对远端脉管系统、器官相关反应的影响也未进行具体评估。

如何科学引导血管介入产品润滑涂层的评估和风险控制，基本环节在于通过分类评估思路，建立行业认可的标准方法和可接受的评估指标，在不影响涂层润滑性能的前提下，涂层耐久性、厚度、颗粒度等测试都非常值得关注和进一步探索，构建闭环的评估证据链。涂层的稳定性和润滑性评估都涉及测试周期/次数，即评估产品在经过几个测试周期/次数后仍能保持涂层完整性和润滑性。分类评估的意义在于为不同的测试周期/次数提供合理的评估平台。例如，可以准备一根导丝，将其置于盐水中，并在过程中反复插入和拔出(如慢性完全闭塞)，并且可能具有更高的耐用性标准。另一方面，经导管主动脉瓣修复(TAVR)装置在手术中可能只需准备和插入一到两次，耐用性标准可能较低。在确定器械类别的耐用性标准时，要对临床、解剖和程序上的差异进行调整。对于不同应用的产品，建议结合临床实践，制定不同的模拟试验周期(次数)。因此，有必要根据临床使用和应用过程中的特征，对产品润滑涂层的脱落风险进行分类评估并建立体外涂层牢固度评估方法。

此外，在很多涂层评估中没有考虑涂层厚度这一重要因素。涂层厚度并不是越厚越好，相反，在满足润滑的条件下，涂层越薄越能降低涂层在血管内由于摩擦和水合力造成的脱落风险。但涂层厚度与使用风险之间的关系仍然缺少理论研究基础。

为了准确评估器械使用过程中产生的颗粒物，应在模拟使用后对颗粒物进行表征。在连续流动的条件下模拟血液(液体)流动，应使用有效方法(如光遮蔽、光折射)对每次评估中产生的微粒数量进行量化和表征。涂层稳定性评估还涉及测试周期/时间。对于不同应用范围的产品，模拟的测试周期/时间应代表最不利的临床情况。因此，根据临床应用和应用过程的解剖学特点，对产品润滑涂层的脱落风险进行分类评估是必要的。但是采用的模型和如何收集待测液体应该是这个测试的关键，仍有待重点探索。

4.7　小　　结

本章介绍了润滑的基本概念和水合润滑的原理。水化壳充当了非常有效的润滑元件，是水合润滑机制的基础。基于水合润滑机制，已经有大量的聚合物用于构建亲水润滑涂层。其中，天然的聚合物包括多糖、磷脂和黏蛋白，它们也是哺乳动物关节滑膜液的重要成分。人工合成的聚合物包括聚丙烯酰胺、聚乙烯基吡咯烷酮、聚乙二醇和聚两性离子。这些聚合物构建的聚合物刷已在实验室研究中被证实具有卓越的超润滑性能，并且可以通过聚合物的分子量和接枝密度及聚合物结构进行调控。然而，这些通过经典接枝方法获得的聚合物刷通常非常薄，在实际摩擦中往往缺乏耐磨性。商业化的亲水润滑涂层更青睐于在材料表面制备一层薄的水凝胶层，将预先制备的聚乙烯基吡咯烷酮、聚丙烯酰胺等亲水性大分子通过光固化或热固化技术适度交联，凝胶层并不是完全交联的，从而保证良好的润滑性能。

亲水润滑表面可以通过亲水性、润滑性和其他相关的生物安全性测试进行评估，但是品质不佳的聚合物涂层在器械表面的“剥落”或“剥离”及未反应成分的渗出引起了广泛的担忧。现阶段尚无有关颗粒物在体内允许的尺寸和数量的相关标准。

参考文献

[1] Adibnia V, Mirbagheri M, Faivre J, et al. Bioinspired polymers for lubrication and wear resistance. Prog Polym Sci, 2020, 110: 101298.

[2] Jahn S, Seror J, Klein J. Lubrication of articular cartilage. Annu Rev Biomed Eng, 2016, 18(1): 235.

[3] Aderikha V N, Krasnov A P. Solid lubricant, polymer-based self-lubricating materials//Wang Q J, Chung Y W. Encyclopedia of Tribology. Boston, MA: Springer US, 2013: 3186-3193.

[4] Jahn S, Klein J. Hydration lubrication: the macromolecular domain. Macromolecules, 2015, 48(15): 5059-5075.

[5] Li J J, Liu Y H, Luo J B, et al. Excellent lubricating behavior of brasenia schreberi mucilage. Langmuir, 2012, 28(20): 7797-7802.

[6] Cooper B G, Bordeianu C, Nazarian A, et al. Active agents, biomaterials, and technologies to improve biolubrication and strengthen soft tissues. Biomaterials, 2018, 181: 210-226.
[7] Wagner R M F, Maiti R, Carré M J, et al. Bio-tribology of vascular devices: a review of tissue/device friction research. Biotribology, 2021, 25: 100169.
[8] Fakhari A, Berkland C. Applications and emerging trends of hyaluronic acid in tissue engineering, as a dermal filler and in osteoarthritis treatment. Acta Biomater, 2013, 9(7): 7081-7092.
[9] Wobig M, Bach G, Beks P, et al. The role of elastoviscosity in the efficacy of viscosupplementation for osteoarthritis of the knee: a comparison of Hylan G-F 20 and a lower-molecular-weight hyaluronan. Clin Ther, 1999, 21(9): 1549-1562.
[10] Cai Z X, Zhang H B, Wei Y E, et al. Shear-thinning hyaluronan-based fluid hydrogels to modulate viscoelastic properties of osteoarthritis synovial fluids. Biomater Sci, 2019, 7(8): 3143-3157.
[11] Aduba D C, Yang H Pidapart R. Polysaccharide fabrication platforms and biocompatibility assessment as candidate wound dressing materials. Bioengineering, 2017, 4: 1.
[12] Shi S C, Lu F I. Biopolymer green lubricant for sustainable manufacturing. Materials, 2016, 9(5): 338.
[13] Xu R N, Ma S H, Wu Y, et al. Adaptive control in lubrication, adhesion, and hemostasis by chitosan-catechol-pNIPAM. Biomater Sci, 2019, 7: 3599-3608.
[14] Bongaerts J H H, Cooper-White J J, Stokes J R. Low biofouling chitosan-hyaluronic acid multilayers with ultra-low friction coefficients. Biomacromolecules, 2009, 10(5): 1287-1294.
[15] Goldberg R, Schroeder A, Silbert G, et al. Boundary lubricants with exceptionally low friction coefficients based on 2D close-packed phosphatidylcholine liposomes. Adv Mater, 2011, 23(31): 3517-3521.
[16] Zhu L Y, Seror J, Day A J, et al. Ultra-low friction between boundary layers of hyaluronan-phosphatidylcholine complexes. Acta Biomater, 2017, 59: 283-292.
[17] Tairy O, Kampf M N, Driver M J, et al. Dense, highly hydrated polymer brushes via modified atom-transfer-radical-polymerization: structure, surface interactions, and frictional dissipation. Macromolecules, 2015, 48(1): 140-151.
[18] Chen M, Briscoe W H, Armes S P, et al. Lubrication at physiological pressures by polyzwitterionic brushes. Science, 2009, 323(5922): 1698-1701.
[19] Chouwatat P, Hirai T, Higaki K, et al. Aqueous lubrication of poly(etheretherketone) via surface-initiated polymerization of electrolyte monomers. Polymer, 2017, 116: 549-555.
[20] Strous G J, Dekker J. Mucin-type glycoproteins. Crit Rev Biochem Mol Biol. 1992, 27(1-2): 57-92.
[21] Gipson I K, Inatomi T. Mucin genes expressed by the ocular surface Epithelium. Prog Retinal Eye Res, 1997, 16. 81-98.
[22] Harvey N M, Yakubov G E, Stokes J R, et al. Normal and shear forces between surfaces bearing porcine gastric mucin, a high-molecular-weight glycoprotein. Biomacromolecules, 2011, 12(4): 1041-1050.
[23] Wu J A, Chen S F. Investigation of the hydration of nonfouling material poly(ethylene glycol) by low-field nuclear magnetic resonance. Langmuir, 2012, 28(4): 2137-2144.
[24] Caulfield M J, Qiao G G, Solomon D H. Some aspects of the properties and degradation of polyacrylamides. Chem Rev, 2002, 102(9): 3067-3084.
[25] Liu X L, Sun K, Wu Z Q, et al. Facile synthesis of thermally stable poly(*N*-vinylpyrrolidone)-modified gold surfaces by surface-initiated atom transfer radical polymerization. Langmuir, 2012, 28(25): 9451-9459.
[26] Li Q S, Wen C Y, Yang J, et al. Zwitterionic biomaterials. Chem Rev, 2022, 122(23): 17073-17154.
[27] Zoppe J O, Cavusoglu A N, Mocny P, et al. Surface-Initiated controlled radical polymerization: State-of-the-art, opportunities, and challenges in surface and interface engineering with polymer brushes. Chem Rev, 2017, 117(5):4667.

[28] Xu R N, Zhang Y L, Ma S H, et al. A universal strategy for growing a tenacious hydrogel coating from a sticky initiation layer. Adv Mater, 2022, 34(11): 2108889.

[29] Ma S H, Yan C Y, Cai M R, et al. Continuous surface polymerization via Fe(Ⅱ)-mediated redox reaction for thick hydrogel coatings on versatile substrates. Adv Mater, 2018, 30(50): 1803371.

[30] Yu Y, Yuk H, Parada G A, et al. Multifunctional "hydrogel skins" on diverse polymers with arbitrary shapes. Adv Mater, 2019, 31(7): 1807101.

[31] Nagaoka S, Akashi R. Low-friction hydrophilic surface for medical devices. Biomaterials, 1990, 11(6): 419-424.

[32] 王聘, 刘俊龙, 刘华龙. PVC 导尿管表面亲水润滑涂层的制备及性能研究. 中国医疗器械信息, 2014, 20(6): 51-54, 61.

[33] Kallmes D F, McGraw J K, Evans A J, et al. Thrombogenicity of hydrophilic and nonhydrophilic microcatheters and guiding catheters. AJNR Am J Neuroradiol, 1997, 18(7): 1243-1251.

[34] Lin W F, Klein J. Hydration lubrication in biomedical applications: from cartilage to hydrogels. Acc Mater Res, 2022, 3(2): 213-223.

[35] Ramakrishna S N, Cirelli M, Divandari M, et al. Effects of lateral deformation by thermoresponsive polymer brushes on the measured friction forces. Langmuir, 2017, 33(17): 4164-4171.

[36] Rosenberg K J, Goren T, Crockett R, et al. Load-induced transitions in the lubricity of adsorbed poly(L-lysine)-*g*-dextran as a function of polysaccharide chain density. ACS Appl Mater Interfaces, 2011, 3(8): 3020-3025.

[37] Divandari M, Trachsel L, Yan W Q, et al. Surface density variation within cyclic polymer brushes reveals topology effects on their nanotribological and biopassive properties. ACS Macro Lett, 2018, 7(12): 1455-1460.

[38] Li A, Benetti E M, Tranchida D, et al. Surface-grafted, covalently cross-linked hydrogel brushes with tunable interfacial and bulk properties. Macromolecules, 2011, 44(13): 5344-5351.

[39] Dehghani E S, Ramakrishna S N, Spencer N D, et al. Controlled crosslinking is a tool to precisely modulate the nanomechanical and nanotribological properties of polymer brushes. Macromolecules, 2017, 50(7): 2932-2941.

[40] 王蕾, 张思炫, 杨贺, 等. 生物材料表面高分子改性的研究进展. 高分子通报, 2019(2): 33-43.

[41] 李业, 杨贺, 方菁嶷, 等. 医用导管聚合物亲水润滑涂层研究进展. 中国医疗器械杂志, 2021, 45(1): 57-61.

[42] U. S. Food and Drug Administration. Medical device safety and recalls: lubricious coating separation from intravascular medical devices. [2023-02-10]. https://www.fda.gov/MedicalDevices/Safety/Alertsand Notices/ucm473794.htm.

[43] Chopra A M, Mehta M, Bismuth J, et al. Polymer coating embolism from intravascular medical devices: a clinical literature review. Cardiovasc Pathol, 2017, 30: 45-54.

[44] Stanley J R L, Tzafriri A R, Regan K, et al. Particulates from hydrophilic-coated guiding sheaths embolize to the brain. EuroIntervention, 2016, 11(12): 1435-1441.

第 5 章

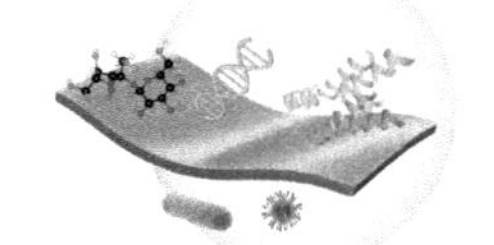

抗凝血表面的构建

5.1　材料表面凝血的基本原理

5.2　生物惰性策略

5.3　生物活性策略

5.4　表面内皮化策略

5.5　小结

血液接触材料近年来发展迅速，且广泛应用于临床，但异体材料引起的血栓问题至今仍未得到妥善解决。当材料接触到血液时，血液中的蛋白质会迅速沉积在异物表面，进而变性，引起血小板的黏附和变异，从而逐步激活血小板和其他相关因子引发凝血级联反应，最终导致血栓的形成，严重时可能会危及生命。改善生物材料的抗凝血性能是避免以上不良反应发生的一种有效方法。改变材料的性质可以提高血液相容性，但不可避免地会影响材料的物理机械性能和化学性能。因此，既能提高材料的血液相容性，同时还能充分保持材料性能的表面改性方法得到了广泛的应用。研究人员主要采用生物惰性策略、生物活性策略、表面内皮化这大三策略来改善材料表面的抗凝血性能。生物惰性策略主要致力于将材料表面的非特异性蛋白质的吸附减少到最低程度；生物活性策略主要通过引入生物活性分子以改善材料的生物功能；表面内皮化策略主要致力于构建具有内皮细胞功能的生物医用材料表面。本章主要介绍了利用这三大策略构建血液相容性生物医用材料表面的研究进展、具体实施方案及其抗凝血性能研究。

5.1　材料表面凝血的基本原理

凝血指的是血液从流动变成凝固的状态，这是人体中最复杂的生理过程之一。将生物材料植入人体，与血液接触后在很短时间内就会发生凝血反应[1]。首先，血浆蛋白(白蛋白、球蛋白等)会迅速吸附在材料表面，形成一层薄薄的蛋白质吸附层，随后内皮细胞释放的血管性血友病因子(von Willebrand factor, vWF)使胶原纤维和 vWF 受体结合，聚集在材料表面开始血小板的激活和聚集过程，血小板被激活后就会触发凝血级联反应，如图 5-1 所示。凝血过程中涉及多种蛋白质，这些蛋白质被统称为凝血因子。凝血因子会按照图 5-1 中箭头标记的途径进行激活。凝血反应通过两种途径进行：一种是内源性凝血途径(图中蓝色部分)；一种是外源性凝血途径(如图右上方显示)。显然，这两种凝血途径是涉及许多凝血因子的复杂系统。简单来讲，在内源性凝血途径中，表面接触导致因子Ⅻ转化为因子Ⅻa(其酶活性形式)，随后，酶-底物的放大级联反应导致凝血酶(因子Ⅱa)的形成，将纤维蛋白原(fibrinogen, Fg)转化为纤维蛋白(一种高度不溶的蛋白质多聚体)。而在外源性凝血途径中，血管内皮的损伤产生组织因子，将因子Ⅶ转化为因子Ⅶa，也导致凝血酶和纤维蛋白的形成。这两种途径在因子Ⅹ被激活时汇合于共同途径。纤维蛋白相互交错收集血细胞，使得流动的血液变为凝胶状的血凝块，随后血块缩紧变硬并析出血清，这就是人体内的凝血过程。

5.2　生物惰性策略

当材料与血液接触时，材料表面会对蛋白质产生非特异性吸附，从而导致凝血等一系列复杂的异体反应，因此大量的研究致力于构建生物惰性材料表面[3]，将非特异性蛋白质的吸附减少到最低程度，从而提高材料的血液相容性。研究表明，材料表面的亲疏水性及带电性质会直接影响材料表面与蛋白质之间的相互作用[4]，这两种性质是控制材

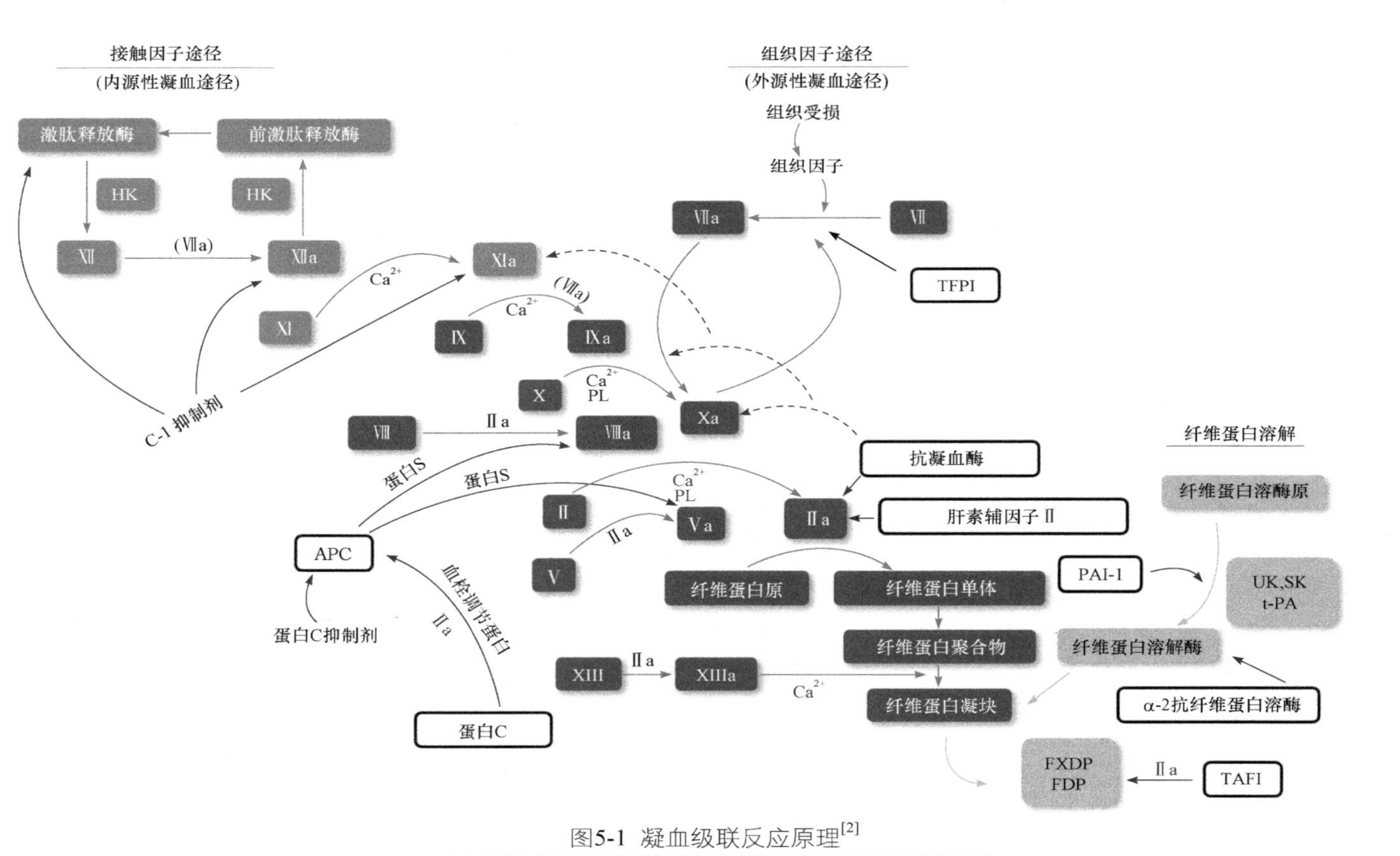

图5-1 凝血级联反应原理[2]

t-PA表示组织型纤溶酶原激活剂；TFPI表示组织因子通道抑制剂

料表面与蛋白质之间相互作用的关键因素[5]。基于此，研究人员开发了两种抗蛋白质吸附表面的制备方法：①利用亲水性聚合物对材料表面进行改性，如聚乙二醇(PEG)、聚(寡聚乙二醇甲醚甲基丙烯酸酯）(POEGMA)及聚羟乙基丙烯酸甲酯(PHEMA)等；②利用两性离子聚合物对材料表面进行改性，如磷酸甜菜碱、磺酸甜菜碱、羧酸甜菜碱及类两性离子聚合物等。

5.2.1　亲水性聚合物

1. 聚乙二醇

聚乙二醇 PEG 是一种亲水性极好的生物惰性高分子材料，具有较低的毒性和免疫原性，被广泛地应用在生物材料的表面改性研究中。PEG 的分子链中含有亲水性的乙二醇(—OCH_2CH_2—)基团，不易与其他生物材料发生相互作用。作为生物惰性表面的“金标准”，PEG 改性表面可以有效减少材料表面的蛋白质吸附，从而改善材料的血液相容性[6]。

Whitesides 小组[7]通过对一系列自组装单分子层表面上的蛋白质吸附进行系统分析，得出了生物惰性表面排斥蛋白质的通用原则，即同时满足具有亲水性、有氢键受体且没有氢键供体、没有净电荷这四个条件。许多已知的生物惰性表面满足这些原则，但也有例外，如具有净正电荷的聚甲基丙烯酸二甲氨基乙酯(PDMAEMA)改性表面[8]及含有氢键供体(如羟基)的表面[9]也具有抗蛋白质吸附的能力。如图 5-2 所示，大部分研究认为 PEG 改性表面抗蛋白质吸附的机制主要有两个方面：PEG 链段的空间排斥作用和水合作用[10-15]。当蛋白质分子靠近 PEG 改性表面时，原本伸展的 PEG 链被压缩，PEG 的局部浓度增加，导致体系的吉布斯自由能增加，体系由稳定态变为不稳定态。而为了恢复原来能量较低的状态，被压缩的 PEG 链会产生一种远离表面的排斥力，促使蛋白质分子远离改性基材表面。同时，由于 PEG 的亲水性，PEG 链段能在水中快速移动形成一个排斥性的区域，致使蛋白质分子在与表面接触之前就被排斥。此外，PEG 的抗蛋白质吸附能力还与表面形成的水合层紧密相关。PEG 链段溶于水后会形成氢键，而氢键可以结合水分子形成一层致密的水合层，达到阻止蛋白质在材料表面吸附的目的。

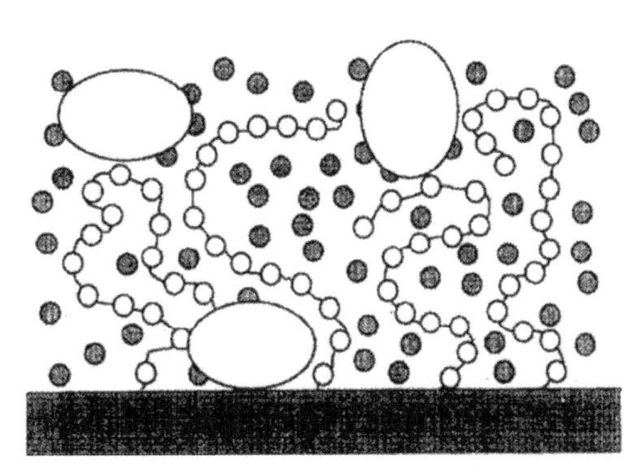

图 5-2　PEG 改性表面抗蛋白质吸附原理示意图[16]
空心大球代表蛋白质，实心小球代表水分子，由空心圆圈组成的长链为 PEG 链

目前，PEG 在表面改性方面的应用已经有了非常广泛的研究，结合不同的改性方法可以实现在不同生物医用材料上的修饰，下面介绍几种常见的 PEG 改性基材。

1) 聚二甲基硅氧烷

聚二甲基硅氧烷(polydimethylsiloxane，PDMS)是一种疏水性的聚合物材料，具有制造成型工艺简单、机械性能好、光学透明性优异、气体渗透性高及生物相容性好等优点[17]，广泛应用于整形美容、人造器官、医疗器械、药物缓释等生物医疗领域[18, 19]。尽管 PDMS 有许多优点，但其表面的强疏水性[20]导致了它对蛋白质的非特异性吸附，进而产生凝血等不良反应。采用具有优异抗蛋白质吸附性能的 PEG 对 PDMS 进行改性，可以大幅度提高 PDMS 的血液相容性，从而进一步拓宽其应用[21]。

PEG 可以通过简单的物理法对 PDMS 进行改性。例如，Lee 等[22]利用氧等离子体处理 PDMS，使其表面带有负电荷，然后将带正电荷的聚(L-赖氨酸)和 PEG 的共聚物通过静电相互作用吸附到 PDMS 表面。结果发现，PEG 改性表面血清的吸附量小于 10 ng/cm^2。Xiao 等[23]通过将 PDMS 预聚体和聚乳酸与 PEG 的二嵌段共聚物共混的方法制备了改性表面，与未改性的 PDMS 表面相比，PEG 改性表面的水接触角最低可从约 108°下降到约 73°，并且可以有效地抑制肌红蛋白的吸附。物理法虽然简单易行，但 PEG 与 PDMS 表面只是通过单纯的物理作用结合，结合力弱，因此改性效果的持久性有待提升。

有研究表明，共价接枝法可以获得更为稳定和持久的 PEG 改性 PDMS 表面。由于 PDMS 表面没有可用于化学改性的活性官能团，因此往往需要对 PDMS 基材进行预处理。一般，先用等离子体[24]、过氧化物/酸[25]或者紫外线[26]等处理 PDMS，在表面引入羟基，再通过硅烷化反应可以将 PEG 接枝在 PDMS 表面。例如，Kovach 等[27]先用氧等离子体处理 PDMS 在其表面引入羟基，羟基再依次与甲氧基硅烷、PEG 反应，就可以将 PEG 接枝在 PDMS 表面。结果显示，PEG 改性表面 Fg 的吸附量下降至约 0.1 μg/cm^2。Ko 等[28]则先用臭氧氧化 PDMS 表面，在表面引入活性自由基，然后接枝末端具有不同基团(—NH_2 和—SO_3)的 PEG，进而制备 PEG 改性的 PDMS 表面。与未改性的 PDMS 表面相比，改性表面的亲水性得到了很大的改善，血小板的黏附量最高可下降约 60%。但上述常规预处理步骤大多比较复杂，相比之下，采用多巴胺黏附涂层可以在简化接枝步骤的同时获得更好的改性效果。例如，Goh 等[29]将多巴胺涂覆在 PDMS 表面，利用多巴胺上的功能基团与双氨基的 PEG 反应将 PEG 接枝在表面，与未改性的涂覆有多巴胺的 PDMS 表面相比，PEG 改性表面 Fg 的吸附量大幅降低。

Chen 等[30]还报道了本体化学接枝改性在 PDMS 材料表面引入 PEG 的化学改性方法，通过化学反应在 PDMS 本体中引入特定基团或聚合物，由内到外改变表面性能，达到改性目的。这种方法首先将单甲氧基 PEG 中的自由羟基烯丙基化，然后与三乙氧基硅烷反应，得到末端带三乙氧基硅(烷)基的单甲氧基 PEG，再将其加入到含端羟基的 PDMS 和正硅酸乙酯的混合物中，经过室温固化可以得到表面接枝了 PEG 的 PDMS 表面。水接触角和 X 射线光电子能谱测试表明，该方法制备的 PDMS 表面在空气中疏水性较强，但在潮湿环境中 PEG 会富集在 PDMS 表面，使表面亲水性提高。同时，与未改性的 PDMS 表面相比，加入 10%分子量为 350 的 PEG 的改性表面上 Fg 的吸附量减少了 90%。为了提高改性 PDMS 材料的机械性能，他们随后发展了硅氢加成法制备 PEG 改性的 PDMS 表面。该方法的改性过程主要发生在 PDMS 材料表面，能够在维持 PDMS 良好机械性能的前提下获得更为理想的改性效果[31]。如图 5-3 所示，通过三氟甲磺酸

(F_3CSO_3H)的强酸作用，在甲醇溶液中使 PDMS 表面的 Si—O 键及含氢聚甲基硅氧烷单体$(MeHSiO)_n$(DC1107)中的 Si—O 键同时断裂，重排后可以在 PDMS 表面引入 Si—H 键，再在 Pt 催化下，通过硅氢加成反应将末端带有烯丙基的 PEG 接枝到 PDMS 表面。需要指出的是，甲醇作为溶剂的使用降低了三羧酸催化剂的酸性，更重要的是，它还迫使 Si—H 基团的掺入基本上只在聚合物表面。与未改性的 PDMS 表面相比，PEG 改性表面 Fg 的吸附量减少了 90%。随后，他们进一步利用硅氢加成法在 PDMS 表面接枝双功能 PEG 间隔臂，并进一步连接生物活性分子，从而制备高密度的肝素化表面[32]、通用生物亲和性表面[33]及纤溶表面[34]。

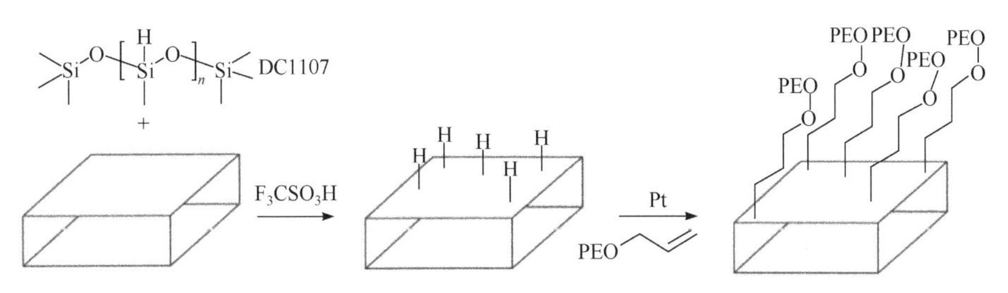

图 5-3　硅氢加成法制备 PEG 改性 PDMS 的反应示意图[31]

2) 聚氨酯

聚氨酯(polyurethane, PU)具有优异的韧性、耐磨性、耐化学品性，其在生物医学领域中的应用始于 20 世纪 50 年代。作为一类广泛使用的生物医用高分子，PU 的应用包括人工心脏瓣膜、人工肺、人工皮肤、人工血管等诸多方面。然而，PU 的血液相容性不够理想，当其作为异体材料植入生物体内时仍可能产生凝血及血栓现象。

为了提高 PU 的血液相容性，早期研究者开始尝试用简单的物理法引入 PEG，如表面涂层法、共混法等。例如，Tan 等[35]以 PEG-PU-PEG 三嵌段共聚物与 PU 基材共混的方法制备了 PEG 改性 PU 表面，由于基材和中间共聚物段具有相似的化学结构，共聚物中 PU 段与基材之间通过链缠结和氢键的相互作用可以有效地将 PEG 固定在 PU 表面。与未改性的 PU 基材相比，当共聚物含量为 20 wt%(质量分数，后同)时的 PEG 改性 PU 表面的 Fg 和溶菌酶的吸附量减少了约 95%，这与将共聚物直接涂覆在基体上制备的表面的吸附降低量相似。为了进一步改善 PEG 改性表面的血液相容性，Raut 等[36]将明胶修饰在通过共混法制备的 PEG 改性 PU 表面，结果显示，与未改性的表面相比，改性后的仿生 PU 薄膜可以促进人脐静脉内皮细胞的黏附和增殖，同时，牛血清白蛋白(bovine serum albumin，BSA)和 Fg 的吸附量分别降低了 26%和 39%，血小板的黏附量下降了 89%。PEG 通过氢键等物理作用吸附在 PU 表面很容易脱落[37]，为了提高 PEG 在 PU 表面物理吸附的稳定性，国内外学者做了不少研究。例如，Freij-Larsson 等[38]通过在乙醇/水溶液中将侧链含有 PEG 链段的两亲接枝共聚物吸附至 PU 表面来改善材料的生物相容性，由于两亲聚合物是表面活性物质，容易吸附在界面上，与材料表面的结合力较强，因此在 PU 表面的物理吸附稳定性比较高。与未改性的 PU 表面相比，该方法制备的 PEG 改性 PU 表面 Fg 的吸附量降低了 80%以上。

与物理改性法相比，利用化学法制备的 PEG 接枝改性表面更为稳定和持久，并且血液相容性得到明显改善。如图 5-4 所示，Chen 等[39]利用二苯基甲烷二异氰酸酯[4,4′-methylene-bis-(phenyl-isocyanate), MDI]处理 PU 基材，在其表面引入异氰酸酯(—NCO)功能基团，再利用 PEG 的端羟基与异氰酸酯反应，将 PEG 接枝在 PU 表面。与未改性的表面相比，改性表面的水接触角从约 70°降低到了约 28°，Fg 的吸附量低于 0.1 μg/cm^2。Ko 等[28]先用臭氧处理 PU 表面，使表面形成活性自由基，然后接枝 PEG，结果显示，与未改性的表面相比，PEG 改性后的 PU 表面呈现很强的亲水性，血小板的黏附量约降低了 60%。Saito 等[40]则利用叠氮基团的光化学活性，用紫外光辐射法将一端带苯基叠氮基团，另一端带磺酸基的 PEG 接枝到了 PU 表面，与未改性的 PU 表面相比，PEG 改性表面的水接触角从约 75°降低到了约 34°，单位面积血小板的覆盖率仅约为 2%，PU 表面的抗凝血能力得到了明显的改善。

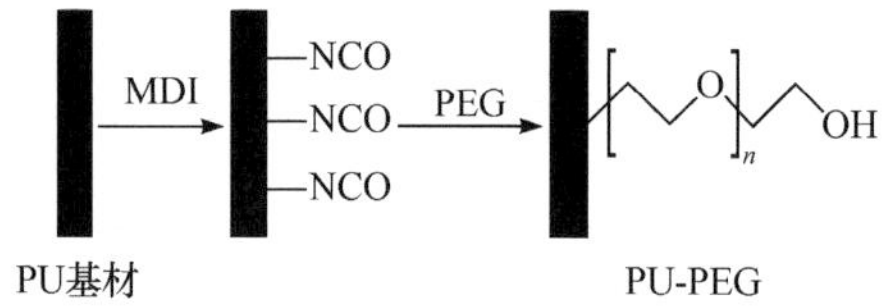

图 5-4　PEG 在 MDI 官能化 PU 表面的接枝[39]

3) 其他

除了上述两种聚合物基材，PEG 也可以对其他聚合物进行改性，如聚对苯二甲酸乙二醇酯[poly(ethylene terephthalate), PET][41-49]、聚氯乙烯(polyvinyl chloride, PVC)[50-53]、聚甲基丙烯酸甲酯[54, 55]、聚苯乙烯(polystyrene, PS)[56-59]、聚乳酸[60]、聚苯胺[61]、聚砜[62]、聚碳酸酯[63]、聚醚酰亚胺[64]、聚甲基丙烯酸缩水甘油酯[65]、聚乙烯[66]、聚丙烯[67]、聚醚砜[68]、聚偏氟乙烯[poly(vinylidene fluoride), PVDF][69]、聚四氟乙烯[66]、聚醚醚酮[70]、聚氨基甲酸酯脲[poly(urethane urea), PUU][71]等。不局限于高分子材料，PEG 还可以对金属、非金属及它们的氧化物进行改性，如金(Au)[72]、钛[73]、Fe_3O_4[74]、不锈钢[75]、单壁碳纳米管[76]、氧化石墨烯[77]、单晶硅(Si)[78]、玻璃[66]等。尽管这些基材的组成与结构各不相同，但与未改性的基材相比，PEG 改性的基材表面均可以显著地抑制蛋白质的吸附，提高表面的血液相容性。

随着研究的深入，研究人员发现，在材料与血液接触的瞬间，蛋白质就会在材料表面发生非特异性吸附，而材料的表面性质会直接影响蛋白质的吸附行为。本小节首先讨论了 PEG 改性表面的物理化学性质对蛋白质吸附性能的影响。具体来讲，PEG 接枝分子量和接枝密度、PEG 链拓扑结构及 PEG 官能度等化学性质会对蛋白质的吸附行为产生影响。然而，涉及表面改性对蛋白质吸附的影响因素往往具有内在联系，一般认为影响 PEG 改性表面抗蛋白质吸附能力最主要的因素是接枝分子量和接枝密度[2]。

(1) PEG 接枝分子量和接枝密度。

通常情况下，当分子量小于 1500 时，蛋白质在表面的吸附量会随着 PEG 分子量的增大而减少，这与改性基材表面的PEG覆盖率有关，分子量较小时，表面覆盖率低，蛋白质容易进入聚合物链空隙吸附在表面。同时，研究表明，分子量为 250 的 PEG 完全没有抵抗蛋白质吸附的能力[79]。而当分子量大于 1500 时，改性表面完全被 PEG 覆盖，这时即使再增加分子量，改性表面的蛋白质吸附量也不会有明显的变化，所以在高分子量范围内，改性表面抗蛋白质吸附的能力和分子量之间关系不大[80]。

相对接枝分子量而言，PEG 的接枝密度对改性表面的影响更大。在一些情况下，随着 PEG 分子量的增大，改性表面抗蛋白质吸附的能力更差，这可能是由于表面 PEG 接枝密度较低[31]。Marruecos 等[81]的研究表明，在低接枝密度下，PEG 呈现“蘑菇”状构象，此时，人血清白蛋白可以穿透 PEG 层与表面接触；而在高接枝密度下，PEG 处于“刷”状构象，可以有效地阻止人血清白蛋白的吸附。从基材表面 PEG 覆盖率的角度也可以看出，基材抗蛋白质吸附的能力随着 PEG 密度的增加而增强。然而，对于 PEG 改性表面而言，可能存在一个最佳接枝密度[82]。例如，在 Au 表面分别化学接枝分子量为 750 和 2000 的端甲氧基 PEG，在低密度范围内，两种改性表面 Fg 和溶菌酶的吸附量均随着接枝密度的增加而减少，且两种蛋白质的吸附量都在 0.5 链/nm^2 附近观察到最小值，超过这一接枝密度值时蛋白质的吸附量又转为增加，这可能是由于末端高密度的甲氧基导致链间缔合或吸附诱导的蛋白质变性。

(2) PEG 链拓扑结构。

星型 PEG 分子拥有一个中心区域，PEG 链段从该中心区域径向延伸，具有类似密集硬球的特征[83]。由于分子中心内的空间位阻，每个分子都有大量的链端位于分子的外部区域，因此星型 PEG 接枝到表面的概率非常高[84, 85]。相比之下，线形 PEG 分子具有十分松散的结构，每个分子只有两个链端，其接枝到表面的概率比星形 PEG 分子低。Sofia 等[86]的研究表明，在线形 PEG 接枝的表面，单层 PEG 不足以很好地阻止蛋白质的吸附，而星型 PEG 接枝的表面虽然存在间隙，但是与同等分子量的线形 PEG 链相比，可以阻止更大的蛋白质的吸附，这是因为星型PEG链被压缩时会产生更大的空间斥力。除了星型 PEG 分子，环状 PEG 分子也具有很强的空间排斥作用，其改性表面同样具有优异的抗蛋白质吸附能力。如图 5-5 所示，Shin 等[87]的研究表明，线形 PEG 分子改性 Au 表面 BSA 的吸附量约为 50 ng/cm^2，而环状 PEG 分子改性表面 BSA 的吸附量可降为约 0 ng/cm^2。与此同时，Lee 等[88]的研究发现，树枝状 PEG 修饰表面的抗蛋白质吸附效果显著优于线形 PEG。

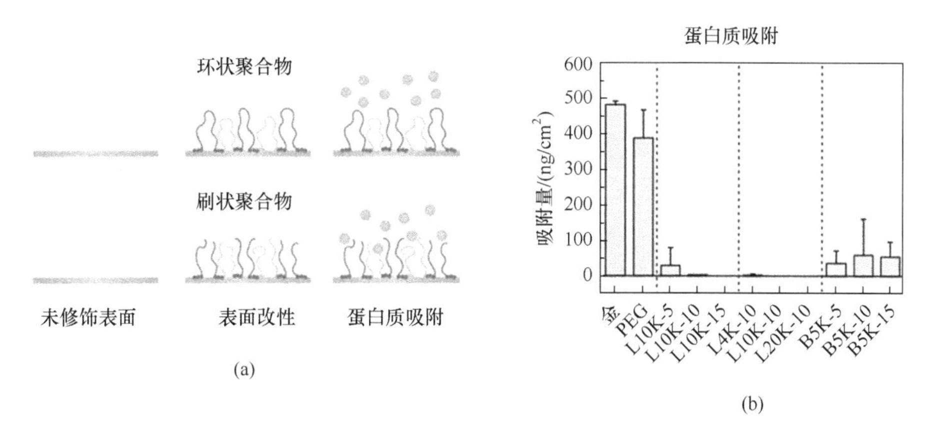

图 5-5　(a) 环状 PEG 分子和线形 PEG 分子在 Au 表面的接枝及蛋白质吸附示意图；(b) BSA 在未改性 Au 表面及接枝了各种聚合物的 Au 表面的吸附量[87]

(3) PEG 官能度。

PEG 的官能度对改性表面的抗蛋白质吸附能力也有影响，并且在不同改性方法下影响规律不同。在本体化学接枝改性方法中[89]，Fg、白蛋白和溶菌酶在单/双官能度 PEG 改性表面上的吸附量都显著减少，但单官能度 PEG 接枝的 PDMS 表面水接触角的下降值更大，在抗蛋白质吸附上效果更佳。与未改性的表面相比，单官能度 PEG 改性表面 Fg 的吸附减少量高达 90%，而双官能度 PEG 改性表面 Fg 的吸附量减少了不到 70%。这可能是因为利用该方法对 PDMS 表面进行改性时，PEG 渗入到 PDMS 本体，在潮湿的环境中大量 PEG 迁移到 PDMS 表面，导致表面具有低的蛋白质吸附量。与双官能度 PEG 相比，单官能度 PEG 改性表面受弹性体的约束更小，PEG 更容易迁移到水界面，从而具有更低水平的蛋白质吸附。这表明 PEG 链的活动性也决定了 PEG 改性表面抗蛋白质吸附的能力。而当采用硅氢加成法制备 PEG 改性 PDMS 表面时[31]，单/双官能度 PEG 改性表面抗蛋白质吸附的能力无明显差异。

除了上述提到的化学性质，材料表面的物理性质对 PEG 改性表面的抗蛋白质吸附能力也有影响。Xu 等[71]在 PU 表面构建了亚微米的柱状纹理结构，与光滑的 PU 表面相比，纹理表面 Fg 的吸附量降低了 50%～60%，再用 PEG 进行表面接枝后，Fg 的吸附量进一步降低至 5 ng/mm^2 以下。而与这种有规的纹理结构相比，无规结构更有利于模拟真实的生理环境。Zheng 等[90]在 PU 表面构建仿荷叶拓扑结构后，再往表面修饰 PEG 链段。与未改性的平滑 PU 表面相比，PEG 改性的平滑表面 Fg 的吸附量减少了 89%，而引入仿荷叶拓扑结构后的 PEG 改性表面的 Fg 吸附量减少了 95%。

除了材料表面的性质，蛋白质的性质也会影响 PEG 改性表面的抗蛋白质吸附行为。PEG 改性表面所处的蛋白质溶液环境对其抗蛋白质吸附能力也有一定的影响。相比血液、血浆和其他生物液体，PEG 改性表面在单一的蛋白质溶液中的抗蛋白质吸附效果更佳。在一些 PEG 改性的材料表面上，从血浆中吸附的总蛋白量要比从缓冲液中吸附的 Fg 大几个数量级[83]。除了溶液的组分，缓冲液的离子强度对改性表面的抗蛋白质吸附性能也有影响。Pasche 等[91]将聚(L-赖氨酸)和聚乙二醇的共聚物吸附在 Nb_2O_5 表面，结果表明，在缓冲液离子强度为 150 mmol/L 时，改性表面具有最高的抗蛋白质吸附能力。

2. 聚乙二醇衍生物

1) POEGMA

POEGMA 是 PEG 的亲水性衍生物，侧链上有乙二醇单元，末端由羟基或甲氧基封端。POEGMA 易溶于水、无毒、无免疫原性、生物相容性好，是生物医学领域应用最广泛的聚合物之一。

POEGMA 可采用“接枝到表面”法进行表面改性。例如，Biggs 等[92]利用硫醇与双键的反应，将通过可逆加成-断裂链转移聚合技术得到的含有硫醇的 POEGMA 接枝到双键化的玻璃表面，结果显示，与葡萄糖功能化的玻璃表面相比，POEGMA 改性表面上刀豆球蛋白 A 的吸附量显著下降。但是由于聚合物链之间的空间位阻效应，这种方法难以达到较高的接枝密度，且接枝层厚度一般只能达到数纳米[93]。对于 POEGMA 而言，应用最广泛的改性技术还是“从表面接枝”法。最早，Ma 等[94, 95]利用表面引发原子转移自由基聚合(SI-ATRP)技术在玻璃表面上接枝了 POEGMA。蛋白质吸附结果表明，POEGMA 的厚度为 0 Å 时，玻璃表面各种蛋白质[纤连蛋白(fibronectin, Fn)、BSA 等]的吸附层厚度均大于 10 Å，而厚度大约为 95 Å 的 POEGMA 聚合物刷改性玻璃表面上各种蛋白质的吸附层厚度均小于 1 Å。

为了评价 POEGMA 主链和侧链长度对 PU 表面抗蛋白质吸附能力的影响，Jin 等[96]首先用氧等离子体在 PU 表面引入了羟基和过氧化氢基团，这些基团再分别与 2-溴代异丁酰溴(2-bromoisobutyryl bromide, BIBB)反应在表面引入引发剂，最后通过 SI-ATRP 技术将具有不同主链和侧链长度的 POEGMA 接枝到 PU 表面。与未改性的 PU 表面相比，POEGMA 改性表面上 Fg 的吸附量降低了 84%～98%，溶菌酶的吸附量降低了 67%～91%。此外，研究还发现在聚合物侧链长度相同的情况下，随着主链长度的增加，两种类型蛋白质的吸附量都减少；在聚合物主链长度相同的情况下，随着侧链长度的增加，分子量及体积较小的溶菌酶的吸附量增加，而分子量及体积较大的 Fg 的吸附量与侧链长度的变化基本无关。Li 等[97]则通过电子活化再生原子转移自由基聚合(activators regenerated by electron transfer for atom transfer radical polymerization, AGET ATRP)的方法将 POEGMA(聚合物刷厚度 5～28 nm)接枝聚合到 Si 表面，结果显示在 POEGMA 厚度为 10 nm 时改性表面显示出最低的 Fg 吸附量(0.1 μg/cm^2)，且在这之后的吸附量保持不变。另外，Shi 等[98]还研究了表面粗糙度对 POEGMA 抗蛋白质吸附性能的影响。POEGMA 通过 SI-ATRP 技术分别接枝到光滑的 Au 表面及粗糙的金纳米粒子层(gold nanoparticle layer, GNPL)表面。在未经 POEGMA 接枝改性前，GNPL 表面上人血清白蛋白的吸附量是光滑的 Au 表面的 5.8 倍，这可能是因为粗糙表面的比表面积更大。而在接枝了 POEGMA 的 Au 和 GNPL 表面上，人血清白蛋白的吸附量均降低至 8 ng/cm^2 以下，抗蛋白质吸附能力没有明显差异。

陈红小组[99]还通过可见光引发聚合制备了 POEGMA 改性的 PDMS 表面，首先制备含有烷基溴的 PDMS 表面，然后在 $Mn_2(CO)_{10}$ 和乙烯基单体存在下用可见光引发 PDMS 表面进行自由基接枝聚合。与未改性的 PDMS 表面相比，POEGMA 改性表面的水接触角低于 60°，生物相容性得到了明显的改善。这种方法可以简便、快速、高效地对 PDMS 表面进行改性，同时，可见光系统还具有安全性高、环保性好等优点。

2) PHEMA

PHEMA 属于 PEG 的亲水性衍生物，具有优异的生物相容性、较高的化学稳定性，被广泛地应用于组织工程[100]、药物控释[101]及抗蛋白质吸附材料。下面主要介绍 PHEMA 改性表面的抗蛋白质吸附研究。

Sato 等[102]通过旋涂法将 PHEMA 涂覆在 PET 薄膜表面，改性后的表面可以很好地抑制血小板的黏附及激活。但旋涂法容易出现聚合物的脱落等问题，因此通常使用共价接枝 PHEMA 的方法对表面进行改性。Zhao 等[103]在 BIBB 引发剂的作用下通过 SI-ATRP 技术将 PHEMA 接枝到 PVDF 表面。与未改性的 PVDF 表面相比，PHEMA 改性表面的水接触角从约 111°下降到了约 40°，BSA 的吸附量可下降至 45 μg/cm^2 以下。李丹等[104]则在 $SH(CH_2)_{11}OOC(CH_3)_2Br$ 引发剂的作用下通过 AGET ATRP 的方法将 PHEMA 接枝在 Au 表面。与未改性的 Au 表面相比，改性表面对溶菌酶、人血清白蛋白、Fg 的吸附量均下降了80%以上。

由于不同种类高分子材料的化学组分不一样，上述两种基材所应用的引发剂往往需要“量身定制”。为此，陈红小组[105]研究出一种全新且普适性强的光束缚型溴引发剂{[3-(4-苯甲酰基苯氧基)丙基]氮杂二基}双(乙烷-2,1-二基)双(2-溴-2-甲基丙酸酯)，这种引发剂一端为二苯甲酮结构，通过紫外光照射可以在5 min之内固定在PVC表面，另一端带有双溴引发剂端基，可以通过表面引发单电子转移活性自由基聚合将PHEMA高密度地接枝在PVC表面。结果表明，PHEMA改性表面Fg的吸附量低于0.2 μg/cm^2。然而，在这种方法中，光只能控制引发步骤，不能调控接枝聚合物在表面的生长过程。为此，Meng等[106]通过一种完全受光调节的原子转移自由基聚合(ATRP)技术将PHEMA接枝在微孔聚丙烯膜(microporous polypropylene membrane, MPPM)表面。首先，引发剂二苯甲酰溴异丁酸酯通过简单的紫外光照射被固定在MPPM表面，接着使用一种可见光响应催化剂[三(2-苯基吡啶)铱]进行可见光驱动的ATRP反应，以此将甲基丙烯酸-2-羟乙酯(2-hydroxyethyl methacrylate, HEMA)接枝在MPPM表面。结果显示，与未改性的MPPM表面相比，在PHEMA接枝率为484 μg/cm^{2}的改性表面上BSA的吸附量从310 μg/cm^{2}降低到49 μg/cm^2。Sun等[107]则通过一种新型的Y型光引发转移终止剂将PHEMA接枝在PDMS上。首先在可见光照射下将该Y型光引发转移终止剂固定在PDMS表面，再通过紫外光照射将PHEMA接枝在PDMS表面。与未改性的PDMS-Y表面相比，PHEMA改性表面的水接触角从约130°降低到了约65°，且改性后的表面具有良好的细胞相容性。

除了上述方法，Wu等[108]首先利用甲基丙烯酰异硫氰酸酯中的异硫氰酸酯(—NCS)基团与PU表面的—N—H官能团发生加成反应，在PU表面引入高密度的碳碳双键，再利用含有乙烯基的HEMA与双键反应制备PHEMA改性表面，如图5-6所示。PU表面经过PHEMA改性后，表面的水接触角从85°降低到60°，且与未改性的PU表面相比，Fg的吸附量降低了87%。这种方法的普适性很高，可以用于形状各异的PU材料，如管材、支架等，特别是对于那些难以进行等离子体处理或内表面光引发聚合的PU材料。

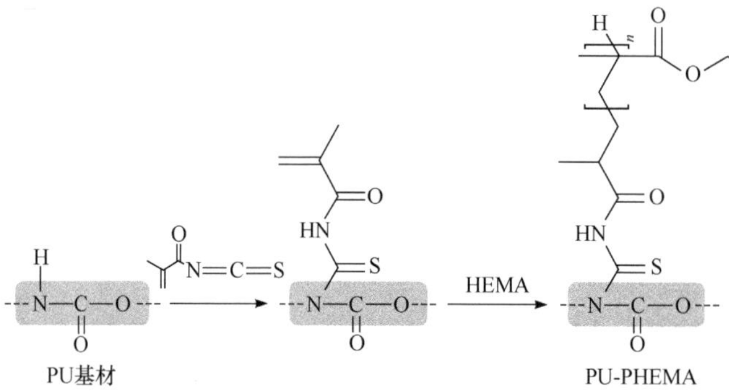

图5-6 PHEMA在双键化PU表面的接枝[108]

PHEMA的侧链含有丰富的羟基，可以作为固定生物识别分子的活性点，所以PHEMA也经常作为间隔臂应用于抗凝血领域[9, 109-111]。例如，Li等[9]通过PHEMA间隔臂在PU表面接枝了高密度的赖氨酸，改性表面不仅能够有效地抑制Fg的吸附，并且能够高效溶解初生血栓。Wu等[109]将甲基丙烯酸寡聚乙二醇酯(OEGMA)和HEMA共聚接枝到 PU 表面，POEGMA 可以抵抗蛋白质的吸附，PHEMA 可以实现赖氨酸在表面的固定。结果表明，与未改性的 PU 表面相比，改性表面上 Fg 的吸附量降低了约 83%，并且提高了纤维蛋白溶酶原在表面的吸附能力。

此外，大量的试验证明，PHEMA 的接枝厚度和接枝密度会影响改性表面蛋白质的吸附。Zamfir 等[112]的研究表明，在 PHEMA 接枝厚度为 0～20 nm 时，PHEMA 的接枝厚度越厚，蛋白质的吸附量越低。与 Au 表面的 1-十二烷基硫醇自组装单分子层相比，11 nm 厚的 PHEMA 改性 Si 表面人血清白蛋白的吸附量减少了 88%，Fg 的吸附量减少了 98%，而接枝厚度大于 20 nm 的 PHEMA 则可以完全阻止蛋白质的吸附。PHEMA 的接枝密度对改性表面抗蛋白质吸附的影响远大于接枝厚度。Yoshikawa 等[113]研究了不同大小的蛋白质在不同 PHEMA 接枝密度下的吸附效果。试验所用的蛋白质分别为分子质量 6.5 kDa 的牛血清抑肽蛋白、17 kDa 的马心肌红蛋白、67 kDa 的 BSA 及 146 kDa 的牛血清免疫球蛋白 G。结果表明，接枝密度最高为 0.7 链/nm^2 的聚合物刷可以抵抗上述四种蛋白质的吸附，且吸附效果与聚合物刷的厚度无关(聚合物刷厚度 2～15 nm)。这可能与尺寸排除效应有关，高接枝密度的聚合物刷沿聚合物链高度延伸，相邻接枝点间的距离足够小，可以有效排斥蛋白质的吸附。中等接枝密度的聚合物刷(0.06 链/nm^2)能排斥两种大蛋白质的吸附，但可以吸附较小的两种蛋白质。最低接枝密度的聚合物刷(0.007 链/nm^2)对四种蛋白质均有吸附。而 Tsukagoshi 等[114]的研究表明，当接枝密度在 0.5～2.5 链/nm^2 之间时，随着 PHEMA 接枝密度的提高，改性表面上 BSA 和牛血浆 Fg 的吸附量增加。这可能与 PHEMA 的链活动性有关，在较高接枝密度范围内，具有较低接枝密度的改性表面聚合物链的流动性更高，更有利于抑制蛋白质的吸附。

3) 其他亲水性聚合物

除了 PEG 及其衍生物之外，还有一些其他亲水性聚合物也能够显著改善生物医用材料的抗凝血性能，如聚(*N*-异丙基丙烯酰胺)[poly(*N*-isopropyl acrylamide), PNIPAAm]、聚(*N*-乙烯吡咯烷酮)(PVP)、聚乙烯醇[115]、PDMAEMA[116]、聚羟乙基丙烯酰胺[117]、聚丙烯酰胺[114]、聚 2-甲氧基乙基甲基丙烯酸酯[114]、聚(3,4,5-三{2-[2-(2-羟基乙酰氧基)乙氧基]乙氧基}甲基丙烯酸苄酯)[118]等。Wu 等[108]通过在双键化的 PU 表面接枝 PNIPAAm 制备了抗蛋白质吸附的 PU 表面，与未改性的 PU 表面相比，PNIPAAm 改性表面 Fg 的吸附量减少了 94%。Yu 等[119]通过 SI-ATRP 技术将 PNIPAAm 接枝到硅片上，结果也显示，与未改性的 Si 相比，13.4 nm 厚的 PNIPAAm 改性 Si 表面人血清白蛋白的吸附量减少了 97%。PVP 是一种具有良好生物相容性的亲水性聚合物，二战期间被广泛用作血浆增溶剂，在生物医药领域的应用极为广泛。目前，采用 SI-ATRP 技术可以将 PVP 接枝到 Si[120, 121]、玻璃[122]、Au[123]及 PDMS[124, 125]等一系列材料表面，与未改性的表面相比，PVP 改性表面可大幅减少 Fg、人血清白蛋白及溶菌酶的吸附。

5.2.2　两性离子聚合物

两性离子聚合物是指沿着聚合物链有着相同数量的阴离子和阳离子的一类材料。这类聚合物材料具备两个主要特点：①电荷平衡，即正负电荷基团的量相等；②最小化偶极，即正负电荷在分子水平均匀分布。由于这些特性，两性离子聚合物不会因局部产生

电荷而静电吸附蛋白质。这些特点决定了两性离子材料优异的抗非特异性蛋白质吸附和抗血栓形成特性。因此，两性离子材料在血液接触设备、植入设备等生物医学应用中获得广泛关注。

两性离子聚合物可以通过离子溶剂化作用发生水合效应，且强于传统非离子型亲水材料通过氢键作用产生的水合效应，该水合效应显著减小了聚合物表面和蛋白质的相互作用。Jiang 小组[126]报道了两性离子聚合物作为生物医用材料在化学多样性和分子设计自由度上的优势：①可引入聚合物结构中的离子基团多样，如作为阴离子基团的羧酸盐、磺酸盐和磷酸盐，以及作为阳离子基团的季铵、鏻、吡啶和咪唑；②带电基团的空间排列方式多样；③传统两性离子的各种衍生物多样，即可在两性离子和非两性离子之间转换或者两性离子成分中携带着带电的生物活性分子。Blackman 等[127]的研究证明，这些结构多样性为两性离子聚合物带来了功能多样性。

甜菜碱是一类典型的两性离子，是由带正电荷的季铵或鏻阳离子和阴离子基团共同组成的电中性化合物，根据阴离子基团可分为磷基甜菜碱、磺基甜菜碱(sulfobetaine, SB)和羧基甜菜碱(carboxybetaine, CB)。其中，研究最为广泛的聚甜菜碱是聚(2-甲基丙烯酰氧基乙基磷酰胆碱)[poly(2-methacryloyloxyethyl phosphorylcholine), PMPC]、聚(磺基甜菜碱)[poly(sulfobetaine), PSB]和聚(羧基甜菜碱)[poly(carboxybetaine), PCB]，它们的阴离子基团分别是磷酸盐、磺酸盐和羧酸盐。

1. 磷基甜菜碱

Zwaal 等[128]首先提出了膜脂不对称性对于血液凝固的生理意义：血小板质膜的磷脂双层结构中，磷脂的分布有所差异。中性磷脂，如磷脂酰胆碱和鞘磷脂，存在于外层；而负电荷或极性磷脂，如磷脂酰肌醇、磷脂酰乙醇胺和磷脂酰丝氨酸，主要存在于内层。一系列体外试验表明，磷酰胆碱(phosphorylcholine, PC)是构成完整血细胞外膜小叶中磷脂酰胆碱和鞘磷脂的头部基团，为蛋白质和糖蛋白的生物反应提供了一个惰性表面。基于此，科学家开始在“仿生”概念的基础上合成类细胞膜表面，并探索新的生物医学材料。

1980 年，Johnston 等[129]首先通过紫外辐射或 γ-辐射合成了具有抗血栓形成特性的 PC 聚合物。后续的研究发现，该聚合物的抗血栓形成特性主要归因于 PC 部分[130]。20 世纪 80 年代末，Ishihara 小组[131]为了提高磷脂膜机械强度，改善其在物理和化学性质上的不稳定性，合成了另一种含 PC 的单体 2-甲基丙烯酰氧基乙基磷酰胆碱(2-methacryloyloxyethyl phosphorylcholine, MPC)，化学结构如图 5-7 所示。利用 MPC 单体可以很容易地聚合出各种性质的 PC 聚合物，已经有大量文献报道了 MPC 聚合物的合成及抗血栓形成特性[132-136]。

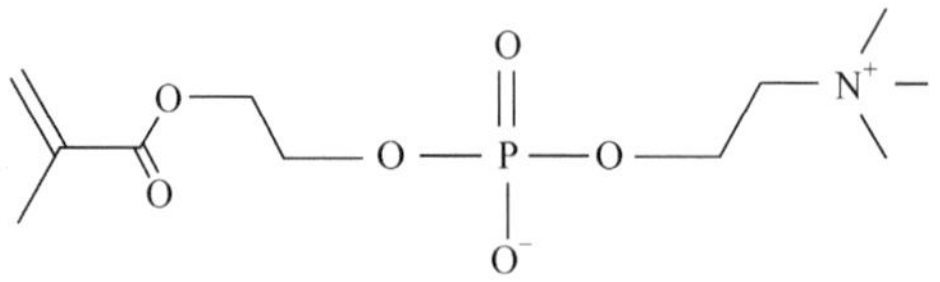

图 5-7　MPC 的化学结构[131]

近年来，MPC 聚合物改性表面已经有了较为广泛和深入的研究，结合不同的改性方法可以实现 MPC 聚合物在不同生物医用材料表面的修饰，并显著提高材料的血液相容性。本小节将重点介绍通过涂层、共混、互穿聚合物网络(interpenetrating polymeric networks, IPNs)和化学接枝这几种改性方法制备的 MPC 聚合物改性表面及其抗凝血性能。

为了提高 MPC 聚合物与基材表面的分子相互作用，一般会在 MPC 聚合物中引入疏水基团，如甲基丙烯酸烷基酯。Ishihara 小组[137]制备了由 MPC、甲基丙烯酸正丁酯(*n*-butyl methacrylate, BMA)和具有氨基甲酸酯键的甲基丙烯酸酯(methacrylate with a urethane bond, MU)组成的共聚物，并采用涂层工艺将该共聚物固定在嵌段聚氨酯(segmented polyurethane, SPU)表面。其中，MU 单元的引入增强了三元共聚物与 SPU 材料的亲和力。与未改性的 SPU 膜表面相比，含 MPC 共聚物涂层的 SPU 膜表面上血小板的黏附和活化受到显著抑制。在涂层工艺中，润湿溶剂对基材的溶解度[138]和 MPC 聚合物的分子质量[139]是形成稳定涂层的关键因素，例如，该涂层工艺不适用于聚烯烃材料，因为聚烯烃基材不能被乙醇(MPC 的常用溶剂)充分润湿。此外，还需要注意的是，基材表面是动态的，PC 基团在基材表面的流动性对能否形成稳定涂层有着很大的影响。以 PDMS 为例，由于 PDMS 的疏水性和聚合物链的高流动性，很难通过涂层工艺达到改性目的。于是 Fukazawa 等[140]开发了 MPC 聚合物和溶剂涂层体系，即 20 vol%(体积分数，后同)乙醇水溶液中的 P(MPC-*co*-2-EHMA)-*co*-DEAEMA[2-(*N*,*N*-dimethylamino) ethyl methacrylate, *N*,*N*-甲基丙烯酸二乙氨基乙酯](PMED)。在 20 vol%的乙醇水溶液中，PMED 聚合物链由于 DEAEMA 的质子化而带有正电荷，而 PDMS 带有负电荷，因此凭借 EHMA 单元引起的疏水相互作用和 DEAEMA 单元与 PDMS 之间的静电吸引力，PMED 可以长期固定在 PDMS 表面。研究结果表明，即使在水中浸泡 168 h，含有 PMED 涂层的 PDMS 表面依然表现出良好的抗 Fg 吸附性能。

P(MPC-*co*-BMA)(PMB)可以通过简单的涂层工艺固定在 SPU 膜表面，但是这种 PMB 涂层在浸入 40 vol%的乙醇水溶液或乙醇溶液后会轻微脱离基材表面。因此，Ishihara 小组[141]提出了共混改性法来制备 MPC 聚合物改性表面。将 MPC、疏水性甲基丙烯酸烷基酯和 MU 共聚合成三元共聚物，该共聚物与 SPU 共混后得到了 MPC 聚合物改性表面，显著提升了 MPC 聚合物在 SPU 膜表面的稳定性。

IPNs 的引入可以进一步增强 MPC 聚合物与基材表面之间的物理结合能力。Morimoto 等[142, 143]在 SPU 膜表面引入 MPC 和 EHMA 单体，通过单体在空气界面的聚合，制备了由 SPU 和 P(MPC-*co*-EHMA)(PMEH)组成的半 IPN 结构内层(MS-IPN 膜)。扫描电子显微镜(SEM)结果显示，与含有 PMEH 涂层的 SPU 膜相比，MS-IPN 膜表面聚合物网络的交联程度更高。即使在重复应力载荷之后，MS-IPN 膜依然保持着良好的机械性能，并能显著抑制血小板的黏附。然而，这种半 IPN 结构中存在许多微米级孔隙，MPC 的表面浓度也低于预期。在 IPNs 结构的探究过程中，他们发现 MPC 表面浓度受到聚合界面自由能的显著影响，因此使用高界面自由能的云母作为聚合界面。X 射线光电子能谱(XPS)数据显示，云母界面聚合的 IPN 膜的 P/C 比大约是空气界面聚合的 IPN 膜的四倍，证明云母界面的使用显著增加了 MPC 单元的表面浓度。此外，在血小板黏附测试中，该 IPN 膜上黏附的血小板数量显著减少。

在上述的涂层工艺和共混改性方法中，聚合物之间的相容性一直是拟解决的关键问题，因此经常需要引入其他单体以提高 MPC 聚合物与基材的相容性。相比之下，作为甲基丙烯酸酯类单体的MPC，可以采用多种不同的接枝反应引入到生物医用材料表面，从而获得具有更高稳定性的改性表面。其中，接枝反应可以通过化学反应及物理处理(如等离子体表面处理、电晕放电[144]和光照射)来实现。Korematsu 等[145]报道了一种通过化学反应制备 MPC 接枝 SPU 的方法。在该研究中，MPC 接枝 SPU 的制备分为两步：第一步是将具有羟基化聚(异戊二烯)二醇[hydroxylated poly(isoprene)diol, HPIP]软链段的SPU(HPIPSPU)膜浸入过氧化二硫酸盐水溶液以实现表面羟基化；第二步是将 HPIPSPU-OH 膜浸入 MPC 和硝酸铈铵(ceric ammonium nitrate, CAN)的水溶液，通过常规铈离子技术接枝 MPC。与未改性 SPU 表面相比，MPC 接枝 SPU 表面的血小板黏附数量大幅降低，并且黏附在表面的血小板变形程度很小，活化受到了显著抑制。

Xu 等[146]采用臭氧氧化法制备 PMPC 接枝 PDMS 材料表面。使用臭氧处理 PDMS 可以在其表面均匀地引入过氧化物，当 PDMS 表面产生的过氧化物被还原成自由基时，便会引发 MPC 单体接枝聚合到 PDMS 表面。血小板黏附测试结果显示，未改性 PDMS 膜表面的血小板黏附数量很高，相比之下，PMPC 接枝 PDMS 膜表面没有血小板黏附。Goda 等[147]则采用紫外光引发聚合方法实现了 MPC 单体在 PDMS 表面的接枝聚合。该方法可以制备致密的 PMPC 聚合物刷表面。在研究中，PMPC 在 PDMS 表面的接枝过程分为三步：首先用氧等离子体处理 PDMS 膜，清除表面杂质；随后将 PDMS 膜浸入含有二苯甲酮的丙酮溶液中，光引发剂二苯甲酮以物理吸附的方式在 PDMS 表面自组装；最后将含有二苯甲酮组装层的 PDMS 膜浸入 MPC 单体溶液，使用超高压汞灯进行光引发接枝聚合。静态水接触角测试结果和椭圆偏振数据显示，随着紫外辐射时间增加，亲水性 PMPC 聚合物刷的厚度增加，接触角也随之减小，但在 120 min 内达到恒定。蛋白质吸附测试显示，与未改性 PDMS 膜相比，PMPC 接枝 PDMS 膜表面的 BSA、γ-球蛋白、Fg 和溶菌酶吸附量分别减少了 70%、50%、75%和 70%。

SI-ATRP 也是表面改性的常用方法之一。该方法可以应用于多种单体，并且可以制备不同接枝密度和厚度的聚合物刷，最大程度上改善基材表面的血液相容性。Feng 等[148]通过结合引发剂自组装单分子层(self-assembled monolayer, SAM)技术和 SI-ATRP 技术，在硅表面制备了接枝密度为 0.3 链/nm^2 的 PMPC 聚合物刷。在聚合过程中发现，可以通过控制聚合条件来调控聚合物刷的厚度，PMPC 聚合物刷的最大厚度可以达到 120 nm。此外，他们制备了一系列具有相同接枝密度(0.39 链/nm^2)而不同厚度(2～22 nm)的 PMPC 接枝硅表面，以研究聚合物刷厚度对 Fg 和溶菌酶吸附行为的影响[149]。结果表明，随着 PMPC 聚合物刷厚度增加，蛋白质吸附量显著减少，厚度为 22 nm 的 PMPC 聚合物刷对 Fg 和溶菌酶的吸附量分别为 7 ng/cm^2 和 2 ng/cm^2，与未改性硅表面相比，均减少了 98%以上。

随着 PC 聚合物改性表面在改善血液相容性方面的深入研究，一些 MPC 聚合物涂层植入式医疗器械已经获得批准并且投入使用。2019 年，Ishihara[150]集中报道了 MPC 聚合物在心血管装置中的应用，包括冠状动脉导丝、左心房辅助装置(left ventricular assit devices, LVADs)、体外回路、血管移植物和冠状动脉支架。其中，英国开发的冠状动脉导丝是第一批涂有 MPC 聚合物[特别是 MPC 和甲基丙烯酸正十二烷基酯(*n*-dodecyl methacrylate, DMA)的共聚物, PMD]的医疗器械[151]，该涂层可显著抑制血栓形成，相比之下，未涂覆该涂层的冠状动脉导丝中 48%会出现血栓。美国和欧盟也批准了稳定涂覆有交联 MPC 聚合物的 BiodivYsio 冠状动脉支架，包括用于直径为 2.0 mm 的细小血管支架，涂层由 P(MPC-*co*-DMA-*co*-HPMA-*co*-TSMA) [152, 153]组成[HPMA：2-hydroxypropyl methacrylate, 2-羟丙基异丁烯酸甲酯；TSMA：3-(trimethoxysilyl) propyl methacrylate, 3-(三甲氧基硅烷)甲基丙烯酸丙酯]。此外，在表面涂覆的 MPC 聚合物涂层内注入药物并缓慢释放，可以避免因血管异常生长而导致的闭塞。例如，在动物模型中，可输送抗炎类胆固醇的 MPC 聚合物涂层支架抑制炎症和内膜增生[154]。基于此性能，Dexamet 在 2001 年作为一种涂覆交联 MPC 聚合物并预载有抗炎药物氟美松的支架而商业化。器械表面血栓的生成是导致体外血液处理装置等血液接触类器械失效的重要原因之一，使用 PMD 修饰血液接触器械表面可以提高血液相容性。索林集团(Sorin Group)在一系列的体外装置中采用了这种方法来抑制血小板活化并延长血小板保存期。

PC 聚合物改性表面可以有效排斥非特异性蛋白质吸附，但是其中的作用机制仍未明确，现提出几种相对合理的解释作为参考。一种解释认为，含 PC 头部基团的聚合物排斥蛋白质吸附，是因为其对来自血液中的磷脂具有很强的亲和力(与不含 PC 头部基团的聚合物相比)，磷脂会被吸附并自组装形成“生物被膜”状结构，即脂质双层，充当保护材料表面的屏障[132, 155]。这一解释得到了许多科学家的支持，在对 PMB 材料的研究中，PMB 上吸附的磷脂、磷脂酰胆碱的量大于疏水性 PBMA 和 PHEMA。此外，当 PMB 膜浸入中性二棕榈酰磷脂酰胆碱(1,2-dipalmitoyl-*sn*-glycero-3-phosphocholine, DPPC)脂质体溶液并在凝胶-液晶相转变温度以上孵育时，被吸附的 DPPC 自组装形成双层膜结构[156, 157]，从而抑制蛋白质的吸附和血小板的黏附，并延长凝血时间。然而，这种机制不能解释为什么含 PC 头部基团的聚合物在没有磷脂存在的情况下仍能阻止生物液体中的蛋白质吸附。另一种解释认为，在材料表面，PC 基团(如 MPC)周围含有大量的自由水分子[158]，当蛋白质接触材料表面时，正是这种厚厚的水合层允许蛋白质保持稳定的构象，使蛋白质能够可逆地接触材料表面。相比之下，常规的疏水性材料则会导致蛋白质构象的显著变化。因此，水合层的存在也是这类聚合物排斥蛋白质吸附的原因之一。

当然，与 PEG 改性表面相似，PC 基团的柔顺性和流动性也可能在减少蛋白质-表面相互作用中起到重要作用[159, 160]。应该注意的是，当 PC 聚合物改性表面处于特定的流体生物环境时，应该考虑到蛋白质的多样性及其复杂的相互作用，对这种抗非特异性蛋白质吸附特性做出综合的解释。

2. 磺基甜菜碱

磺基甜菜碱是另一种具有抗非特异性蛋白质吸附特性的两性离子，常见的磺基甜菜碱类单体包括甲基丙烯酰乙基磺基甜菜碱(sulfobetaine methacrylate, SBMA)，化学结构如图 5-8 所示。它与人体内富含的天然甜菜碱牛磺酸结构相似，不仅合成方法简单，而且具有长期稳定性。近年来，SBMA 已经通过接枝聚合和臭氧诱导聚合法成功应用于各种生物医用材料表面改性，如聚氨酯[161]、聚醚氨酯[poly(ether urethane), PEU][162]、嵌段

聚醚氨酯[segmented poly(ether urethane), SPEU][163]、PDMS[164]和纤维素[165]等，这些改性表面的蛋白质吸附或血小板黏附在一定程度上受到了抑制。值得注意的是，聚合物刷的分子设计对于改善表面的抗血栓形成特性也起着重要作用。接下来重点介绍表面接枝密度、接枝厚度和聚合物链构象对 PSBMA 聚合物刷抗非特异性蛋白质吸附性能的影响。

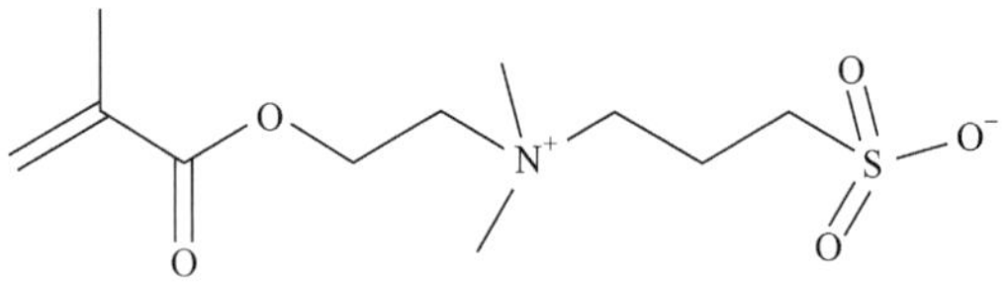

图 5-8　SBMA 的化学结构[6]

Chang 等[166, 167]探究了 PSBMA 的表面接枝密度对基材表面蛋白质吸附性质的影响。他们使用臭氧预处理 PS 表面以引入过氧化物，通过热诱导自由基接枝聚合反应将 SBMA 单体共聚到 PS 表面(PS-*g*-PSBMA)。在聚合过程中，PSBMA 聚合物刷的表面接枝密度受反应溶液中 SBMA 单体含量调控，具体表现为表面接枝质量的变化。水合能力测试结果表明，随着表面接枝质量的增加，PSBMA 聚合物刷厚度增加，从而导致水合作用的增强，进而减小表面与蛋白质的相互作用。当 PSBMA 的表面接枝质量超过 0.48 mg/cm^2 时，PS-*g*-PSBMA 的水合能力达到 1.74 mg/cm^2，对 Fg 的吸附量降低至 33.6 ng/cm^2，仅是未改性PS表面Fg吸附量的10%左右。Jiang小组的研究也表明PSBMA 在表面的接枝密度越高，其排斥蛋白质的能力越强。因此，可以通过控制 PSBMA 的表面填充密度得到具有超低蛋白质吸附量的表面。

Jiang 小组[168]研究了 PSBMA 聚合物刷接枝厚度对抗非特异性蛋白质吸附性能的影响。他们通过 ATRP 方法在硅表面接枝了不同厚度(15～90 nm)的 PSBMA 聚合物刷，结果显示，这些接枝表面均表现出良好的抗非特异性蛋白质吸附性能，但较短的 PSBMA 聚合物刷无法形成足够的水化层以抵抗非特异性蛋白质吸附，较长的 PSBMA 聚合物刷可能会自凝聚从而弱化水化作用，导致高蛋白质吸附。因此，只有中等厚度的 PSBMA 聚合物刷对蛋白质的吸附量最低，即当厚度为 62 nm 时，Fg 吸附量最低，仅为 60.9 pg/mm^2。同样，Hu 等[169]通过可控电化学介导的 ATRP 方法在金覆盖硅片表面制备了不同接枝厚度(0～50 nm)的 PSBMA 聚合物刷。因此，通过控制 PSBMA 聚合物刷的接枝厚度能够获得最佳的抗非特异性蛋白质吸附性能。

Sin 等[170]认为锚定层的构象结构也是影响 PSBMA 聚合物刷水合作用的关键因素。他们在不锈钢(stainless steels，SUS)表面分别形成多巴胺和硅烷自组装层作为 ATRP 引发剂和 SBMA 单体聚合的锚定位点，随后通过 SI-ATRP 方法在 SUS 表面制备 PSBMA 聚合物刷，分别得到 SUS-D-PSBMA 和 SUS-Si-PSBMA。在蛋白质吸附测试中，以 PS 的 Fg 吸附量作为阳性对照组，SUS 的相对 Fg 吸附水平下降至 85%，SUS-Si-PSBMA 的相对 Fg 吸附水平下降至 8%，而 SUS-D-PSBMA 的相对 Fg 吸附水平仅为 1%。此外，SEM 结果显示 SUS-D-PSBMA 表面没有出现血小板黏附和活化现象。他们推测在聚多巴胺层生长的柔性 PSBMA 聚合物刷在分子水平上松散堆积，导致聚合物刷之间的自由水分子流动空间变大，形成更厚的水合层，相反，在硅烷化自组装层生长的刚性 PSBMA 聚合物刷只能形成较薄的水合层，因此，SUS-D-PSBMA 表面的柔性聚合物刷具有更加优异的抗血栓形成性能。

3. 羧基甜菜碱

近年来，PCB 因其合成方法简单、功能多样化及超低蛋白质吸附等优势受到广泛关注[171]。PCB 材料有很多衍生物[172]，它们的性质和功能可以在单体水平上进行调节。通常，CB 单体的结构可以通过以下三种方法改变：①选择(甲基)丙烯酸酯[173]或(甲基)丙烯酰胺[174]作为聚合物主链，化学结构如图 5-9 所示。②选择不同的季铵取代基[175]。③改变羧酸基团和季铵基团之间的碳数目 n。其中，羧基甜菜碱甲基丙烯酰胺(carboxybetaine methacrylamide, CBMAA)比羧基甜菜碱甲基丙烯酸酯(carboxybetaine methacrylate, CBMA)更稳定且更亲水；而季铵上的取代基可以显著改变 PCB 材料的机械性能和功能。此外，与 SB 的磺酸负电荷基团不同，CB 的负电荷基团是羧酸(—COOH)，羧基具有更高的 pK_a，其质子化状态受化学结构的调节，因此 CB 的水合作用在很大程度上受到羧酸基团与季铵基团之间的碳数目的影响。尽管碳数目的增加能够提升 PCB 材料的亲水性，但只有碳数目为 1 和 2 的 PCB 材料才能有效地抑制全血清中的非特异性蛋白质吸附[176]，碳数目大于等于 3 的 PCB 材料在抗非特异性蛋白质吸附方面表现不佳。研究表明，羧酸基团和季铵基团之间的碳数目为 1 时，PCB 材料可以在两性离子和阳离子形式之间保持良好的可切换性和化学稳定性。

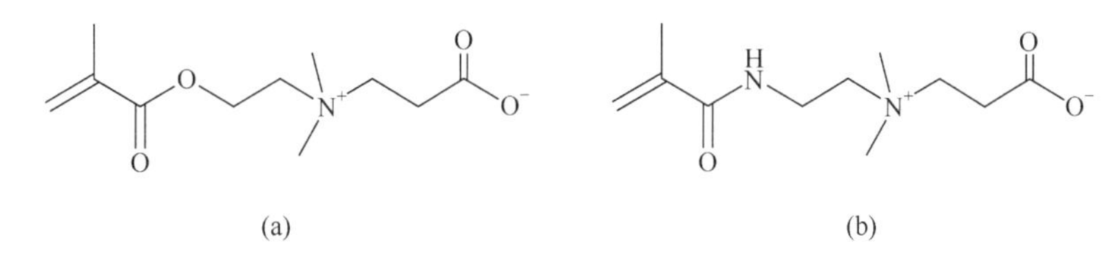

图 5-9 CBMA(a)和 CBMAA(b)的化学结构[6]

在金膜表面通过 SI-ATRP 方法制备的 PCBMA 聚合物刷具有优异的抗非特异性蛋白质吸附性能，表面等离子体共振(SPR)传感器无法检测到蛋白质在 PCBMA 改性表面上的吸附(<0.3 ng/cm^2)。此外，Jiang 小组[177]发现 PCBMA 聚合物刷的抗非特异性蛋白质吸附特性还取决于聚合物刷厚度。他们通过 ATRP 方法制备了不同厚度的 PCBMA 聚合物刷，发现当厚度处于 14 nm 到 40 nm 之间时，PCBMA 聚合物刷表面的 Fg 和溶菌酶吸附量均小于 5 ng/cm^2，并且当厚度为 20 nm 时，PCBMA 聚合物刷表面的 Fg 和溶菌酶吸附量甚至小于 3 ng/cm^2。

为了进一步探究 PCBMA 聚合物刷的抗血栓形成特性，Jiang 小组[83]在金膜表面通过 SI-ATRP 方法制备了 PSBMA、PCBMA 和 POEGMA 三种聚合物刷。全血浆中的蛋白质吸附和血小板黏附测试结果显示，PCBMA 聚合物刷改性表面的蛋白质吸附量和血小板黏附量最低，表现出最佳的抗凝血性能。值得注意的是，与 PSBMA 和 POEGMA 相比，PCBMA 不仅能够有效地抑制非特异性蛋白质吸附，而且可以通过羧基进一步固定生物配体，拥有独特的双功能性质。Jiang 小组[178]在金膜表面通过 SI-ATRP 方法制备了厚度为 10～15 nm 的 PCBMA 聚合物刷，并使用 SPR 传感器进行蛋白质吸附测试。结果显示，Fg、溶菌酶和人绒毛膜促性腺激素(human chorionic gonadotropin, hCG)在 PCBMA 接枝金膜表面的吸附量均降低至 0.3 ng/cm^2 以下(SPR 的检测极限)。接着，通过羧基和氨基的偶联反应在 PCBMA 接枝金膜表面固定单克隆抗体 mAb，以实现与 hCG 的特异性结合，方案如图 5-10 所示。与未固定 mAb 抗体的金膜表面相比，固定了 mAb 抗体的 PCBMA 接枝金膜表面的 hCG 吸附量显著提高至 24 ng/cm^2，而溶菌酶和 Fg 的吸附量保持不变。因此，借助 PCBMA 独特的双功能性质，可以在有效改善生物芯片的抗非特异性蛋白质吸附性能的同时提高其特异性结合能力。Sun 等[179]通过光聚合法制备了以 PSBMA 为抗非特异性蛋白质吸附背景，PCBMA 为特异性蛋白质传感阵列的微阵列模型。研究结果表明，上述微阵列模型对 BSA 的最低检测极限为 10 ng/mL，可见 PSBMA 和 PCBMA 的联合使用显著提升了微阵列模型的抗非特异性蛋白质吸附性能和检测灵敏度。

PCB 的另一个独特性质是可以通过酯类水解的形式制备，这种酯类在水解时可以转变成具有抗非特异性蛋白质吸附特性的两性离子聚合物。Jiang 小组[177]报道了聚羧酸甜菜碱酯类，这些阳离子聚羧酸甜菜碱酯类在与蛋白质、DNA 和细菌相互作用时会发生水解，然后转化为无毒和抗非特异性蛋白质吸附的 PCB。例如，当 PCB-C1 酯[180](1 指季铵和羧基之间的碳原子数)以 ATRP 方法接枝到 SPR 传感器表面上时，由于其带有正电荷，具有高 Fg 吸附水平，而在 PCB-C1 酯水解为 PCB-C1 后，Fg 吸附量降低到 0.3 ng/cm^2 以下。这种独特的性质使 PCB 有望应用于阳离子/两性离子可逆切换的聚合物表面，集成抗菌和抗非特异性蛋白质吸附性能，在植入式医疗器械领域具有巨大的应用潜力。

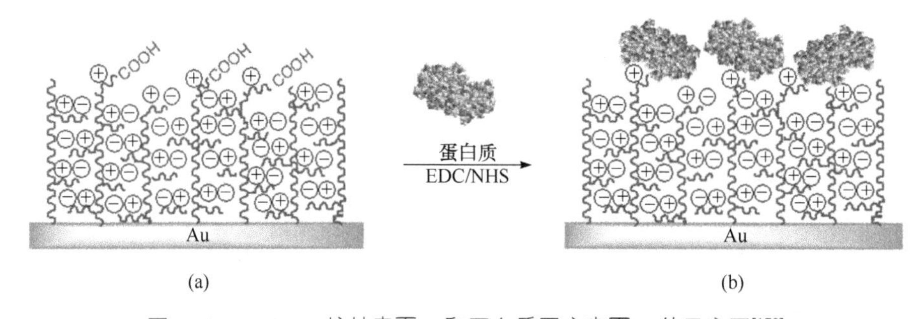

图 5-10 PCBMA 接枝表面(a)和蛋白质固定表面(b)的示意图[178]

4. 类两性离子聚合物

类两性离子聚合物是指与两性离子聚合物具有类似性质的一类聚合物材料。类两性离子聚合物的正、负电荷基团可以存在于聚合物的同一重复单元中，也可以分布在聚合物分子的不同单元中，甚至可以分布在不同聚合物分子中。类两性离子聚合物整体呈电中性，具有出色的抗蛋白质吸附性能[181]。

Jiang 小组[182]报道了通过表面引发双组分 ATRP 方法制备类两性离子聚合物刷的方法。他们首先将带正电荷的[2-(甲基丙烯酰氧基)乙基]三甲基氯化铵{[2-(methacryloyloxy) ethyl]trimethyl ammonium chloride, TM}和带负电荷的 3-磺酸丙基甲基丙烯酸钾盐(3-

sulfopropyl methacrylate potassium salt, SA)分别以不同摩尔比混合配制反应溶液，然后在含溴引发剂的金膜表面发生 ATRP 反应。使用 SPR 传感器测试 Fg、BSA 和溶菌酶在类两性离子聚合物刷表面上的吸附。如图 5-11 所示，大量的 Fg 和 BSA(均带负电荷)吸附在纯 TM 聚合物刷表面，但没有明显的溶菌酶(带正电荷)吸附现象。相比之下，纯 SA 聚合物刷表面呈现相反的趋势，大量的溶菌酶吸附在表面，而 Fg 和 BSA 的吸附受到了显著抑制，这表明蛋白质与聚合物刷表面之间静电相互作用的差异会导致截然不同的吸附行为。此外，只有当 TM 和 SA 的单体摩尔比例为 1∶1 时，形成的聚合物刷对三种测试蛋白质的吸附量才达到最低值(均小于 4 ng/cm^2)。该研究表明，由混合电荷单体聚合而成的类两性离子聚合物刷表面具有优异的抗非特异性蛋白质吸附性能。

对非特异性蛋白质吸附的抑制能力是证明血液相容性重要的第一步，但为了使类两性离子聚合物应用于生物医学领域，证明其在复杂体液环境中的抗血栓形成特性也是必不可少的。Chang 等[183]同样使用表面引发双组分 ATRP 聚合方法，将[2-(丙烯酰氧基)乙基]三甲基氯化铵{[2-(acryloyloxy)ethyl]trimethyl ammonium chloride, TMA}与 SA 以 1∶1 的摩尔比共聚形成 P(TMA-*co*-SA)。蛋白质吸附和血小板黏附测试结果显示，聚合物刷表面在全血浆中的 Fg 吸附量约为 8 ng/cm^2，并且没有血小板黏附，证明呈电中性的 P(TMS-*co*-SA)接枝表面在血浆环境中具有良好的血液相容性。

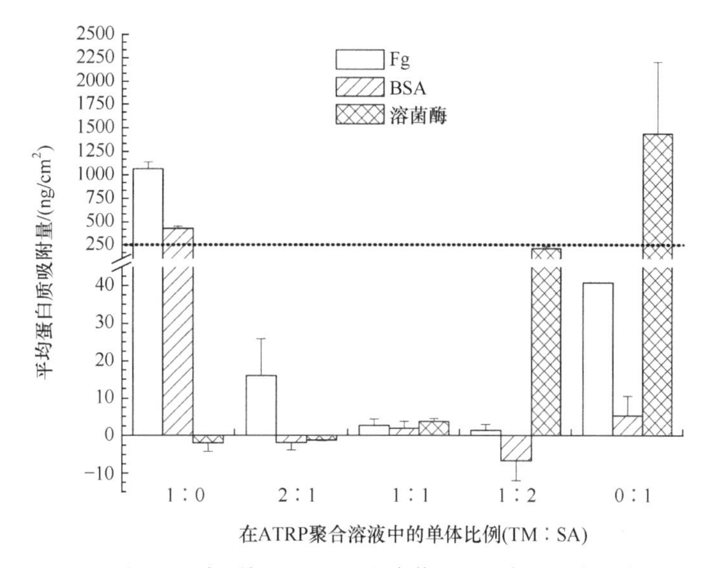

图 5-11　通过 SPR 测量的 Fg、BSA 和溶菌酶对聚合物刷表面的吸附[182]

每个柱形代表在不同单体比例的三个样品(n=3)上测量的每种蛋白质吸附量平均值，虚线表示单层蛋白质吸附量(基于甲基封装 SAM 上的 Fg 吸附量)，为 250 ng/cm^2

以上研究表明，类两性离子聚合物体系的蛋白质排斥性能与聚甜菜碱不相上下。此外，类两性离子聚合物与 PCB 相似，可以通过合理设计实现双功能化，允许蛋白质或其他生物分子通过偶联反应共价连接到具有超低蛋白质吸附背景的类两性离子聚合物改性表面[184]。因此，类两性离子聚合物在生物医学领域具有很大的发展潜力。与其他两性离子平台相比，类两性离子聚合物的一个明显优势是可以通过单体选择定制材料性能，未来的研究工作很可能集中利用这一优势，在体内环境中展现类两性离子聚合物的优异性能。

在较宽 pH 范围内，α-碳上连接一个羧基和一个伯氨基的氨基酸也会以两性离子的形式存在[185]，展现出与类两性离子聚合物刷相似的抗非特异性蛋白质吸附特性。例如，Shi 等[186]报道了氨基酸短链分子在聚丙烯腈(PAN)膜表面的接枝，与长链聚合物相比，氨基酸短链分子可以到达外膜表面和内膜表面的活性位点，实现三维高密度改性。他们首先通过PAN膜在碱性环境下的部分水解产生大量羧酸基团，然后利用羧基与氨基酸分子的氨基形成肽键，实现氨基酸分子在PAN表面的共价接枝，方案如图5-12所示。其中，接枝的赖氨酸(lysine, Lys)、甘氨酸(glycine, Gly)和丝氨酸(serine, Ser)分别是碱性氨基酸、非极性氨基酸和不带电荷的极性氨基酸。Lys 是一种含有两个氨基和一个羧基的碱性氨基酸，在中性 pH 条件下，氨基和羧基分别质子化和去质子化，在接枝过程中消耗掉一个氨基后，膜表面接枝的 Lys 可视为两性离子结构。分子动力学模拟结果显示，PAN-Lys 膜表面区域附近的水分子倾向于形成紧密、连续和稳定的水合层，对试图接近表面的蛋白质分子施加强大的排斥力。因此，与 PAN-Gly 膜和 PAN-Ser 膜表面相比，PAN-Lys 膜的蛋白质吸附量显著减少，表现出优异的抗非特异性蛋白质吸附性能。

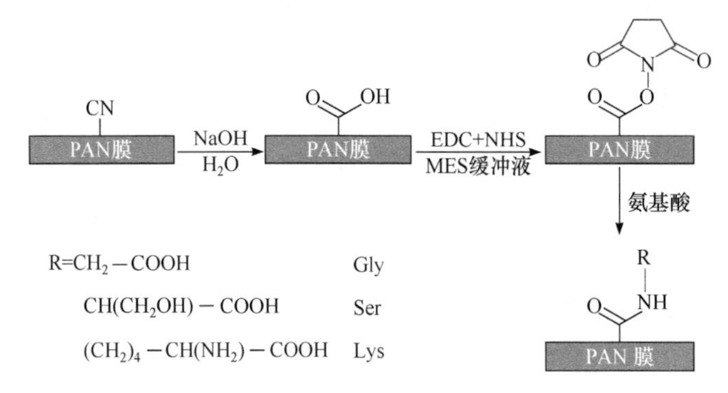

图 5-12　不同氨基酸接枝到 PAN 膜表面的示意图[186]

不仅如此，通过合理设计氨基酸衍生的两性离子聚合物也可以得到具有抗非特异性蛋白质吸附特性的表面。传统的氨基酸聚合方法同时消耗氨基和羧基来形成多肽，因此为了在聚合过程中保留两性离子结构，通常用具有反应侧链的氨基酸[如天冬氨酸(aspartic acid，Asp)、鸟氨酸(ornithine, Orn)、谷氨酸(glutamate, Glu)、Ser 和 Lys]制备乙烯基单体，结构如图 5-13 所示。这些单体可以通过 SI-ATRP 和表面引发光引发剂介导聚合(surface-initiated photoiniferter-mediated polymerization, SI-PIMP)方法形成氨基酸衍生的聚合物刷。例如，Liu 小组[187]开发了一种基于 Ser 的两性离子聚丝氨酸甲基丙烯酸酯[poly(serine methacrylate), PSerMA]，通过 SI-PIMP 方法将 PSerMA 接枝到金膜表面。结果表明，PSerMA 聚合物刷改性表面在 BSA 单蛋白溶液、全血清和全血浆中均表现出优异的抗非特异性蛋白质吸附性能，对 BSA 的吸附量仅为 1.8 ng/cm^2。此外，他们比较了两种氨基酸衍生的两性离子聚合物[188]，聚鸟氨酸甲基丙烯酰胺[poly(ornithine methacrylamide), POrnAA]和聚赖氨酸甲基丙烯酰胺[poly(lysine methacrylamide), PLysAA]在全血清和全血浆中的非特异性蛋白质吸附性能。结果显示，随着聚合物刷厚度增加，非特异性蛋白质吸附水平降低，POrnAA 聚合物刷表面在全血清和全血浆中的平均非特异性蛋白质吸附量分别为 1.8 ng/cm^2 和 3.2 ng/cm^2，而 PLysAA 由于 Lys 的烷基链较长，其吸附量较高，分别为 3.9 ng/cm^2 和 5.4 ng/cm^2。类似地，他们还制备了一系列氨基酸衍生的两性离子聚合物[189]，包括聚丝氨酸甲基丙烯酸酯(PSerMA)、聚天冬氨酸甲基丙烯酰胺{poly[N^4-(2-methacrylamidoethyl) asparagine]，PAspAA}、聚谷氨酸甲基丙烯酰胺{poly[N^5-(2-meth-acrylamidoethyl) glutamine], PGluAA}、POrnAA 和 PLysAA。如图 5-13 所示，以上聚合物刷的蛋白质吸附量均低于 20 ng/cm^2，但 SerMA 单体中含有酯基，亲水性较低，导致 PSerMA 聚合物刷表面蛋白质吸附量最高。事实证明，氨基酸衍生的两性离子聚合物改性材料表面具有优异的抗非特异性蛋白质吸附性能。此外，羧基和氨基还可以进一步引入功能基团从而赋予材料表面更多功能。因此，氨基酸衍生的两性离子聚合物在生物医学应用领域有着巨大的前景。

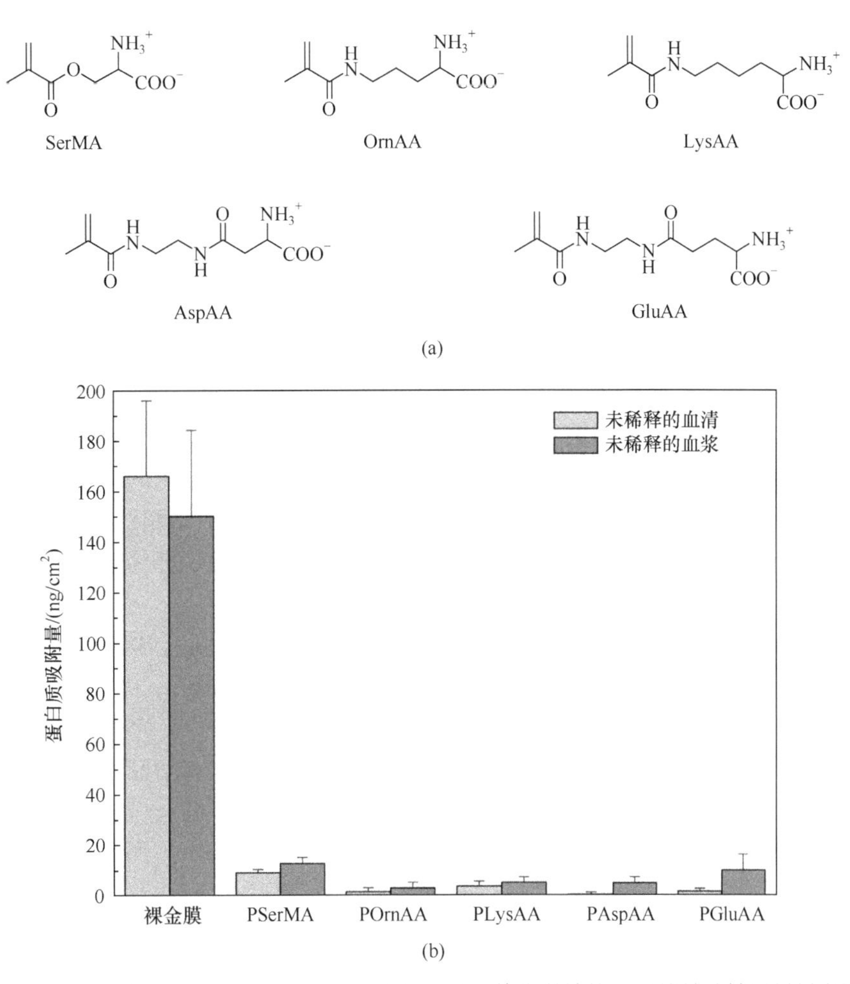

图 5-13　(a)SerMA、OrnAA、LysAA、AspAA 和 GluAA 的化学结构；(b)接枝改性后材料表面的蛋白质吸附量[189]

5.2.3 天然生物大分子

1. 白蛋白

白蛋白是一种存在于人体血液中的天然产物，本身就具有较好的生物相容性和非免疫原性，将白蛋白共价结合在生物材料表面不仅能够减少血小板的黏附和聚集，还能够有效降低 Fg 和血浆蛋白质的吸附。此外，白蛋白对于基材的改性方法通常步骤简单且普适性较好，能够稳定地提供长期的抗凝血保护作用。

Fang 等[190]将聚醚砜(PES)与丙烯腈和丙烯酸的共聚物共混，随后将 BSA 接枝到膜的表面，膜的水接触角、蛋白质吸附量和血小板黏附量明显降低，亲水性和血液相容性得到了明显改善。Zhang 等[191]首先将氧等离子体处理和紫外线照射技术相结合，将聚丙烯酸(PAA)作为间隔臂接枝到聚丙烯无纺布上，随后将 BSA 的氨基与 PAA 的羧基偶联，完成 BSA 的固定。结果表明，改性后表面亲水性得到改善，蛋白质吸附量和血小板黏附数量显著降低，抗凝血性能也显著增强。

多巴胺的自聚合和强黏附特性也被应用于白蛋白在表面的固定。Zhu 等[192]开发了一种将蛋白质固定在多孔聚乙烯表面的便捷方法。首先将膜浸入多巴胺水溶液形成复合膜，随后通过 BSA 与反应性聚多巴胺之间的偶联结合将 BSA 固定在该复合膜上。结果表明，改性后的聚乙烯膜亲水性显著提高，血液相容性与细胞相容性得到有效改善，并且聚多巴胺表面也有利于血细胞的黏附、生长和增殖。

为了探究白蛋白交联的合适条件，Yamazoe 等[193]制备了一种不溶于水的白蛋白薄膜。该薄膜具有良好的柔韧性和天然白蛋白特性，具有良好的药物结合能力和抗细胞黏附能力，能够有效防止血栓的形成。

同样，白蛋白也可以与肝素等生物活性分子协同作用。Xie 等[194]将肝素和 BSA 共价固定到经多巴胺处理后的聚砜纤维多孔膜上，提高了聚砜纤维膜的血液相容性和生物相容性。而 Sperling 等[195]通过层层自组装的方式，将肝素和白蛋白结合在 PES 表面，有效减少了其表面血小板的黏附及活化。此外，该涂层能够减少补体激活，从而展现出较好的抗凝血特性。

Yang 小组[196-199]提出相转变白蛋白的表面改性方法，通过混合 BSA 的缓冲液与还原剂三(2-羧乙基)膦盐酸盐[tris(2-carboxyethyl)phosphine hydrochloride, TCEP]的缓冲液，使得白蛋白经历快速的相变进行淀粉样聚集。天然 BSA 会先转变为相变白蛋白(phase-transited BSA, PTB)低聚物纳米粒子和原纤维，随着原纤维在本体溶液中聚集形成微粒，PTB 低聚物纳米粒子在空气-水或固-液界面聚集(图 5-14)[200]。随反应进行表面涂层厚度显著增加，在 2 h 时可获得 50 nm 厚的二维纳米薄膜。在空气-水界面获得的纳米膜面积可以达到较大的尺寸(400 cm^2)。PTB 在固-液界面的聚集行为可以通过浸涂、喷涂等多种方式完成，步骤简单。此外，该方法具有较好的基材普适性，能够在硅、PU、PDMS 等多种常用基材表面获得均匀涂层。并且获得的 PTB 涂层具有良好的防污性能，能够有效阻止 Fg 的非特异性吸附，从而阻止血栓的形成。以玻璃基材为例，经 PTB 涂层改性后的玻璃表面几乎没有血小板的黏附[196]。

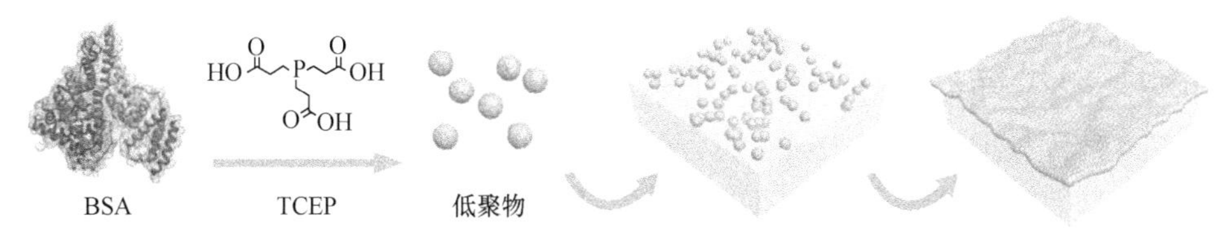

图 5-14　在空气-水界面形成 PTB 低聚物和纳米膜的过程[196]

2. 葡聚糖

葡聚糖由某些明串珠菌和链球菌产生，是一种亲水、可生物降解的支化葡萄糖均聚物，通过减少血小板黏附和蛋白质吸附来增加表面的血液相容性，从而减少血栓形成[201-203]。当与玻璃、PET、钴铬、活性炭和纳米级生物材料等多种生物材料结合时，葡聚糖通过减少细胞、蛋白质和血小板黏附提高了材料表面的防污性能[204-206]。

Xu 等[207]利用葡聚糖和壳聚糖多层涂层减少了白蛋白吸附和细菌黏附。为了提高医疗级聚碳酸酯的血液相容性，Sen Gupta 等[208]用葡聚糖改性的聚乙烯胺表面活性剂涂层对其进行修饰。与未处理的材料相比，在全血稳定流动下修饰了葡聚糖改性的聚乙烯胺涂层的血小板黏附减少 90%。葡聚糖还与其他碳水化合物、分子和材料结合使用，通过减少蛋白质吸附、血小板黏附/活化和白细胞附着及延长凝血时间来改善血液相容性[209, 210]。尽管具有良好的防污特性，但葡聚糖涂层材料的长期稳定性较差，可能会在材料的灭菌和长期储存等方面存在一些问题，从而限制了其进一步应用。

3. 透明质酸

透明质酸(hyaluronic acid, HA)是位于细胞外基质中的一种非硫酸化的糖胺聚糖，能够调节细胞黏附、分化和细胞迁移，通过 HA 实现抗凝血的功能主要是利用了它的防污特性。HA 的防污能力可以追溯到 1999 年，当时 Morra 等[211]证明涂有 HA 的 PS 与水的相互作用得到了最大化，从而能够减少细胞和细菌的黏附。随着研究的深入，研究人员发现 HA 不仅能够减少细胞和细菌的黏附，还能够减少蛋白质吸附和聚集及减少炎症的发生[212]。为了提高表面血液相容性，HA 已被固定到常见生物材料的表面，如金属合金、PU、钛和 316L 不锈钢。

Thierry 等[213]通过碳二亚胺化学将羧酸盐封端的聚乙二醇化透明质酸(HA-PEG)共价固定在等离子体胺化的镍钛合金表面上。与未改性的镍钛金属表面相比，改性后表面的血小板黏附减少了一半以上。在体内研究中，Verheye 等[214]将 HA 涂层改性的不锈钢支架植入到狒狒的外置动静脉分流器中，在 2 h 的血液保留期间，与没有 HA 涂层的不锈钢支架相比，显著降低了血小板的黏附并有效减少了血栓的形成。为了简化 HA 的表面固定方法，Lee 等[215]利用多巴胺与 HA 的结合物对多种基材进行了改性。他们将聚酰亚胺、金、聚甲基丙烯酸甲酯、聚四氟乙烯和聚氨酯五种基底浸泡在碱化后的多巴胺与 HA 的结合物溶液中 6 h 完成改性。结果表明，利用多巴胺与 HA 结合物修饰的基底均能够有效减少表面的非特异性蛋白质吸附和细胞黏附。此外，在 4 周的小鼠皮下植入模型中，与未修饰的裸基底相比，改性后的基底疤痕组织形成明显减少。

为了进一步优化 HA 的抗凝血效果，Cen 等[216]将 HA 硫酸化。他们利用硫酸化透明质酸(sulfated hyaluronic acid, SHA)对导电聚吡咯(polypyrrole, PPY)表面进行功能化，从而提高其表面的生物相容性。将 2-羟乙基丙烯酸酯(2-hydroxyethyl acrylate, HEA)接枝到经氩气等离子体预处理的 PPY 表面，随后对 HEA-PPY 表面进行硅烷化，在表面引入伯胺基团。预激活 HA 的羧基与改性后 HEA-PPY 表面的伯胺基团之间形成酰胺键完成 HA 的表面固定，最后利用吡啶磺酸盐完成磺化，获得 SHA-PPY 表面。SHA-PPY 表面的血浆复钙化时间是未改性 PPY 表面的 2 倍，并且 SHA-PPY 表面的血浆复钙化时间也明显久于未磺化的对照组 HA-PPY 表面。血小板黏附和激活试验也进一步说明了 SHA-PPY 优异的抗凝血效果。

5.3 生物活性策略

在复杂的生理环境中，生物惰性表面很难实现真正意义上的“惰性”，表面会不可避免地发生蛋白质吸附等一系列不良反应。近年来，在材料表面引入特定生物活性物质从而诱导有利生物反应的生物活性策略正受到越来越多的关注。对于血液接触材料而言，这种有利的生物反应即指能够阻止血栓生成的反应。可以有效改善材料表面抗血栓性能的生物活性分子包括肝素及类肝素聚合物、纤溶试剂等。

5.3.1 肝素及类肝素聚合物

1. 肝素简介

肝素是一种聚阴离子生物活性多糖，由葡萄糖胺磺酸、葡萄糖醛酸和艾杜糖醛酸组成(图 5-15)，是临床上广泛使用的抗凝血药物之一。血液凝固的关键是血浆中的 Fg 转变成不溶性的纤维蛋白，其是由多种凝血因子(凝血因子Ⅰ～ⅩⅢ)参与的级联放大反应的结果。肝素作为抗凝血剂，主要通过催化灭活凝血因子Ⅺa、Ⅸa、Ⅹa 和Ⅱa(凝血酶)反应，从而干扰凝血级联反应。在整个凝血过程中，肝素是抗凝血酶与凝血因子Ⅹa 及其他凝血因子之间反应的催化剂，当肝素与抗凝血酶结合时(图 5-16)，抗凝血酶的构象变化会加速凝血酶-抗凝血酶和Ⅹa-抗凝血酶复合物的产生，从而导致凝血因子失活，而肝素分子也可以变成自由状态从而继续重复这个过程[2]。

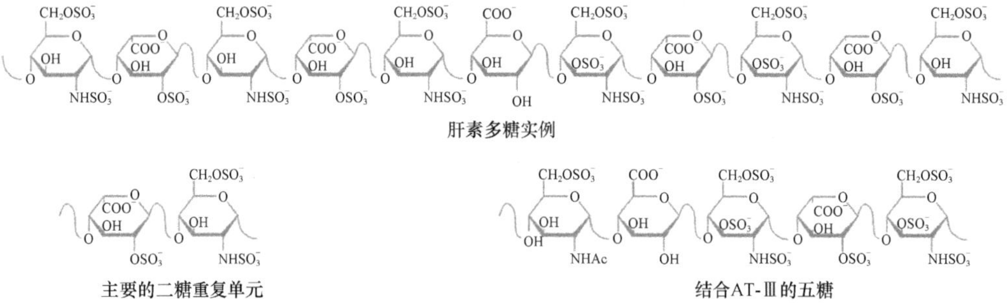

肝素多糖实例

主要的二糖重复单元

结合AT-Ⅲ的五糖

图 5-15 肝素的化学结构[217]

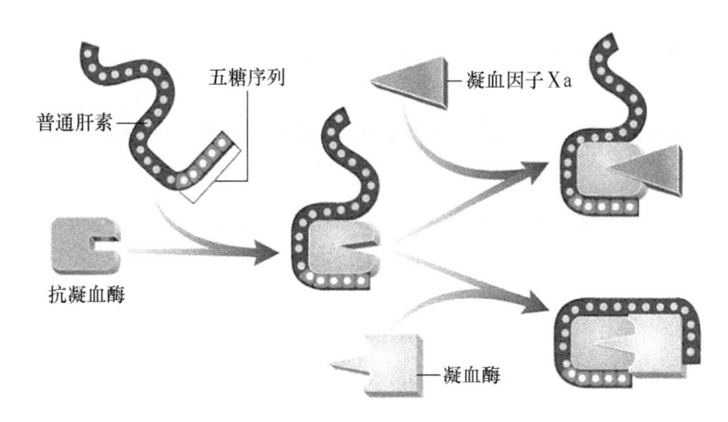

图 5-16　肝素的抗凝血机制[2]

2. 生物医用材料的肝素化表面改性

1963 年，Gott 等[218]首次制备出肝素涂层，其抗凝血性得到肯定。大量研究发现，将肝素固定到生物材料表面之后，材料的抗凝血性能有明显的改善和提高。肝素在材料表面的固定方法主要分为物理法和化学法，物理法是采用机械包埋和共混、有孔材料吸附等方式将肝素固定到生物材料表面，或者混入凝胶、琼脂糖或大孔树脂中[219]，从而实现肝素在材料表面的固定。化学法即利用肝素上带有的大量官能团，如羧基、羟基、磺酸基等与目标材料上的官能团进行反应，以离子键或者共价键的方式结合到表面。

物理法将肝素固定到材料上可以通过表面涂层、物理共混、层层自组装、静电纺丝等方式实现。肝素表面涂层是生物材料表面改性的最简单的方法，在惰性材料的表面涂覆肝素可以大大提高材料的血液相容性。Badr 等[220]利用肝素涂覆壳聚糖膜来改善基于高血栓形成性 PVC 的生物相容性。将基于 PVC 的传感膜夹在肝素涂覆的壳聚糖中，以防止血小板黏附在表面。血小板黏附性研究表明，与 PVC 相比，肝素包覆壳聚糖膜的血栓形成性较差。肝素也可以物理混合到与血液接触的材料中，这是一种简单且成本较低的方法。Lv 等[221]构建了一种用于共混聚氨酯和肝素的新型溶剂体系，制备出含有肝素的聚氨酯薄膜。随着肝素含量的增加，聚氨酯薄膜亲水性得到了提高，将共混肝素后的聚氨酯薄膜在磷酸盐缓冲溶液(phosphate buffered saline, PBS)中浸泡 30 天后，薄膜仍显示出良好的血液相容性。聚合物之间的各种相互作用可用于层层自组装，尤其是静电相互作用。通过带负电和带正电的聚合物之间的静电相互作用，可以解决表面涂层和物理共混方法的一些问题，如肝素化表面稳定性低。Zhang 等[222]利用层层自组装技术，将肝素和壳聚糖交替沉积到聚氨酯涂层脱细胞支架上，构建聚电解质多层。与未改性基材相比，经过改性的基材的活化部分凝血活酶时间(activated partial thromboplastin time, APTT)延长了 52%；内皮祖细胞的附着和增殖都有明显的增强。肝素负载的静电纺丝纤维是当下关注的焦点。Shi 等[223]使用静电纺丝制备了聚 ε-己内酯[poly(ε-caprolactone), PCL]/明胶混合血管移植物，之后添加肝素进一步功能化，以改善其血液相容性。通过对 vWF 免疫染色来评估肝素 PCL/明胶混合血管移植物内皮细胞的生长状况，研究表明肝素修饰的 PCL/明胶混合血管移植物能抑制血小板黏附，同时促进内皮化。采用免疫染色法检测平滑肌细胞标志物 α-SMA，结果表明肝素 PCL/明胶混合血管移植物显著地抑制了人脐静

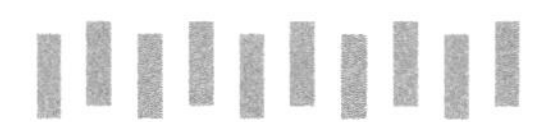

脉平滑肌细胞的增殖。

物理法结合肝素可以让生物医用材料获得不错的抗凝血性能，但随着肝素的不断释放，材料中的肝素会不断减少，抗凝血效果也会逐渐变差。与物理固定法相比，化学固定法具有更好的稳定性和抗凝血性能。然而，大多数高分子材料本身没有能够连接肝素分子的活性基团，因此需要对材料表面进行预处理使其具有与肝素反应的活性基团，从而提高肝素的利用率，最终提高改性材料的生物相容性[224]。

化学法接枝肝素主要有离子键固定法和共价键固定法两种。离子键固定法是通过电荷间的静电作用使肝素结合到表面上，从而达到固定的效果。利用肝素本身带有大量负电荷的特点，向材料表面引入带正电荷的季铵盐基团偶联剂，通过离子键将肝素固定。Chen 等[225]首先用环氧单体对 SPU 进行改性，然后与二乙醇胺进行开环反应，从而在聚氨酯膜的表面引入羟基。之后通过 Ce^{4+}为引发剂，引入带正电荷的季铵盐阳离子，与带负电荷的肝素以离子键结合，使肝素固定到聚氨酯膜表面。富血小板血浆(platelet-rich plasma, PRP)试验和贫血小板血浆(platelet-poor plasma, PPP)凝血时间证明固定在表面的肝素保持了较强的抗凝血性能。也可以向材料表面引入含有阳离子的聚合物，再与肝素的负电荷作用，从而将肝素固定到表面。Zha 等[210]通过静电吸引层层自组装技术将金属阳离子(如 Fe^{3+})和肝素形成稳定的糖铁络合物涂层沉积到 PVC 导管表面，利用多价金属阳离子与肝素之间的离子键作用，在 PVC 表面通过配位键形成稳定的肝素涂层。改性之后的表面 APTT 值比未改性的 PVC 提高了 63.5 s，并且对于血小板的黏附也有明显的降低，表明经过改性的 PVC 具有良好的血液相容性。Luo 等[226]将多巴胺与聚乙烯亚胺(PEI)共聚，在不锈钢上形成涂层，多巴胺/PEI 表面带正电荷，之后通过静电作用将肝素固定到这种富含胺的表面上。经过肝素修饰的不锈钢表面显著抑制血小板黏附，不仅降低了高密度的 PEI 对人脐静脉内皮细胞的细胞毒性，而且显著地抑制了人脐静脉血管平滑肌细胞的增殖。

以上研究发现，通过离子键固定在材料表面的肝素量很高且表面的抗凝血性能得到了改善，但离子键固定法也有其不足之处，仅仅通过离子键合的方式将肝素固定到材料表面，由于正负电荷之间的静电作用力不够强，导致固定在材料表面的肝素持续时间短、稳定性也不够好，所以这种方法只适用于短期使用。

与离子键固定法相比，共价键固定法具有更好的稳定性。共价键固定法指通过肝素分子和材料基团之间的化学反应形成共价键，将肝素分子牢固地结合在材料的表面。根据对生物医用材料表面进行预处理方法的不同，共价键固定法细分为化学接枝、等离子体辉光放电法、光化学接技法等。肝素的化学接枝是一种有效的表面改性技术，在抗血栓聚合物领域得到了广泛的研究，向材料表面引入官能团，如—COOH、—SO_3H 等，随后这些活性基团通过共价键将肝素结合到表面。Hou 等[227]首先利用氯磺酸将 PES 磺化，然后利用 1,6-己二胺与磺化 PES 表面上—SO_3H 基团反应，最后以共价键的方式将肝素接枝到材料表面。肝素化 PES 表面溶血率从 5.02%降至 1.04%，血浆复钙化时间也从 134 s 延长至 360 s。为了提高接枝密度，也可以在材料表面通过等离子体聚合的方式形成一层富含氨基的薄膜。Yang 等[228]为了改善 316L 不锈钢的血液相容性，开发了一种简便的方法来制备具有高交联度和高氨基密度的聚烯丙胺薄膜，然后利用表面引入的氨基来共价固定肝素。根据体外血液相容性评估显示，与未经改性的 316L 不锈钢相比，固定肝素后的聚丙烯胺薄膜表面的血小板黏附、血小板活化和 Fg 活性较低，APTT 延长约 15 s。他们还将该策略成功应用到 TiO_2 表面[229]。结果表明，在 TiO_2 表面结合的肝素不仅表现出良好的稳定性，其生物活性也没有受到影响。

等离子体辉光放电法是对表面进行等离子体预处理，向表面引入官能团用于随后的肝素结合。Bae 等[230]将 PU 膜暴露于氧气等离子体辉光放电以在表面上产生过氧化物，然后将这些过氧化物用作丙烯酸(AA)和丙烯酸甲酯(methyl acrylate, MA)共聚的催化剂，以制备羧基化的聚氨酯，然后引入 PEG 间隔臂来连接肝素以制备肝素改性的 PU。经过改性的 PU 表面亲水性提高，将其浸入生理溶液中 100 h 后几乎没有肝素释放，表明固定在表面上的肝素具有优异的稳定性。

光化学接枝法通过带有光敏或热敏基团的化学组分将目标分子共价结合至材料表面。段维勋等[231]通过光化学接枝法在 PVC 材料表面引入羧基，对 PVC 进行表面活化处理，在材料表面引入活性基团异氰酸酯基，之后在反应中引入聚乙烯醇(polyvinyl alcohol, PVA)及 PEI，增加 PVC 材料与肝素反应的活性位点。由于 PVA、PEI 含有较多活性基团，能够引入多个活性位点，表面结合的肝素密度增大。在材料表面通过共价键结合的肝素分子几乎无脱落，表明结合的肝素具有相当高的稳定性。另外，经过 28 天生理盐水浸泡试验后 PT 值为 64.8 s、APTT 值大于 249 s，表明肝素化的 PVC 具有良好的血液相容性。

共价键固定法也存在一定的缺陷，共价键结合将肝素多点牢固地键合在材料表面，改变了肝素的正常构象，因而降低了肝素的生物活性，最终影响了材料的抗凝血效果[232]。另外，材料的抗凝血性不仅取决于固定化分子肝素的生物活性，而且还与材料表面所固定的肝素浓度有关，而通过共价接枝的肝素的量比较低，因此如何改善共价结合而导致材料的抗凝血活性降低的问题已经成为肝素化研究中的主要问题。但是就长远来看，通过共价键结合法相比其他方法依旧存在极大的优势和良好的应用前景。

最近，人们发现贻贝具有较强的黏附能力，多巴胺(dopamine, DA)作为贻贝黏附蛋白最典型的分子之一，受到了广泛的关注。使用 DA/聚多巴胺(polydopamine, PDA)涂层化学修饰膜表面的方法通常有两种。一种方法是将 DA 分子与其他聚合物或生物聚合物结合，以赋予这些分子黏附能力。You 等[233]使用 DA 结合肝素(称为肝胺)涂覆 PU 底物的表面。肝胺是通过 DA 与肝素的偶联制备的，在各种基材上均表现出优异的表面涂层能力，特别是在 PU 基材上。与目前需要多步骤反应的肝素固定方法不同，该策略只需通过一步法将 PU 浸入肝胺溶液中形成涂层，无须对 PU 进行任何化学处理。与未改性 PU 相比，经过肝胺修饰的 PU 表面血小板黏附密度降低了 98%。这表明经过修饰的 PU 血液相容性得到了很大的提高。聚多巴胺涂层法的另一种方法是在膜表面形成 PDA 涂层，然后将目标分子(如肝素、生长因子)偶联到 PDA 上[217]。Li 等[234]使用 PDA 作为中间层，在医用级高氮无镍奥氏不锈钢表面固定了肝素/聚赖氨酸微球。结果表明，改性后表面抗凝血性能显著改善。

随着对肝素改性表面血液相容性的深入研究，肝素涂层技术已广泛应用于商用体外循环装置。离子键固定法结合肝素是最常用的肝素涂层方法，例如，由百特(Bexter)公司开发的 Duraflo Ⅱ 肝素涂层，其主要成分为肝素-苄烷胺-氯化物复合物。Duraflo Ⅱ 涂层在接触血液时可形成稳定的双层生物相容性表面。由科林系统公司(Corline Systems AB)开发的 CORLINE[235]肝素表面(CHS™) 则采用共价键固定法来制造肝素涂层。该表面由未分级肝素的大分子复合物组成，该复合物通过杂双功能交联剂共价连接到多胺载体链。该技术的主要商业应用之一是冠状动脉支架。卡梅达公司(Carmeda AB)采用“端点附着”的共价键结合方式来制造肝素涂层(CBAS 肝素表面)[235]。CBAS 肝素表面已用于各种应用，包括 CPB 设备、心室辅助设备、血管支架、支架移植物等。使用 CBAS 肝素表面的体外循环设备可以减少或消除全身肝素给药，而不会引起不良凝血或炎症反应，同时治疗成本降低。通过将离子键和共价键结合的方式，由迈柯唯公司开发了 Bioline 涂层，其主要成分为高分子量肝素和固化多肽分子。

3. 基于肝素的双功能或多功能表面

如上所述，不同改性方法制备的肝素化材料表面的抗凝血性能都有不同程度的改善，但是对材料表面的单一功能改性往往在治疗后期会出现新的问题，例如，抗血栓治疗中出现支架内再狭窄；抗支架内再狭窄治疗中出现晚期血栓等[236]。因此，为了应对在临床中出现的多种并发症的问题，近年来越来越多的学者开始研究基于肝素的双功能或多功能表面，以进一步改善材料的生物相容性。例如，Tran 等[237]通过将一氧化氮(nitric oxide, NO)的血管舒张和抗炎特性相结合，开发了一种具有增强血液相容性和抗炎作用的多功能生物材料。通过简单的酪氨酸酶(Tyr)介导的反应，肝素和铜纳米粒子(一种产生 NO 的催化剂)同时结合，从而实现这两种具有生物功能的关键分子的共同固定，如图 5-17 所示。经过肝素/铜纳米粒子固定化的表面显示出 14 天长期、稳定及可调节的 NO 释放。经过改性的 PVC 还能促进内皮化和抑制平滑肌细胞增殖的能力。Magoshi 等[238]使用 SPU 薄膜为基材，第一步通过表面光接枝聚合将 AA 接枝在 SPU 薄膜上；第二步将乙烯化肝素和乙烯化白蛋白吸附到 PAA 中；第三步在水溶性羧化樟脑醌存在下进行光聚合；第四步在水溶性缩合剂存在下，PAA 接枝链与这些聚合的生物大分子之间，以及聚合的生物大分子之间形成共价键，以形成稳定且致密的多功能表面。改性后 SPU 表面的血小板黏附量显著降低，内皮细胞在改性表面上的黏附和增殖增加，表明这种基于肝素的多功能表面可用来改善 SPU 薄膜的血液相容性。黄楠小组[239]通过静电组

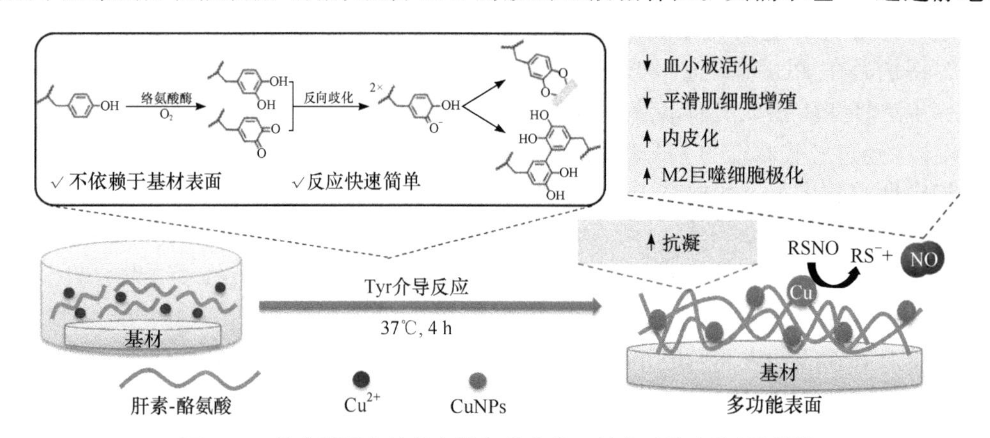

图 5-17 具有增强血液相容性和抗炎作用的多功能生物材料[237]

装的方式将带有负电荷的肝素与带有正电荷的 Fn 固定至钛表面，然后引入血管内皮生长因子(vascular endothelial growth factor, VEGF)，构建了一种基于肝素的多功能表面。所制备的 Hep/Fn/VEGF 生物功能涂层钛表面能够显著促进 EPC 及内皮细胞的黏附、铺展及增殖，并保持良好的生物活性。此外，他们还构建了共固定生物分子的方式制备了一系列基于肝素的多功能血液接触材料表面[240-242]，这些工作为基于肝素的多功能心血管支架表面的构建提供了重要参考。

4. 类肝素聚合物简介

尽管肝素化材料表面已受到越来越多的关注，但由于固定肝素的半衰期很短且生物活性较低，从而限制了肝素化材料表面的应用[243]。随着对肝素生物活性作用机制认识的逐步深入，研究人员发现肝素的生物活性与肝素分子链上的糖基团、磺酸、硫酸酯、羧酸等基团有关，在聚合物表面引入这类基团，材料的抗凝血性能可得到大幅提高。这类在结构上模仿肝素因而具有肝素生物活性的聚合物称为类肝素聚合物。相比于天然肝素，类肝素聚合物的优势在于其可控的分子结构、磺化程度及纯度。研究人员可以通过控制聚合物的分子量和磺化度，来调控类肝素聚合物与受体、蛋白质的相互作用。有关类肝素聚合物的首例研究是褐藻多糖硫酸酯，这种多糖具有硫酸酯化寡糖重复单元，能够较好地模拟肝素的抗凝血性能[244]。随后，研究人员设计和合成了多种类型的类肝素聚合物。如图 5-18 所示，类肝素聚合物一般包括硫酸酯化糖聚物、磺化聚合物、改性葡聚糖、芳香烃阴离子聚合物等。

5. 生物医用材料的类肝素化表面改性

近年来，类肝素聚合物已被广泛用于生物医用材料的表面改性。类肝素聚合物在材料表面的固定主要分为物理共混合化学接枝法。以下将从这两个方面介绍生物医用材料表面的类肝素化及其抗凝血性能。

1) 物理共混

类肝素聚合物可以通过简单的物理共混法引入生物医用材料，以制备具有优异抗凝血性能的类肝素化膜材料。Ran 等[246]通过可逆加成-断裂链转移聚合制备了含有—SO_3H、—COOH 和—OH 等重要官能团的类肝素结构大分子。类肝素结构大分子可以和 PES 物理混合，制备类肝素聚合物修饰的 PES。经过修饰的 PES 膜表现出良好的抗凝血能力。Xue 等[247]合成出了一种新型的壳聚糖硫酸化衍生物。由于其在有机溶剂中良好的溶解性，壳聚糖的硫酸化衍生物可以直接与 PES 在有机溶剂中物理共混。与未经修饰的 PES 相比，经过改性的材料 APTT 延长了 60%。改性后的 PES 具有较低的蛋白质吸附量和血小板的黏附量，表明改性 PES 膜的血液相容性得到了改善。

2) 化学接枝

为了模拟肝素的结构功能，有研究者采用化学接枝法，在材料表面引入羧基、磺酸基等功能基团来构建类肝素化生物医用材料表面。Porté-Durrieu 等[248]通过辐射接枝将磺酸基团和含磺酰胺基团的单体接枝到 PVDF 膜上，使膜具有抗凝血酶的特异亲和力，从而表现出和肝素类似的抗凝血性能。Gu 等[249]首先用 NH_3 等离子体处理桑蚕丝素蛋白薄

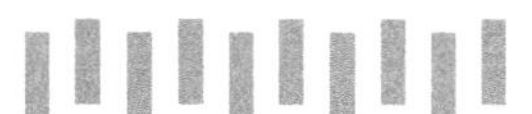

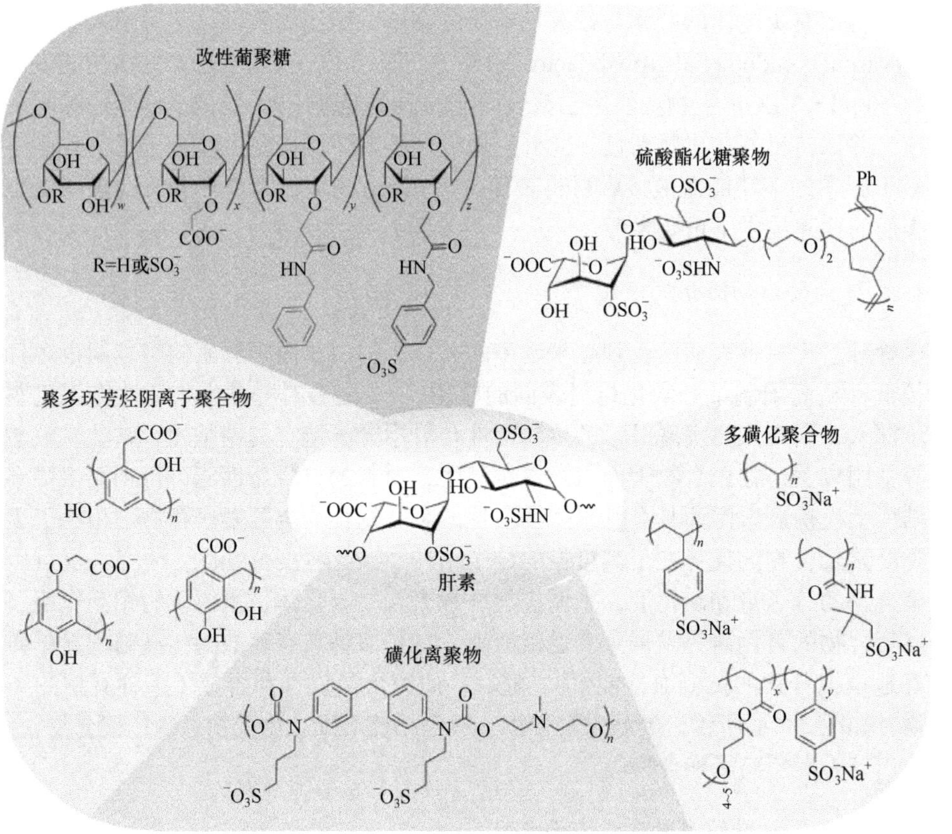

图 5-18 常见类肝素聚合物的化学结构[245]

膜材料，使表面产生氨基，然后用 1,3-丙磺酸内酯对材料表面进行改性。改性后材料的 PT 值为 18 s，APTT 和凝血酶原时间(prothrombin time, TT)值均超过了仪器设定的 150 s 和 90 s 的最大值。赵长生小组[217, 250]设计合成了一系列含磺酸或羧酸的类肝素聚合物，利用这些聚合物改性后的材料表面的血液相容性均得到显著改善。

肝素是一种糖胺聚糖，而肝素的生物活性与其结构中的磺酸基团密不可分。为了更深入地研究糖单元和磺酸单元对类肝素聚合物功能的影响，陈红小组[251]合成了一种同时含有磺酸单元和糖单元的新型类肝素聚合物，采用将肝素“拆分”成磺酸单元和糖单元的思想，然后再将两种单体按照不同比例进行再聚合，即采用先“拆分”、再“重组”的策略，在材料表面接枝同时含有糖单元和磺酸单元的新型类肝素聚合物。如图 5-19 所示，采用自由基聚合法，将含糖基的 2-甲基丙烯酰胺葡萄糖(2-methacrylamide glucose, MAG)和含磺酸基的 4-乙烯基苯磺酸钠(sodium 4-vinylbenzenesulfonate, SS)的共聚物接枝共聚在乙烯基功能化 PU 表面，通过调节单体的投料比可调节糖和磺酸基团的含量。共聚物接枝材料最佳组成是磺酸与糖单元 2∶1 的比例(材料命名为 PU-PS1M1)。未改性 PU 表面的血浆复钙时间(plasma recalcification time, PRT)约为 13 min，PU-PS1M1 表面与其他组成相比显示出最长的 PRT 值，大约为 25 min。此外，该表面的血小板和人脐静脉平滑肌细胞密度最低，人脐静脉内皮细胞密度最高。随后，他们还在类肝素结构

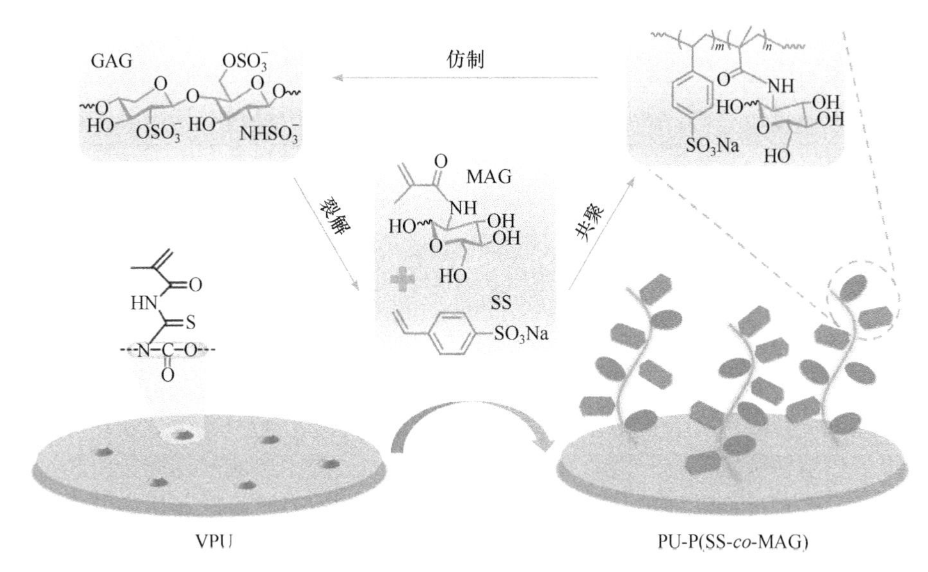

图 5-19 “拆分”和“重组”策略构筑类肝素聚合物修饰的 PU 材料表面

中采用不同策略引入羧基，以进一步提高类肝素聚合物的抗凝血性能[252,253]。例如，选取含有葡萄糖、磺酸和羧酸单元的三个单体，利用可逆加成-断裂链转移聚合法合成了一系列具有明确分子量和组成的新型类肝素聚合物，然后构建了由新型类肝素聚合物和两种典型的阳离子聚合物——聚乙烯亚胺和壳聚糖组成的改性材料表面。研究发现，磺酸含量的增加可以增强表面的抗凝血活性，葡萄糖和磺酸含量的增加能促进人脐静脉血管内皮细胞的增殖，而羧酸含量的增加则抑制了人脐静脉血管平滑肌细胞的黏附。这些工作揭示了类肝素聚合物的化学组成对其抗凝血性能的重要影响，为类肝素聚合物的设计、制备及其实际应用提供了参考。

除了类肝素聚合物的化学组成，类肝素聚合物引入表面后的拓扑结构同样会对血管细胞行为造成影响，进而影响抗凝血效果。Christman 等[254]使用电子束光刻技术将类肝素聚合物引入材料表面，将含磺酸基团的聚合物聚(4-苯乙烯磺酸钠-*co*-聚乙二醇甲基丙烯酸酯)(PSS-*co*-PEGMA)固定在硅表面上，进而实现对碱性成纤维细胞生长因子(basic fibroblast growth factor, bFGF)和 VEGF 的微纳米级图案化。研究结果表明，在图案化的 PSS-*co*-PEGMA 表面上固定 bFGF 能有效促进内皮细胞的黏附。拓扑结构材料的制作大多成本高、周期长；在材料表面修饰聚合物需要进行紫外光照、酸化等一系列额外的表面处理。陈红小组[255-257]开发了一种简单且价格低廉的方式来制备拓扑结构，并将类肝素聚合物接枝在材料表面。他们将多组分热固化和复制模塑法相结合，采用含有溴引发剂的 PDMS 为基材，分别采用有序图案结构的硅模板和天然荷叶为模板在材料表面引入拓扑结构。然后 SS 与 MAG 及 SS 和 MAG 的共聚物作为具有不同结构单元的类肝素聚合物，通过可见光诱导接枝到拓扑结构化的 PDMS 表面。研究发现，SS 的均聚物、SS 和 MAG 的共聚物改性表面对内皮细胞的黏附和增殖有促进作用，而 MAG 均聚物改性材料显著减少内皮细胞的黏附和增殖。此外，引入不同拓扑结构后，各改性表面的细胞响应行为有所不同。有序图案结构的硅模板增强了相应平整表面的细胞响应程度。而引

入仿荷叶微纳复合结构后的所有类肝素聚合物改性表面，其内皮细胞密度均呈现不同程度的降低，表明仿荷叶微纳米拓扑结构的引入不利于内皮细胞的黏附和增殖。

在血液接触材料领域，类肝素聚合物功能化的生物医用材料表现出了出色的性能。可以预期，通过引入特定的图案或者表面形貌，合理设计材料表面上类肝素聚合物的结构单元(如糖单元、磺酸单元、羧酸单元等)，可能会获得许多意想不到的结果，如优异的抗凝血性能和对血管内皮细胞的选择性等。此外，通过先进的合成技术，设计开发新型的具有更佳抗凝血性能的类肝素化生物医用材料也是未来的发展方向之一。

5.3.2 纤溶系统的相关分子

1. 纤溶系统

纤维蛋白溶解系统简称纤溶系统，是指血液凝固过程中形成的纤维蛋白经过一系列蛋白酶催化的连锁反应从而被分解液化的过程。它和凝血系统、抗凝血系统动态协同，维持血管的完整性和通畅性。纤溶系统主要由纤维蛋白溶酶原、纤维蛋白溶酶、纤溶酶原激活剂及其抑制剂四大部分组成。

纤维蛋白溶酶原，或称纤溶酶原(plasminogen, Plg)，是纤溶系统最基本和最核心的蛋白质。它是一种主要由肝脏合成的单链 β 球蛋白，分子质量约为 92 kDa，成年人血浆中的浓度为 0.1～0.2 mg/mL，生理半衰期为 2～2.5 天。纤溶酶原的一级结构是一条含 790 个氨基酸残基的肽链，其 N 末端被谷氨酸占据。其二级结构呈现“环饼”状(图 5-20)，由 5 个“kringle”的环状结构(K1～K5)、77 个氨基酸残基组成的 N 端区域及位于 C 端的丝氨酸蛋白酶区域组成[258]。“kringle”结构在介导纤溶酶原与各种受体、因子等相互作用中扮演着重要的角色，对于维持血液的凝血平衡及血管壁的稳定性具有重要意义。根据研究，K1 和 K4 的内环中分别含有一个对羧基端赖氨酸具有特异性亲和力的位点，被称为赖氨酸结合位点。谷氨酸封端的纤溶酶原通常呈现螺旋式构象，这是由于 N 末端与 C 末端分子内的相互作用所致。然而，当与赖氨酸结合后，由于肽键旋转，其会转变为更有利于被激活的开放式构象[259, 260]。纤溶酶原经其生理激活剂作用后，位于 Arg561-Val562 的肽键发生断裂，从而转变为具有降解纤维蛋白活性的纤维蛋白溶酶，进一步导致纤维蛋白的降解[261]。在此过程中，赖氨酸结合位点的构象变化在纤溶酶原向纤维蛋白溶酶的转变过程中起到了重要的作用。

图 5-20 血纤维蛋白溶酶原和其生理激活剂 t-PA 的分子结构示意图[264]

K：kringle 结构片段；E：表皮生长因子；F：finger 结构片段；红线：丝氨酸蛋白酶结构片段

纤维蛋白溶酶，或称纤溶酶，是纤溶系统中的另一核心蛋白质，可以直接作用于纤维蛋白，将其分解成可溶性的降解碎片。这些降解碎片不仅具有抗凝血作用，还能防止纤维蛋白单体的过度聚合，从而避免凝块在体内的过多凝集。纤溶酶不仅是纤溶系统的主要成分，还对细胞外基质中的层粘连蛋白及纤维连接蛋白等均具有降解活性。因此，在组织修复、细胞迁移、巨噬细胞吞噬功能及排卵等生理活动中，纤溶酶发挥着重要的作用[262]。

纤溶酶原激活剂主要包含组织型纤溶酶原激活剂(tissue type plasminogen activator, t-PA)和尿激酶型纤溶酶原激活剂(urinary type plasminogen activator, u-PA)两种丝氨酸蛋白酶，以及链激酶和葡激酶等细菌类蛋白酶。其中，t-PA 是纤溶酶原的主要生理激活剂。它是一种普遍存在于各组织中的单链或双链糖蛋白，其分子质量为 65 kDa。t-PA 在正常血浆中的浓度很低(5～6 μg/L)，且在酶消化和抑制剂的作用下，其循环半衰期仅有 5 min[263]。然而，当血管壁出现损伤时，血管内皮细胞会在短时间内释放出大量 t-PA，保证损伤修复后的血管通畅性。t-PA 分子结构中也含有两个 kringle 片段(图 5-20)，其中 K2 包含赖氨酸结合位点，用于结合纤维蛋白。此外，研究表明位于 N 端的“finger”片段也可以实现与纤维蛋白的特异性结合，该结合作用与赖氨酸无关。

纤溶酶原激活剂抑制剂在循环的血液中对纤溶过程产生抑制作用，主要通过两种途径：一种是对纤维蛋白溶酶活性的抑制，如 α_2-抗纤溶酶；另一种则是对纤溶酶原激活剂活性的抑制，如 PAI-1 和 PAI-2。α_2-抗纤溶酶是一种由肝脏合成或分泌的单链糖蛋白，可与纤维蛋白溶酶形成 1∶1 的复合物而使其失活。PAI-1 是由 379 个氨基酸残基组成的由内皮细胞、肝细胞等分泌的糖蛋白，可以与单、双链 t-PA 及双链 u-PA 形成 1∶1 复合物，进而使其失活。

纤维蛋白溶解是一个涉及多种生物化学反应的复杂过程。凝血反应激活后，Fg 被凝血酶切除形成纤维蛋白单体，在凝血因子ⅩⅢa 的作用下转化为网络状的纤维蛋白多聚体，对血栓形成过程起到物理支撑的作用。但同时纤维蛋白也是一种自杀型辅助因子，它能通过 Fg 裂解和聚合过程中暴露出的羧基端赖氨酸残基，特异性结合纤溶酶原和 t-PA，来实现自身的降解。这种依赖于表面的纤溶酶原激活是体内纤溶系统的主要机制。

如图 5-21 所示，纤溶酶原首先通过与赖氨酸残基之间的相互作用大量聚集在纤维蛋白凝块表面，并呈现松散构象。随后，部分降解的纤维蛋白表面暴露出对纤溶酶原(K1 和 K4)具有高亲和性的羧基端赖氨酸残基，为纤溶酶原在纤维蛋白表面的固定提供了结合位点。此时 t-PA 也可通过其自身的 K2 与“finger”片段特异性结合在纤维蛋白表面，三者形成的三元复合物可将纤溶酶原迅速激活为纤维蛋白溶解酶(纤溶酶)。研究表明，纤溶酶原在三元复合物中的激活速率(K_m=20～200 nmol/L)要比在血液中(K_m=63 μmol/L)高出几百甚至几千倍[265]。这种依赖于表面的纤溶过程呈现一种正反馈效应，即纤溶酶对纤维蛋白凝块具有裂解作用，可使其暴露出更多的羧基端赖氨酸残基，并实现对纤溶酶原和 t-PA 的特异性结合，进而推动纤维蛋白的降解过程。

人体的纤溶过程还受到一些蛋白酶抑制剂的调控，它们参与抑制纤溶过程的途径主要有两种：一种是抑制剂对蛋白酶与底物相互作用的调控[266]，如凝血酶激活的纤溶抑制剂(thrombin activatable fibrinolysis inhibitor, TAFI)、α_2-抗纤溶酶；另一种则是对纤溶酶

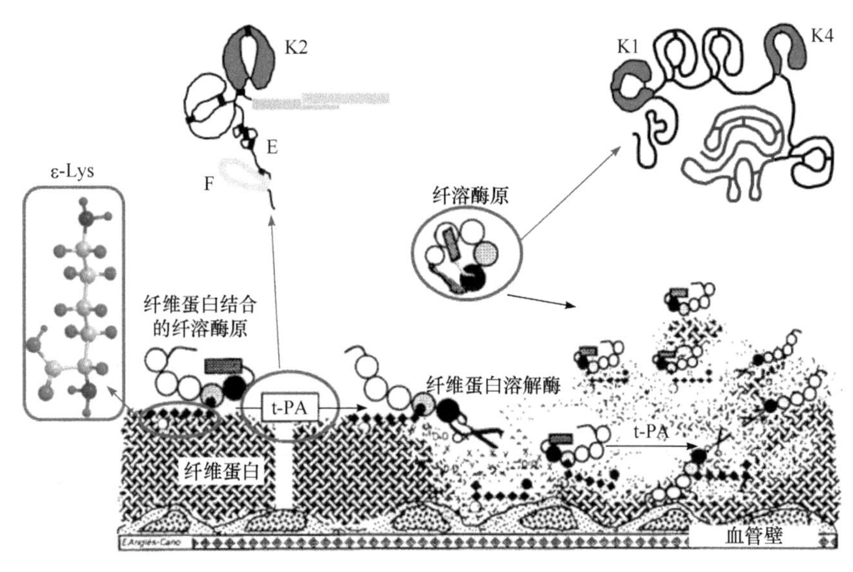

图 5-21　纤溶机制示意图[2]

原激活剂活性的抑制[267]，如 PAI-1 和 PAI-2。然而，依赖于表面的纤溶过程不会受到血液中抑制剂的影响。例如，当纤溶酶结构中的赖氨酸结合位点被纤维蛋白或细胞膜表面的赖氨酸残基占据时，其活性不会受到 α_2-抗纤溶酶的抑制。因此，纤溶系统中存在着“固相激活”与“液相抑制”两种过程，二者相辅相成共同作用，保证了纤溶功能的特异性[258]。

2. 纤溶表面的概念

受纤溶系统机制的启发，一些研究者试图将这种模拟人体自身纤溶系统的功能赋予到材料表面，即通过合理的设计在材料表面做文章，构建表面纤溶系统，赋予材料溶解初级血栓凝块(初生血栓)的能力。这种纤溶表面的概念为实现真正意义上的抗血栓材料提供了一种全新的思路。构建纤溶表面主要包括两种策略：其一在于能够使材料从血液中选择性结合纤溶系统的两种核心蛋白质——纤溶酶原及其激活剂，通过二者之间的相互作用原位产生具有降解纤维蛋白活性的纤溶酶，溶解初生血栓；其二在于将纤溶酶原激活剂直接负载到材料表面，释放后可以激活周围血液环境的纤溶酶原，实现纤溶功能。

从第一种策略出发，根据上述的纤溶机理可知，ε-氨基和羧基自由的 ε-赖氨酸(ε-lysine, ε-Lys)是将纤溶酶原及其激活剂富集于纤维蛋白凝块表面的重要配体，因此研究者将问题转化成如何实现 ε-Lys 在材料表面的牢固修饰。这种策略的实施过程中需要解决两个核心问题：如何使表面固定的 ε-赖氨酸能够快速有效且特异性地结合血液中的纤溶酶原；表面结合的纤溶酶原如何能够有效被激活为纤溶酶。而对第二种直接在材料表面负载纤溶酶原激活剂的策略，最核心的问题就是激活剂的负载方式。受蛋白酶容易发生结构变化而失活的影响，选择合适的固定方式，最大限度地保持纤溶酶原激活剂的活性，且不受抑制剂等物质的攻击，是实现该策略的最大难点。

人体的纤溶功能在凝血反应激活并产生纤维蛋白时才启动，而当止血过程完毕后，纤溶功能会自发性关闭，以避免严重的凝血功能紊乱及引发出血等问题。因此，在材料上构建的纤溶表面也应该模仿人体纤溶系统，具有血栓应激性。成功实现应激性的关键在于纤溶表面能够感知血栓形成时的微环境变化。血栓在材料表面的形成从血浆蛋白质的吸附开始，这些吸附的血浆蛋白会引发凝血因子的逐级激活并产生核心因子：凝血酶，从而将 Fg 转化为纤维蛋白单体并形成纤维凝块的网状结构。此外，Fg 的吸附会促进血小板的黏附、激活与聚集，当活化的血小板表面暴露出磷脂酰丝氨酸和促凝血酶的结合位点时，会在短时间内释放出大量凝血酶，进而加速纤维蛋白的产生和聚集，形成稳定的栓块[268]。由此可见，血小板的活化、凝血酶的大量产生、纤维蛋白网络的形成等都是血栓形成过程中的特征性事件，这为应激性纤溶表面的设计提供了思路。

3. 基于表面赖氨酸化的纤溶表面的构建

1) 直接固定赖氨酸的纤溶表面

通过固定 ε-赖氨酸实现纤溶酶原的捕获从而获得纤溶表面的概念最早是由加拿大麦克马斯特大学的 John L. Brash 教授及其合作者提出的。研究发现，修饰有 ε-赖氨酸的表面相较于磺化玻璃表面具有更高的纤溶酶原吸附能力，并且吸附后能够被 ε-氨基己酸配体竞争取代，由此证明纤溶酶原与表面的结合正是通过其结构中存在的特异性结合位点对 ε-赖氨酸的特异性相互作用而实现[269-273]。相比于磺化表面非特异性吸附的纤溶酶原，通过 ε-赖氨酸特异性结合的纤溶酶原可更好地保持结构和活性，当存在纤溶酶原激活剂时表现出的纤溶酶活性远高于磺化表面非特异性吸附的纤溶酶原。

2) 修饰高密度赖氨酸涂层的纤溶表面

ε-赖氨酸在材料表面的接枝密度是考核纤溶功能表面的必要指标。研究人员从表面修饰出发，开发了系列方法以提高 ε-赖氨酸配体在材料表面的接枝密度。McClung 等[274]采用紫外光固化法，在 PU 表面涂覆了含有 ε-赖氨酸和苯甲酮的聚丙烯酰胺涂层[图 5-22(a)]，ε-赖氨酸的接枝密度达到 0.2～3.2 $nmol/cm^2$，远高于磺化表面的 ε-赖氨酸接枝密度。研究发现，随着 ε-赖氨酸密度的增大，ε-赖氨酸化表面吸附纤溶酶原的能力不断上升，最高可以达到 1.2 $\mu g/cm^2$。同时，α-氨基自由的赖氨酸化表面仅能吸附少量的纤溶酶原。该结果证明，赖氨酸中的ε-氨基是其与纤溶酶原间发生特异性相互作用的关键性基团。另外，

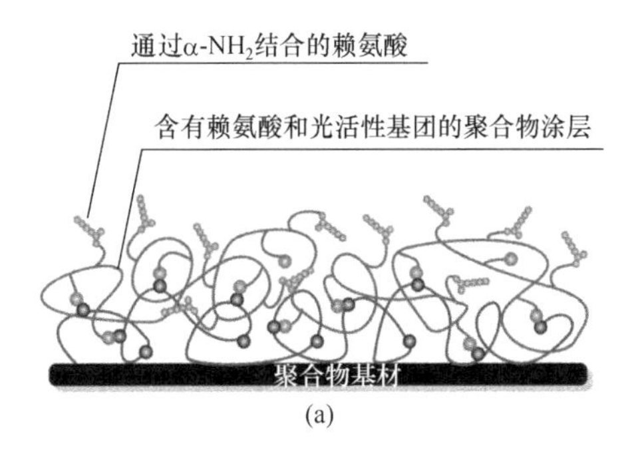

(a)

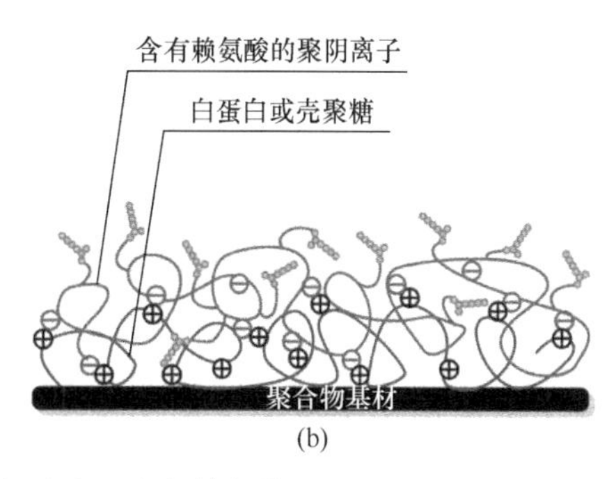

(b)

图 5-22　基于 ε-赖氨酸配体的纤溶酶原亲和性表面[264]

(a) 光化学涂覆法；(b) 双层聚电解质涂覆法

蛋白质印迹试验结果显示高密度的 ε-赖氨酸化表面对纤溶酶原的吸附作用是排他性的，即使血浆中的其他非特异性蛋白质一开始被吸附在表面，随后也会被纤溶酶原所取代，而纤溶酶原一旦被吸附则无法再被其他蛋白质所替代。这主要是因为 ε-赖氨酸与纤溶酶原之间的亲和性较高，且高 ε-赖氨酸覆盖率使这一特性更为明显地体现出来。研究还发现，吸附在 ε-赖氨酸化表面的纤溶酶原中有 70%将持续地与血浆中的纤溶酶原发生交换。这一结果表明，该表面的纤溶活性可以有效再生。

McClung 等[275]进一步研究了上述纤溶酶原亲和性表面的纤溶活性。结果发现，吸附在 ε-赖氨酸表面的纤溶酶原很容易被 t-PA 转化为纤溶酶，在高 ε-赖氨酸密度($6.4\ nmol/cm^2$)的表面上测得的纤溶酶比活比血浆中游离的纤溶酶原高出十倍，这与纤维蛋白表面 t-PA 催化纤溶酶原产生纤溶酶的情况十分相似。在血浆复钙化试验中，发现只有 ε-赖氨酸化的表面能够溶解形成的血栓。随后，研究者用“Chandler Loop”装置评价了赖氨酸修饰的表面在流动全血中的溶栓性能[276]。结果发现，在注入未加抗凝剂的全血后 15～25 min 内，所有的表面都形成了血栓，只有 ε-赖氨酸修饰的表面的血栓在随后的几分钟内被溶解，而其他表面则继续形成血栓，直到导管被堵塞。此外，纤维蛋白降解片段 D-dimer 只在 ε-赖氨酸化表面的血液中检测到，而在对照样本中几乎没有。上述试验中使用的试验条件与血液接触设备的实际应用环境非常接近，因而进一步为赖氨酸化表面这一概念在血液接触性应用方面提供了可行性。

此外，Samojlova 等[277]合成了含 ε-赖氨酸的聚电解质复合物，并利用亲和色谱的原理将其修饰到提前用壳聚糖或白蛋白处理过的聚阳离子表面，产生类似的纤溶功能表面[图 5-22(b)]。这种方法可用于修饰其他方法难以修饰的疏水表面，如聚苯乙烯和聚乙烯等，表面的 ε-赖氨酸接枝密度为 $2.2\sim5.5\ nmol/cm^2$。研究发现这种表面能够从血浆中吸附大量的纤溶酶原，并在尿激酶的作用下表现出纤溶酶活性。在体外和体内的试验中，与相应的参考表面相比，ε-赖氨酸化表面形成的血栓量减少了 90%[278]。

3) 抗非特异性蛋白质吸附的纤溶表面

提高血液相容性有两种常用策略，本质上都是通过调控材料表面与蛋白质之间的相互作用从而达到理想状态。根据上文，血浆蛋白质在表面的非特异性吸附的降低对于提高材料的生物相容性有益，而活性蛋白质表面特异性吸附的增强可以带来理想的生理反应[2, 34]。因此，如若一种表面同时具备排斥非特异性蛋白质与特异性结合目标蛋白质的能力，将会更有效地防止血栓的形成。Chen 小组[39]利用 PEG、POEGMA 等惰性聚合物为间隔臂，将 ε-赖氨酸固定在材料表面，在单一的设计中同时实现排斥非特异性蛋白质吸附及促纤溶酶原吸附。以通过“grafting to”接枝的 PEG 作为间隔臂，将 ε-赖氨酸修饰在 PDMS 弹性体表面和 PU 表面[图 5-23(a)]。蛋白质吸附测试表明，所制备的表面能够选择性地结合血浆中的纤溶酶原，并显著减少非特异性蛋白质的吸附和血小板的黏附。例如，与未修饰的表面相比，以 PEG 为间隔臂的赖氨酸化 PU 表面(PEG-Lys-PU)在缓冲液中吸附的纤维蛋白量减少了 95%，而血浆中纤溶酶原的吸附量提高了 90%。此外，这些 PEG-Lys 修饰的表面在血浆中预吸附并经过 t-PA 活化处理后，都能够有效溶解其表面生成的纤维蛋白凝块。

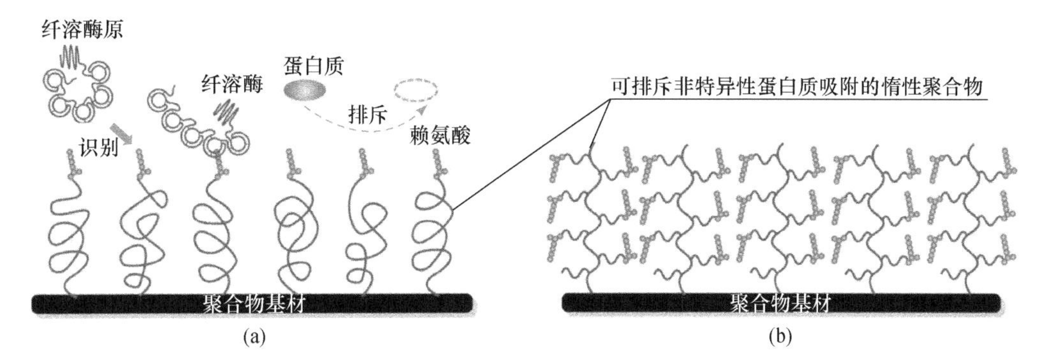

图 5-23 以惰性聚合物为间隔臂制备抗非特异性蛋白质吸附的纤溶表面[264]
(a) grafting to；(b) grafting from

此外，研究人员发现，惰性聚合物PEG作为间隔臂排斥非特异性蛋白质的吸附，同时也会在一定程度上阻碍纤溶酶原的结合。由于在一定的分子量范围内，PEG 的排斥特性随着分子量的增加而增加[279]，Li 等[280]研究了 PEG 链长对纤溶酶原吸附的影响。结果显示，尽管在吸附时间足够长的情况下，作为间隔臂的长链和短链 PEG 的赖氨酸化表面可以达到相同的纤溶酶原吸附量，但短链 PEG 的赖氨酸化表面对纤溶酶原的吸附速度更快，从而使溶栓速度更快。在优化 PEG 间隔臂的链长后，修饰后的表面在全血试验中显示出非常低的血小板和非特异性纤维蛋白的黏附性，表明 PEG 对非特异性蛋白质的吸附具有良好的排斥性，且 ε-赖氨酸化表面吸附的纤溶酶原不会促进血小板的黏附。

由于体积位阻效应，表面的高赖氨酸接枝密度很难通过“grafting to”接枝 PEG 的方式实现。相反，“从表面接枝”(“grafting from”)的方式将聚合物作为间隔臂接枝时，可以实现更高的接枝密度[281]。陈红小组[282]首先合成甲基丙烯酰异硫氰酸酯并用于改性 PU 以获得乙烯基功能化的 PU 表面，使不同的乙烯基单体通过自由基共聚到 PU 表面。例如，PHEMA 或含 PHEMA 的共聚物已被用来修饰 PU 表面，进一步通过 PHEMA 侧链末端的羟基固定 ε-赖氨酸[图 5-23(b)][9]。PHEMA 侧链丰富的羟基能够固定大量 ε-赖氨酸，最终表面的赖氨酸密度可达 2.81 $nmol/cm^2$，明显高于以 PEG 为间隔臂的赖氨酸化 PU 表面(0.76 $nmol/cm^2$)。这种表面能够减少非特异性蛋白质的吸附，并以高选择性结合血浆中的纤溶酶原，同时表现出更快的溶栓速度。接下来，进一步将该纤溶体系引入到 L605 钴铬合金支架表面，在固定了溴引发剂的金属支架表面通过 SI-ATRP 接枝 PHEMA 并固定 ε-赖氨酸，实现金属冠脉支架表面构建纤溶系统[283]。

根据上述表面修饰方法，需要经历先接枝惰性间隔臂再固定 ε-赖氨酸的步骤，反应过程较为复杂，且涉及对 ε-赖氨酸中 ε-氨基的保护和强酸的脱保护，这使得精确控制 ε-赖氨酸的接枝效率和接枝密度成为难题。为了简化这一步骤，Tang 等[284]合成了一种功能性的乙烯基-ε-赖氨酸单体，并在乙烯基改性后的 PU 表面与 HEMA 单体一步共聚，从而获得 ε-赖氨酸化的表面。接枝到 PU 表面的 ε-赖氨酸的数量占共聚物的百分比与单体的投料比几乎相同，在 ε-赖氨酸单体的投料比为 9.09%时，材料表面接枝的 ε-赖氨酸密度达到 9.85 $nmol/cm^2$。该 ε-赖氨酸化表面对非特异性 Fg 的吸附表现出良好的抵抗性(<30 ng/cm^2)，并且能够选择性地结合血浆中的纤溶酶原，吸附量随表面 ε-赖氨酸密度的增加而增加，最高可达 1.8 $\mu g/cm^2$。结合的纤溶酶原能够在 t-PA 的激活作用下有效溶解

纤维蛋白，溶解速度与纤溶酶原吸附量呈正相关。上述 ε-赖氨酸化的表面修饰方法避免了分步接枝工艺中可控性和重现性差的问题，反应条件比较温和，不涉及对赖氨酸的 ε-氨基的保护和强酸脱保护的剧烈反应条件。

此外，还有通过将生物惰性聚合物与 PU 简单共混的方法来制备具有抗非特异性蛋白质吸附的赖氨酸化 PU 表面的方法[285]。首先用无规共聚法制备了 EHMA、OEGMA 和甲基丙烯酸类赖氨酸单体的三元共聚物，得到了含 ε-赖氨酸的目标共聚物。在共聚物的成分中，PEHMA 链段提高了共聚物与 PU 的相容性，使共聚物直接融入 PU 材料中。当 PU 暴露在水环境中时，亲水的 POEGMA 链段和赖氨酸使共聚物链段迁移到 PU 表面，从而形成 OEGMA 和赖氨酸修饰的 PU 表面，既能抵抗非特异性蛋白质的吸附，又能提高血浆中血纤维蛋白溶酶的特异性吸附。此外，共聚物中 ε-赖氨酸的数量可以通过调整单体的投料比例来调节，最终调控 PU 表面的纤溶酶原吸附量。

4) 原位产生纤溶酶的纤溶表面

在纤溶表面的构建中，纤溶酶原的激活需要 t-PA 或其他有效激活剂的协同作用。从结构上来讲，t-PA 和纤溶酶原都含有一个 ε-赖氨酸结合位点，因此理论上都能被 ε-赖氨酸修饰的材料表面捕获。然而试验发现，t-PA 的显著吸附只有在其浓度扩充至其原有血浆浓度的 1000 倍以上时才能被检测到[286]，而正常血液环境中的 t-PA 含量极低，显然不足以激活表面结合的纤溶酶原。尽管内皮细胞在破损时会释放大量 t-PA，但不能作为稳定且可控的 t-PA 源而加以利用。因此，理想情况下构建的纤溶表面应该不依靠血液环境中的 t-PA 而具备自主原位产生纤溶酶的能力。实现这一目标就需要材料表面预先负载有 t-PA，且能够特异性吸附纤溶酶原。

ε-赖氨酸化的材料表面即可契合上述目标。如前所述，ε-赖氨酸与纤溶酶原之间的强亲和性导致赖氨酸化表面对纤溶酶原的吸附具有排他性，而研究结果也表明 90%预吸附的 t-PA 在接触血浆时将被纤溶酶原取代而脱离表面[287]。所以可以预先将 t-PA 负载到赖氨酸化的材料表面，当材料接触血液时，血液中存在的纤溶酶原就可以将 t-PA 替换下来并释放至周围血液环境中，从而原位激活材料表面及血液中的纤溶酶原。陈红小组[288]首先利用静电纺丝制备了表面 ε-赖氨酸化的 PU 材料构建纤溶表面(图 5-24)。一方面，静电纺丝材料的多孔结构可以提高 t-PA 的负载量；另一方面，可利用其位阻效应减缓纤溶酶原对 t-PA 的替换作用，从而防止爆释。试验结果表明，t-PA 可以高效地负载到改性后的材料表面并且实现温和置换释放。另外，试验人员选取不同的时间点进行考察，发现 t-PA 的摩尔释放量几乎等同于纤溶酶原的摩尔吸附量，进一步证明纤溶酶原对 t-PA 的替换作用是促使 t-PA 释放的主要原因。针对赖氨酸化的静电纺丝材料进一步优化，他们首先合成带有赖氨酸的聚乙烯醇，然后将其与未改性的聚乙烯醇按照不同预设比例进行混合，再通过静电纺丝制备一系列具有不同赖氨酸密度的多孔材料[289]。这种方式可以获得赖氨酸接枝密度更加精确可控的纤溶功能材料，并且具有和上述赖氨酸化 PU 表面类似的原位产生纤溶酶的功能。

上述系列研究巧妙地利用了蛋白质间的竞争性结合及替换作用实现目标功能蛋白质的释放，同时激活材料表面和血液中的纤溶酶原，从而构建具有纤溶功能的材料表面并溶解材料周边形成的血栓。

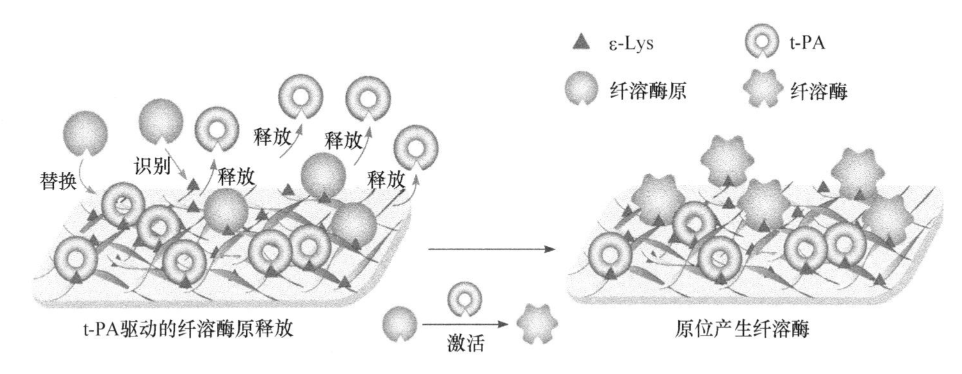

图 5-24　利用纤溶酶原的替换作用构建 t-PA 释放表面的示意图[288]

上述基于 ε-赖氨酸负载 t-PA 的策略在持续的血液接触后，t-PA 总会被纤溶酶原完全取代，不能持续产生纤溶酶[290]。因此，陈红小组试图制备双配体的表面，分别用于负载 t-PA 和捕获纤溶酶原。他们自主制备了一种从纤溶酶原抑制剂衍生出来的 t-PA 亲和性配体 PAI-1。PAI-1 是 t-PA 的一种生理抑制剂，其上的表面活性中心环可与 t-PA 中的特定位点发生亲和作用，且亲和作用的最初结合不会影响 t-PA 的活性[291]。他们从表面活性中心环中选取了一段六肽 ARMAPE 来研究其作为 t-PA 亲和性配体的可能性。经过前期理论分子模拟和试验，该多肽能够定位结合在 t-PA 中结合 PAI-1 的位点，且不影响 t-PA 的活性。随后，他们进一步将该多肽引入材料表面，测定改性后的表面与 t-PA 的结合常数为 1.55 L/mol，证明该方案的可行性[291]。表面结合后的 t-PA 由于其 PAI-1 结合位点已被多肽锁定，因此不但仍然具有较高的活性，而且能够有效抵抗 PAI-1 的抑制作用。以上研究证明该抑制剂衍生多肽可作为一种理想的 t-PA 特异性配体(图 5-25)。以此为基础，他们还发展了另一种可原位产生纤溶酶的材料表面[292]。首先在双键化的 PU 表面共聚 HEMA 和甲基丙烯酸金刚烷甲醇酯(AdaMA)两种单体，然后将六肽 ARMAPE 通过 HEMA 侧链的羟基固定，将七个赖氨酸取代的 β-环糊精 [β-CD(Lys)$_7$]分子通过与金刚烷的主客体固定，实现双配体的纤溶功能表面。该表面可以通过多肽和赖氨酸这两种配体的作用共同负载 t-PA。在血液环境中，赖氨酸将特异性吸附纤溶酶原，并被材料表面预先负载的 t-PA 激活，从而原位产生纤溶酶。相比于赖氨酸单一配体表面，这种双配体表面的纤溶酶活性更高。

5) 基于纤溶活性的双功能或多功能表面

上述研究已经建立能够特异性捕获纤溶酶原的表面的制备方法，随着研究的深入，在材料表面引入单一功能已经不能满足实际应用中的需求，进一步在纤溶功能的基础上引入抗凝血、抗血小板黏附和血管细胞行为调控功能能够赋予表面更加全面协调的抗血栓性能，从而解决复杂的材料表面血栓生成问题。陈红小组[293]在双键功能化的 PU 表面接枝共聚乙烯基 ε-赖氨酸单体和 OEGMA 单体，并进一步共价固定能够催化 NO 释放的硒代胱胺，构建了同时具有抗非特异性蛋白质吸附、纤溶及抑制平滑肌细胞黏附和增殖多重功能的表面[图 5-26(a)]。具有不同 ε-赖氨酸密度的系列表面可通过改变上述两种单体的投料比实现，研究结果表明 ε-赖氨酸的表面修饰密度最高达 11.9 nmol/cm^2，而纤溶酶原吸附量可达到约 100 ng/cm^2，远高于未修饰的 PU 表面(约 4 ng/cm^2)。同时，该表面能够在 7 天内稳定催化亚硝基谷胱甘肽释放 NO[平均速率 0.61×10^{-10} mol/(cm^2 · min)]，与健康的内皮细胞层释放 NO 的速率相近。通过将纤溶功能和 NO 释放功能相结合，材料表面不仅能够溶解初生血栓、抑制血小板的黏附，还能够通过抑制平滑肌细胞的黏附以降低内膜增生的发生率。

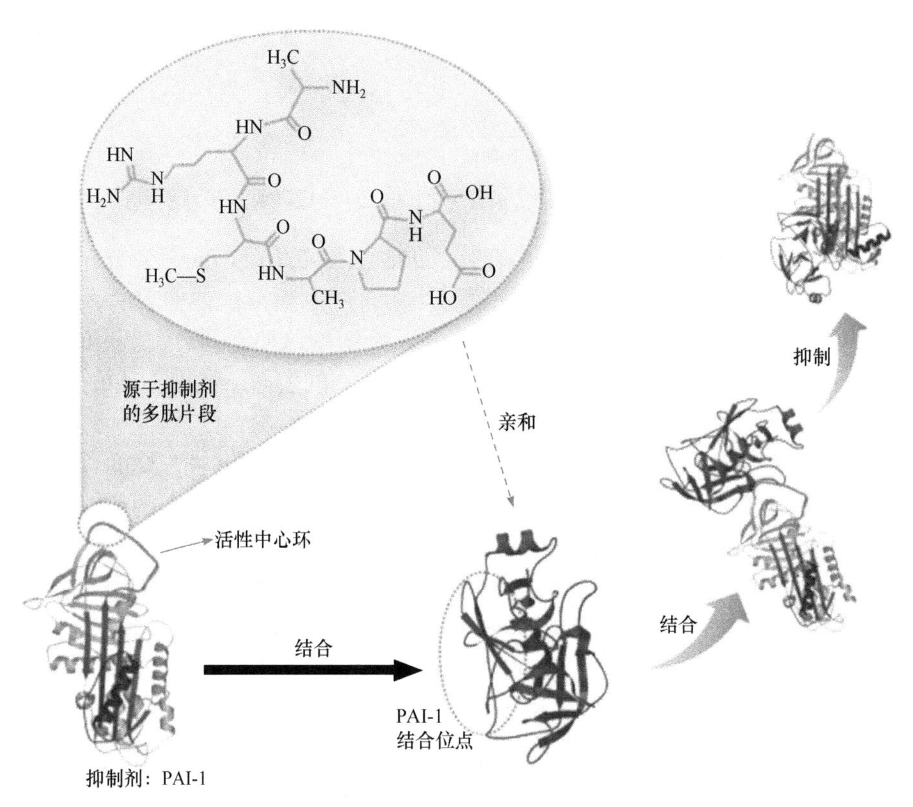

图 5-25　t-PA 与其生理抑制剂结合、抑制剂衍生多肽结合作用示意图[292]

Zhan 等[294]还通过逐步固定多种生物分子的方法来制备具有纤溶和促进内皮化双重功能的表面。首先通过表面引发自由基聚合在 PU 表面接枝了一层带金刚烷的惰性聚合物 P(HEMA-*co*-AdaMA)，然后通过共价键和主客体相互作用逐步引入两种功能性生物分子。其中，HEMA 中的羟基固定 REDV (Arg-Glu-Asp-Val)多肽，金刚烷通过主客体相互作用固定 ε-赖氨酸取代的环糊精[β-CD-(Lys)$_7$]，从而构建同时具有纤溶活性及促进内皮细胞黏附与增殖的多功能表面[图 5-26(b)]。这两种生物分子的相对数量可以通过改变 PHEMA/PAdaMA 的相对比例来调节。此外，在多肽共价固定前后，材料表面的 ε-赖氨酸密度均保持在约 0.95 nmol/cm^2，最终的纤溶酶原吸附量也达到 1.55 μg/cm^2，与未修饰的表面相比提高了 10 倍以上。更值得注意的是，在多肽共价固定前后，纤溶酶原的吸附量没有明显差异，这表明 REDV 多肽的引入并不影响纤溶酶原与 ε-赖氨酸的结合。随后的溶栓试验中，基于 ε-赖氨酸化的 PU 表面显示出良好的溶栓能力，且接枝了 REDV 多肽的赖氨酸表面显示出类似的纤溶功能，表明固定的 REDV 多肽并不会影响赖氨酸的活性。这种功能分子的顺序引入避免了分子之间的竞争性结合，而且功能分子不会对彼此的功能相互影响，使每个部分都能发挥其完整功能。利用类似的设计理念，他们还设计了一种兼具抗凝血、纤溶活性、促进内皮化及抑制平滑肌细胞增殖的材料表面[111]。首先通过一步接枝共聚法将 HEMA、LysMA 和 AdaMA 单体引入乙烯基功能化的PU表面，然后通过主客体相互作用将用磺酸基团修饰的环糊精固定在表面。该多功能表面能够选择性地吸附血浆中的纤溶酶原，显示出良好的抗凝血性能和纤溶活性。

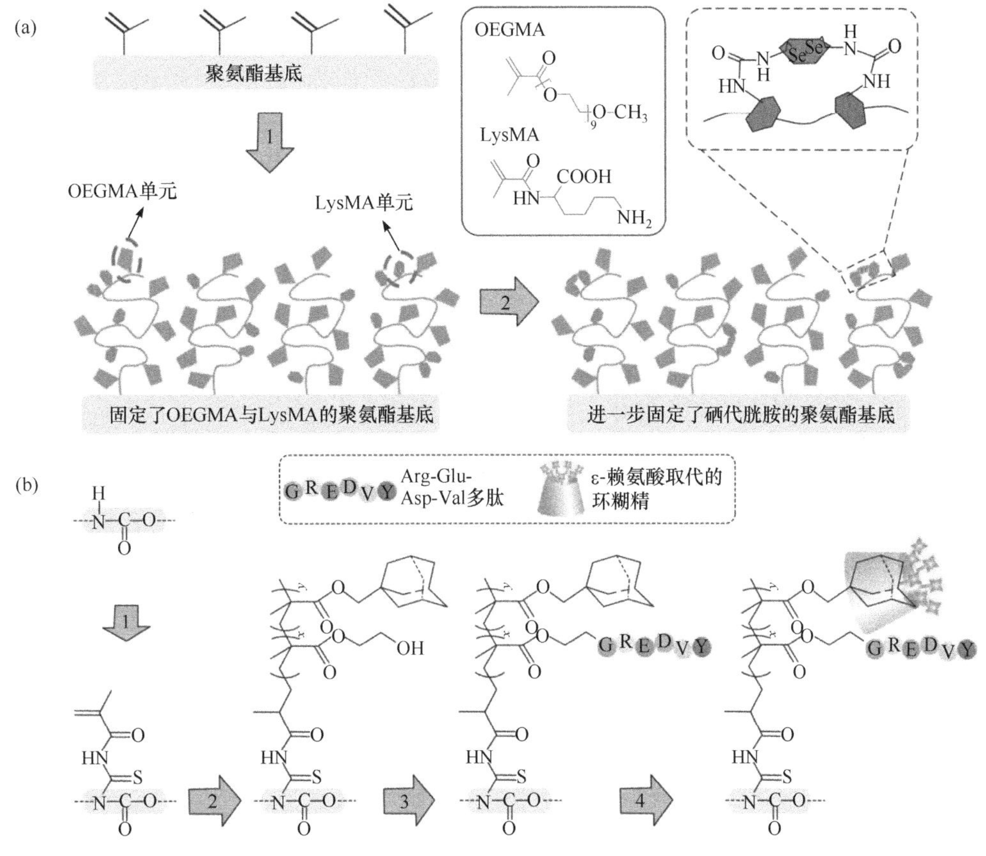

图 5-26　(a)构建硒代胱胺与 ε-赖氨酸配体共修饰的 PU 表面示意图；(b)利用共价结合与主客体相互作用构建 REDV 多肽与 ε-赖氨酸配体共修饰的 PU 表面示意图[293]

4. 基于纤溶酶原激活剂的纤溶表面的构建

1) 直接释放纤溶酶原激活剂的纤溶表面

上述纤溶表面的构建主要基于纤溶酶原在赖氨酸化表面的富集与激活这一基本思路，而直接在材料表面负载纤溶酶原激活剂是构建纤溶表面的另一类策略。与血液接触时，这种纤溶表面可以直接激活血浆中的纤溶酶原，从而溶解初生血栓。

纤溶酶原激活剂是一类丝氨酸蛋白酶，可激活血液环境中的纤溶酶原，形成纤溶酶，从而溶解初生血栓。在临床上通常被用作溶栓剂，用于治疗血栓性疾病，如急性心肌梗死。链激酶、尿激酶和 t-PA 是临床上批准使用的三种 Fg 激活剂，但纤溶酶原激活剂在血液中的半衰期极短，所以治疗效果有限。为此，许多研究人员开发了能够靶向释放纤溶酶原激活剂的纳米载体材料，以提高其治疗效果。例如，Tasci 等[295]将生物素化的 t-PA 结合到氧化铁珠的表面，并将这些分散的胶体颗粒组装成一个“微轮”结构。在磁场的驱动下，这种微轮会进行螺旋运动，迅速到达液体和血栓之间的界面，穿透纤维蛋白网络，从内部溶解血栓。Jin 等[296]用超声喷雾仪构建了一种包裹着尿激酶的聚乙二醇中空凝胶，提高了尿激酶在体内的活性维持时间。其他相关的研究进展可参考相关综述，这里不再讨论[297]。

但是，关于直接将纤溶酶原激活剂固定在材料表面以实现纤溶功能的研究还相对较少。Senatore 等[298]将尿激酶吸附在人造小口径血管(纤维胶原管)的内表面，并利用戊二醛交联固定。将该材料作为动脉接枝植入狗体内发现，尿激酶修饰的血管接枝通畅率显著高于对照样品，且在试验组动物体内检测到纤维蛋白降解产物，而在对照组中则没有。Park 等[299]首先利用自由基聚合与交联的方法构建了聚谷氨酸-PEG 水凝胶。在制备过程中加入了碳酸氢钠作为发泡剂，以此获得具有多孔结构的水凝胶。水凝胶的多孔结构在交联和冻干处理中逐渐变得稳定，扫描电子显微镜图显示其孔径为 10～20 μm。这种多孔结构在 t-PA 的负载与缓释中起着重要作用，其所具有的较大比表面积可提高 t-PA 的负载量，并促进其在血液环境中逐渐被释放出来，从而赋予水凝胶纤溶活性。试验结果表明，水凝胶的制备过程没有对 t-PA 的纤溶酶原激活活性及其初生血栓溶解能力造成较大的影响。在 t-PA 释放试验中，虽然第一天内爆释了 35 μg t-PA，但在接下来的一周内，日均持续缓释 6～10 μg t-PA。值得提出的是，最初爆释的 35 μg t-PA 足以溶解血液环境中的初生血栓，而之后一周持续缓释的 t-PA 可起到防止新生血栓形成的作用。另外，在此体系中可通过改变聚谷氨酸和交联剂的含量来控制水凝胶中 t-PA 的释放速度。

Wu 等[300]在 PU 表面接枝 PDMAEMA，并利用碘甲烷等甲基化试剂对其叔胺基团进行季铵化，从而获得阳离子表面。在弱碱性条件下，通过静电相互作用将带负电荷的 t-PA 负载于表面，并在生理条件下使其得以释放。研究表明，季铵化后 PU 表面的 t-PA 负载量是未修饰表面的十倍以上，且负载的 t-PA 仍然保持和游离状态 t-PA 同等的生物活性。另外，虽然血液中 t-PA 的半衰期极短，只有数分钟，但是负载 t-PA 的生物活性可以保持数天，大大延长了该 t-PA 负载材料的有效期。该试验结果证明，在材料表面负载 t-PA 可以有效保护 t-PA 不被血液中的一些物质影响而失去活性，如消化酶和抑制剂等。在利用蛋白质标记法的 t-PA 释放试验中，最初 3 h 内有一小部分 t-PA 被爆释，爆释量为 0.6～1.6 μg/cm^2，假使是在管径 1 cm 的血管中，则该爆释量可被粗略换算成 1 μg/mL，而在临床中风、心肌梗死等纤溶疗法中，有效的 t-PA 治疗浓度为 0.5～1.0 μg/mL，故该爆释量理论上可以有效地溶解血栓。经过这 3 h 的爆释后，该材料之后能够达到缓慢的“零级”释放，且释放的 t-PA 活性均保持在 80%以上。

2) 响应性释放纤溶酶原激活剂的纤溶表面

虽然上述直接释放纤溶酶原激活剂的纤溶表面都很有前景，但在正常的血液环境中，纤溶活性蛋白(如纤溶酶原和 t-PA)裸露固定在表面势必会引发凝血障碍等副作用。因此，开发在血栓微环境下具有应激响应性的纤溶功能表面更为实用。如前所述，血栓形成过程中变化的微环境因素可分为两大类：物理化学因素，如剪切力和 pH 等；生物分子因素，如凝血酶和其他凝血因子、活化的血小板和纤维蛋白网络等。

血栓形成后狭窄的血管的物理特征和正常血管有着显著的差异，其中局部流体剪切力呈一到两个数量级增加，从正常血管中的 70 dyn/cm^2(1dyn=10^{-5}N)以下激增至 1000 dyn/cm^2 [301]。而正常循环状态下的血小板就能被高剪切力激活并黏附于血管表面。受此启发，Korin 等设计出剪切力响应性纤溶酶原纳米粒子聚集体并负载纤溶分子 t-PA，希望将其应用于血栓部位，实现血栓响应性的纤溶功能。首先体外试验证实了该体系能够对剪切力产生响应从而降解释放出 t-PA。接着小鼠动脉血栓模型的试验表明，该负载 t-PA 纳米粒子聚集体能够在血管狭窄处实现血栓表面逐渐侵蚀，直至完全清除；而对正常血管不产生扰乱。另外，血栓形成后局部缺血组织的 pH 和正常组织存在梯度性的差异，所以 Cui 等[302]制备了一种 pH 响应性的 PEG-尿激酶偶联物纳米凝胶来实现纤溶分子的血栓应激性递送。虽然上述基于物理化学因素的血栓应激性纤溶体系理论上具有可行性，但在实际临床应用中可行性较差且功能的稳定性难以保证[303]。所以研究者寄希望于另一种自适应策略，即对血栓形成中的关键生物分子信号响应。

血栓形成的过程伴随着一系列凝血因子和抗凝血因子的激活，导致局部血液环境中的各项生理指标均不同于正常血液。随着凝血系统的启动，各项凝血途径协同作用，最终在凝血酶处汇合。凝血酶在体内的产生是一个动态过程，在血栓形成过程中局部凝血酶浓度会发生快速的改变。在整个凝血系统激活的过程中，局部凝血酶的含量可以从 1 nmol/L 上升到 500 nmol/L 以上，其含量的快速上升可以认为是血栓形成的标志性事件之一[268]。因此，以凝血酶作为应激源构建血栓应激性纤溶材料的策略得到了最广泛的关注和研究。该策略的可行性首先在抗凝血药物递送体系及水凝胶材料中得到了验证。Lin 等[304]设计了以凝血酶底物多肽为交联剂的阳离子聚合物(PEG)与肝素的组装纳米胶囊，初步实现了凝血酶响应性的抗血栓药物释放。Maitz 等[305]首先提出了一种模块化的水凝胶体系，该体系将肝素和多臂聚乙二醇通过凝血酶底物多肽共价连接形成水凝胶网络结构，与血栓微环境中的凝血酶相互作用后，水凝胶体系被降解并释放出网络结构中的肝素。释放的肝素和凝血酶形成反馈性控制环路系统，实现材料长期的自适应抗凝血功能。Zhang 等[306]利用凝血酶响应性多肽序列将肝素分子连接到透明质酸结构骨架上，聚合交联形成凝胶，这种凝胶材料可根据环境中的凝血酶水平自调节肝素的释放，避免了过度给药造成的副反应。

随着凝血酶响应性概念得以证实，凝血酶响应性纤溶体系得到了系统的发展并取得了显著的成果。对于纤溶药物递送，Absar 等[307]将 t-PA 与白蛋白通过凝血酶底物多肽结合在一起，并在白蛋白表面修饰归巢肽，白蛋白可以暂时掩蔽 t-PA 的活性，凝血酶底物多肽被血栓微环境中的凝血酶裂解后，体系中的 t-PA 恢复溶栓活性。Gunawan 等[308]报道了一种基于凝血酶响应性的尿激酶载体，利用凝血酶可酶切多肽作为交联剂构建聚合物载体，该药物递送体系可在血栓部位的高凝血酶环境下发生降解并释放出其中的尿激酶溶解血栓。同时在聚合物载体表面修饰了能够特异性识别活化血小板表面整合素 GP Ⅱb/Ⅲa 的单链抗体 scFv，赋予该药物递送体系在血栓部位定点释放的能力。

除了纤溶药物递送体系，凝血酶响应性策略在纤溶功能水凝胶材料的构建方面也有一些应用和发展。陈红小组[309]设计了一种能够响应血栓生成释放 t-PA 的水凝胶材料，以凝血反应发生时的特征性产物凝血酶作为应激源，选用凝血酶的响应性多肽作为交联剂制备水凝胶并包载 t-PA。当凝血反应发生时，产生的凝血酶会切断作为交联剂的多肽使凝胶发生降解并释放包裹的 t-PA，t-PA 通过激活血液环境中的纤溶酶原进而溶解纤维蛋白；而在无凝血酶存在时能够及时停止释放 t-PA，关闭纤溶功能(图 5-27)。这种血栓应激性的功能调节方式模拟了人体自身凝血机制的生理调节过程，即凝血系统启动的同时会激活纤溶系统，用以平衡调节凝血反应的进程，能够更好地与血液系统相融合。

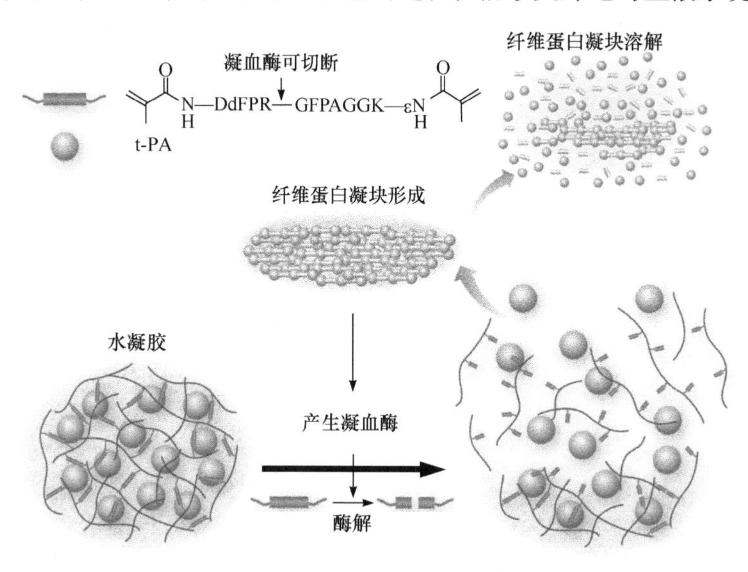

图 5-27　自适应性纤溶功能水凝胶示意图[309]

为了将上述血栓应激性纤溶功能用于材料表面，他们进一步将凝血酶响应性纤溶水凝胶设计成凝血酶响应性纤溶纳米胶囊[310]，并将其作为构筑表面涂层的基元[图 5-28(a)]。以丙烯酰胺和 *N*-(3-氨基丙基)甲基丙烯酰胺为单体，以凝血酶两端修饰了乙烯基的凝血酶底物多肽为交联剂，通过静电力相互作用吸附于 t-PA 表面并进行原位聚合和交联，从而在 t-PA 表面形成凝血酶可降解的水凝胶外壳，即 t-PA 纳米胶囊(nanocapsules, NCs)。该胶囊可以在正常环境中完全掩蔽 t-PA 活性以避免副反应的发生，而当凝血酶存在时，t-PA 活性随凝血酶浓度的升高而线性递增，并表现出良好的凝血酶响应性溶栓性能。该凝血酶响应性 t-PA NCs 不但可以用于后续血栓应激性抗栓涂层的构建，也可以单独作为一种血栓靶向的纤溶药物递送体系得以应用。为了将上述凝血酶响应性纤溶纳米胶囊用于血液接触材料表面改性[图 5-28(b)]，利用上述 t-PA NCs 构建血栓应激性纤溶涂层。在多种血液接触材料表面通过聚多巴胺黏附层共价固定 t-PA NCs，并采用亲水性抗污小分子谷胱甘肽封闭暴露的聚多巴胺位点。该表面能够显著降低非特异性蛋白质吸附，并在正常血浆中完全掩蔽 t-PA 活性；而在含有凝血酶的血浆中，t-PA 以恒定速率释放，t-PA 活性随时间线性增加，活性大小与凝血酶浓度呈正相关，说明涂层的纤溶活性可以根据凝血反应的程度自动调节。更重要的是，在非抗凝血的全血试验中，自然凝血过程所产生的凝血酶足以激活涂层的纤溶活性，及时溶解初生血栓从而防止血栓的最终形成。该部分研究首次在材料表面涂层上实现了血栓应激性纤溶功能概念的应用。

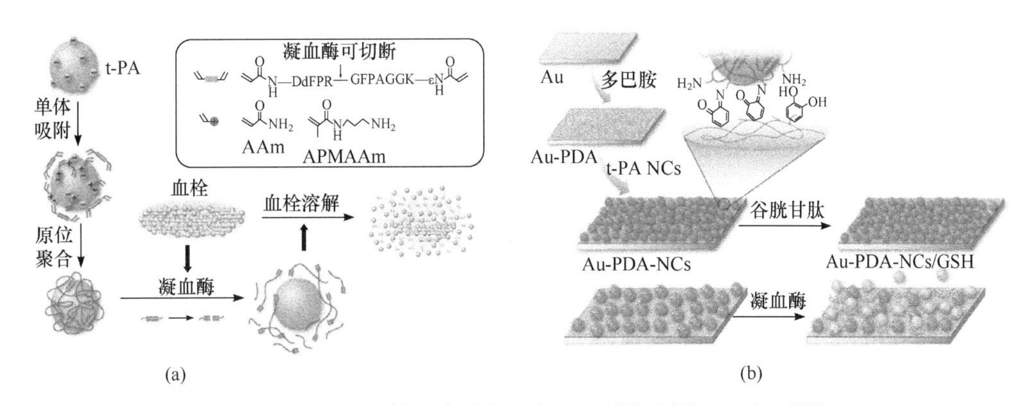

图 5-28 自适应性纤溶纳米胶囊(a)及纤溶表面(b)示意图[310]

除了上述使用凝血因子(如凝血酶)作为诱因外，血栓形成过程中激活的血小板应激物也被用来开发应激响应性纤溶功能材料。在血栓形成过程中，血小板活化前后其表面的生物分子有很大的不同。例如，活化的血小板表面大量表达 GPⅡb-Ⅲa($\alpha_{\text{Ⅱb}}\beta_3$)整合素，Huang 等[311]据此设计了一种活化血小板响应性纳米载体来实现t-PA的自适应递送。利用脂质体负载 t-PA 并在表面涂覆构象受限的环形 RGD 多肽，与活化血小板表面的 $\alpha_{\text{Ⅱb}}\beta_3$ 整合素特异性结合使得负载 t-PA 的脂质体和血小板充分接近，脂质体膜发生扰动，实现 t-PA 控制释放，发挥纤溶功能。另外，活化的血小板表面也会过表达 P 选择素，基于此 Juenet 等[312]制备了负载重组 t-PA 的盐藻多糖功能化纳米粒子。研究结果表明该复合粒子在流动体系下对活化血小板的结合。小鼠静脉血栓模型试验证实了该递送体系的血栓应激性纤溶功能。

5.3.3 其他生物活性分子

1. 直接凝血酶抑制剂

在上述的肝素化表面中，肝素通过催化抗凝血酶对凝血酶的抑制来间接抑制凝血酶(和其他活化的凝血因子)。而本小节中所述的直接凝血酶抑制剂直接作用于结合酶的活性位点使其灭活，主要包括水蛭素、水蛭素衍生物和阿加曲班等[2]。直接凝血酶抑制剂可分为一价抑制剂和二价抑制剂，这取决于它们与凝血酶结合的位点(图 5-29)。一价抑制剂(如阿加曲班等)仅与活性位点结合，而包括水蛭素和比伐卢定在内的二价抑制剂则与活性位点和一个外部位点结合[313]。

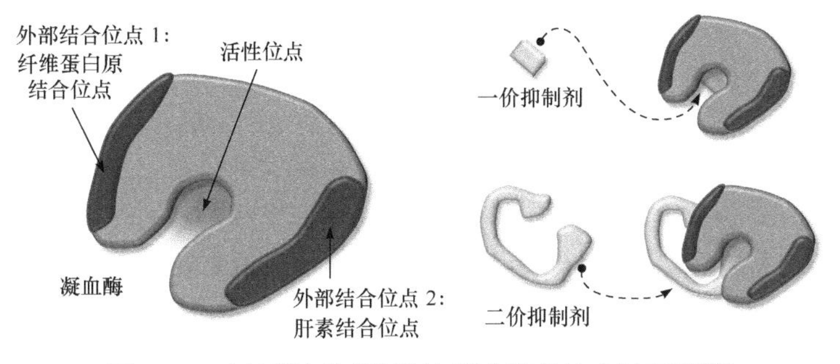

图 5-29 直接凝血酶抑制剂与凝血酶的结合示意图[313]

1) 水蛭素

水蛭素(hirudin, Hir)是从药用水蛭唾液中发现的一种小分子多肽，现在也可以通过重组 DNA 技术获得，分子质量约为 6.9 kDa。它作为天然生物抑制剂的代表，具有出血不良反应少、过敏反应少等优点[314]。水蛭素通过直接和特异性地结合凝血酶并抑制其酶活性，从而实现抗凝血的目的。水蛭素的 N 端含有活性中心，其疏水结构能够与凝血酶的非极性结合位点结合，而 C 端富含酸性氨基酸残基，能够与带正电荷的凝血酶识别位点形成离子键[315]。水蛭素的 Pro46-Lys47-Pro48 序列能够占据凝血酶活性位点附近的基本特异性口袋，形成水蛭素-凝血酶复合物，从而有效阻止血液凝固。因此，水蛭素不但能够抑制游离凝血酶，而且对纤维蛋白结合的凝血酶同样具有抑制效果。此外，水蛭素还会干扰凝血酶与血小板相互作用的位点[316, 317]，从而达到抗凝血的目的。

作为一种表面改性剂，水蛭素已被用于多种基材，包括聚酯[318]、聚氨酯[319]、聚乙烯[320]、镍钛诺金属[321]和聚四氟乙烯[322]等。Berceli 等[323]用水蛭素涂覆在聚酯血管移植物表面，体外试验结果表明涂覆有水蛭素的聚酯血管移植物局部凝血酶浓度降低。Li 等[314]通过氢键相互作用固定天然水蛭素，开发了一种新型的抗凝血聚丙交酯膜。试验结果表明，聚丙交酯膜的抗凝血活性随着活性水蛭素浓度的增加而提高。该抗凝血聚丙交酯膜在清洁尿素、肌酐、溶菌酶等方面表现出优异的透析性能。Wu 等[324]通过静电自组装开发了一种在聚氨酯材料表面负载水蛭素的新策略。结果表明，阳离子聚氨酯表面负载的水蛭素大约是未改性表面的 200 倍。此外，该表面的水蛭素释放速度很慢，48 h 后仍结合了约 78%的水蛭素，并且这些结合的水蛭素活性基本保持不变。同样是利用静电相互作用，Shi 等[325]利用聚乙二醇二胺对丝素蛋白进行阳离子改性，并利用静电相互作用在阳离子改性后的表面负载水蛭素。测试结果表明，水蛭素改性表面抑制凝血酶活性的能力随着水蛭素含量的增加而提高，同时有效抑制了血小板黏附并延长了凝血时间。为了使水蛭素固定化表面能够有效阻止蛋白质的非特异性吸附，Alibeik 等[326]用聚乙二醇和水蛭素共同修饰表面，获得了兼具防污性能和凝血酶中和特性的材料表面。

水蛭素目前也可以通过重组 DNA 技术获得，重组水蛭素(r-hirudin, rHir)与天然水蛭素的区别在于缺少第 63 位的硫酸化酪氨酸残基。Seifert 等[327]通过戊二醛作为交联剂将 rHir 固定在乙交酯和丙交酯的共聚物表面，经 rHir 改性后的表面血小板黏附和活化均得到了有效降低。此外，改性后表面的凝血时间显著延长，与肝素改性表面相当。Lahann 等[328]利用 rHir 中的羧酸基团将其固定在接枝了 PAA 的聚氨酯表面，rHir 的固定显著降低了表面的凝血酶活性。蛋白质化学分析结果证明，活性的丧失是 rHir 的 N 端氨基选择性偶联的结果。在后续的工作中，他们用功能化的聚(对环芳烃)涂覆了镍钛合金冠状动脉支架，并将 rHir 附着在涂层上。试验结果表明经 rHir 处理的支架，凝血时间得到了有效的延长，并且血小板黏附量明显减少[321]。Phaneuf 等[329]通过 BSA 和交联剂磺基琥珀酰亚胺基-4-(*N*-马来酰亚胺甲基)-环己烷-1-甲酸酯(SMCC)组成的混合物对氢氧化钠水解涤纶(hydrolyzed dacron, HD)进行改性并在改性后表面上固定 rHir，获得了 rHir 改性的 HD 表面(rHir-BSA-SMCC-HD)。与没有加入交联剂 SMCC 的对照组相比，rHir-BSA-SMCC-HD 结合的 rHir 多 22 倍，凝血酶抑制效果也得到了巨大的提升。他们通过类似的方法将 rHir 固定在羧化聚氨酯表面，该表面仍然能保持较好的抗凝血酶活性[330]。在后续的研究中，他们发现将 BSA 替换为犬血清白蛋白也可以取得类似的效果[331]。为了开发一种简单有效的 rHir 在表面固定的方法，Zheng 等[332]利用聚多巴胺的自聚合将 rHir 固定在硅表面，有效延长了凝血时间。

2) 水蛭素衍生物

比伐卢定是一种水蛭素衍生物，它是包含了水蛭素的 N 端残基和 C 端残基的 20 个氨基酸组成的多肽，末端由四个甘氨酸残基连接[333]。比伐卢定是“二价的”，能够同时抑制凝血酶的活性位点和阴离子结合位点。当比伐卢定与凝血酶结合时，凝血酶的所有作用都被抑制，包括血小板的激活、Fg 的裂解和凝血酶Ⅺ的正向放大反应的激活。与肝素相比，它对血块结合的凝血酶的活性更高、抗凝血作用更可预测。在对不稳定心绞痛进行冠状动脉成形术时，比伐卢定可减少缺血并发症和成形术后出血[334]。

Huang 小组[335]率先通过多巴胺黏合层将比伐卢定固定在 316L 不锈钢表面，结果表明比伐卢定的加入可延长凝血时间并抑制血小板活化。在进一步的工作中，他们将比伐卢定共价结合到表面涂覆了聚烯丙胺涂层的 316L 不锈钢表面，比伐卢定与聚丙烯胺涂层的结合进一步抑制了凝血酶的活性、延长了凝血时间。此外，该涂层还能够增强内皮细胞的黏附、增殖、迁移，以及一氧化氮的释放和前列腺素的分泌[336]。Huang 小组[337]还针对比伐卢定的洗脱时间进行了研究，他们通过在纳米管状二氧化钛系统中引入聚多巴胺，使比伐卢定的洗脱时间增加两个月，并且该表面可以增强人脐静脉内皮细胞的生长和抑制人脐动脉平滑肌细胞的增殖。他们还将比伐卢定固定在有机植酸涂层中，利用固定有比伐卢定的有机植酸涂层对镁进行表面改性。结果表明，比伐卢定的引入有效减缓了镁的腐蚀，并且与未处理的镁相比，利用固定有比伐卢定的有机植酸涂层改性的镁表面能够有效延长凝血时间、抑制血小板黏附和减少溶血[338]。

Xing 等[339]在利用聚多巴胺结合比伐卢定对膨体聚四氟乙烯血管移植物进行改进的基础上，引入能够促进人脐静脉血管内皮细胞黏附和增殖的肽 Arg-Glu-Asp-Val。膨体聚四氟乙烯血管移植物的血液相容性和生物活性得到了显著改善。此外，体内猪颈动脉置换研究表明，改性后移植物可以在植入后 12 周仍保持理想的通畅性并有效促进内皮化。

与比伐卢定相似，来匹卢定也被合成以促进类似的抗凝血行为。Horne 等[340]利用疏水作用将来匹卢定吸附到 PDMS 表面，在保留来匹卢定抗凝血活性的同时，能够保证固定的稳定性，获得了一种操作简单、成本较低的来匹卢定固定方式。

由 D-Phe-Pro-Arg 组成的合成肽也是较为常见的水蛭素类似物，如 D-Phe-Pro-Arg-Pro-Gly[341]和 D-Phe-Pro-Arg-chloromethylketone[342]。然而，后者作为一种不可逆抑制剂，与凝血酶结合后会被永久固定，表面最终会达到饱和点，从而限制了这些材料长期应用的功效。

3) 阿加曲班

阿加曲班是另一种典型的凝血酶抑制剂，能够可逆地与凝血酶活性位点结合，是第一个被批准用于预防和治疗速发型肝素诱导血小板重度减少症患者血栓形成的合成直接凝血酶抑制剂。它来源于 L-精氨酸，能够抑制游离的和与血块相关的凝血酶的作用，而且它也不与肝素诱导的抗体发生作用。

与“二价”的比伐卢定不同，阿加曲班是“单价”的，它仅与凝血酶的活性位点相互作用，而不与凝血酶的外部位点相互作用。阿加曲班已被引入到商品化聚氨酯表面[343]，这些抑制剂修饰的表面均表现出凝血酶抑制活性，同时降低了血小板的黏附与激活。Yu 等[344]合成了连接有阿加曲班的聚氨酯-有机硅聚合物，并通过调控阿加曲班与交联剂的比例和孵育时间等条件提升了阿加曲班的活性和缓释性能。在兔体外循环模型测试中，修饰了连接有阿加曲班的聚氨酯-有机硅聚合物涂层的聚氯乙烯血栓面积大约是只修饰了聚氨酯-有机硅聚合物涂层的聚氯乙烯的 30%，凝血时间也得到了有效延长。Dai 等[345]将阿加曲班和 PEG 相结合，创建了一种方便有效的用于血液接触设备的抗凝血生物界面。他们通过聚多巴胺策略接枝阿加曲班和甲氧基聚乙二醇胺来修饰聚醚砜透析器膜。修饰后的膜能够抑制血小板黏附和活化、延长凝血时间、抑制凝血酶生成和补体激活，具有出色的抗血栓形成能力。

2. 抗血小板药物

1) 双嘧达莫

双嘧达莫是一种临床广泛应用的血管扩张剂，该分子能够抑制磷酸二酯酶的活性，削弱其对环磷酸腺苷的分解，并提高局部的腺苷浓度，从而阻断血小板对二磷酸腺苷的聚集反应以达到抗凝血的效果。双嘧达莫已被直接或通过间隔臂共价连接到聚氨酯上，体外试验表明这些材料上的血小板黏附力降低，并可能支持内皮细胞层的形成[346]。Aldenhoff 等[347]在 PU 表面共价接枝了双嘧达莫，并在山羊和绵羊体内进行了试验，结果表明接枝了双嘧达莫的 PU 表面在一定程度上能够减少血小板黏附和血栓形成。

与双嘧达莫作用机理相近，同样是从环磷酸腺苷入手，一些前列腺素类抗血小板药物也被用来修饰材料表面。例如，脂质前列腺素 E1 能够增强腺苷酸环化酶的活性来增加环磷酸腺苷，已被用于抑制血小板在生物材料上的激活和聚集。Nilsson 等[348]直接针对二磷酸腺苷的聚集进行研究，将二磷酸腺苷降解酶阿皮拉酶固定在聚苯乙烯表面。试验结果表明，该改性表面能够降解二磷酸腺苷并抑制血小板的黏附与激活。

2) 一氧化氮

一氧化氮(NO)是一种气态自由基第二信使，在心血管系统中有多种有益功能，包括血管扩张、抗血小板激活/聚集、抗炎、抗菌和促进血管生成等[349, 350]。NO 通过 NO 合成酶对精氨酸的作用，以气态形式从健康血管的内皮中释放。由于 NO 对血小板的抑制作用，NO 作为抗血栓剂在血液接触材料领域备受关注。常见的 NO 供体主要基于偶氮二醇烯鎓 (*N*-diazeniumdiolates, NONOates)和 *S*-亚硝基硫醇(*S*-nitrosothiol, RSNO)，如 *S*-亚硝基半胱氨酸、*S*-亚硝基谷胱甘肽和 *S*-亚硝基-乙酰青霉胺(SNAP)。NONOates 在生理条件下分解，每摩尔 NONOates 释放 2 mol NO 和相应的胺[351]，而 *S*-亚硝基硫醇可以通过热解、光解和金属离子催化分解形成 NO 和相应的二硫化物。通常而言利用 NO 实现抗凝血的方法可以分为两类，催化内源性或外源性的 NO 供体生成 NO 和通过含有 NO 供体储库的材料释放 NO(图 5-30)。

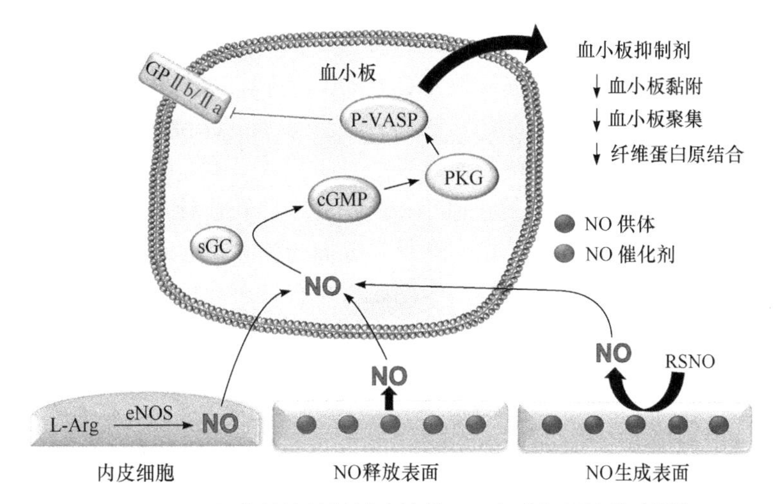

图 5-30　用于血液接触材料改性的 NO 生成和释放策略[313]

催化生成 NO 材料主要是通过铜离子[352]和其他金属离子[353-355]催化内源性和外源性 RSNO 来释放 NO。Hwang 等[356]对 PU 材料进行了改进，通过在胺化 PU 表面固定 Cu(Ⅱ)-环烯分子，使其作为氧化还原催化位点从内源性 RSNO 局部生成 NO。这主要是由于 Cu(Ⅱ)能够被常见的内源性还原剂如血液中的游离硫酸盐还原成 Cu(Ⅰ)，随后催化剂的还原形式与内源性 RSNO 反应释放 NO，并使催化部位恢复到原来的氧化形式。Singha 等[354]向含有 NO 供体 SNAP 的聚氨酯-有机硅聚合物上添加了一层氧化锌纳米粒子，将原本 24 h 的 NO 释放延长到了 14 天，改性后聚合物具有良好的细胞相容性。值得注意的是，该体系释放到周围环境中的锌离子可以忽略不计，催化剂的寿命也得到了有效保障。同样是为了提升 NO 的负载和释放能力，Goudie 等[357]将 NO 供体 SNAP 的前体 *N*-乙酰青霉胺固定到各种胺官能化的硅胶表面。这些硅胶表面提前修饰有不同支化结构的甲基丙烯酸酯，利用支化结构的不同，从而控制 NO 的负载量，提升了 NO 的控释能力，并有效减少了血小板和蛋白质的黏附。

还有大量研究者通过金属有机框架来提升金属离子稳定性，从而促进内源性 RSNO 产生 NO 的长效释放。金属有机框架是一种由金属结点和有机桥接配体组成的新型配位材料，具有孔径大小、形状、结构可调和生物降解的优点。Garren 等[358]用水稳定的铜基金属有机框架 $H_3[(Cu_4Cl)_3(BTTri)_8(H_2O)_{12}]_{72}H_2O$ 和 NO 供体 SNAP 开发了一种多功能的硅聚碳酸酯-聚氨酯复合支架。这种支架表现出较好的 NO 释放，并且 Cu(Ⅱ)可以促进内皮细胞的生长，进一步增加体内 NO 的含量。Harding 等[359]研究了金属有机框架 Cu(Ⅱ) 1,3,5-苯-三-三唑，发现其在非均相状态或与 PU 复合时都会产生 NO。后续的血液相容性研究结果表明，这种金属有机框架在添加 RSNO 后，可减少人全血中的血栓形成并抑制血小板聚集[360]。

除了催化 NO 供体释放 NO 以外，另一种持续和局部释放 NO 的方法是通过物理或化学方法将 NO 供体掺入生物材料中。Handa 等[361]向掺入了二氮烯鎓二醇化二丁基己二胺的聚氯乙烯疏水性聚合物薄膜加入乳酸和乙醇酸的共聚物作为添加剂，有效提升了 PVC 基质中二氮烯鎓二醇化二丁基己二胺的 NO 控释能力，延长了凝血时间并减少了血栓的面积。Seabra 等[362]制备了一种含有 *S*-亚硝基硫醇基团的 NO 释放聚酯，并将该聚酯与聚甲基丙烯酸甲酯混合得到能够释放 NO 的固体薄膜，该薄膜能够在体外抑制全血的血小板黏附。此外，Meyerhoff 小组[363-367]合成了一系列 NO 供体物质并修饰到不同基材表面，所得表面均显示出长期的抗凝血效果。

虽然 NO 释放材料能够通过阻止血小板的活化来防止血栓的形成，但是 NO 没有能力防止凝血级联蛋白的激活或血浆蛋白在材料表面的黏附，为此有大量研究将 NO 释放与其他改性策略相结合，通过多种机制协同改善材料的血液相容性(图 5-31)[368]。

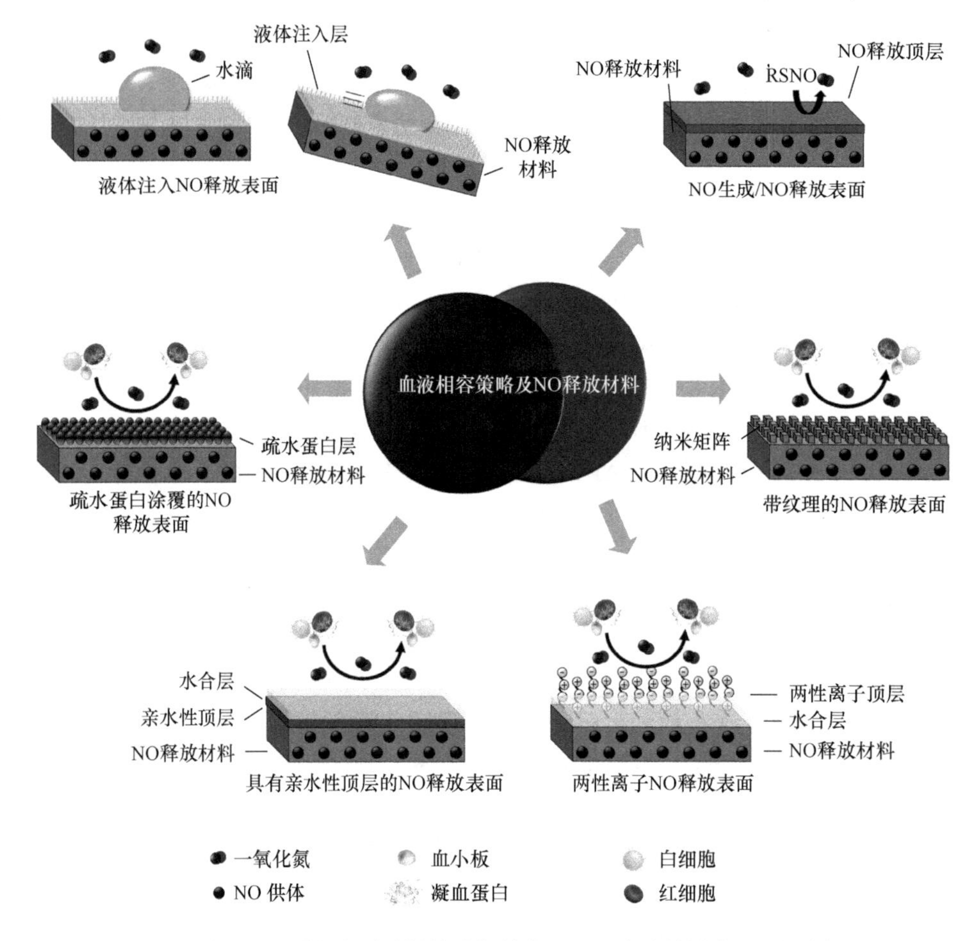

图 5-31　将 NO 释放与多种改性策略相结合，协同改善材料的血液相容性[368]

将肝素化材料的抗凝血特性与 NO 释放材料的抗血小板特性相结合能够产生一个更接近于天然内皮的协同化表面。Zhou 等[367]在聚合物涂层中将 NO 释放策略和肝素固定化策略结合，他们通过三层膜创建血液相容涂层。覆盖在聚合物基材上的第一层膜为致密的聚合物层，第二层是掺杂有亲脂性 NONOates 的 PU 层，第三层是能够共价接枝肝素的胺化聚合物涂层。与单独使用 NO 或肝素的改性策略相比，该组合策略大大增强了材料的抗凝血能力。类似地，Devine 等[369]将肝素固定在氨基化医用级硅橡胶表面，并将肝素化后的表面浸泡在 SNAP 溶胀溶液中从而获得具有协同功能的改性硅橡胶。试验结果表明，与硅橡胶表面相比，具有协同功能的硅橡胶表面可使血小板黏附降低约84%，并且不会对成纤维细胞产生细胞毒性。Luo 等[370]将胱胺修饰的肝素纳米粒子固定在聚多巴胺表面，对 316L 不锈钢基材进行了改进，在抑制血小板黏附和活化、促进人脐静脉血管内皮细胞增殖和抑制人脐动脉平滑肌细胞增殖等方面取得了一定的成效。Tran 等[237]通过简单的酪氨酸酶介导反应，将肝素和能够催化产生NO的铜纳米粒子结合在材料表面。该表面能够在 14 天内长期、稳定和可调节地释放 NO，并兼具促进内皮化和抑制血小板活化和平滑肌细胞增殖的能力。

NO 和阿加曲班的组合与上述的 NO 和肝素的组合具有类似的优势[343]。在 4 h 动静脉分流兔模型中，NO 和阿加曲班双功能改性的兔体外循环比只有 NO 释放的兔体外循环表面凝块少 15%。与之类似的，NO 释放表面也可以与比伐卢定相结合。Yang 等[371]的试验结果表明，与单独的比伐卢定或 NO 释放涂层相比，NO 和比伐卢定组合涂层上的血小板黏附分别降低了 52.4%和 16.7%，血小板活化分别降低了 96.9%和 96.0%，这主要归因于 NO 和阿加曲班的协同作用。

亲水性聚合物或具有防污性能的两性离子聚合物的引入能够有效减少血浆蛋白的吸附从而提升抗凝血特性。Jin 等[372]在双键功能化的 PU 表面接枝共聚亲水性单体甲基丙烯酸-2-羟基乙酯和金刚烷单体，随后引入硒代胱胺，改性后的表面在实现 NO 释放的同时能够有效抑制血小板的黏附。Singha 等[373]将 NO 供体分子 SNAP 与四种亲水性生物医用聚合物结合在一起，结果表明这四种亲水性聚合物均能有效防止蛋白质吸附。在后续的研究中，他们将 2-甲基丙烯酰氧乙基磷酰胆碱-甲基丙烯酸丁酯-二苯甲酮三元共聚物通过紫外交联共价接枝到嵌入了 SNAP 的聚氨酯-有机硅共聚物上，实现 NO 释放的同时具有较好的防污性能[374]。同样是利用两性离子，Zhu 等[375]将具有两性离子结构的嵌段共聚物刷(由甲基丙烯酸磺乙酯和甲基丙烯酸缩水甘油酯组成)通过原子转移自由基聚合接枝到裸金属冠状动脉支架表面，将 NO 供体二亚乙基三胺 NONOates 通过反应性环氧基团连接到聚甲基丙烯酸缩水甘油酯刷上。由此产生的双功能支架具有良好的生物相容性、抗凝血作用和促内皮化功能。另一种结合 NO 释放与两性离子的工作是通过共价结合磷酸胆碱基聚两性离子实现的，在 7 天兔模型中展示了其在体内的应用潜力[376]。与单功能化导管和对照导管相比，双功能化导管上的血栓形成明显减少，并且扫描电子显微镜证实结垢明显减少。Goudie 等[377]通过溶剂溶胀工艺将 SNAP 和硅油注入医疗级硅橡胶管中，从而制成液体注入的 NO 释放材料，有效控制 NO 的释放并保持良好的防污性能，能够减少血小板和蛋白质的吸附。与之类似的，Homeyer 等[378]将 SNAP 和硅油掺入导尿管中，使其在生理条件下维持了 60 天的 NO 受控释放，并减少了细菌的黏附和生物被膜的形成。

表面形貌和 NO 释放的组合也能够相辅相成、相互促进。Xu 等[379]通过结合表面纹理和 NO 释放功能对聚氨酯薄膜进行改性，在表面制造亚微米纹理后再用 SNAP 溶液进行溶剂浸渍。与单独的亚微米纹理聚氨酯或浸渍 SNAP 聚氨酯表面相比，将两者结合的表面体外血浆凝固时间显著延长，血小板的黏附和激活明显减少。

此外，还可以通过将纳米材料作为 NO 的载体，进一步提升 NO 的控释能力，详细内容读者可以在 Naghavi 等[380]的综述中进一步了解。其他通过 NO 赋予材料表面抗凝血效果的方法各位读者可以自行阅读如 He 等[381]、Beurton 等[382]、Ma 等[383]的综述。

3) 阿司匹林

阿司匹林是使用最为广泛的血小板功能抑制剂之一，它通过环氧化酶的不可逆乙酰化来抑制血栓素 A2 的合成，从而干扰血小板的聚集。与之相近的还有吲哚美辛和布洛芬等其他一些非类固醇的环氧化糖抑制剂，均能够干扰花生四烯酸在环氧化酶活性部位的结合。Ren 等[384]将阿司匹林负载在氧化石墨烯涂层上从而对钛表面进行改性，提升了植入的成功率。

其他的血小板抑制剂还有噻氯匹定、氯吡格雷、阿昔单抗、依替巴肽和替罗非班等，但是将它们应用在材料表面的报道较少，在此不做过多介绍。

3. 抗凝血蛋白

抗凝血蛋白包括血栓调节蛋白[385-387]、活化蛋白 C(active protein C, APC)[388]和组织因子通路抑制剂(tissue factor pathway inhibitor, TFPI)[389]，已经被固定在各类生物材料表面以提升血液相容性。

血栓调节蛋白是血管内皮细胞的一种内皮细胞相关糖蛋白，它会与凝血酶 1∶1 结合形成复合物。与血栓调节蛋白结合后凝血酶激活蛋白 C 的能力将得到大幅增强，而活化蛋白 C 将会反过来使凝血因子Ⅴa 和Ⅷa 失活并导致凝血酶生成进一步减弱。此外，活化蛋白 C 可以与蛋白 S 结合，这种复合物将激活组织纤溶酶原激活剂，从而增强纤溶酶的生成并最终提高血栓的溶解。因此，血栓调节蛋白被认为是一种天然有效的抗凝血剂，能够将凝血酶从促凝蛋白酶转化为抗凝血剂。随着 DNA 重组技术的进步，人血栓调节蛋白(human thrombomodulin, HTM)可以以低成本量产，从而促进了对 HTM 表面固定化的研究。在早期的工作中，HTM 在表面的固定化通常是利用生物材料表面的羧基与蛋白质中的氨基官能团反应生成酰胺键来实现的[390-393]。例如，Akashi 等[385]通过 HTM 的羧基与玻璃珠的氨基反应完成固定，固定了 HTM 的玻璃珠表面表现出较好的抗凝血活性并能够有效抑制血小板聚集。而 Han 等[386]提出了利用三氯三嗪和氨基封端的硅烷偶联剂的新偶联方案。他们先将聚乙二醇作为间隔臂接枝到氨基硅烷偶联的盖玻片上，随后利用三氯三嗪进行活化并完成 HTM 的固定化。改性后的表面仍具有 HTM 辅酶活性，并且有效减少了血小板的活化。Yeh 等[394]用相似的方法改善镍钛诺的生物相容性。他们利用氨基封端的硅烷对镍钛诺表面进行预活化，随后通过偶联剂三氯三嗪共价固定 HTM。固定化的血栓调节蛋白仍然具有增强蛋白 C 活化的能力，并且材料表面只有少数血小板黏附。

Wu 等[395]将血栓调节蛋白与 NO 释放策略相结合，制备了一种多功能双层涂层。他们将羧化的聚氨酯-有机硅与具有氨基的 HTM 反应完成 HTM 的固定，并将固定有 HTM 的聚氨酯-有机硅涂层作为外层，在外层中的 HTM 保持了较好的活性。内层是由硅橡胶和聚氨酯组成的共聚物及亲脂性 NO 供体二氮烯鎓二醇化二丁基己二胺混合制成的，可以通过改变内层厚度来调控 NO 的释放速度，生理水平的 NO 释放持续时间可以长达 2 周。可控的 NO 释放及固定化活性 HTM 的组合模拟了高度抗血栓的内皮层，有效地改善了材料表面的生物相容性。

虽然 HTM 能够有效结合凝血酶并激活蛋白 C，但是 HTM 介导的蛋白 C 在生物材料表面的活化需要外部环境中的蛋白 C 转移至表面，因此 HTM 介导的抗凝血策略受到了一定的限制。为了解决这一问题，Kador 等[396]将内皮蛋白 C 受体和 HTM 共价固定到聚氨酯上，利用内皮蛋白 C 受体作为 HTM 的天然辅助因子促进蛋白 C 的活化。测试结果表明，与单独使用血栓调节蛋白的表面相比，改性后表面的蛋白 C 活化明显增加，体外凝血时间得到有效延长。

活化蛋白 C 是一种内源性蛋白质，能够抑制炎症、细胞凋亡和血栓的形成。APC 通过抑制凝血因子Ⅴa 和Ⅷa 发挥抗凝血作用，是凝血的重要调节剂[397, 398]。Foo 等[399]在球囊损伤兔髂动脉模型中评估了载有兔活化蛋白 C 的冠状动脉支架的体外和体内功效。普通支架 15 例中有 9 例出现闭塞，而 APC 负载支架 14 例中没有一例闭塞，APC 的加载显著减少了支架血栓形成。Lukovic 等[388]将人重组 APC 涂在裸金属支架表面，并将其植入家猪体内，有效地减少了纤维蛋白的沉积并促进了内皮化。然而 APC 涂层支架通常会在短期内完成药物释放，因此对于 APC 的控制释放还有待进一步研究。

组织因子通路抑制剂是因子Ⅹa 和组织因子-因子Ⅶa 复合物的内源性抑制剂[400]。犬和猪的模型研究表明，用重组人 TFPI 溶液预孵育的涤纶移植物的血栓形成和内膜增生得到了减少[401, 402]。Chandiwal 等[389]比较了被动吸附和共价结合的重组 TFPI 对于因子Ⅹa 的结合能力，测试结果表明，被动吸附的重组 TFPI 对于因子Ⅹa 的结合能力更强。

5.4　表面内皮化策略

人体血管的内皮细胞处于血管与血浆之间，能够合成与分泌出多种生物活性分子，促进血浆组织液的新陈代谢，保证人体血管的正常收缩与舒张，调节血压及凝血与抗凝

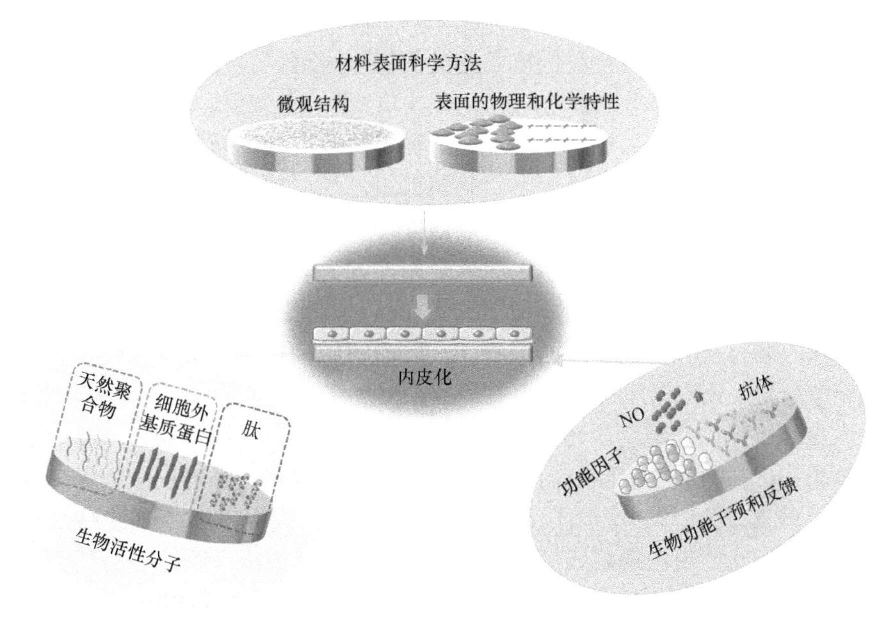

图 5-32　材料表面内皮化设计[403]

血平衡等特殊功能。内皮细胞层是目前已知的真正意义上的抗血栓表面。内皮层的功能包括调节炎症的发生、血栓的形成及纤维蛋白的溶解。对于血栓的形成，内皮层的保护作用包括释放具有抗凝血功能的糖胺聚糖(硫酸乙酰肝素)、NO分子，以及具有抗凝血功能的血栓调节蛋白。此外，通过内皮层释放的纤溶酶原激活剂可以溶解纤维蛋白。基于此，研究人员尝试设计具有内皮细胞功能的生物医用材料表面来获得良好的血液接触相容性，这一策略被称为表面内皮化(图 5-32)。为了使生物医用材料表面内皮化，目前可以实施的途径有以下几种：①在材料表面上种植或者培养内皮细胞，以形成内皮细胞层。②对材料表面进行设计改性，让内皮细胞从邻近的组织迁移过来。③对材料表面进行设计改性，使其与血液接触后能够捕获其中的内皮祖细胞，并分化成功能性内皮细胞[2]。

5.4.1 非原位内皮化

1. *材料表面种植内皮细胞*

由于血管内皮细胞具有优异的抗血栓功能，因此从理论上讲，将生物医用材料表面铺被一层内皮细胞将会显著改善其血液相容性。1978 年，Herring 等[404]首次将内皮细胞种植于Dacron人工血管表面，狗体内试验结果显示，术后四周种植内皮细胞的人工血管无血栓面积为 70%，而未种植内皮细胞的人工血管无血栓面积仅为 22%。1989 年，Gerlach 等[405]在聚氨酯材料表面种植内皮细胞，试验结果表明在胶原蛋白修饰的聚氨酯材料表面内皮细胞的黏附率高于未经修饰的聚氨酯材料表面。也有研究通过在聚四氟乙烯材料表面种植内皮细胞，但是未经过修饰的材料表面种植效果并不好[406]，而 Walker 等[407]通过利用 Fn 包被聚四氟乙烯使得材料表面内皮细胞的黏附率大大提升，伴随着 Fn 的加入，内皮细胞的黏附率可达 75%，而未经修饰的黏附率仅 10%。由于人工的血管假体在体外很难自发产生内皮化，Örtenwall 等[408]探索将内皮细胞种植在患者肾下主动脉涤纶假体上的可行性，以未接种内皮细胞的假体作为对照组，术后发现接种内皮细胞的假体上血小板的黏附量显著减少。

随着科技的不断进步，对于内皮细胞的种植技术也在不断发展，增强内皮细胞接种黏附力的方式也层出不穷。Heitz 等[409]将聚四氟乙烯放置在氨气环境中，使用紫外光照射处理提高了材料表面的亲水性，经过照射处理后在材料表面接种内皮细胞，结果发现辐照后的材料表面逐渐形成致密层，而未经修饰的表面变化不大。也有研究通过在内皮细胞与聚四氟乙烯材料表面之间添加平滑肌细胞，构建双细胞接种模式，即在 Fn 预处理的聚四氟乙烯材料上植入平滑肌细胞，一段时间后接种内皮细胞，并暴露于体外流动系统来模拟细胞受到血液流动时产生剪切应力的环境[410]。结果显示暴露体外 1 h 后，单独接种内皮细胞组内皮细胞脱落 61%，而双层细胞种植组仅有 27%内皮细胞脱落。此外，通过调控材料表面粗糙度也可以影响接种效率。例如，将内皮细胞种植在具有沟槽结构的不锈钢支架上[411]，增加了细胞与材料接触表面的粗糙度。试验结果表明，与光滑的金属支架相比，由沟槽制成的支架可以植入更多的内皮细胞。也有研究通过对材料表面形貌的调控来提高种植内皮细胞的效率。Chang 等[412]将 PDMS 表面形貌设计成褶皱结构，调节合适的褶皱形貌有利于内皮细胞的进一步生长，并且试验结果表明内皮细胞倾向黏附在褶皱形貌的凸起部分。还有通过采用一些化学修饰的方法增加内皮细胞的黏附率。例如，Zargar 等[413]尝试制备了一种 3D 的微孔 PDMS 材料来提高表面内皮细胞的存活率，通过 3-氨丙基三乙氧基硅烷对多孔 PDMS 表面进行化学修饰，从而进一步增强了内皮细胞的黏附。不过目前在内皮细胞的种植方面也存在一些不足，如细胞在移植物表面的覆盖率及在流动血液中的细胞稳定性问题，还有本身细胞的获取和种植过程所需的时间为 1 h 左右，而种植后细胞生长到融合，细胞形态的恢复和功能的正常化可能需要几天的时间，这些冗长的时间不能够满足临床治疗的需要[2]。

2. 内皮细胞从邻近的组织迁移

人工血管在置换病变的静脉和口径小于 6 mm 的动脉后，通畅率通常十分低下，这与人工血管的内表面难以自发形成抗血栓的内皮细胞衬里有关。为了使得表面能够形成内皮细胞衬里，可以考虑从邻近组织迁移内皮细胞的策略(图 5-33)，主要有以下两个途径：①宿主内皮细胞从吻合口向人工血管迁移；②周围组织的毛细血管内皮细胞通过人工血管壁的长入，形成透壁内皮化[414]。

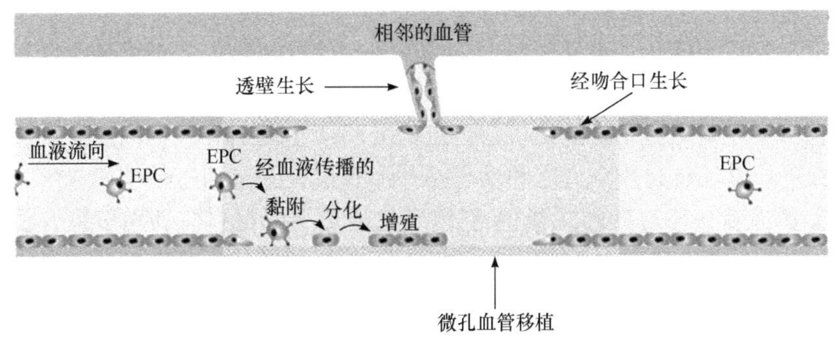

图 5-33　移植物内皮化的机制[415]

内皮细胞经吻合口生长，以及来自邻近组织/血管的内皮细胞的透壁生长，EPC 表示内皮祖细胞

对于经吻合口生长这种机制，是宿主内膜从吻合部位向移植物中心生长，对材料植入过程产生损伤的反应。当植入移植物时，血管壁的稳态因为暴露在异常的流动条件下而改变，如血液与外膜层的直接接触，或是血管壁应力的改变[416]。以上情况会触发内皮衬里分泌黏附因子，如 Fn、凝血因子等，且也会分泌黏附受体和趋化因子来聚集白细胞，引发炎症级联反应[417]。移植物所含成分的不同，移植物与自体血管之间的缝合强度会影响炎症反应的结果，引起血管病理反应或者是重塑。单核细胞与巨噬细胞的附着和增殖能够启动愈合反应[418]。以上因素共同刺激内皮细胞的增殖和迁移，最终其将以移植物材料表面上动脉壁结构的形成和完全内皮化为标识而停止。Florey 等[419]于 1960 年首次提出透壁毛细血管化，即毛细血管生长穿透血管壁到达血液表面并为管腔提供形成内皮的细胞源头，进而实现移植物表面内皮化。不同的移植物会产生不同的异物反应。异物反应是指生物材料植入体内后发生的由巨噬细胞与异物巨细胞参与的慢性炎症反应和伤口愈合反应。例如，研究发现 PCL 移植物在植入一周后，材料的外膜上出现了

异物反应[420]。异物反应所产生的肉芽组织是高度血管化的组织，可促进毛细血管长入血管壁，能够分泌血管生成因子，在炎症和伤口愈合期间刺激新血管的生成。在血管生成的过程中，促血管生成因子激活附近组织的内皮细胞[421]，开始新血管的构建、发芽，然后现有血管基底膜降解，允许内皮细胞迁移至周围，之后内皮细胞向血管生成刺激源增殖，实现快速内皮化[422]。

Yu 等[423]利用定向纳米纤维和微纤维的接触引导作用，在血管移植物的管腔表面快速形成具有健康内皮功能的连续内皮细胞层。通过将PCL在室温下溶解在浓度为10 wt%的甲酸和乙酸，以及浓度为20 wt%的氯仿和乙醇的混合溶剂中来制备电纺丝溶液，以分别制备73 nm静电纺丝纳米纤维样品和2.7 μm取向微纤维样品。辊筒收集器用于制造对齐的纤维，两种纤维收集在一起以形成杂化结构(定向纳米纤维凭借其与天然血管基底膜相似的纤维尺度能够增强内皮细胞的黏附与增殖，微纤维则是能够有效地诱导内皮细胞生长并浸润)，再通过 EDC・HCl[1-(3-二甲基氨基丙基)-3-乙基碳二亚胺盐酸盐]/NHS(*N*-羟基琥珀酰亚胺)偶联化学将胶原蛋白Ⅳ和层粘连蛋白相继固定，构建一种膜结构。研究表明，该结构能显著抑制血小板的黏附和活化，表面孔结构也有利于内皮细胞的渗透和透壁内皮化。此外，这种膜结构分泌出的 NO 和前列环素 PGI2 含量也更高，使其表现出更优良的抗血栓形成能力[424]。

对于内皮细胞迁移，有研究表明，生长在各向异性材料上的细胞易于迁移，而生长在各向同性材料上的细胞倾向于铺展为层状[425]。杜学敏小组[426]利用这一特性，设计构建了拓扑形貌可程序化转变的记忆材料，进而分阶段主动引导血管内皮细胞的迁移与铺展。这种材料同时具有光热响应层和动态拓扑形貌层，它是通过使用可降解的形状记忆聚合物聚(L-丙交酯-*co*-D, L-丙交酯)来制作形状记忆层的材料，利用该聚合物和光热剂金纳米棒形成光热层。在 37 ℃的生理环境下，其初始形貌为稳定的各向异性，能够显著促进血管内皮细胞在其表面迁移，满足内皮化初期对血管内皮细胞的调控需求。经过近红外光照射后，材料的拓扑形貌即可转变为各向同性，在不影响细胞活性的同时，有效引导血管内皮细胞从迁移状态转变为黏附铺展状态，促进血管内皮细胞单层的形成，满足内皮化后期的调控需求。该策略为血管再生修复中的血管内皮化难题提供了解决方案。

5.4.2 原位内皮化

原位内皮化是指植入体内的移植物能够从自身的血液里捕获内皮祖细胞或者内皮细胞，从而实现材料表面内皮化，即患者自身的细胞提供血液接触表面，从而消除了身体排斥的可能性。内皮祖细胞是可以分化成内皮细胞的循环细胞，大量研究表明内皮祖细胞在血管移植物的内皮化中起关键作用[427]。然而，募集至移植血管表面的内皮祖细胞数量是有限的。因此，在原位内皮化中，内皮祖细胞和内皮细胞的趋化、捕获，以及移植物表面促细胞黏附作用就显得尤为重要。目前可以通过多肽、抗体及适配体等修饰材料表面来捕获内皮祖细胞(图 5-34)，从而进一步实现原位内皮化[2]。

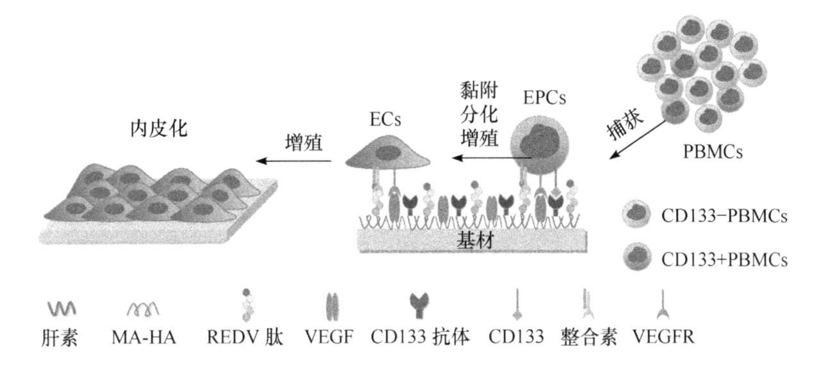

图 5-34　能够特异性地促进内皮祖细胞黏附、增殖和分化为内皮细胞的多功能表面[428]
CD133 表示五次跨膜蛋白；ECs 表示内皮细胞 EPCs 表示内皮祖细胞；PBMCs 表示外周血单个核细胞

为了实现原位内皮化，研究人员利用多肽来修饰移植物材料表面，促进内皮细胞的黏附。非特异性多肽包括 RGD 和 YIGSR 等，此类多肽均能促进包括内皮细胞在内多种细胞的黏附；特异性多肽包括 REDV、CAG 和 SVVYGLR 等，这类多肽可以选择性促进内皮细胞的黏附和铺展。经过多年的研究，目前的重点也慢慢由非特异性多肽转向特异性多肽，尤其是既能特异性吸附内皮细胞或内皮祖细胞，又能阻止其他类型细胞特别是血小板或粒细胞吸附的多肽。表 5-1 列举了一些典型的多肽修饰生物医用材料的实例。

表 5-1　多肽用于修饰生物医用材料以促进原位内皮化的实例

名称	介绍	实例
Arg-Gly-Asp(RGD)	在纤维连接蛋白中发现了 RGD，此序列同样广泛存在于其他细胞外基质蛋白中，还有层粘连蛋白等，RGD 可被多种整合素受体所识别，如 $\alpha_5\beta_1$、$\alpha_v\beta_3$ 等，有助于内皮细胞黏附	肽交联、酶降解两性离子羧基甜菜碱官能化葡聚糖(CB-Dex)水凝胶的合成研究。将羧基甜菜碱掺入葡聚糖后，获得了优异的防污性能，有效抵抗非特异性蛋白质吸附和细胞附着，再利用细胞黏附肽 RGD，增强了移植物上内皮细胞的黏附作用[429]
Tyr-Ile-Gly-Ser-Arg(YIGSR)	源于层粘连蛋白的 B1 链，主要受体层粘连蛋白，定位于肌动蛋白微丝束及纽蛋白，可促进肌细胞、内皮细胞等多种细胞的黏附	将 YIGSR 与聚甲基丙烯酸羟乙酯 PHEMA 互补联合构建生物活性表面。通过表面培养内皮细胞与平滑肌细胞发现，内皮细胞能够向高密度的 YIGSR 区域迁移，增强了内皮细胞的黏附力，而平滑肌细胞未曾受到引导作用[430]
Arg-Glu-Asp-Val(REDV)	纤维连接蛋白ⅢCS 位点上的一个活性氨基酸序列，可被整合素 $\alpha_4\beta_1$ 特异性识别。$\alpha_4\beta_1$ 主要表达于内皮细胞或者内皮祖细胞的胞膜，因而 REDV 可在内皮细胞、成纤维细胞、平滑肌细胞和血小板中选择性地促进内皮细胞的黏附和铺展	将聚乙二醇-*b*-聚(L-丙交酯-*co*-ε-己内酯)制备的电纺丝膜在 EDC/NHS 溶液中功能化后，再与含硫醇基团的 REDV 反应，将 REDV 接枝到功能化后的静电纺丝薄膜上，构建小血管修复的生物材料。通过调节血管内皮细胞使得移植物快速内皮化，REDV 的加入使材料表面特异性识别血管内皮细胞，同时有效抑制蛋白质吸附和血小板的黏附[431]

续表

名称	介绍	实例
Cys-Ala-Gly(CAG)	从Ⅳ型胶原中筛选出可特异性识别内皮细胞的三肽 CAG	可溶性 CAG 肽与 PCL 混合，作为静电纺丝制备的纤维来源，获取的 CAG 纤维与未改性纤维材料相比，CAG 纤维表面能提高内皮细胞的黏附力，促使移植物快速内皮化[432]
Ser-Val-Val-Tyr-Gly-Leu-Arg (SVVYGLR)	骨桥蛋白中的活性序列，SVVYGLR 与整合素 $\alpha_4\beta_1$、$\alpha_9\beta_1$ 及 $\alpha_4\beta_7$ 相互作用，可提高内皮细胞黏附	将 PET 表面进行水解和氧化，PET 表面产生—COOH 功能团，然后将样品浸泡在 EDC、NHS 和 2-(*N*-吗啡啉)乙磺酸溶液中活化后，再加入含 SVVYGLR 的磷酸缓冲溶液中，将肽固定在材料表面，进而优化表面内皮细胞黏附与迁移的活性并诱导其分化，更好地促进内皮化[433]
TPSLEQRTVYAK (TPS)	一种内皮祖细胞的细胞亲和肽，能促进内皮祖细胞的黏附	将羰基咪唑溶于二氯甲烷中，然后加入聚 L-丙交酯-己内酯共聚物，反应后加入 TPS 肽得到含有 TPS 肽的共聚物，最终制得的小直径血管移植物可捕获内皮祖细胞和改善血管移植物的血液相容性[434]
血管内皮生长因子模拟肽 (QK)	可促进血管快速内皮化	在肽偶联的 PEG 交联明胶水凝胶的制备中，明胶具有固有的细胞结合位点和游离胺反应性基团，明胶聚合物之间交联形成水凝胶，其间呈递游离胺的生物活性肽 QK 肽通过额外的 PEG 交联剂与明胶聚合物偶联，最终材料表面人脐静脉内皮细胞的黏附量上升[435]
prominin-1 蛋白衍生出的血管内皮生长因子结合肽(BP)	可促进移植物内皮化	BP 和 SDF-1α 肽与低分子量聚(ε-己内酯)共价结合，分别得到 LPCL-BP 和 LPCL-SDF-1α，同时显示出良好的细胞相容性，促进内皮祖细胞的募集，实现快速内皮化[436]
基质细胞衍生因子 1-α 肽 (SDF-1α)	可募集内皮祖细胞	
胶原蛋白模拟肽(GFPGER)	可促进内皮细胞黏附	GFPGER 肽共价修饰聚乙烯醇(PVA)薄膜，提高了表面内皮细胞的黏附量，抑制血小板附着和纤维蛋白形成[437]

多肽修饰作为一种能够促进内皮化的研究策略，可以有效地捕获内皮细胞与内皮祖细胞，有望解决心血管植入材料体内长期移植失败的问题。虽然已有众多学者在此方面做出了不懈努力，但目前的研究更多地集中于体外试验，体内长期移植的效果还有待进一步研究。

通常，内皮祖细胞表面具有 CD34、CD133 和 VEGFR2 这几种特异性标志物，因此，可以利用对内皮祖细胞表面受体具有特异性的抗体来修饰移植物材料的表面，通过捕获内皮祖细胞来实现移植物植入后快速原位内皮化。目前将抗体固定在移植物上捕获内皮祖细胞的这一策略很受研究人员青睐。例如 Chen 等[438]将磁性纳米粒子(MNPs)分散在含 CD34 抗体的无菌 PBS 中，用永磁体分离，然后用无菌水洗涤数次，获得 CD34 抗体包被的 MNPs，有助于抗体更好地接枝在移植物铁支架表面。试验发现该移植物表面捕获内皮祖细胞的能力得到了提升。Chu 等[439]在可降解的生物材料聚乳酸上包被 CD34 抗体以促进内皮细胞的黏附和增殖，解决了原本未修饰时材料表面内皮化作用有限的问题。Li 等[440]也采用共价结合的方法将 CD133 抗体成功地固定在可生物降解的 L-丙交酯和 5-甲基-5-苄氧羰基-1, 3-二氧杂环己烷-2-酮共聚的聚合物涂层材料上。与未修饰抗体的聚合物膜相比，CD133 抗体功能化聚合物膜能显著促进内皮祖细胞的附着和生长。Lu 等[441]将聚四氟乙烯材料放置在聚醚酰亚胺中，然后将底物交替放入肝素溶液和胶原蛋白溶液中形成肝素/胶原蛋白聚合物，再将聚合物置于含 0.25%戊二醛的 PBS 中浸泡以促进交联并固定 CD133 抗体。试验表明，CD133 抗体能够加速血管内皮祖细胞附着在聚四氟乙烯材料上，从而促进原位内皮化。当然还有研究通过将 VEGFR2 抗体共价连接到心血管支架上，借此支架表面上天然内皮的重建可通过在体内捕获内皮祖细胞或内皮细胞来实现[442]。

核酸适配体是用配体指数富集系统进化技术在体外筛选得到的一小段寡核苷酸序列，能够选择性地与不同的靶标特异性结合，包括蛋白质、小分子、有机物、金属离子、药物等，具有高亲和力和高特异性[443]。筛选特异性识别内皮细胞的适配体，有利于在材料内部富集内皮祖细胞和内皮细胞，从而加强血管网络的形成，促进表面内皮化。例如，Li 等[444]通过设计 DNA 适配体缀合到支架表面，通过内皮祖细胞与平滑肌细胞共培养试验发现，该 DNA 适配体可针对性地对内皮祖细胞进行捕获，从而进一步提高原位内皮化的可能。Deng 等[445]利用静电相互作用，成功地将具有捕获内皮祖细胞的 DNA 适配体固定在多巴胺/聚乙烯亚胺共聚物涂层表面，改性后的表面可以有效捕获内皮祖细胞，有利于血管支架的内皮化。Qi 等[446]也通过在聚烯丙胺材料膜上加入 DNA 适配体来构建可以捕获内皮祖细胞的表面。该表面可以特异性地捕获内皮祖细胞，在血管移植物原位内皮化上拥有巨大潜力。

5.5　小　　结

本章主要总结了抗凝血生物医用材料表面的构建及其研究进展。研究人员主要采用生物惰性策略、生物活性策略、表面内皮化这三个策略制备抗凝血生物医用材料。生物惰性策略主要致力于将材料表面的非特异性蛋白质的吸附减少到最低程度，从而提高血液相容性；生物活性策略主要通过引入生物活性分子以改善材料的生物功能；表面内皮化策略主要设计具有内皮细胞功能的生物医用材料表面来获得良好的血液接触相容性。本章主要介绍了利用这三大策略构建血液相容性生物医用材料表面的研究进展、具体实施方案及其抗凝血性能研究。

抗凝血改性是血液接触材料实际应用中面临的永恒话题，从人体凝血-溶血机制出发，设计能够高度借鉴人体内皮细胞层的材料表面，是实现真正意义上的抗血栓功能的关键。通过结合表面化学性质和拓扑结构的协同作用构建仿生抗凝血材料也是未来的发展方向之一。此外，如何优化制备方案、加快抗凝血涂层的产业化步伐，发展更高效、实用的抗凝血材料是广大研究人员需要共同面对的问题。

参 考 文 献

[1] 孙树东, 赵长生. 血液接触高分子膜材料的“类肝素”改性. 高分子材料科学与工程, 2014, 30(2): 210-214.

[2] Liu X L, Yuan L, Li D, et al. Blood compatible materials: state of the art. J Mater Chem B, 2014, 2(35): 5718-5738.

[3] Hench L L, Polak J M. Third-generation biomedical materials. Science, 2002, 295(5557): 1014-1017.

[4] Castner D G, Ratner B D. Biomedical surface science: foundations to frontiers. Surf Sci, 2002, 500(1/2/3): 28-60.

[5] Hayama M, Yamamoto K I, Kohori F, et al. Nanoscopic behavior of polyvinylpyrrolidone particles on polysulfone/polyvinylpyrrolidone film. Biomaterials, 2004, 25(6): 1019-1028.

[6] Chen H, Yuan L, Song W, et al. Biocompatible polymer materials: role of protein-surface interactions. Prog Polym Sci, 2008, 33(11): 1059-1087.

[7] Ostuni E, Chapman R G, Holmlin R E, et al. A survey of structure-property relationships of surfaces that resist the adsorption of protein. Langmuir, 2001, 17(18): 5605-5620.

[8] Kumar S, Tong X, Dory Y L, et al. A CO_2-switchable polymer brush for reversible capture and release of proteins. Chem Commun, 2013, 49(1): 90-92.

[9] Li D, Chen H, Wang S S, et al. Lysine-poly(2-hydroxyethyl methacrylate) modified polyurethane surface with high lysine density and fibrinolytic activity. Acta Biomater, 2011, 7(3): 954-958.

[10] Jeon S I, Lee J H, Andrade J D, et al. Protein-surface interactions in the presence of polyethylene oxide: Ⅰ. Simplified theory. J Colloid Interface Sci, 1991, 142(1): 149-158.

[11] Chen S F, Li L Y, Boozer C L, et al. Controlled chemical and structural properties of mixed self-assembled monolayers of alkanethiols on Au(111). Langmuir, 2000, 16(24): 9287-9293.

[12] Herrwerth S, Eck W, Reinhardt S, et al. Factors that determine the protein resistance of oligoether self-assembled monolayers -internal hydrophilicity, terminal hydrophilicity, and lateral packing density. J Am Chem Soc, 2003, 125(31): 9359-9366.

[13] Li L Y, Chen S F, Zheng J, et al. Protein adsorption on oligo(ethylene glycol)-terminated alkanethiolate self-assembled monolayers: the molecular basis for nonfouling behavior. J Phys Chem B, 2005, 109(7): 2934-2941.

[14] Zheng J, Li L Y, Tsao H K, et al. Strong repulsive forces between protein and oligo(ethylene glycol) self-assembled monolayers: a molecular simulation study. Biophys J, 2005, 89(1): 158-166.

[15] Vermette P, Meagher L. Interactions of phospholipid- and poly(ethylene glycol)-modified surfaces with biological systems: relation to physico-chemical properties and mechanisms. Colloids Surf, B, 2003, 28(2/3): 153-198.

[16] Szleifer I. Polymers and proteins: interactions at interfaces. Curr Opin Solid State Mater Sci, 1997, 2(3): 337-344.

[17] van Poll M L, Zhou F, Ramstedt M, et al. A self-assembly approach to chemical micropatterning of poly(dimethylsiloxane). Angew Chem Int Ed, 2007, 46(35): 6634-6637.

[18] Merrett K, Griffith C M, Deslandes Y, et al. Interactions of corneal cells with transforming growth factor β 2-modified poly dimethyl siloxane surfaces. J Biomed Mater Res, Part A, 2003, 67A(3): 981-993.

[19] Park J H, Bae Y H. Hydrogels based on poly(ethylene oxide) and poly(tetramethylene oxide) or poly(dimethyl siloxane): synthesis, characterization, *in vitro* protein adsorption and platelet adhesion. Biomaterials, 2002, 23(8): 1797-1808.

[20] Wu M H, Urban J P G, Cui Z, et al. Development of PDMS microbioreactor with well-defined and

homogenous culture environment for chondrocyte 3-D culture. Biomed Microdevices, 2006, 8(4): 331-340.
[21] Belder D, Ludwig M. Surface modification in microchip electrophoresis. Electrophoresis, 2003, 24(21): 3595-3606.
[22] Lee S, Vörös J. An aqueous-based surface modification of poly(dimethylsiloxane) with poly(ethylene glycol) to prevent biofouling. Langmuir, 2005, 21(25): 11957-11962.
[23] Xiao Y, Yu X D, Xu J J, et al. Bulk modification of PDMS microchips by an amphiphilic copolymer. Electrophoresis, 2007, 28(18): 3302-3307.
[24] Papra A, Bernard A, Juncker D, et al. Microfluidic networks made of poly(dimethylsiloxane), Si, and Au coated with polyethylene glycol for patterning proteins onto surfaces. Langmuir, 2001, 17(13): 4090-4095.
[25] Sui G D, Wang J Y, Lee C C, et al. Solution-phase surface modification in intact poly(dimethylsiloxane) microfluidic channels. Anal Chem, 2006, 78(15): 5543-5551.
[26] Graubner V M, Jordan R, Nuyken O, et al. Photochemical modification of cross-linked poly(dimethylsiloxane) by irradiation at 172 nm. Macromolecules, 2004, 37(16): 5936-5943.
[27] Kovach K M, Capadona J R, Sen Gupta A, et al. The effects of PEG-based surface modification of PDMS microchannels on long-term hemocompatibility. J Biomed Mater Res, Part A, 2014, 102(12): 4195-4205.
[28] Ko Y G, Kim Y H, Park K D, et al. Immobilization of poly(ethylene glycol) or its sulfonate onto polymer surfaces by ozone oxidation. Biomaterials, 2001, 22(15): 2115-2123.
[29] Goh S C, Luan Y, Wang X, et al. Polydopamine-polyethylene glycol-albumin antifouling coatings on multiple substrates. J Mater Chem B, 2018, 6(6): 940-949.
[30] Chen H, Brook M A, Sheardown H. Silicone elastomers for reduced protein adsorption. Biomaterials, 2004, 25(12): 2273-2282.
[31] Chen H, Zhang Z, Chen Y, et al. Protein repellant silicone surfaces by covalent immobilization of poly(ethylene oxide). Biomaterials, 2005, 26(15): 2391-2399.
[32] Chen H, Chen Y, Sheardown H, et al. Immobilization of heparin on a silicone surface through a heterobifunctional PEG spacer. Biomaterials, 2005, 26(35): 7418-7424.
[33] Chen H, Brook M A, Sheardown H D, et al. Generic bioaffinity silicone surfaces. Bioconjug Chem, 2006, 17(1): 21-28.
[34] Chen H, Wang L, Zhang Y X, et al. Fibrinolytic poly(dimethyl siloxane) surfaces. Macromol Biosci, 2008, 8(9): 863-870.
[35] Tan J, McClung W G, Brash J L. Nonfouling biomaterials based on polyethylene oxide-containing amphiphilic triblock copolymers as surface modifying additives: protein adsorption on PEO-copolymer/polyurethane blends. J Biomed Mater Res, Part A, 2008, 85A(4): 873-880.
[36] Raut P W, Shitole A A, Khandwekar A, et al. Engineering biomimetic polyurethane using polyethylene glycol and gelatin for blood-contacting applications. J Mater Sci, 2019, 54(14): 10457-10472.
[37] 詹红彬, 陈红. 聚氨酯表面性能对其生物相容性的影响. 材料科学与工程学报, 2007, 25(4): 640-643.
[38] Freij-Larsson C, Jannasch P, Wesslén B. Polyurethane surfaces modified by amphiphilic polymers: effects on protein adsorption. Biomaterials, 2000, 21(3): 307-315.
[39] Chen H, Zhang Y X, Li D, et al. Surfaces having dual fibrinolytic and protein resistant properties by immobilization of lysine on polyurethane through a PEG spacer. J Biomed Mater Res, Part A, 2009, 90A(3): 940-946.
[40] Saito N, Nojiri C, Kuroda S, et al. Photochemical grafting of α-propylsulphate-poly(ethylene oxide) on polyurethane surfaces and enhanced antithrombogenic potential. Biomaterials, 1997, 18(17): 1195-1197.
[41] Fukai R, Dakwa P H R, Chen W. Strategies toward biocompatible artificial implants: grafting of functionalized poly(ethylene glycol)s to poly(ethylene terephthalate) surfaces. J Polym Sci, Part A: Polym

Chem, 2004, 42(21): 5389-5400.
[42] Ademovic Z, Wei J, Winther-Jensen B, et al. Surface modification of PET films using pulsed AC plasma polymerisation aimed at preventing protein adsorption. Plasma Processes Polym, 2005, 2(1): 53-63.
[43] Choi C, Hwang I, Cho Y L, et al. Fabrication and characterization of plasma-polymerized poly(ethylene glycol) film with superior biocompatibility. ACS Appl Mater Interfaces, 2013, 5(3): 697-702.
[44] Thalla P K, Contreras-García A, Fadlallah H, et al. A versatile star PEG grafting method for the generation of nonfouling and nonthrombogenic surfaces. BioMed Res Int, 2013, 2013: 962376.
[45] Gombotz W R, Guanghui W, Hoffman A S. Immobilization of poly(ethylene oxide) on poly(ethylene-terephthalae) using a plasma polymerization process. J Appl Polym Sci, 1989, 37(1): 91-107.
[46] Desai N P, Hubbell J A. Solution technique to incorporate polyethylene oxide and other water-soluble polymers into surfaces of polymeric biomaterials. Biomaterials, 1991, 12(2): 144-153.
[47] Uchida E, Uyama Y, Ikada Y. Grafting of water-soluble chains onto a polymer surface. Langmuir, 1994, 10(2): 481-485.
[48] Cohn D, Stern T. Sequential surface derivatization of PET films. Macromolecules, 2000, 33(1): 137-142.
[49] Kim Y J, Kang I K, Huh M W, et al. Surface characterization and *in vitro* blood compatibility of poly(ethylene terephthalate) immobilized with insulin and/or heparin using plasma glow discharge. Biomaterials, 2000, 21(2): 121-130.
[50] Zou Y Q, Kizhakkedathu J N, Brooks D E. Surface modification of polyvinyl chloride sheets via growth of hydrophilic polymer brushes. Macromolecules, 2009, 42(9): 3258-3268.
[51] Asadinezhad A, Novák I, Lehocký M, et al. A physicochemical approach to render antibacterial surfaces on plasma-treated medical-grade PVC: irgasan coating. Plasma Processes Polym, 2010, 7(6): 504-514.
[52] Meléndez-Ortiz H I, Alvarez-Lorenzo C, Concheiro A, et al. Modification of medical grade PVC with *N*-vinylimidazole to obtain bactericidal surface. Radiat Phys Chem, 2016, 119: 37-43.
[53] Xie Y C, Yang Q F. Surface modification of poly(vinyl chloride) for antithrombogenicity study. J Appl Polym Sci, 2002, 85(5): 1013-1018.
[54] Liu J K, Pan T, Woolley A T, et al. Surface-modified poly(methyl methacrylate) capillary electrophoresis microchips for protein and peptide analysis. Anal Chem, 2004, 76(23): 6948-6955.
[55] Bi H Y, Meng S, Li Y, et al. Deposition of PEG onto PMMA microchannel surface to minimize nonspecific adsorption. Lab Chip, 2006, 6(6): 769-775.
[56] Sofia S J, Merrill E W. Grafting of PEO to polymer surfaces using electron beam irradiation. J Biomed Mater Res, 1998, 40(1): 153-163.
[57] Byun J W, Kim J U, Chung W J, et al. Surface-grafted polystyrene beads with comb-like poly(ethylene glycol) chains: preparation and biological application. Macromol Biosci, 2004, 4(5): 512-519.
[58] Bosker W T E, Iakovlev P A, Norde W, et al. BSA adsorption on bimodal PEO brushes. J Colloid Interface Sci, 2005, 286(2): 496-503.
[59] Lazos D, Franzka S, Ulbricht M. Size-selective protein adsorption to polystyrene surfaces by self-assembled grafted poly(ethylene glycols) with varied chain lengths. Langmuir, 2005, 21(19): 8774-8784.
[60] Otsuka H, Nagasaki Y, Kataoka K. Surface characterization of functionalized polylactide through the coating with heterobifunctional poly(ethylene glycol)/polylactide block copolymers. Biomacromolecules, 2000, 1(1): 39-48.
[61] Li Z F, Ruckenstein E. Grafting of poly(ethylene oxide) to the surface of polyaniline films through a chlorosulfonation method and the biocompatibility of the modified films. J Colloid Interface Sci, 2004, 269(1): 62-71.
[62] Thom V, Jankova K, Ulbricht M, et al. Synthesis of photoreactive α-4-azidobenzoyl-ω-methoxy-

poly(ethylene glycol)s and their end-on photo-grafting onto polysulfone ultrafiltration membranes. Macromol Chem Phys, 1998, 199(12): 2723-2729.
[63] Wang W J, Lindemann W R, Anderson N A, et al. Iodination of PEGylated polymers counteracts the inhibition of fibrinogen adsorption by PEG. Langmuir, 2022, 38(48): 14615-14622.
[64] Neffe A T, Von Ruesten-Lange M, Braune S, et al. Poly(ethylene glycol) grafting to poly(ether imide) membranes: influence on protein adsorption and thrombocyte adhesion. Macromol Biosci, 2013, 13(12): 1720-1729.
[65] Popelka Š, Houska M, Havlikova J, et al. Poly(ethylene oxide) brushes prepared by the “grafting to” method as a platform for the assessment of cell receptor-ligand binding. Eur Polym J, 2014, 58: 11-22.
[66] Deible C R, Petrosko P, Johnson P C, et al. Molecular barriers to biomaterial thrombosis by modification of surface proteins with polyethylene glycol. Biomaterials, 1998, 19(20): 1885-1893.
[67] Garle A L, White F, Budhlall B M. Improving the antifouling properties of polypropylene surfaces by melt blending with polyethylene glycol diblock copolymers. J Appl Polym Sci, 2018, 135(15):46122.
[68] Athira V B, Mohanty S, Nayak S K. Synergic effect of PVP and PEG hydrophilic additives on porous polyethersulfone(PES) membranes: preparation, characterization and biocompatibility. J Polym Res, 2022, 29(7): 1-13.
[69] Chen G E, Sun L, Xu Z L, et al. Surface modification of poly(vinylidene fluoride) membrane with hydrophilic and anti-fouling performance via a two-step polymerization. Korean J Chem Eng, 2015, 32(12): 2492-2500.
[70] Chen Y, Huang T J, Jiang C H, et al. Preparation of antifouling poly(ether ether ketone) hollow fiber membrane by ultraviolet grafting of polyethylene glycol. Mater Today Commun, 2021, 27: 102326.
[71] Xu L C, Siedlecki C A. Protein adsorption, platelet adhesion, and bacterial adhesion to polyethylene-glycol-textured polyurethane biomaterial surfaces. J Biomed Mater Res, Part B, 2017, 105(3): 668-678.
[72] Prime K L, Whitesides G M. Adsorption of proteins onto surfaces containing end-attached oligo(ethylene oxide): a model system using self-assembled monolayers. J Am Chem Soc, 1993, 115(23): 10714-10721.
[73] Buxadera-Palomero J, Calvo C, Torrent-Camarero S, et al. Biofunctional polyethylene glycol coatings on titanium: an *in vitro*-based comparison of functionalization methods. Colloids Surf, B, 2017, 152: 367-375.
[74] Hu F X, Neoh K G, Cen L, et al. Cellular response to magnetic nanoparticles “PEGylated” via surface-initiated atom transfer radical polymerization. Biomacromolecules, 2006, 7(3): 809-816.
[75] Hynninen V, Vuori L, Hannula M, et al. Improved antifouling properties and selective biofunctionalization of stainless steel by employing heterobifunctional silane-polyethylene glycol overlayers and avidin-biotin technology. Sci Rep, 2016, 6: 29324.
[76] Li W, Zhang G X, Sheng W B, et al. Grafting poly(ethylene glycol) onto single-walled carbon nanotubes by living anionic ring-opening polymerization. J Nanosci Nanotechnol, 2016, 16(1): 576-580.
[77] Zhang C M, Wang L W, Zhai T L, et al. The surface grafting of graphene oxide with poly(ethylene glycol) as a reinforcement for poly(lactic acid) nanocomposite scaffolds for potential tissue engineering applications. J Mech Behav Biomed Mater, 2016, 53: 403-413.
[78] Flavel B S, Jasieniak M, Velleman L, et al. Grafting of poly(ethylene glycol) on click chemistry modified Si(100) surfaces. Langmuir, 2013, 29(26): 8355-8362.
[79] Beroström K, Österberg E, Holmberg K, et al. Effects of branching and molecular weight of surface-bound poly(ethylene oxide) on protein rejection. J Biomater Sci Polym Ed, 1995, 6(2): 123-132.
[80] Bergström K, Holmberg K, Safranj A, et al. Reduction of fibrinogen adsorption on PEG-coated polystyrene surfaces. J Biomed Mater Res, 1992, 26(6): 779-790.
[81] Faulón Marruecos D, Kienle D F, Kaar J L, et al. Grafting density impacts local nanoscale hydrophobicity

in poly(ethylene glycol) brushes. ACS Macro Lett, 2018, 7(4): 498-503.
[82] Unsworth L D, Sheardown H, Brash J L. Protein-resistant poly(ethylene oxide)-grafted surfaces: chain density-dependent multiple mechanisms of action. Langmuir, 2008, 24(5): 1924-1929.
[83] Zhang Z, Zhang M, Chen S F, et al. Blood compatibility of surfaces with superlow protein adsorption. Biomaterials, 2008, 29(32): 4285-4291.
[84] Douglas Jack F, Roovers J, Freed Karl F. Characterization of branching architecture through "universal" ratios of polymer solution properties. Macromolecules, 2002, 23(18): 4168-4180.
[85] Daoud M, Cotton J P. Star shaped polymers: a model for the conformation and its concentration dependence. J Phys France, 1982, 43(3): 531-538.
[86] Sofia S J, Premnath V, Merrill E W. Poly(ethylene oxide) grafted to silicon surfaces: grafting density and protein adsorption. Macromolecules, 1998, 31(15): 5059-5070.
[87] Shin E, Lim C, Kang U J, et al. Mussel-inspired copolyether loop with superior antifouling behavior. Macromolecules, 2020, 53(9): 3551-3562.
[88] Lee C W, Kang B, Kim H J, et al. Development of protein-resistant hydrogels via surface modification with dendritic PEGs. J Nanosci Nanotechnol, 2016, 16(11): 11494-11499.
[89] Chen H, Brook M A, Chen Y, et al. Surface properties of PEO-silicone composites: reducing protein adsorption. J Biomater Sci Polym Ed, 2005, 16(4): 531-548.
[90] Zheng J, Song W, Huang H, et al. Protein adsorption and cell adhesion on polyurethane/pluronic® surface with lotus leaf-like topography. Colloids Surf, B, 2010, 77(2): 234-239.
[91] Pasche S, Vörös J, Griesser H J, et al. Effects of ionic strength and surface charge on protein adsorption at PEGylated surfaces. J Phys Chem B, 2005, 109(37): 17545-17552.
[92] Biggs C I, Walker M, Gibson M I. Grafting to of RAFTed responsive polymers to glass substrates by thiol-ene and critical comparison to thiol-gold coupling. Biomacromolecules, 2016, 17(8): 2626-2633.
[93] 王蕾, 张思炫, 杨贺, 等. 生物材料表面高分子改性的研究进展. 高分子通报, 2019(2): 33-43.
[94] Ma H, Hyun J T, Stiller P, et al. "Non-fouling" oligo(ethylene glycol)-functionalized polymer brushes synthesized by surface-initiated atom transfer radical polymerization. Adv Mater, 2004, 16(4): 338-341.
[95] Ma H W, Li D J, Sheng X A, et al. Protein-resistant polymer coatings on silicon oxide by surface-initiated atom transfer radical polymerization. Langmuir, 2006, 22(8): 3751-3756.
[96] Jin Z L, Feng W, Zhu S P, et al. Protein-resistant polyurethane via surface-initiated atom transfer radical polymerization of oligo(ethylene glycol) methacrylate. J Biomed Mater Res, Part A, 2009, 91A(4): 1189-1201.
[97] Li X, Wang M M, Wang L, et al. Block copolymer modified surfaces for conjugation of biomacromolecules with control of quantity and activity. Langmuir, 2013, 29(4): 1122-1128.
[98] Shi X J, Wang Y Y, Li D, et al. Cell adhesion on a POEGMA-modified topographical surface. Langmuir, 2012, 28(49): 17011-17018.
[99] Li S Y, Liu B, Wei T, et al. Microfluidic channels with renewable and switchable biological functionalities based on host-guest interactions. J Mater Chem B, 2018, 6(48): 8055-8063.
[100] Lahooti S, Sefton M V. Microencapsulation of normal and transfected L929 fibroblasts in a HEMA-MMA copolymer. Tissue Eng, 2000, 6(2): 139-149.
[101] He H Y, Cao X, Lee L J. Design of a novel hydrogel-based intelligent system for controlled drug release. J Control Release, 2004, 95(3): 391-402.
[102] Sato C, Aoki M, Tanaka M. Blood-compatible poly(2-methoxyethyl acrylate) for the adhesion and proliferation of endothelial and smooth muscle cells. Colloids Surf, B, 2016, 145: 586-596.
[103] Zhao G L, Chen W N. Design of poly(vinylidene fluoride)-*g*-p(hydroxyethyl methacrylate-*co*-*N*-

isopropylacrylamide) membrane via surface modification for enhanced fouling resistance and release property. Appl Surf Sci, 2017, 398: 103-115.
[104] 李丹, 王莎莎, 郑军, 等. 聚(甲基丙烯酸-2-羟乙酯)改性金表面用于构建生物检测基材. 高分子学报, 2011(10): 1188-1194.
[105] 李翔, 王境鸿, 唐增超, 等. 基于光束缚型引发剂的聚合物材料表面抗污聚合物刷改性. 高分子学报, 2020, 51: 1248-1256.
[106] Meng J Q, Li J H, Zhang Y F, et al. A novel controlled grafting chemistry fully regulated by light for membrane surface hydrophilization and functionalization. J Mater Sci, 2014, 455: 405-414.
[107] Sun W, Liu J R, Hao Q, et al. A novel Y-shaped photoiniferter used for the construction of polydimethylsiloxane surfaces with antibacterial and antifouling properties. J Mater Chem B, 2022, 10(2): 262-270.
[108] Wu Z Q, Chen H, Huang H, et al. A facile approach to modify polyurethane surfaces for biomaterial applications. Macromol Biosci, 2009, 9(12): 1165-1168.
[109] Wu Z Q, Chen H, Liu X L, et al. Protein-resistant and fibrinolytic polyurethane surfaces. Macromol Biosci, 2012, 12(1): 126-131.
[110] Tang Z C, Li D, Liu X L, et al. Vinyl-monomer with lysine side chains for preparing copolymer surfaces with fibrinolytic activity. Polym Chem, 2013, 4(5): 1583-1589.
[111] Gu H, Chen X S, Yu Q, et al. A multifunctional surface for blood contact with fibrinolytic activity, ability to promote endothelial cell adhesion and inhibit smooth muscle cell adhesion. J Mater Chem B, 2017, 5(3): 604-611.
[112] Zamfir M, Rodriguez-Emmenegger C, Bauer S, et al. Controlled growth of protein resistant PHEMA brushes via S-RAFT polymerization. J Mater Chem B, 2013, 1(44): 6027-6034.
[113] Yoshikawa C, Goto A, Tsujii Y, et al. Protein repellency of well-defined, concentrated poly(2-hydroxyethyl methacrylate) brushes by the size-exclusion effect. Macromolecules, 2006, 39(6): 2284-2290.
[114] Tsukagoshi T, Kondo Y, Yoshino N. Protein adsorption on polymer-modified silica particle surface. Colloids Surf, B, 2007, 54(1): 101-107.
[115] Carneiro L B, Ferreira J, Santos M J L, et al. A new approach to immobilize poly(vinyl alcohol) on poly(dimethylsiloxane) resulting in low protein adsorption. Appl Surf Sci, 2011, 257(24): 10514-10519.
[116] Lei H Y, Wang M M, Tang Z C, et al. Control of lysozyme adsorption by pH on surfaces modified with polyampholyte brushes. Langmuir, 2014, 30(2): 501-508.
[117] Cao Y P, Liu S J, Wu Z Q, et al. Synthesis and antifouling performance of tadpole-shaped poly(*N*-hydroxyethylacrylamide) coatings. J Mater Chem B, 2021, 9(12): 2877-2884.
[118] Zhang Z Y, Wang J C, Tu Q, et al. Surface modification of PDMS by surface-initiated atom transfer radical polymerization of water-soluble dendronized PEG methacrylate. Colloids Surf, B, 2011, 88(1): 85-92.
[119] Yu Q, Zhang Y, Chen H X, et al. Protein adsorption on poly(*N*-isopropylacrylamide)-modified silicon surfaces: effects of grafted layer thickness and protein size. Colloids Surf, B, 2010, 76(2): 468-474.
[120] Wu Z Q, Chen H, Liu X L, et al. Protein adsorption on poly(*N*-vinylpyrrolidone)-modified silicon surfaces prepared by surface-initiated atom transfer radical polymerization. Langmuir, 2009, 25(5): 2900-2906.
[121] Liu X L, Wu Z Q, Li D, et al. Poly(*N*-vinylpyrrolidone)-modified surfaces repel plasma protein adsorption. Chin J Polym Sci, 2012, 30(2): 235-241.
[122] Liu X L, Wu Z Q, Zhou F, et al. Poly(vinylpyrrolidone-*b*-styrene) block copolymers tethered surfaces for protein adsorption and cell adhesion regulation. Colloids Surf, B, 2010, 79(2): 452-459.
[123] Liu X L, Sun K, Wu Z Q, et al. Facile synthesis of thermally stable poly(*N*-vinylpyrrolidone)-modified gold surfaces by surface-initiated atom transfer radical polymerization. Langmuir, 2012, 28(25): 9451-

9459.

[124] Wu Z Q, Tong W F, Jiang W W, et al. Poly(*N*-vinylpyrrolidone)-modified poly(dimethylsiloxane) elastomers as anti-biofouling materials. Colloids Surf, B, 2012, 96: 37-43.

[125] Liu X L, Tong W F Wu Z Q, et al. Poly(*N*-vinylpyrrolidone)-grafted poly(dimethylsiloxane) surfaces with tunable microtopography and anti-biofouling properties. RSC Advances, 2013, 3(14): 4716-4722.

[126] Mi L, Jiang S Y. Integrated antimicrobial and nonfouling zwitterionic polymers. Angew Chem Int Ed, 2014, 53(7): 1746-1754.

[127] Blackman L D, Gunatillake P A, Cass P, et al. An introduction to zwitterionic polymer behavior and applications in solution and at surfaces. Chem Soc Rev, 2019, 48(3): 757-770.

[128] Zwaal R F, Comfurius P, Van Deenen L L. Membrane asymmetry and blood-coagulation. Nature, 1977, 268(5618): 358-360.

[129] Johnston D S, Sanghera S, Pons M, et al. Phospholipid polymers-synthesis and spectral characteristics. Biochim Biophys Acta, 1980, 602(1): 57-69.

[130] Hayward J A, Chapman D. Biomembrane surfaces as models for polymer design-the potential for hemocompatibility. Biomaterials, 1984, 5(3): 135-142.

[131] Ishihara K, Ueda T, Nakabayashi N. Preparation of phospholipid polymers and their properties as polymer hydrogel membranes. Polym J, 1990, 22(5): 355-360.

[132] Ueda T, Oshida H, Kurita K, et al. Preparation of 2-methacryloyloxyethyl phosphorylcholine copolymers with alkyl methacrylates and their blood compatibility. Polym J, 1992, 24(11): 1259-1269.

[133] Inoue Y, Watanabe J, Takai M, et al. Surface characteristics of block-type copolymer composed of semi-fluorinated and phospholipid segments synthesized by living radical polymerization. J Biomater Sci-Polym Ed, 2004, 15(9): 1153-1166.

[134] Ma Y H, Tang Y Q, Billingham N C, et al. Well-defined biocompatible block copolymers via atom transfer radical polymerization of 2-methacryloyloxyethyl phosphorylcholine in protic media. Macromolecules, 2003, 36(10): 3475-3484.

[135] Ishihara K, Tsuji T, Kurosaki T, et al. Hemocompatibility on graft-copolymers composed of poly(2-methacryloyloxyethyl phosphorylcholine) side-chain and poly(*N*-butyl methacrylate) backbone. J Biomed Mater Res, 1994, 28(2): 225-232.

[136] Iwasaki Y, Akiyoshi K. Design of biodegradable amphiphilic polymers: well-defined amphiphilic polyphosphates with hydrophilic graft chains via ATRP. Macromolecules, 2004, 37(20): 7637-7642.

[137] Ishihara K, Hanyuda H, Nakabayashi N. Synthesis of phospholipid polymers having a urethane bond in the side-chain as coating material on segmented polyurethane and their platelet adhesion-resistant properties. Biomaterials, 1995, 16(11): 873-879.

[138] Ishihara K, Iwasaki Y, Nakabayashi N. Polymeric lipid nanosphere consisting of water-soluble poly(2-methacryloyloxyethyl phosphorylcholine-*co*-*N*-butyl methacrylate). Polym J, 1999, 31(12): 1231-1236.

[139] Ishihara K, Oshida H, Endo Y, et al. Hemocompatibility of human whole blood on polymers with a phospholipid polar group and its mechanism. J Biomed Mater Res, 1992, 26(12): 1543-1552.

[140] Fukazawa K, Ishihara K. Simple surface treatment using amphiphilic phospholipid polymers to obtain wetting and lubricity on polydimethylsiloxane-based substrates. Colloids Surf, B, 2012, 97: 70-76.

[141] Ishihara K, Iwasaki Y. Biocompatible elastomers composed of segmented polyurethane and 2-methacryloyloxyethyl phosphorylcholine polymer. Polym Adv Technol, 2000, 11(8-12): 626-634.

[142] Morimoto N, Watanabe A, Iwasaki Y, et al. Nano-scale surface modification of a segmented polyurethane with a phospholipid polymer. Biomaterials, 2004, 25(23): 5353-5361.

[143] Morimoto N, Iwasaki Y, Nakabayashi N, et al. Physical properties and blood compatibility of surface-

modified segmented polyurethane by semi-interpenetrating polymer networks with a phospholipid polymer. Biomaterials, 2002, 23(24): 4881-4887.

[144] Iwasaki Y, Sawada S I, Nakabayashi N, et al. The effect of the chemical structure of the phospholipid polymer on fibronectin adsorption and fibroblast adhesion on the gradient phospholipid surface. Biomaterials, 1999, 20(22): 2185-2191.

[145] Korematsu A, Takemoto Y, Nakaya T, et al. Synthesis, characterization and platelet adhesion of segmented polyurethanes grafted phospholipid analogous vinyl monomer on surface. Biomaterials, 2002, 23(1): 263-271.

[146] Xu J M, Yuan Y L, Shan B, et al. Ozone-induced grafting phosphorylcholine polymer onto silicone film grafting 2-methacryloyloxyethyl phosphorylcholine onto silicone film to improve hemocompatibility. Colloids Surf, B, 2003, 30(3): 215-223.

[147] Goda T, Konno T, Takai M, et al. Biomimetic phosphorylcholine polymer grafting from polydimethylsiloxane surface using photo-induced polymerization. Biomaterials, 2006, 27(30): 5151-5160.

[148] Feng W, Brash J, Zhu S P. Atom-transfer radical grafting polymerization of 2-methacryloyloxyethyl phosphorylcholine from silicon wafer surfaces. J Polym Sci, Part A: Polym Chem, 2004, 42(12): 2931-2942.

[149] Feng W, Zhu S P, Ishihara K, et al. Adsorption of fibrinogen and lysozyme on silicon grafted with poly(2-methacryloyloxyethyl phosphorylcholine) via surface-initiated atom transfer radical polymerization. Langmuir, 2005, 21(13): 5980-5987.

[150] Ishihara K. Revolutionary advances in 2-methacryloyloxyethyl phosphorylcholine polymers as biomaterials. J Biomed Mater Res, Part A, 2019, 107(5): 933-943.

[151] Gobeil F, Juneau C, Plante S. Thrombus formation on guide wires during routine PTCA procedures: a scanning electron microscopic evaluation. Can J Cardiol, 2002, 18(3): 263-269.

[152] Lewis A L, Tolhurst L A, Stratford P W. Analysis of a phosphorylcholine-based polymer coating on a coronary stent pre- and post-implantation. Biomaterials, 2002, 23(7): 1697-1706.

[153] Lewis A L, Furze J D, Small S, et al. Long-term stability of a coronary stent coating post-implantation. J Biomed Mater Res, 2002, 63(6): 699-705.

[154] Lewis A L, Vick T A, Collias A C M, et al. Phosphorylcholine-based polymer coatings for stent drug delivery. J Mater Sci: Mater Med, 2001, 12(10): 865-870.

[155] Van der Heiden A P, Willems G M, Lindhout T, et al. Adsorption of proteins onto poly(ether urethane) with a phosphorylcholine moiety and influence of preadsorbed phospholipid. J Biomed Mater Res, 1998, 40(2): 195-203.

[156] Lewis A L. Phosphorylcholine-based polymers and their use in the prevention of biofouling. Colloids Surf, B, 2000, 18(3/4): 261-275.

[157] Ishihara K, Oshida H, Endo Y, et al. Effects of phospholipid adsorption on nonthrombogenicity of polymer with phospholipid polar group. J Biomed Mater Res, 1993, 27(10): 1309-1314.

[158] Ishihara K, Nomura H, Mihara T, et al. Why do phospholipid polymers reduce protein adsorption? J Biomed Mater Res, 1998, 39(2): 323-330.

[159] Murphy E F, Keddie J L, Lu J R, et al. The reduced adsorption of lysozyme at the phosphorylcholine incorporated polymer/aqueous solution interface studied by spectroscopic ellipsometry. Biomaterials, 1999, 20(16): 1501-1511.

[160] Parker A P, Reynolds P A, Lewis A L, et al. Investigation into potential mechanisms promoting biocompatibility of polymeric biomaterials containing the phosphorylcholine moiety A physicochemical

and biological study. Colloids Surf, B, 2005, 46(4): 204-217.
[161] Jiang Y, Hou Q F, Liu B L, et al. Platelet adhesive resistance of polyurethane surface grafted with zwitterions of sulfobetaine. Colloids Surf, B, 2004, 36(1): 19-26.
[162] Yuan J, Mao C, Zhou J, et al. Chemical grafting of sulfobetaine onto poly(ether urethane) surface for improving blood compatibility. Polym Int, 2003, 52(12): 1869-1875.
[163] Zhang J, Yuan Y L, Wu K H, et al. Surface modification of segmented poly(ether urethane) by grafting sulfo ammonium zwitterionic monomer to improve hemocompatibilities. Colloids Surf, B, 2003, 28(1): 1-9.
[164] Yuan Y L, Zang X P, Ai F, et al. Grafting sulfobetaine monomer onto silicone surface to improve haemocompatibility. Polym Int, 2004, 53(1): 121-126.
[165] Zhang J, Yuan J, Yuan Y L, et al. Chemical modification of cellulose membranes with sulfo ammonium zwitterionic vinyl monomer to improve hemocompatibility. Colloids Surf, B, 2003, 30(3): 249-257.
[166] Chang Y, Chang Y, Higuchi A, et al. Bioadhesive control of plasma proteins and blood cells from umbilical cord blood onto the interface grafted with zwitterionic polymer brushes. Langmuir, 2012, 28(9): 4309-4317.
[167] Chang Y, Chen S F, Zhang Z, et al. Highly protein-resistant coatings from well-defined diblock copolymers containing sulfobetaines. Langmuir, 2006, 22(5): 2222-2226.
[168] Yang W, Chen S F, Cheng G, et al. Film thickness dependence of protein adsorption from blood serum and plasma onto poly(sulfobetaine)-grafted surfaces. Langmuir, 2008, 24(17): 9211-9214.
[169] Hu Y C, Yang G, Liang B, et al. The fabrication of superlow protein absorption zwitterionic coating by electrochemically mediated atom transfer radical polymerization and its application. Acta Biomater, 2015, 13: 142-149.
[170] Sin M C, Sun Y M, Chang Y. Zwitterionic-based stainless steel with well-defined polysulfobetaine brushes for general bioadhesive control. ACS Appl Mater Interfaces, 2014, 6(2): 861-873.
[171] Zhang Z, Vaisocherová H, Cheng G, et al. Nonfouling behavior of polycarboxybetaine-grafted surfaces: structural and environmental effects. Biomacromolecules, 2008, 9(10): 2686-2692.
[172] Cao B, Tang Q, Cheng G. Recent advances of zwitterionic carboxybetaine materials and their derivatives. J Biomater Sci Polym Ed, 2014, 25(14/15): 1502-1513.
[173] Cheng G, Li G Z, Xue H, et al. Zwitterionic carboxybetaine polymer surfaces and their resistance to long-term biofilm formation. Biomaterials, 2009, 30(28): 5234-5240.
[174] Yang W, Xue H, Li W, et al. Pursuing "zero" protein adsorption of poly(carboxybetaine) from undiluted blood serum and plasma. Langmuir, 2009, 25(19): 11911-11916.
[175] Cao B, Tang Q, Li L L, et al. Switchable antimicrobial and antifouling hydrogels with enhanced mechanical properties. Adv Healthcare Mater, 2013, 2(8): 1096-1102.
[176] Vaisocherová H, Zhang Z, Yang W, et al. Functionalizable surface platform with reduced nonspecific protein adsorption from full blood plasma-material selection and protein immobilization optimization. Biosens Bioelectron, 2009, 24(7): 1924-1930.
[177] Jiang S Y, Cao Z Q. Ultralow-fouling, functionalizable, and hydrolyzable zwitterionic materials and their derivatives for biological applications. Adv Mater, 2010, 22(9): 920-932.
[178] Zhang Z, Chen S F, Jiang S Y. Dual-functional biomimetic materials: nonfouling poly(carboxybetaine) with active functional groups for protein immobilization. Biomacromolecules, 2006, 7(12): 3311-3315.
[179] Sun X H, Wang H X, Wang Y Y, et al. Creation of antifouling microarrays by photopolymerization of zwitterionic compounds for protein assay and cell patterning. Biosens Bioelectron, 2018, 102: 63-69.
[180] Zhang Z, Chao T, Chen S F, et al. Superlow fouling sulfobetaine and carboxybetaine polymers on glass

slides. Langmuir, 2006, 22(24): 10072-10077.

[181] Bernards M, He Y. Polyampholyte polymers as a versatile zwitterionic biomaterial platform. J Biomater Sci Polym Ed, 2014, 25(14/15): 1479-1488.

[182] Bernards M T, Cheng G, Zhang Z, et al. Nonfouling polymer brushes via surface-initiated, two-component atom transfer radical polymerization. Macromolecules, 2008, 41(12): 4216-4219.

[183] Chang Y, Shu S H, Shih Y J, et al. Hemocompatible mixed-charge copolymer brushes of pseudozwitterionic surfaces resistant to nonspecific plasma protein fouling. Langmuir, 2010, 26(5): 3522-3530.

[184] Tah T, Bernards M T. Nonfouling polyampholyte polymer brushes with protein conjugation capacity. Colloids Surf, B, 2012, 93: 195-201.

[185] Wu R H, McMahon T B. Stabilization of zwitterionic structures of amino acids(Gly, Ala, Val, Leu, Ile, Ser and Pro) by ammonium ions in the gas phase. J Am Chem Soc, 2008, 130(10): 3065-3078.

[186] Shi Q, Su Y L, Chen W J, et al. Grafting short-chain amino acids onto membrane surfaces to resist protein fouling. J Membr Sci, 2011, 366(1/2): 398-404.

[187] Liu Q S, Singh A, Liu L Y. Amino acid-based zwitterionic poly(serine methacrylate) as an antifouling material. Biomacromolecules, 2013, 14(1): 226-231.

[188] Liu Q S, Li W C, Singh A, et al. Two amino acid-based superlow fouling polymers: poly(lysine methacrylamide) and poly(ornithine methacrylamide). Acta Biomater, 2014, 10(7): 2956-2964.

[189] Liu Q S, Li W C, Wang H A, et al. Amino acid-based zwitterionic polymer surfaces highly resist long-term bacterial adhesion. Langmuir, 2016, 32(31): 7866-7874.

[190] Fang B H, Ling Q Y, Zhao W F, et al. Modification of polyethersulfone membrane by grafting bovine serum albumin on the surface of polyethersulfone/poly(acrylonitrile-co-acrylic acid) blended membrane. J Membr Sci, 2009, 329(1/2): 46-55.

[191] Zhang C, Jin J, Zhao J, et al. Functionalized polypropylene non-woven fabric membrane with bovine serum albumin and its hemocompatibility enhancement. Colloids Surf, B, 2013, 102: 45-52.

[192] Zhu L P, Jiang J H, Zhu B K, et al. Immobilization of bovine serum albumin onto porous polyethylene membranes using strongly attached polydopamine as a spacer. Colloids Surf, B, 2011, 86(1): 111-118.

[193] Yamazoe H, Tanabe T. Preparation of water-insoluble albumin film possessing nonadherent surface for cells and ligand binding ability. J Biomed Mater Res, Part A, 2008, 86A(1): 228-234.

[194] Xie B W, Zhang R R, Zhang H A, et al. Decoration of heparin and bovine serum albumin on polysulfone membrane assisted via polydopamine strategy for hemodialysis. J Biomater Sci Polym Ed, 2016, 27(9): 880-897.

[195] Sperling C, Houska M, Brynda E, et al. *In vitro* hemocompatibility of albumin-heparin multilayer coatings on polyethersulfone prepared by the layer-by-layer technique. J Biomed Mater Res, Part A, 2006, 76A(4): 681-689.

[196] Hu X Y, Tian J H, Li C, et al. Amyloid-like protein aggregates: a new class of bioinspired materials merging an interfacial anchor with antifouling. Adv Mater, 2020, 32(23): 2000128.

[197] Wang D H, Ha Y, Gu J, et al. 2D protein supramolecular nanofilm with exceptionally large area and emergent functions. Adv Mater, 2016, 28(34): 7414-7423.

[198] Yang P. Direct biomolecule binding on nonfouling surfaces via newly discovered supramolecular self-assembly of lysozyme under physiological conditions. Macromol Biosci, 2012, 12(8): 1053-1059.

[199] Qin R R, Liu Y C, Tao F, et al. Protein-bound freestanding 2D metal film for stealth information transmission. Adv Mater, 2019, 31(5): 1803377.

[200] Li C, Xu L, Zuo Y Y, et al. Tuning protein assembly pathways through superfast amyloid-like aggregation.

Biomater Sci, 2018, 6(4): 836-841.

[201] Howell C A, Sandeman S R, Zheng Y, et al. New dextran coated activated carbons for medical use. Carbon, 2016, 97: 134-146.

[202] Junter G A, Thébault P, Lebrun L. Polysaccharide-based antibiofilm surfaces. Acta Biomater, 2016, 30: 13-25.

[203] Yu D G, Jou C H, Lin W C, et al. Surface modification of poly(tetramethylene adipate-*co*-terephthalate) membrane via layer-by-layer assembly of chitosan and dextran sulfate polyelectrolyte multiplayer. Colloids Surf, B, 2007, 54(2): 222-229.

[204] Raveendran R, Bhuvaneshwar G S, Sharma C P. Hemocompatible curcumin-dextran micelles as pH sensitive pro-drugs for enhanced therapeutic efficacy in cancer cells. Carbohydr Polym, 2016, 137: 497-507.

[205] Massia S P, Stark J, Letbetter D S. Surface-immobilized dextran limits cell adhesion and spreading. Biomaterials, 2000, 21(22): 2253-2261.

[206] Delattre C, Velazquez D, Roques C, et al. *In vitro* and *in vivo* evaluation of a dextran-graft-polybutylmethacrylate copolymer coated on CoCr metallic stent. Bioimpacts, 2019, 9(1): 25-36.

[207] Xu G, Liu P, Pranantyo D, et al. Dextran- and chitosan-based antifouling, antimicrobial adhesion, and self-polishing multilayer coatings from pH-responsive linkages-enabled layer-by-layer assembly. ACS Sustainable Chem Eng, 2018, 6(3): 3916-3926.

[208] Sen Gupta A, Wang S, Link E, et al. Glycocalyx-mimetic dextran-modified poly(vinyl amine) surfactant coating reduces platelet adhesion on medical-grade polycarbonate surface. Biomaterials, 2006, 27(16): 3084-3095.

[209] Lin W C, Yu D G, Yang M C. Blood compatibility of thermoplastic polyurethane membrane immobilized with water-soluble chitosan/dextran sulfate. Colloids Surf, B, 2005, 44(2): 82-92.

[210] Zha Z B, Ma Y, Yue X L, et al. Self-assembled hemocompatible coating on poly(vinyl chloride) surface. Appl Surf Sci, 2009, 256(3): 805-814.

[211] Morra M, Cassineli C. Non-fouling properties of polysaccharide-coated surfaces. J Biomater Sci Polym Ed, 1999, 10(10): 1107-1124.

[212] Xue P, Li Q A, Li Y A, et al. Surface modification of poly(dimethylsiloxane) with polydopamine and hyaluronic acid to enhance hemocompatibility for potential applications in medical implants or devices. ACS Appl Mater Interfaces, 2017, 9(39): 33632-33644.

[213] Thierry B, Winnik F M, Merhi Y, et al. Biomimetic hemocompatible coatings through immobilization of hyaluronan derivatives on metal surfaces. Langmuir, 2008, 24(20): 11834-11841.

[214] Verheye S, Markou C P, Salame M Y, et al. Reduced thrombus formation by hyaluronic acid coating of endovascular devices. Arterioscler Thromb Vasc Biol, 2000, 20(4): 1168-1172.

[215] Lee S H, Kim S, Park J, et al. Universal surface modification using dopamine-hyaluronic acid conjugates for anti-biofouling. Int J Biol Macromol, 2020, 151: 1314-1321.

[216] Cen L, Neoh K, Li Y L, et al. Assessment of *in vitro* bioactivity of hyaluronic acid and sulfated hyaluronic acid functionalized electroactive polymer. Biomacromolecules, 2004, 5(6): 2238-2246.

[217] Cheng C, Sun S D, Zhao C S. Progress in heparin and heparin-like/mimicking polymer-functionalized biomedical membranes. J Mater Chem B, 2014, 2(44): 7649-7672.

[218] Gott V L, Whiffen J D, Dutton R C. Heparin bonding on colloidal graphite surfaces. Science, 1963, 142(3597): 1297-1298.

[219] 麻开旺, 高玮, 蔡绍皙, 等. 肝素固定化技术研究进展. 生物医学工程学杂志, 2007, 24 (2): 466-469.

[220] Badr I H A, Gouda M, Abdel-Sattar R, et al. Reduction of thrombogenicity of PVC-based sodium selective

membrane electrodes using heparin-modified chitosan. Carbohydr Polym, 2014, 99: 783-790.

[221] Lv Q, Cao C B, Zhu H S. A novel solvent system for blending of polyurethane and heparin. Biomaterials, 2003, 24(22): 3915-3919.

[222] Zhang J, Wang D W, Jiang X F, et al. Multistructured vascular patches constructed via layer-by-layer self-assembly of heparin and chitosan for vascular tissue engineering applications. Chem Eng J, 2019, 370: 1057-1067.

[223] Shi J, Chen S Y, Wang L N, et al. Rapid endothelialization and controlled smooth muscle regeneration by electrospun heparin-loaded polycaprolactone/gelatin hybrid vascular grafts. J Biomed Mater Res, Part B, 2019, 107(6): 2040-2049.

[224] 杨倩, 谢艳新, 沈宇杰, 等. 肝素化/类肝素化高分子膜材料的研究进展. 功能材料, 2019, 50(12): 12059-12065, 12073.

[225] Chen Z, Zhang R F, Kodama M, et al. Anticoagulant surface prepared by the heparinization of ionic polyurethane film. J Appl Polym Sci, 2000, 76(3): 382-390.

[226] Luo R E, Wang X, Deng J C, et al. Dopamine-assisted deposition of poly(ethylene imine) for efficient heparinization. Colloids Surf, B, 2016, 144: 90-98.

[227] Hou C J, Yuan Q Q, Huo D Q, et al. Investigation on clotting and hemolysis characteristics of heparin-immobilized polyether sulfones biomembrane. J Biomed Mater Res, Part A, 2008, 85A(3): 847-852.

[228] Yang Z L, Wang J, Luo R F, et al. The covalent immobilization of heparin to pulsed-plasma polymeric allylamine films on 316L stainless steel and the resulting effects on hemocompatibility. Biomaterials, 2010, 31(8): 2072-2083.

[229] Yang Z L, Wang J, Luo R F, et al. Improved hemocompatibility guided by pulsed plasma tailoring the surface amino functionalities of TiO_2 coating for covalent immobilization of heparin. Plasma Processes Polym, 2011, 8(9): 850-858.

[230] Bae J S, Seo E J, Kang I K. Synthesis and characterization of heparinized polyurethanes using plasma glow discharge. Biomaterials, 1999, 20(6): 529-537.

[231] 段维勋, 易定华, 杨剑, 等. 体外循环系统聚氯乙烯材料表面共价酯键结合肝素的方法. 心脏杂志, 2007, 19(1): 32-35.

[232] 侯长军, 张文彬, 霍丹群, 等. 肝素化结合方式及本体材料的研究进展. 化工进展, 2003, 22(7): 703-708.

[233] You I, Kang S M, Byun Y, et al. Enhancement of blood compatibility of poly(urethane) substrates by mussel-inspired adhesive heparin coating. Bioconjug Chem, 2011, 22(7): 1264-1269.

[234] Li M H, Wu H D, Wang Y, et al. Immobilization of heparin/poly-L-lysine microspheres on medical grade high nitrogen nickel-free austenitic stainless steel surface to improve the biocompatibility and suppress thrombosis. Mater Sci Eng, C, 2017, 73: 198-205.

[235] Biran R, Pond D. Heparin coatings for improving blood compatibility of medical devices. Adv Drug Delivery Rev, 2017, 112: 12-23.

[236] 张琨. Ti 表面构建Ⅳ型胶原/肝素抗凝血促内皮双功能层的研究与探索. 成都：西南交通大学, 2013.

[237] Tran D L, Le Thi P, Lee S M, et al. Multifunctional surfaces through synergistic effects of heparin and nitric oxide release for a highly efficient treatment of blood-contacting devices. J Control Release, 2021, 329: 401-412.

[238] Magoshi T, Matsuda T. Formation of polymerized mixed heparin/albumin surface layer and cellular adhesional responses. Biomacromolecules, 2002, 3(5): 976-983.

[239] Wang X, Liu T, Chen Y, et al. Extracellular matrix inspired surface functionalization with heparin, fibronectin and VEGF provides an anticoagulant and endothelialization supporting microenvironment.

Appl Surf Sci, 2014, 320: 871-882.

[240] Li G C, Yang P, Qin W, et al. The effect of coimmobilizing heparin and fibronectin on titanium on hemocompatibility and endothelialization. Biomaterials, 2011, 32(21): 4691-4703.

[241] Li G C, Zhang F M, Liao Y Z, et al. Coimmobilization of heparin/fibronectin mixture on titanium surfaces and their blood compatibility. Colloids Surf, B, 2010, 81(1): 255-262.

[242] Zhang K, Chen J Y, Qin W, et al. Constructing bio-layer of heparin and type Ⅳ collagen on titanium surface for improving its endothelialization and blood compatibility. J Mater Sci- Mater Med, 2016, 27(4): 81.

[243] Raman K, Mencio C, Desai U R, et al. Sulfation patterns determine cellular internalization of heparin-like polysaccharides. Mol Pharm, 2013, 10(4): 1442-1449.

[244] Pereira M S, Mulloy B, Mourão P A S. Structure and anticoagulant activity of sulfated fucans: comparison between the regular, repetitive, and linear fucans from echinoderms with the more heterogeneous and branched polymers from brown algae. J Biol Chem, 1999, 274(12): 7656-7667.

[245] Paluck S J, Nguyen T H, Maynard H D. Heparin-mimicking polymers: synthesis and biological applications. Biomacromolecules, 2016, 17(11): 3417-3440.

[246] Ran F, Nie S Q, Li J, et al. Heparin-like macromolecules for the modification of anticoagulant biomaterials. Macromol Biosci, 2012, 12(1): 116-125.

[247] Xue J M, Zhao W F, Nie S Q, et al. Blood compatibility of polyethersulfone membrane by blending a sulfated derivative of chitosan. Carbohydr Polym, 2013, 95(1): 64-71.

[248] Porté-Durrieu M C, Aymes-Chodur C, Betz N, et al. Development of "heparin-like" polymers using swift heavy ion and gamma radiation. Ⅰ. Preparation and characterization of the materials. J Biomed Mater Res, 2000, 52(1): 119-127.

[249] Gu J W, Yang X L, Zhu H S. Surface sulfonation of silk fibroin film by plasma treatment and *in vitro* antithrombogenicity study. Mater Sci Eng, C, 2002, 20(1/2): 199-202.

[250] Xiang T, Cheng C, Zhao C S. Heparin-mimicking polymer modified polyethersulfone membranes: a mini review. J Membr Sep Technol, 2014, 3: 162-177.

[251] Chen X S, Gu H, Lyu Z L, et al. Sulfonate groups and saccharides as essential structural elements in heparin-mimicking polymers used as surface modifiers: optimization of relative contents for antithrombogenic properties. ACS Appl Mater Interfaces, 2018, 10(1): 1440-1449.

[252] Zhang A Y, Sun W, Liang X Y, et al. The role of carboxylic groups in heparin-mimicking polymer-functionalized surfaces for blood compatibility: enhanced vascular cell selectivity. Colloids Surf, B, 2021, 201: 111653.

[253] Wang H H, Wang J H, Feng J A, et al. Artificial extracellular matrix composed of heparin-mimicking polymers for efficient anticoagulation and promotion of endothelial cell proliferation. ACS Appl Mater Interfaces, 2022, 14(44): 50142-50151.

[254] Christman K L, Vázquez-Dorbatt V, Schopf E, et al. Nanoscale growth factor patterns by immobilization on a heparin-mimicking polymer. J Am Chem Soc, 2008, 130(49): 16585-16591.

[255] Xue H, Zhao Z Q, Chen S Q, et al. Antibacterial coatings based on microgels containing quaternary ammonium ions: modification with polymeric sugars for improved cytocompatibility. Colloid Interface Sci Commun, 2020, 37: 100268.

[256] Li Y P, Sun W, Zhang A Y, et al. Vascular cell behavior on heparin-like polymers modified silicone surfaces: the prominent role of the lotus leaf-like topography. J Colloid Interface Sci, 2021, 603: 501-510.

[257] Liang X Y, Zhang A Y, Sun W, et al. Vascular cell behavior on glycocalyx-mimetic surfaces: simultaneous mimicking of the chemical composition and topographical structure of the vascular endothelial glycocalyx.

Colloids Surf, B, 2022, 212: 112337.
[258] Anglés-Cano E. Overview on fibrinolysis: plasminogen activation pathways on fibrin and cell surfaces. Chem Phys Lipids, 1994, 67/68: 353-362.
[259] Weisel J W, Nagaswami C, Korsholm B, et al. Interactions of plasminogen with polymerizing fibrin and its derivatives, monitored with a photoaffinity cross-linker and electron microscopy. J Mol Biol, 1994, 235(3): 1117-1135.
[260] Fredenburgh J C, Nesheim M E. Lys-plasminogen is a significant intermediate in the activation of Glu-plasminogen during fibrinolysis *in vitro*. J Biol Chem, 1992, 267(36): 26150-26156.
[261] Law R H, Abu-Ssaydeh D, Whisstock J C. New insights into the structure and function of the plasminogen/plasmin system. Curr Opin Struct Biol, 2013, 23(6): 836-841.
[262] Castellino F J, Ploplis V A. Structure and function of the plasminogen/plasmin system. Thromb Haemost, 2005, 93(4): 647-654.
[263] Collen D, Lijnen H R. The tissue-type plasminogen activator story. Arterioscler Thromb Vasc Biol, 2009, 29(8): 1151-1155.
[264] Li D, Chen H, Brash J L. Mimicking the fibrinolytic system on material surfaces. Colloids Surf, B, 2011, 86(1): 1-6.
[265] Fischer B E. Comparison of fibrin-mediated stimulation of plasminogen activation by tissue-type plasminogen activator(t-PA) and fibrin-dependent enhancement of amidolytic activity of t-PA. Blood Coagul Fibrinolysis, 1992, 3(2): 203-204.
[266] Heylen E, Willemse J, Hendriks D. An update on the role of carboxypeptidase U(TAFIa) in fibrinolysis. Front Biosci-Landmark, 2011, 16: 2427-2450.
[267] Fay W P, Murphy J G, Owen W G. High concentrations of active plasminogen activator inhibitor-1 in porcine coronary artery thrombi. Arterioscler Thromb Vasc Biol, 1996, 16(10): 1277-1284.
[268] Wolberg A S. Thrombin generation and fibrin clot structure. Blood Rev, 2007, 21(3): 131-142.
[269] Woodhouse K A, Brash J L. Adsorption of plasminogen from plasma to lysine-derivatized polyurethane surfaces. Biomaterials, 1992, 13(15): 1103-1108.
[270] Woodhouse K A, Wojciechowski P W, Santerre J P, et al. Adsorption of plasminogen to glass and polyurethane surfaces. J Colloid Interface Sci, 1992, 152(1): 60-69.
[271] Woodhouse K A, Weitz J I, Brash J L. Interactions of plasminogen and fibrinogen with model silica glass surfaces: adsorption from plasma and enzymatic activity studies. J Biomed Mater Res, 1994, 28(4): 407-415.
[272] Woodhouse K A, Brash J L. Plasminogen adsorption to sulfonated and lysine derivatized model silica glass materials. J Colloid Interface Sci, 1994, 164(1): 40-47.
[273] Woodhouse K A, Weitz J I, Brash J L. Lysis of surface-localized fibrin clots by adsorbed plasminogen in the presence of tissue plasminogen activator. Biomaterials, 1996, 17(1): 75-77.
[274] McClung W G, Clapper D L, Hu S P, et al. Adsorption of plasminogen from human plasma to lysine-containing surfaces. J Biomed Mater Res, 2000, 49(3): 409-414.
[275] McClung W G, Clapper D L, Hu S P, et al. Lysine-derivatized polyurethane as a clot lysing surface: conversion of adsorbed plasminogen to plasmin and clot lysis *in vitro*. Biomaterials, 2001, 22(13): 1919-1924.
[276] McClung W G, Babcock D E, Brash J L. Fibrinolytic properties of lysine-derivatized polyethylene in contact with flowing whole blood(Chandler loop model). J Biomed Mater Res, Part A, 2007, 81A(3): 644-651.
[277] Samojlova N A, Krayukhina M A, Yamskov I A. Use of the affinity chromatography principle in creating

new thromboresistant materials. J Chromatogr B, 2004, 800(1/2): 263-269.

[278] Samoilova N A, Krayukhina M A, Novikova S P, et al. Polyelectrolyte thromboresistant affinity coatings for modification of devices contacting blood. J Biomed Mater Res, Part A, 2007, 82A(3): 589-598.

[279] Gombotz W R,Wang G H, Horbett T A, et al. Protein adsorption to poly(ethylene oxide) surfaces. J Biomed Mater Res, 1991, 25(12): 1547-1562.

[280] Li D, Chen H, McClung W G, et al. Lysine-PEG-modified polyurethane as a fibrinolytic surface: effect of PEG chain length on protein interactions, platelet interactions and clot lysis. Acta Biomater, 2009, 5(6): 1864-1871.

[281] Xu F J, Neoh K G, Kang E T. Bioactive surfaces and biomaterials via atom transfer radical polymerization. Prog Polym Sci, 2009, 34(8): 719-761.

[282] Jin S, Gu H, Chen X S, et al. A facile method to prepare a versatile surface coating with fibrinolytic activity, vascular cell selectivity and antibacterial properties. Colloids Surf, B, 2018, 167: 28-35.

[283] Wang S S, Li D, Chen H, et al. A novel antithrombotic coronary stent: lysine-poly(HEMA)-modified cobalt-chromium stent with fibrinolytic activity. J Biomater Sci Polym Ed, 2013, 24(6): 684-695.

[284] Tang Z C, Liu X L, Luan Y F, et al. Regulation of fibrinolytic protein adsorption on polyurethane surfaces by modification with lysine-containing copolymers. Polym Chem, 2013, 4(22): 5597-5602.

[285] Xu H C, Luan Y F, Wu Z Q, et al. Incorporation of lysine-containing copolymer with polyurethane affording biomaterial with specific adsorption of plasminogen. Chin J Chem, 2014, 32(1): 44-50.

[286] McClung W G, Clapper D L, Anderson A B, et al. Interactions of fibrinolytic system proteins with lysine-containing surfaces. J Biomed Mater Res, Part A, 2003, 66A(4): 795-801.

[287] Fleury V, Loyau S, Lijnen H R, et al. Molecular assembly of plasminogen and tissue-type plasminogen activator on an evolving fibrin surface. Eur J Biochem, 1993, 216(2): 549-556.

[288] Li D, Wang S S, Wu Z Q, et al. A new t-PA releasing concept based on protein-protein displacement. Soft Matter, 2013, 9(7): 2321-2328.

[289] Liu W, Wu Z Q, Wang Y Y, et al. Controlling the biointerface of electrospun mats for clot lysis: an engineered tissue plasminogen activator link to a lysine-functionalized surface. J Mater Chem B, 2014, 2(27): 4272-4279.

[290] Dupont D M, Madsen J B, Kristensen T, et al. Biochemical properties of plasminogen activator inhibitor-1. Front Biosci-Landmark, 2009, 14(4): 1337-1361.

[291] Tang Z C, Luan Y F, Li D, et al. Surface immobilization of a protease through an inhibitor-derived affinity ligand: a bioactive surface with defensive properties against an inhibitor. Chem Commun, 2015, 51(75): 14263-14266.

[292] Liu Q, Li D, Zhan W J, et al. Surfaces having dual affinity for plasminogen and tissue plasminogen activator: *in situ* plasmin generation and clot lysis. J Mater Chem B, 2015, 3(34): 6939-6944.

[293] Gu H, Chen X S, Liu X L, et al. A hemocompatible polyurethane surface having dual fibrinolytic and nitric oxide generating functions. J Mater Chem B, 2017, 5(5): 980-987.

[294] Zhan W J, Shi X J, Yu Q, et al. Bioinspired blood compatible surface having combined fibrinolytic and vascular endothelium-like properties via a sequential coimmobilization strategy. Adv Funct Mater, 2015, 25(32): 5206-5213.

[295] Tasci T O, Disharoon D, Schoeman R M, et al. Enhanced fibrinolysis with magnetically powered colloidal microwheels. Small, 2017, 13(36): 1700954.

[296] Jin H Q, Tan H, Zhao L L, et al. Ultrasound-triggered thrombolysis using urokinase-loaded nanogels. Int J Pharm, 2012, 434(1/2): 384-390.

[297] Vyas S P, Vaidya B. Targeted delivery of thrombolytic agents: role of integrin receptors. Expert Opin Drug

Deliv, 2009, 6(5): 499-508.
[298] Senatore F, Bernath F, Meisner K. Clinical study of urokinase-bound fibrocollagenous tubes. J Biomed Mater Res, 1986, 20(2): 177-188.
[299] Park Y J, Liang J F, Yang Z Q, et al. Controlled release of clot-dissolving tissue-type plasminogen activator from a poly(L-glutamic acid) semi-interpenetrating polymer network hydrogel. J Control Release, 2001, 75(1/2): 37-44.
[300] Wu Z Q, Chen H, Li D, et al. Tissue plasminogen activator-containing polyurethane surfaces for fibrinolytic activity. Acta Biomater, 2011, 7(5): 1993-1998.
[301] Epshtein M, Korin N. Shear targeted drug delivery to stenotic blood vessels. J Biomech, 2017, 50: 217-221.
[302] Cui W, Liu R, Jin H Q, et al. pH gradient difference around ischemic brain tissue can serve as a trigger for delivering polyethylene glycol-conjugated urokinase nanogels. J Control Release, 2016, 225: 53-63.
[303] Zhang Y Q, Yu J C, Bomba H N, et al. Mechanical force-triggered drug delivery. Chem Rev, 2016, 116(19): 12536-12563.
[304] Lin K Y, Lo J H, Consul N, et al. Self-titrating anticoagulant nano complexes that restore homeostatic regulation of the coagulation cascade. ACS Nano, 2014, 8(9): 8776-8785.
[305] Maitz M F, Freudenberg U, Tsurkan M V, et al. Bio-responsive polymer hydrogels homeostatically regulate blood coagulation. Nat Commun, 2013, 4: 2168.
[306] Zhang Y Q, Yu J C, Wang J Q, et al. Thrombin-responsive transcutaneous patch for auto-anticoagulant regulation. Adv Mater, 2017, 29(4): 10.
[307] Absar S, Kwon Y M, Ahsan F. Bio-responsive delivery of tissue plasminogen activator for localized thrombolysis. J Control Release, 2014, 177: 42-50.
[308] Gunawan S T, Kempe K, Bonnard T, et al. Multifunctional thrombin-activatable polymer capsules for specific targeting to activated platelets. Adv Mater, 2015, 27(35): 5153-5157.
[309] Du H, Li C, Luan Y F, et al. An antithrombotic hydrogel with thrombin-responsive fibrinolytic activity: breaking down the clot as it forms. Mater Horiz, 2016, 3(6): 556-562.
[310] Li C, Du H, Yang A Z, et al. Thrombosis-responsive thrombolytic coating based on thrombin-degradable tissue plasminogen activator(t-PA) nanocapsules. Adv Funct Mater, 2017, 27(45): 1703934.
[311] Huang Y, Yu L, Ren J, et al. An activated-platelet-sensitive nanocarrier enables targeted delivery of tissue plasminogen activator for effective thrombolytic therapy. J Control Release, 2019, 300: 1-12.
[312] Juenet M, Aid-Launais R, Li B, et al. Thrombolytic therapy based on fucoidan-functionalized polymer nanoparticles targeting P-selectin. Biomaterials, 2018, 156: 204-216.
[313] Magan D, Mark G, Ryan D, et al. Bio-inspired hemocompatible surface modifications for biomedical applications. Prog Mater Sci, 2022, 130: 100997.
[314] Li J L, Liu F, Qin Y, et al. A novel natural hirudin facilitated anti-clotting polylactide membrane via hydrogen bonding interaction. J Membr Sci, 2017, 523: 505-514.
[315] Szyperski T, Güntert P, Stone S R, et al. Nuclear magnetic resonance solution structure of hirudin(1—51) and comparison with corresponding three-dimensional structures determined using the complete 65-residue hirudin polypeptide chain. J Mol Biol, 1992, 228(4): 1193-1205.
[316] Grütter M G, Priestle J P, Rahuel J, et al. Crystal structure of the thrombin-hirudin complex: a novel mode of serine protease inhibition. EMBO J, 1990, 9(8): 2361-2365.
[317] Markwardt F. Hirudin: the promising antithrombotic. Cardiovasc Drug Rev, 1992, 10(2): 211-232.
[318] Wyers M C, Phaneuf M D, Rzucidlo E M, et al. *In vivo* assessment of a novel Dacron surface with covalently bound recombinant hirudin. Cardiovasc Pathol, 1999, 8(3): 153-159.

[319] Kirn D D, Takeno M M, Ratner B D, et al. Glow discharge plasma deposition(GDPD) technique for the local controlled delivery of hirudin from biomaterials. Pharm Res, 1998, 15(5): 783-786.
[320] Lin J C, Tseng S M. Surface characterization and platelet adhesion studies on polyethylene surface with hirudin immobilization. J Mater Sci: Mater Med, 2001, 12(9): 827-832.
[321] Lahann J, Klee D, Pluester W, et al. Bioactive immobilization of r-hirudin on CVD-coated metallic implant devices. Biomaterials, 2001, 22(8): 817-826.
[322] Onder S, Kazmanli K, Kok F N. Alteration of PTFE surface to increase its blood compatibility. J Biomater Sci Polym Ed, 2011, 22(11): 1443-1457.
[323] Berceli S A, Phaneuf M D, LoGerfo F W. Evaluation of a novel hirudin-coated polyester graft to physiologic flow conditions: hirudin bioavailability and thrombin uptake. J Vasc Surg, 1998, 27(6): 1117-1127.
[324] Wu Z Q, Chen H, Liu X L, et al. Hemocompatible polyurethane surfaces. Polym Adv Technol, 2012, 23(11): 1500-1502.
[325] Shi P G, Zhang L, Tian W, et al. Preparation and anticoagulant activity of functionalised silk fibroin. Chem Eng Sci, 2019, 199: 240-248.
[326] Alibeik S, Zhu S P, Brash J L. Surface modification with PEG and hirudin for protein resistance and thrombin neutralization in blood contact. Colloids Surf, B, 2010, 81(2): 389-396.
[327] Seifert B, Romaniuk P, Groth T. Covalent immobilization of hirudin improves the haemocompatibility of polylactide-polyglycolide *in vitro*. Biomaterials, 1997, 18(22): 1495-1502.
[328] Lahann J, Plüster W, Klee D, et al. Immobilization of the thrombin inhibitor r-hirudin conserving its biological activity. J Mater Sci: Mater Med, 2001, 12(9): 807-810.
[329] Phaneuf M D, Berceli S A, Bide M J, et al. Covalent linkage of recombinant hirudin to poly(ethylene terephthalate)(Dacron): creation of a novel antithrombin surface. Biomaterials, 1997, 18(10): 755-765.
[330] Phaneuf M D, Szycher M, Berceli S A, et al. Covalent linkage of recombinant hirudin to a novel ionic poly(carbonate) urethane polymer with protein binding sites: determination of surface antithrombin activity. Artif Organs, 1998, 22(8): 657-665.
[331] Phaneuf M D, Dempsey D J, Bide M J, et al. Bioengineering of a novel small diameter polyurethane vascular graft with covalently bound recombinant hirudin. ASAIO J, 1998, 44(5): M653-M658.
[332] Zheng Z W, Li X Y, Dai X, et al. Surface functionalization of anticoagulation and anti-nonspecific adsorption with recombinant hirudin modification. Biomater Adv, 2022, 135: 212741.
[333] Gladwell T D. Bivalirudin: a direct thrombin inhibitor. Clin Ther, 2002, 24(1): 38-58.
[334] Bittl J A, Chaitman B R, Feit F, et al. Bivalirudin versus heparin during coronary angioplasty for unstable or postinfarction angina: final report reanalysis of the bivalirudin angioplasty study. Am Heart J, 2001, 142(6): 952-959.
[335] Lu L, Li Q L, Maitz M F, et al. Immobilization of the direct thrombin inhibitor-bivalirudin on 316L stainless steel via polydopamine and the resulting effects on hemocompatibility *in vitro*. J Biomed Mater Res, Part A, 2012, 100A(9): 2421-2430.
[336] Yang Z L, Tu Q F, Maitz M F, et al. Direct thrombin inhibitor-bivalirudin functionalized plasma polymerized allylamine coating for improved biocompatibility of vascular devices. Biomaterials, 2012, 33(32): 7959-7971.
[337] Yang Z L, Zhong S, Yang Y, et al. Polydopamine-mediated long-term elution of the direct thrombin inhibitor bivalirudin from TiO_2 nanotubes for improved vascular biocompatibility. J Mater Chem B, 2014, 2(39): 6767-6778.
[338] Chen Y Q, Zhang X, Zhao S, et al. *In situ* incorporation of heparin/bivalirudin into a phytic acid coating

on biodegradable magnesium with improved anticorrosion and biocompatible properties. J Mater Chem B, 2017, 5(22): 4162-4176.

[339] Xing Z, Wu S T, Zhao C, et al. Vascular transplantation with dual-biofunctional ePTFE vascular grafts in a porcine model. J Mater Chem B, 2021, 9(36): 7409-7422.

[340] Horne M K, Brokaw K J. Antithrombin activity of lepirudin adsorbed to silicone(polydimethylsiloxane) tubing. Thromb Res, 2003, 112(1/2): 111-115.

[341] Freitas S C, Barbosa M A, Martins M C L. The effect of immobilization of thrombin inhibitors onto self-assembled monolayers on the adsorption and activity of thrombin. Biomaterials, 2010, 31(14): 3772-3780.

[342] Maitz M F, Sperling C, Werner C. Immobilization of the irreversible thrombin inhibitor D-Phe-Pro-Arg-chloromethylketone: a concept for hemocompatible surfaces? J Biomed Mater Res, Part A, 2010, 94A(3): 905-912.

[343] Major T C, Brisbois E J, Jones A M, et al. The effect of a polyurethane coating incorporating both a thrombin inhibitor and nitric oxide on hemocompatibility in extracorporeal circulation. Biomaterials, 2014, 35(26): 7271-7285.

[344] Yu J, Brisbois E, Handa H, et al. The immobilization of a direct thrombin inhibitor to a polyurethane as a nonthrombogenic surface coating for extracorporeal circulation. J Mater Chem B, 2016, 4(13): 2264-2272.

[345] Dai Y L, Dai S Y, Xie X H, et al. Immobilizing argatroban and mPEG-NH_2 on a polyethersulfone membrane surface to prepare an effective nonthrombogenic biointerface. J Biomater Sci Polym Ed, 2019, 30(8): 608-628.

[346] Aldenhoff Y, Koole L H. Platelet adhesion studies on dipyridamole coated polyurethane surfaces. Eur Cell Mater, 2003, 5: 61-67.

[347] Aldenhoff Y B J, Van der Veen F H, Ter Woorst J, et al. Performance of a polyurethane vascular prosthesis carrying a dipyridamole(Persantin®) coating on its lumenal surface. J Biomed Mater Res, 2001, 54(2): 224-233.

[348] Nilsson P H, Engberg A E, Bäck J, et al. The creation of an antithrombotic surface by apyrase immobilization. Biomaterials, 2010, 31(16): 4484-4491.

[349] Carpenter A W, Schoenfisch M H. Nitric oxide release: part Ⅱ. Therapeutic applications. Chem Soc Rev, 2012, 41(10): 3742-3752.

[350] Strijdom H, Chamane N, Lochner A. Nitric oxide in the cardiovascular system: a simple molecule with complex actions. Cardiovasc J Afr, 2009, 20: 303-310.

[351] Hrabie J A, Keefer L K. Chemistry of the nitric oxide-releasing diazeniumdiolate("Nitrosohydroxylamine") functional group and its oxygen-substituted derivatives. Chem Rev, 2002, 102(4): 1135-1154.

[352] Singh R J, Hogg N, Joseph J, et al. Mechanism of nitric oxide release from *S*-nitrosothiols. J Biol Chem, 1996, 271(31): 18596-18603.

[353] Cha W, Meyerhoff M E. Catalytic generation of nitric oxide from *S*-nitrosothiols using immobilized organoselenium species. Biomaterials, 2007, 28(1): 19-27.

[354] Singha P, Workman C D, Pant J, et al. Zinc-oxide nanoparticles act catalytically and synergistically with nitric oxide donors to enhance antimicrobial efficacy. J Biomed Mater Res, Part A, 2019, 107(7): 1425-1433.

[355] Lutzke A, Melvin A C, Neufeld M J, et al. Nitric oxide generation from *S*-nitrosoglutathione: new activity of indium and a survey of metal ion effects. Nitric Oxide, 2019, 84: 16-21.

[356] Hwang S, Meyerhoff M E. Polyurethane with tethered copper(Ⅱ)-cyclen complex: preparation, characterization and catalytic generation of nitric oxide from *S*-nitrosothiols. Biomaterials, 2008, 29(16): 2443-2452.

[357] Goudie M J, Singha P, Hopkins S P, et al. Active release of an antimicrobial and antiplatelet agent from a nonfouling surface modification. ACS Appl Mater Interfaces, 2019, 11(4): 4523-4530.

[358] Garren M, Maffe P, Melvin A, et al. Surface-catalyzed nitric oxide release via a metal organic framework enhances antibacterial surface effects. ACS Appl Mater Interfaces, 2021, 13(48): 56931-56943.

[359] Harding J L, Metz J M, Reynolds M M. A tunable, stable, and bioactive MOF catalyst for generating a localized therapeutic from endogenous sources. Adv Funct Mater, 2014, 24(47): 7503-7509.

[360] Roberts T R, Neufeld M J, Meledeo M A, et al. A metal organic framework reduces thrombus formation and platelet aggregation *ex vivo*. J Trauma Acute Care Surg, 2018, 85(3): 572-579.

[361] Handa H, Brisbois E J, Major T C, et al. *In vitro* and *in vivo* study of sustained nitric oxide release coating using diazeniumdiolate-doped poly(vinyl chloride) matrix with poly(lactide-*co*-glycolide) additive. J Mater Chem B, 2013, 1(29): 3578-3587.

[362] Seabra A B, Da Silva R, De Souza G F P, et al. Antithrombogenic polynitrosated polyester/poly(methyl methacrylate) blend for the coating of blood-contacting surfaces. Artif Organs, 2008, 32(4): 262-267.

[363] Mowery K A, Schoenfisch M H, Saavedra J E, et al. Preparation and characterization of hydrophobic polymeric films that are thromboresistant via nitric oxide release. Biomaterials, 2000, 21(1): 9-21.

[364] Batchelor M M, Reoma S L, Fleser P S, et al. More lipophilic dialkyldiamine-based diazeniumdiolates: synthesis, characterization, and application in preparing thromboresistant nitric oxide release polymeric coatings. J Med Chem, 2003, 46(24): 5153-5161.

[365] Fleser P S, Nuthakki V K, Malinzak L E, et al. Nitric oxide-releasing biopolymers inhibit thrombus formation in a sheep model of arteriovenous bridge grafts. J Vasc Surg, 2004, 40(4): 803-811.

[366] Frost M C, Batchelor M M, Lee Y, et al. Preparation and characterization of implantable sensors with nitric oxide release coatings. Microchem J, 2003, 74(3): 277-288.

[367] Zhou Z R, and Meyerhoff M E. Preparation and characterization of polymeric coatings with combined nitric oxide release and immobilized active heparin. Biomaterials, 2005, 26(33): 6506-6517.

[368] Ashcraft M, Douglass M E, Chen Y J, et al. Combination strategies for antithrombotic biomaterials: an emerging trend towards hemocompatibility. Biomater Sci, 2021, 9(7): 2413-2423.

[369] Devine R, Goudie M J, Singha P, et al. Mimicking the endothelium: dual action heparinized nitric oxide releasing surface. ACS Appl Mater Interfaces, 2020, 12(18): 20158-20171.

[370] Luo R F, Zhang J, Zhuang W H, et al. Multifunctional coatings that mimic the endothelium: surface bound active heparin nanoparticles with *in situ* generation of nitric oxide from nitrosothiols. J Mater Chem B, 2018, 6(35): 5582-5595.

[371] Yang T, Du Z Y, Qiu H, et al. From surface to bulk modification: plasma polymerization of amine-bearing coating by synergic strategy of biomolecule grafting and nitric oxide loading. Bioact Mater, 2020, 5(1): 17-25.

[372] Jin S, Huang J L, Chen X S, et al. Nitric oxide-generating antiplatelet polyurethane surfaces with multiple additional biofunctions via cyclodextrin-based host-guest interactions. ACS Appl Bio Mater, 2020, 3(1): 570-576.

[373] Singha P, Pant J, Goudie M J, et al. Enhanced antibacterial efficacy of nitric oxide releasing thermoplastic polyurethanes with antifouling hydrophilic topcoats. Biomater Sci, 2017, 5(7): 1246-1255.

[374] Liu Q H, Singha P, Handa H, et al. Covalent grafting of antifouling phosphorylcholine-based copolymers with antimicrobial nitric oxide releasing polymers to enhance infection-resistant properties of medical device coatings. Langmuir, 2017, 33(45): 13105-13113.

[375] Zhu T Y, Gao W T, Fang D, et al. Bifunctional polymer brush-grafted coronary stent for anticoagulation and endothelialization. Mater Sci Eng, C, 2021, 120: 111725.

[376] Singha P, Goudie M J, Liu Q H, et al. Multipronged approach to combat catheter-associated infections and thrombosis by combining nitric oxide and a polyzwitterion: a 7 day *in vivo* study in a rabbit model. ACS Appl Mater Interfaces, 2020, 12(8): 9070-9079.
[377] Goudie M J, Pant J, Handa H. Liquid-infused nitric oxide-releasing(LINORel) silicone for decreased fouling, thrombosis, and infection of medical devices. Sci Rep, 2017, 7(1): 13623.
[378] Homeyer K H, Goudie M J, Singha P, et al. Liquid-infused nitric-oxide-releasing silicone Foley urinary catheters for prevention of catheter-associated urinary tract infections. ACS Biomater Sci Eng, 2019, 5(4): 2021-2029.
[379] Xu L C, Meyerhoff M E, Siedlecki C A. Blood coagulation response and bacterial adhesion to biomimetic polyurethane biomaterials prepared with surface texturing and nitric oxide release. Acta Biomater, 2019, 84: 77-87.
[380] Naghavi N, De Mel A, Alavijeh O S, et al. Nitric oxide donors for cardiovascular implant applications. Small, 2013, 9(1): 22-35.
[381] He M Y, Wang D P, Xu Y M, et al. Nitric oxide-releasing platforms for treating cardiovascular disease. Pharmaceutics, 2022, 14(7): 1345.
[382] Beurton J, Boudier A, Barozzi Seabra A, et al. Nitric oxide delivering surfaces: an overview of functionalization strategies and efficiency progress. Adv Healthcare Mater, 2022, 11(13): 2102692.
[383] Ma T X, Zhang Z X, Chen Y, et al. Delivery of nitric oxide in the cardiovascular system: implications for clinical diagnosis and therapy. Int J Mol Sci, 2021, 22(22): 12166.
[384] Ren L P, Pan S, Li H Q, et al. Effects of aspirin-loaded graphene oxide coating of a titanium surface on proliferation and osteogenic differentiation of MC3T3-E1 cells. Sci Rep, 2018, 8(1): 15143.
[385] Akashi M, Maruyama I, Fukudome N, et al. Immobilization of human thrombomodulin on glass beads and its anticoagulant activity. Bioconjug Chem, 1992, 3(5): 363-365.
[386] Han H S, Yang S L, Yeh H Y, et al. Studies of a novel human thrombomodulin immobilized substrate: surface characterization and anticoagulation activity evaluation. J Biomater Sci Polym Ed, 2001, 12(10): 1075-1089.
[387] Sperling C, Salchert K, Streller U, et al. Covalently immobilized thrombomodulin inhibits coagulation and complement activation of artificial surfaces *in vitro*. Biomaterials, 2004, 25(21): 5101-5113.
[388] Lukovic D, Nyolczas N, Hemetsberger R, et al. Human recombinant activated protein C-coated stent for the prevention of restenosis in porcine coronary arteries. J Mater Sci: Mater Med, 2015, 26(10): 241.
[389] Chandiwal A, Zaman F S, Mast A E, et al. Factor Ⅹa inhibition by immobilized recombinant tissue factor pathway inhibitor. J Biomater Sci Polym Ed, 2006, 17(9): 1025-1037.
[390] Kishida A, Ueno Y, Maruyama I, et al. Immobilization of human thrombomodulin on biomaterials: evaluation of the activity of immobilized human thrombomodulin. Biomaterials, 1994, 15(14): 1170-1174.
[391] Kishida A, Ueno Y, Fukudome N, et al. Immobilization of human thrombomodulin onto poly(ether urethane urea) for developing antithrombogenic blood-contacting materials. Biomaterials, 1994, 15(10): 848-852.
[392] Zhang Z, Marois Y, Guidoin R G, et al. Vascugraft® polyurethane arterial prosthesis as femoro-popliteal and femoro-peroneal bypasses in humans: pathological, structural and chemical analyses of four excised grafts. Biomaterials, 1997, 18(2): 113-124.
[393] Kishida A, Ueno Y, Maruyama I, et al. Immobilization of human thrombomodulin onto biomaterials: comparison of immobilization methods and evaluation of antithrombogenicity. ASAIO J, 1994, 40(3): M840-M845.
[394] Yeh H Y, Lin J C. Bioactivity and platelet adhesion study of a human thrombomodulin-immobilized nitinol

surface. J Biomater Sci Polym Ed, 2009, 20(5/6): 807-819.

[395] Wu B, Gerlitz B, Grinnell B W, et al. Polymeric coatings that mimic the endothelium: combining nitric oxide release with surface-bound active thrombomodulin and heparin. Biomaterials, 2007, 28(28): 4047-4055.

[396] Kador K E, Mamedov T G, Schneider M, et al. Sequential co-immobilization of thrombomodulin and endothelial protein C receptor on polyurethane: activation of protein C. Acta Biomater, 2011, 7(6): 2508-2517.

[397] Gresele P, Momi S, Berrettini M, et al. Activated human protein C prevents thrombin-induced thromboembolism in mice. Evidence that activated protein C reduces intravascular fibrin accumulation through the inhibition of additional thrombin generation. J Clin Invest, 1998, 101(3): 667-676.

[398] Hirose K, Okajima K, Taoka Y, et al. Activated protein C reduces the ischemia/reperfusion-induced spinal cord injury in rats by inhibiting neutrophil activation. Ann Surg, 2000, 232(2): 272-280.

[399] Foo R S, Gershlick A H, Hogrefe K, et al. Inhibition of platelet thrombosis using an activated protein C-loaded stent: *in vitro* and *in vivo* results. Cardiovasc Drug Rev, 2000, 83(3): 496-502.

[400] Doshi S N, Marmur J D. Evolving role of tissue factor and its pathway inhibitor. Crit Care Med, 2002, 30(5 Suppl): S241-S250.

[401] Sun L B, Utoh J, Moriyama S, et al. Pretreatment of a Dacron graft with tissue factor pathway inhibitor decreases thrombogenicity and neointimal thickness: a preliminary animal study. ASAIO J, 2001, 47(4): 325-328.

[402] Rubin B G, Toursarkissian B, Petrinec D, et al. Preincubation of Dacron grafts with recombinant tissue factor pathway inhibitor decreases their thrombogenicity *in vivo*. J Vasc Surg, 1996, 24(5): 865-870.

[403] Bian Q H, Chen J Y, Weng Y J, et al. Endothelialization strategy of implant materials surface: The newest research in recent 5 years. J Appl Biomater Funct Mater, 2022, 20: 228080002211053.

[404] Herring M, Gardner A, Glover J. A single-staged technique for seeding vascular grafts with autogenous endothelium. Surgery, 1978, 84(4): 498-504.

[405] Gerlach J, Schauwecker H H, Hennig E, et al. Endothelial cell seeding on different polyurethanes. Artif Organs, 1989, 13(2): 144-147.

[406] Honduvilla N G, Buján J, Lizarbe M A, et al. Adhesion and stability of fibronectin on PTFE before and after seeding with normal and synchronized endothelial cells: *in vitro* study. Artif Organs, 1995, 19(2): 144-153.

[407] Walker M G, Vohra R K, Thomso G J L, et al. The effect of varying fibronectin concentration on the attachment of endothelial cells to polytetrafluoroethylene vascular grafts. J Vasc Surg, 1990, 12(2): 126-130.

[408] Örtenwall P, Wadenvik H, Kutti J, et al. Endothelial cell seeding reduces thrombogenicity of Dacron grafts in humans. J Vasc Surg, 1990, 11(3): 403-410.

[409] Heitz J, Gumpenberger T, Kahr H, et al. Adhesion and proliferation of human vascular cells on UV-light-modified polymers. Biotechnol Appl Biochem, 2004, 39(1): 59-69.

[410] Yu H, Wang Y, Eton D, et al. Dual cell seeding and the use of zymogen tissue plasminogen activator to improve cell retention on polytetrafluoroethylene grafts. J Vasc Surg, 2001, 34(2): 337-343.

[411] Ter Meer M, Daamen W F, Hoogeveen Y L, et al. Continuously grooved stent struts for enhanced endothelial cell seeding. Cardiovasc Intervent Radiol, 2017, 40(8): 1237-1245.

[412] Chang Y Y, Jiang B C, Chen P Y, et al. An affordable and tunable continuous wrinkle micropattern for cell physical guidance study. J Taiwan Inst Chem Eng, 2021, 126: 288-296.

[413] Zargar R, Nourmohammadi J, Amoabediny G. Preparation, characterization, and silanization of 3D

microporous PDMS structure with properly sized pores for endothelial cell culture. Biotechnol Appl Biochem, 2016, 63(2): 190-199.

[414] Sánchez P F, Brey E M, Briceño J C. Endothelialization mechanisms in vascular grafts. J Tissue Eng Regen Med, 2018, 12(11): 2164-2178.

[415] Heath D E. Promoting endothelialization of polymeric cardiovascular biomaterials. Macromol Chem Phys, 2017, 218(8): 1600574.

[416] Ishibashi H, Sunamura M, Karino T. Flow patterns and preferred sites of intimal thickening in end-to-end anastomosed vessels. Surgery, 1995, 117(4): 409-420.

[417] Boccafoschi F, Mosca C, Cannas M. Cardiovascular biomaterials: when the inflammatory response helps to efficiently restore tissue functionality? J Tissue Eng Regen Med, 2014, 8(4): 253-267.

[418] Lemson M S, Tordoir J H M, Daemen M J A P, et al. Intimal hyperplasia in vascular grafts. Eur J Vasc Endovasc Surg, 2000, 19(4): 336-350.

[419] Florey H, Greer S, Kiser J, et al. The development of the pseudointima lining fabric grafts of the aorta. Br J Exp Pathol, 1962, 43(6): 655.

[420] De Valence S, Tille J C, Mugnai D, et al. Long term performance of polycaprolactone vascular grafts in a rat abdominal aorta replacement model. Biomaterials, 2012, 33(1): 38-47.

[421] Tassiopoulos A K, P. Greisler H P. Angiogenic mechanisms of endothelialization of cardiovascular implants: a review of recent investigative strategies. J Biomater Sci Polym Ed, 2000, 11(11): 1275-1284.

[422] Wietecha M S, Cerny W L, Di Pietro L A. Mechanisms of vessel regression: toward an understanding of the resolution of angiogenesis. Curr Top Microbiol Immunol, 2012, 367: 3-32.

[423] Yu C L, Guan G P, Glas S, et al. A biomimetic basement membrane consisted of hybrid aligned nanofibers and microfibers with immobilized collagen Ⅳ and laminin for rapid endothelialization. Bio-Des Manuf, 2021, 4(2): 171-189.

[424] Yu C L, Xing M Y, Wang L, et al. Effects of aligned electrospun fibers with different diameters on hemocompatibility, cell behaviors and inflammation *in vitro*. Biomed Mater, 2020, 15(3): 035005.

[425] Yang Y, Wang K, Gu X S, et al. Biophysical regulation of cell behavior-cross talk between substrate stiffness and nanotopography. Engineering, 2017, 3(1): 36-54.

[426] Zhao Q L, Wang J, Wang Y L, et al. A stage-specific cell-manipulation platform for inducing endothelialization on demand. Natl Sci Rev, 2020, 7(3): 629-643.

[427] Zhuang Y, Zhang C L, Cheng M J, et al. Challenges and strategies for *in situ* endothelialization and long-term lumen patency of vascular grafts. Bioact Mater, 2021, 6(6): 1791-1809.

[428] Zhao J, Feng Y K. Surface engineering of cardiovascular devices for improved hemocompatibility and rapid endothelialization. Adv Healthcare Mater, 2020, 9(18): 2000920.

[429] Wu H Y, Wang H F, Cheng F, et al. Synthesis and characterization of an enzyme-degradable zwitterionic dextran hydrogel. RSC Advances, 2016, 6(37): 30862-30866.

[430] Ren T C, Yu S, Mao Z W, et al. Complementary density gradient of poly(hydroxyethyl methacrylate) and YIGSR selectively guides migration of endotheliocytes. Biomacromolecules, 2014, 15(6): 2256-2264.

[431] Zhou F, Jia X L, Yang Y, et al. Peptide-modified PELCL electrospun membranes for regulation of vascular endothelial cells. Mater Sci Eng, C, 2016, 68: 623-631.

[432] Kanie K, Narita Y, Zhao Y Z, et al. Collagen type Ⅳ-specific tripeptides for selective adhesion of endothelial and smooth muscle cells. Biotechnol Bioeng, 2012, 109(7): 1808-1816.

[433] Lei Y F, Rémy M, Labrugère C, et al. Peptide immobilization on polyethylene terephthalate surfaces to study specific endothelial cell adhesion, spreading and migration. J Mater Sci, Mater Med, 2012, 23(11): 2761-2772.

[434] Rhee J, Shafiq M, Kim D, et al. Covalent immobilization of EPCs-affinity peptide on poly(L-lactide-*co*-ε-caprolactone) copolymers to enhance EPCs adhesion and retention for tissue engineering applications. Macromol Res, 2018, 27(1): 61-72.

[435] Su J, Satchell S C, Wertheim J A, et al. Poly(ethylene glycol)-crosslinked gelatin hydrogel substrates with conjugated bioactive peptides influence endothelial cell behavior. Biomaterials, 2019, 201: 99-112.

[436] Wu Y F, Song L L, Shafiq M, et al. Peptides-tethered vascular grafts enable blood vessel regeneration via endogenous cell recruitment and neovascularization. Composites, Part B, 2023, 252: 110504.

[437] Bates N M, Heidenreich H E, Fallon M E, et al. Bioconjugation of a collagen-mimicking peptide onto poly(vinyl alcohol) encourages endothelialization while minimizing thrombosis. Front Bioeng Biotechnol, 2020, 8: 621768.

[438] Chen J L, Wang S A, Wu Z C, et al. Anti-CD34-grafted magnetic nanoparticles promote endothelial progenitor cell adhesion on an iron stent for rapid endothelialization. ACS Omega, 2019, 4(21): 19469-19477.

[439] Chu B, Li X L, Fan S Q, et al. CD34 antibody-coated biodegradable fiber membrane effectively corrects atrial septal defect(ASD) by promoting endothelialization. Polymers, 2022, 15(1): 108.

[440] Li J, Li D, Gong F R, et al. Anti-CD133 antibody immobilized on the surface of stents enhances endothelialization. BioMed Res Int, 2014, 2014: 902782.

[441] Lu S Y, Zhang P, Sun X N, et al. Synthetic ePTFE grafts coated with an anti-CD133 antibody-functionalized heparin/collagen multilayer with rapid *in vivo* endothelialization properties. ACS Appl Mater Interfaces, 2013, 5(15): 7360-7369.

[442] Wawrzyńska M, Kraskiewicz H, Paprocka M, et al. Functionalization with a VEGFR2-binding antibody fragment leads to enhanced endothelialization of a cardiovascular stent *in vitro* and *in vivo*. J Biomed Mater Res, Part B, 2020, 108(1): 213-224.

[443] Li Y, Zhao J, Zhang A, et al. The latest progress on the methods for *in vitro* screening aptamers. Biotechnol Bull, 2017, 33(4): 78.

[444] Li X, Deng J C, Yuan S H, et al. Fabrication of endothelial progenitor cell capture surface via DNA aptamer modifying dopamine/polyethyleneimine copolymer film. Appl Surf Sci, 2016, 386: 138-150.

[445] Deng J C, Yuan S H, Li X, et al. Heparin/DNA aptamer co-assembled multifunctional catecholamine coating for EPC capture and improved hemocompatibility of vascular devices. Mater Sci Eng, C, 2017, 79: 305-314.

[446] Qi P K, Yan W, Yang Y, et al. Immobilization of DNA aptamers via plasma polymerized allylamine film to construct an endothelial progenitor cell-capture surface. Colloids Surf, B, 2015, 126: 70-79.

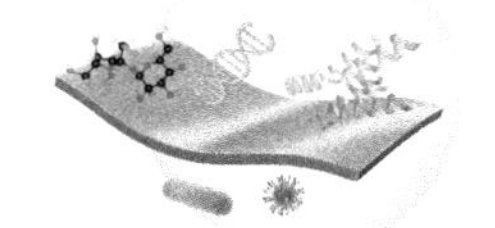

第 6 章

抗菌表面的构建

细菌感染严重威胁着人类的生命健康，已成为亟待解决的全球性公共卫生和医疗问题。在医疗环境中，传统的生物材料(尤其是植介入材料)并不具备抗菌能力，因此与之相关的细菌感染问题尤为突出，其发病率和致死率也呈现逐年上升的趋势。近年来，随着材料表面改性技术的发展和关键核心技术的持续突破，一系列具有抗菌功能的医疗器械被不断开发并投入应用，为改善医源性细菌感染问题带来了曙光。本章首先简要阐述了医疗器械相关细菌感染问题的出现原因和应对策略，其次重点对抗菌表面的构建策略做了总结，最后系统介绍了近年来新兴的双功能抗菌表面和智能抗菌表面。

6.1 抗菌表面概述

6.1.1 生物材料表面细菌引起的危害

细菌是地球上最古老的物种之一，广泛存在于人类的生产生活中。随着生物材料的广泛临床应用，与生物材料相关的细菌感染问题引起人们的广泛关注。以金黄色葡萄球菌、大肠杆菌和铜绿假单胞菌等细菌为代表的致病菌在材料表面发生黏附后，会不断生长、繁殖，随后形成生物被膜，进而引发感染并威胁人类的生命健康。世界卫生组织公布的相关数据显示，全世界每天有超过1400万人正在遭受院内感染的痛苦，而其中60%的细菌感染与使用的医疗器械有关[1]。在我国，气管插管、导流管、中心静脉导管等生物材料引发的细菌感染率为 1%～5%。这些医疗器械一旦发生感染，轻则会导致患者创口感染并造成炎症和并发症，严重则会导致植入失败甚至患者死亡。

在临床应用中，部分植介入材料及手术用医疗器械在使用前都要经过一系列非常严格的灭菌消毒过程。然而，这些措施一方面并不能完全消除患者遭受细菌感染的可能性，另一方面其作用时间短且实施成本较高，因此经济效益较低。此外，对于植介入材料而言，一旦其遭遇细菌导致的相关感染，通常需要长期依赖抗生素治疗甚至多次手术更换和清创才能缓解，这给患者的精神和身体都带来极大痛苦。更为重要的是，随着抗生素的大量使用甚至滥用，细菌对抗生素的耐药性问题已十分严重，以耐甲氧西林金黄色葡萄球菌为代表的一系列传统抗生素无法杀灭的“超级细菌”不断被发现，并出现了社区性传播[2]。近期 *The Lancet* 杂志发布的首个对抗生素耐药性全球影响的综合分析指出：无论是高收入国家还是中低收入国家，均遭受抗生素耐药性带来的健康威胁，仅仅在 2019 年，抗生素耐药性就直接导致 127 万人死亡，且间接导致 495 万人死亡[3]。预计到 2050 年，抗生素耐药性每年引起的死亡人数(1000 万人)将超过癌症引起的死亡人数(820 万人)，成为危害人类生命的“第一大杀手”[4]。由于新型抗生素研发进度缓慢，世界卫生组织于 2013 年宣布人类已经进入“后抗生素时代”。

综上所述，面对细菌在生物材料表面引起的巨大危害，以及人们无法长期依赖抗生素治疗的现状，人们迫切需要自身具有抗菌功能的生物材料，进而在减少感染环节和降低感染概率的同时，减少抗生素的使用。因此，开发适用于生物材料的抗菌表面/涂层具有重要的临床意义和巨大的社会效益。

6.1.2　常见的抗菌表面/涂层构建策略

细菌在材料表面形成的生物被膜通常是造成感染的主要原因。生物被膜是由大量的细菌细胞外基质和包裹在其中的细菌形成的细菌聚集膜状物。生物材料表面形成生物被膜的过程通常包含细菌黏附、微菌落的形成、生物被膜成熟和生物被膜中细菌分散四个阶段(图 6-1)[5]。首先，细菌通过疏水作用、范德瓦耳斯力和静电吸引等作用附着到医疗器械基底表面，形成初始黏附。这种初始黏附是可逆的，部分细菌会受到周围环境的影响，如血液的流动、巨噬细胞的吞噬作用等从表面脱离或被杀灭而脱落。完成初始黏附之后，细菌会启动某些特定基因的表达，开始分泌大量细菌细胞外基质。例如，绿脓杆菌黏附在表面之后，其 *algC*、*algD*、*algU* 等基因的转录会显著增强，促进黏多糖等细菌细胞外基质的分泌，与此同时，细菌会快速生长繁殖形成微菌落。在这一阶段，随着细菌细胞外基质分泌不断增强，细菌数目快速增加，细菌对环境的抗性逐步提高。随着微菌落的不断形成，细菌生物被膜逐渐趋于成熟，此时的生物被膜具有高度组织化的结构，并且在此过程中，生物被膜中的细菌表型因周围微环境的改变而表现出巨大的异质性，从而形成良好的自我保护。生物被膜成熟之后，部分细菌团簇或个体会从母体中脱离出去，传播到其他部位再次定植并形成新的生物被膜，扩大感染面积，进而加剧了细菌感染。

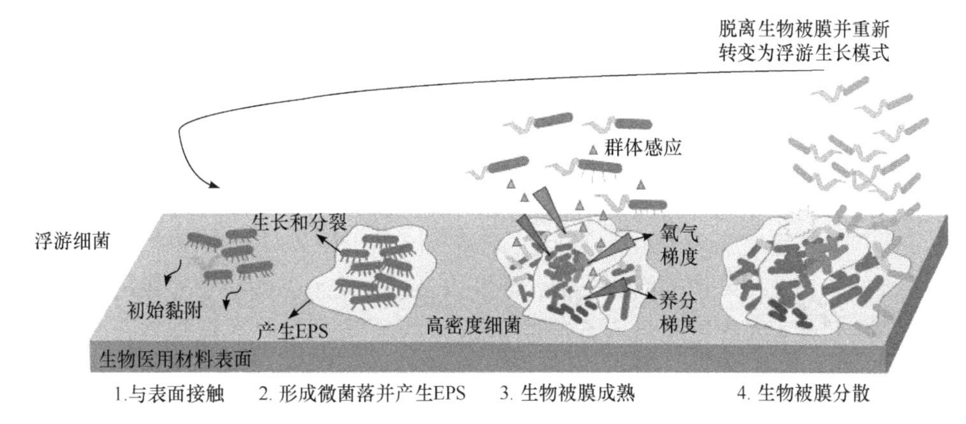

图 6-1　生物被膜形成的过程示意图[5]

在生物材料的使用过程中，由于手术环境、操作不规范、器械污染等因素，经常会造成医疗器械相关的细菌感染。从上述过程不难看出，细菌的初始黏附是其形成生物被膜并造成后续相关感染的第一步也是最关键的一步。然而，由于生物材料多为不锈钢、钛合金、陶瓷、聚氨酯、硅橡胶、聚氯乙烯等惰性材料，自身不具备抗菌性能，因此当细菌接触到其表面时，这些材料无法抑制细菌黏附及后续发生的定植、繁殖等一系列过程。从材料科学的角度出发，对材料表面进行抗菌功能化是一种解决细菌污染和感染问题的可行方法[6]。

将可以抵抗细菌黏附的抗菌涂层引入基底表面是阻止生物材料受到病原菌污染的最直接的方法[7]。研究表明，细菌在基材表面的黏附通常受益于表面预先吸附的蛋白质层，因此，通过构建被动“防御型”的抗黏附表面，抑制表面与生物环境之间的非特异性相互作用，特别是对蛋白质的吸附，可以有效抑制细菌黏附和生物被膜形成。通常，研究人员主要采用物理吸附和化学键合的方式将具有抗污性质的亲水性聚合物或寡聚物修饰在各类不同材料的表面，这些亲水性修饰材料可以在水环境中形成结合水层，作为物理屏障有效地阻抗蛋白质吸附和细菌黏附[8]。此外，受到自然界中天然存在的自清洁材料(如荷叶、鲨鱼皮、昆虫翅膀、蜘蛛丝等)的启发，研究人员研究和开发了多种具有类似自清洁功能的抗菌表面。这类自清洁表面通常具有超疏水性，可以极大地削弱细菌与材料表面之间的黏附力，有助于阻抗细菌等污染物在表面的黏附和后续生物被膜的形成[9]。尽管阻抗细菌黏附的表面在大体上可以抑制细菌的初期黏附，但是大量研究表明细菌在材料表面的黏附机理极为复杂，受到如细菌种类、表面亲水-疏水平衡、电荷和极性等多种因素的影响，因此到目前为止尚未开发出可以完全阻抗细菌黏附的表面。而且由于这类表面本身不具有杀死细菌的能力，“防御型”抗菌表面最终可能会因为制备和处理过程中的缺陷或者涂层在生理环境中的性能退化等原因而被细菌污染。

将具有杀菌功能的物质引入到材料表面上，通过构建主动“进攻型”的杀菌表面，在细菌黏附的早期杀死零散的细菌使其无法后续繁殖，也是构筑抗菌表面最常见和最有效的方法之一[10]。根据杀菌机理，这些“进攻型”表面通常可以分为两类：接触型杀菌表面和释放型杀菌表面。接触型杀菌表面是指一类通过共价结合或物理吸附的方式在材料表面永久固定杀菌剂的表面。该类表面可以通过直接的接触作用杀死黏附在表面的细菌。常见的杀菌剂包括合成类化学物质[如季铵化合物(quaternary ammonium compounds, QACs)、聚阳离子和 *N*-卤胺等]和天然生物分子[如壳聚糖、抗菌肽(antimicrobial peptides, AMPs)和抗菌酶(antimicrobial enzymes, AMEs)等][11]。释放型杀菌表面是一类可以从材料表面逐步释放杀菌剂到环境中，进而杀死细菌的表面。通常，释放型杀菌表面的主要构建方式是将杀菌剂(如抗生素、金属纳米粒子和气体分子等)与本体材料简单共混或者将杀菌剂负载到现有的表面涂层中，使其可以随时间逐步释放起到杀菌作用[12]。除此以外，近年来，在不使用杀菌剂的前提下，研究人员还开发了一些基于其他杀菌机制的新型杀菌表面，如基于光控的光热杀菌表面和光动力杀菌表面等[13]。这些“进攻型”杀菌表面可以在较短的时间内杀死黏附在表面的细菌，然而，其潜在的溶血毒性及对正常组织细胞造成的其他损伤同样不可忽略，可能会存在导致炎症和产生不良免疫反应的风险。

为了避免上述“防御型”抗黏附表面和“进攻型”杀菌表面的固有缺陷，提高生物材料表面预防生物被膜形成的能力，近年来研究人员提出了 “防御”“进攻”结合互补的策略，构建同时具有阻抗细菌黏附和杀菌功能的双功能抗菌表面。大量的研究表明这种双功能策略无论在体外还是体内试验中均表现出优异的抗菌能力，有效抑制了生物材料表面生物被膜的形成[14]。然而，杀菌组分通常是通过主动吸引细菌或与细菌结合的方式发挥杀菌作用，而抗黏附组分则是通过排斥细菌靠近表面的方式发挥抗细菌黏附作用。二者之间的不兼容性，可能会导致双功能表面的抗菌效果相比于单一组分表面有所下降。此外，死细菌及其碎片在表面的积累往往会阻碍抗菌功能基团发挥作用，加重了表面的细菌污染[15]。因此，对于一个理想的抗菌表面，为了发挥更有效的抗菌性能，其阻抗细菌黏附功能和杀菌功能应该分开。即表面在一种状态下只发挥一种功能，避免相互干扰。针对这一问题，研究人员提出了一种基于可控“杀菌-释放细菌”的策略，用于构建智能抗菌表面[16]。这类表面首先发挥杀菌功能，杀死黏附在表面的细菌，然后在合适的刺激(如温度、pH、离子浓度和光等)下激活细菌释放功能，将杀菌表面转换为抗黏附表面从而释放死细菌及其碎片，使表面恢复清洁，以保持长期有效的抗菌活性和有效的生物相容性。

6.2　具有抗细菌黏附功能的抗菌表面

细菌在生物材料表面形成生物被膜始于其在材料表面的可逆初始黏附。赋予表面抗细菌黏附的功能，是一个预防生物被膜形成的较为直接的方法。目前，制备抗黏附表面的常用策略主要有以下三类：①引入聚乙二醇(PEG)等亲水性聚合物；②引入两性离子聚合物；③构筑超疏水表面。

6.2.1　基于 PEG 等亲水性聚合物

亲水性聚合物是一类富含亲水性基团的聚合物的总称。这些亲水性基团主要包括一些含氧、氮、硫、磷等元素的基团，如羟基、羧基、氨基、酰胺基、磺酸基和磷酸基团等。含有这些基团的聚合物链段可以通过氢键或离子键与水分子结合，在水溶液中处于高度水化状态，可以在表面形成一层水合层。由于具有良好的抗非特异性蛋白质吸附及抗细菌/细胞黏附的能力，以及提供亲水性微环境维持生物分子的生物活性等优点，亲水性聚合物已被广泛用于构建生物功能表面。

关于亲水性表面抗蛋白质非特异性的机制尚不明确，目前被广泛接受的理论主要包括空间位阻排斥理论和水屏障理论[17, 18]。空间位阻排斥理论指出：亲水性聚合物的分子链，尤其是长链分子，在水环境中具有良好的链移动性，因此具有较大的构象熵。当蛋白质分子靠近接枝有亲水性聚合物的表面并压缩分子链时，会限制分子链的移动而降低其构象熵。这种构象熵降低的过程是非自发的，因此在热力学上是不利的。由于亲水性聚合物自身良好的移动性，对于这种非稳态，这些聚合物分子会自发地对蛋白质分子产生一种排斥力，从而降低蛋白质分子在亲水改性表面上的吸附，进而赋予表面抗污效果。水屏障理论是指亲水性聚合物通过与水分子之间发生氢键或者离子化相互作用，从而形成一层致密的水合层。蛋白质分子作为一种两亲性分子，为了在水溶液中维持其天然构象，会将亲水段暴露在分子的外层，因此也能形成一层水化层。当蛋白质靠近并吸附到材料表面时，需要穿过亲水性聚合物在表面形成的致密水合层，这将意味着蛋白质及亲水性聚合物链上失去结合水，以及蛋白质在亲水性分子链上的结合水被取代。这种由脱去结合水而引起的熵效应是非自发的，从能量角度讲，该过程十分困难。因此，亲水性聚合物形成的水合层可以作为物理屏障，导致蛋白质接近材料表面时在物理和能量上均存在障碍，从而抑制蛋白质的吸附及后续细菌的黏附。

PEG 是具有不同分子量乙二醇聚合物的总称。由于自身具有较好的亲水性，较大的排斥体积、较高的分子链流动性和构象柔性及与水分子之间的低界面自由能，以 PEG 及其衍生物为代表的亲水性聚合物表现出优异的抗蛋白质吸附和抗细菌黏附能力，是一类应用最广泛的抗污材料(图 6-2)[7]。Whitesides 小组[19, 20]首先报道了 PEG 衍生物在抗蛋白质吸附领域的应用。研究结构表明，以自组装单分子层(SAM)的形式修饰到材料表面的寡聚乙二醇(oligoethylene glycol, OEG)能够有效抑制蛋白质在表面的吸附。López 小组[21]报道了以 OEG 封端的 SAM 改性的表面能够有效抑制 99.7%革兰氏阴性和阳性细菌的黏附，其抑制机制主要在于 OEG 层与水分子之间的界面张力降低，抑制了细菌与表面的相互作用。然而，OEG 自组装形成的单分子层容易出现表面缺陷，限制了其在生物材料表面改性中的应用。

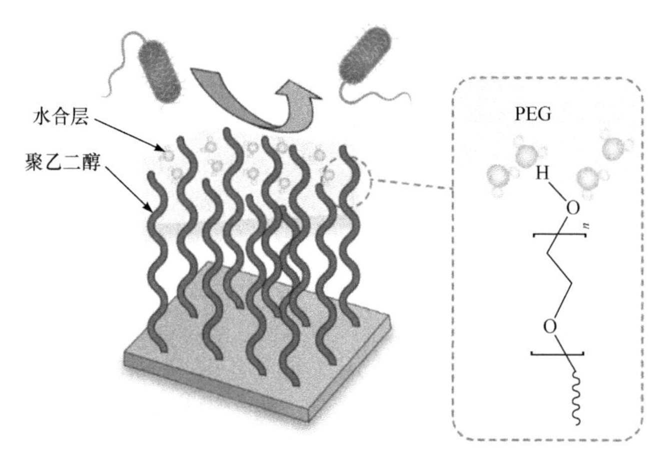

图 6-2　PEG 涂层的抗菌示意图[22]

为了解决该问题，人们探索了其他将 PEG 及其衍生物接枝到表面的策略。例如，通过“接枝到”(grafting to)的策略将 PEG 共价连接到表面上，以形成线形聚合物刷[23]；也可以利用“接枝自”(grafting from)的策略在表面聚合单体甲基丙烯酸聚乙二醇酯，得到带有 PEG 侧链的线形聚合物组成的聚合物刷[24]。此外，将含邻苯二酚基团的化合物与 PEG 及其衍生物偶联，通过基于贻贝化学的仿生策略也可将 PEG 及其衍生物结合到基材表面，且具有基材普适性[25]。此外，研究人员还开发了以天然氨基酸作为连接层，将 PEG 固定到表面上的策略。例如，以赖氨酸作为 PEG 聚合物刷的骨架，通过 PEG 与赖氨酸残基上伯胺基团的共价连接，合成了聚乙二醇接枝的聚赖氨酸(PLL-*g*-PEG)，该大分子主链上的赖氨酸残基赋予其阳离子特性，便于其吸附到一些阴离子改性的表面上[26]。

随着研究的深入，研究人员发现PEG及其衍生物的抗污功能通常受到接枝链的链密度、链长和链构象等多种因素的影响。Sofia 等[27]研究了 PEG 的接枝密度对其抗污性能的影响，发现只有当 PEG 在表面的接枝密度足够大时，PEG 链段才能处于聚合物刷的状态，进而紧密堆积在一起并覆盖基材表面，阻碍蛋白质的吸附。姜伟小组[28]利用石英晶体微天平分别对不同PEG链长度和链构象的抗蛋白质吸附性能进行了研究，结果表明分子链的接枝密度和 PEG 接枝层的形变能力是决定 PEG 抗纤维蛋白原吸附的重要影响因素。此外，他们还发现由于环状构象的PEG具有更高的黏弹性，因此其抗蛋白质吸附的效率高于刷状构象的PEG[29]。Denes 小组[30]的研究表明，相比于超支化PEG修饰的表面，线形 PEG 链段修饰的表面的抗细菌黏附能力更好。他们推测这可能是超支化 PEG 的聚合物链段发生缠结及分子链柔性降低导致的。

然而，虽然 PEG 及其衍生物在制备抗蛋白质吸附及抗细菌黏附涂层方面得到了深入广泛的研究和应用，但该类材料容易发生自氧化降解，稳定性较差，导致长期使用性不佳，在很大程度上限制了它们的应用[31]。因此，很多与 PEG 具有相似的亲水性和生物相容性的聚合物也被广泛研究，并应用于构筑抗污表面。超支化聚缩水甘油醚(hyperbranched polyglycerol, HPG)是一种内部结构为醚键，外部含有大量羟基的超支化聚合物。Fukuda 小组[32]的研究表明，由于结合有 PHEMA 的涂层具有体积排斥效应，因此可以抑制包括抑肽酶、肌红蛋白在内的蛋白质吸附。陈红小组[33, 34]的多项研究也证实，接枝有该类聚合物的表面具有优异的抗蛋白质吸附和抗细菌黏附的能力。天然多糖广泛存在于植物、动物和微生物中，能够调节多种生物功能，具有良好的生物相容性及易修饰性，在生物材料领域备受关注。许多天然多糖中含有大量的亲水基团，也被应用于构建抗污涂层。例如，透明质酸(HA)是一种带有负电性的亲水性多糖，有报道表明使用儿茶酚接枝的 HA 对钛表面进行改性后，能够显著降低金黄色葡萄球菌在表面的黏附数量[26]。

6.2.2　基于两性离子聚合物

两性离子聚合物是一类在重复单元上具有一对相反电荷的聚合物材料，是近年来一类新兴的抗污材料[35]。与 PEG 等亲水性聚合物通过氢键相互作用与水分子结合不同，两性离子聚合物通过较强的静电相互作用与水分子结合，进而在其聚合物链的周围形成结构化的水合层，以排斥非特异性蛋白质吸附与细菌黏附。通常，两性离子聚合物的水合效应要强于以 PEG 为代表的亲水性聚合物，因此已被广泛应用于制备抗黏附涂层(图 6-3)。

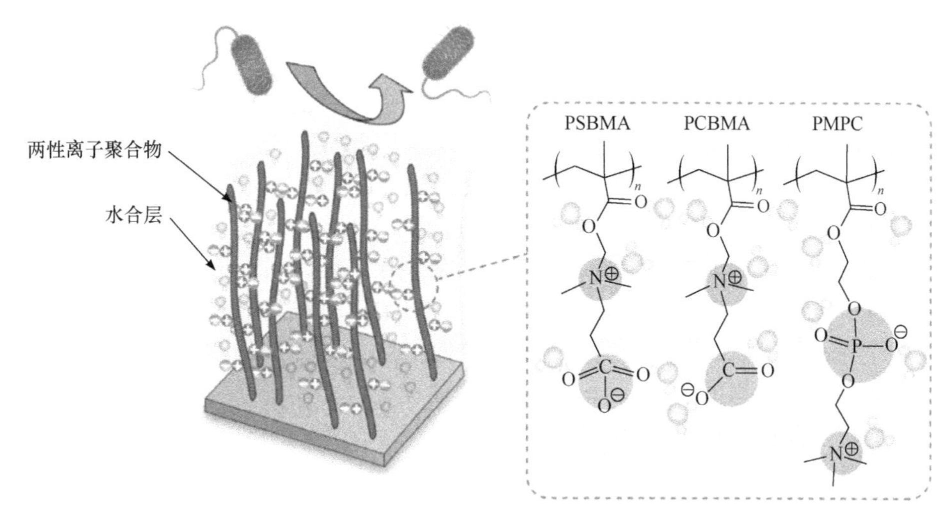

图 6-3　两性离子聚合物涂层抗菌示意图[22]

1957 年，Morawetz 小组[36]通过水解聚(4-乙烯基吡啶)，合成了第一个两性离子聚合物聚甜菜碱。从此之后，许多类型的两性离子聚合物相继被合成和应用。这些两性离子聚合物中同时包含正、负两种离子基团，其中，阳离子基团一般为季铵盐阳离子、咪唑鎓离子、吡啶鎓离子及季膦盐阳离子；而阴离子基团通常为磷酸根阴离子、磺酸根阴离子和羧酸基团等。目前研究较多的两性离子聚合物主要是基于磷酰胆碱(PC)，磺酸甜菜碱(SB)或羧酸甜菜碱(CB)的聚合物。

两性离子聚合物的合成方法主要分为直接合成法和间接合成法两大类。直接合成法是指将两性离子单体进行聚合的方法，通常使用的聚合方法为自由基聚合。这些两性离子的单体一般通过含有叔胺基团的化合物与小分子反应制备。随着高分子聚合方法学的快速发展，一些活性可控的自由基聚合方法，如原子转移自由基聚合法和可逆加成-断裂链转移自由基聚合法也被用于烯烃类两性离子聚合物的制备，以得到具有更加精确分子量和分子量分布的产物。通过这类方法制备的两性离子聚合物能够保证分子链中均带有两性离子基团的侧链。利用间接合成法合成两性离子聚合物，一般需要利用自由基聚合等方法首先合成具有叔胺基团的聚合物，而后再与小分子进行反应，得到具有两性离子基团侧链的聚合物。其中，PC 通常使用叔胺与 2-烷氧基-2-氧代-1,3,2-二氧磷杂环戊烷进行开环反应制得；SB 一般使用烷基磺酸内酯与叔胺基团发生开环反应制得；CB 一般使用叔胺与卤代烷基羧酸盐发生取代反应或与羧酸内酯发生开环反应制得。

PC 作为细胞膜外侧卵磷脂的重要组成部分，因其特殊的正负电结构，具有很强的亲水作用，因此可以抑制生物分子对细胞膜的黏附。受此启发，Ishihara 小组[37, 38]合成了单体 MPC，并通过自由基聚合制备了两性离子聚合物，在抗非特异性蛋白质吸附和抗细菌黏附等抗污领域得到了广泛应用。江绍毅小组[39]将试验与分子动力学模拟相结合，系统研究了 PC 自组装单分子膜(PC-SAMs)的抗蛋白质吸附能力。结果表明：PC 的正、负电荷基团通过静电作用与水分子结合，可以在 SAMs 表面形成致密而牢固的水化层，因此 PC-SAMs 具有优异的抗蛋白质吸附能力。此外，他们还发现当正、负电荷基团比例接近 1∶1 时，SAMs 的蛋白质吸附量最低。然而，PC 单体的合成步骤较为烦琐且条件苛刻，难以实现工业化生产，因此限制了其应用转化。

与 PC 相比，单体 SB 的合成较为容易，且其具有极强的耐盐和耐酸碱的能力，能够在复杂的环境和应用场合中保持优异的抗污能力，因此被广泛应用于抗污材料的制备。陈圣福小组[40]将聚甲基丙烯酸磺基甜菜碱[poly(sulfobetaine methacrylate), PSBMA]接枝到聚酰胺薄膜表面，对其抗蛋白质吸附性能进行了研究，发现与未经改性的聚酰胺薄膜相比，接枝 PSBMA 后能够减少 97%的蛋白质吸附量。同时，由于其高亲水性，薄膜的水通量提高了 65%。类似地，徐志康小组[41]将 PSBMA 修饰到疏水性聚丙烯膜表面，通过改性，聚丙烯膜表面的润湿性发生了明显改变，其水接触角从 145°显著降低到 15°，实现了从疏水到超亲水的改变。对薄膜抗蛋白质吸附性能的研究表明，PSBMA 的改性提高了表面抗蛋白质吸附的能力，并且其效率随着接枝密度的增加而增强。

CB 与 SB 的分子结构相似，但 CB 却有它的独特之处，即每一个单体上的羧酸基团可以通过酯化或酰胺化来实现进一步的功能化，因此该分子的可设计性较强。此外，有研究表明在 CB 的正电荷中心吸电子效应的影响下，CB 中以乙烯基作为间隔基团的羧基的反应活性更强。通过经典的 1-(3-二甲氨基丙基)-3-乙基碳二亚胺盐酸盐(EDC·HCl)/*N*-羟基琥珀酰亚胺(NHS)偶联化学，CB 可以很容易地与小分子或生物大分子偶联，在具有防污功能的表面上实现特定的功能，在生物传感器或药物递送领域具有广泛的应用前景。接枝有聚甲基丙烯酸羧基甜菜碱(PCBMA)的表面也展现出优异的抑制蛋白质和细胞吸附的能力。例如，Cao 小组[42]以甲基丙烯酸羧基甜菜碱和甲基丙烯酸 2-氨基乙基酯盐酸盐为功能单体进行共聚，得到含 CB 的两性离子基大分子，随后将其接枝到聚氨酯膜表面，并对表面涂层进行交联得到改性涂层。抗蛋白质吸附测试表明，改性涂层对纤维蛋白原具有优异的抗吸附能力，即使在流动的缓冲溶液中放置一周，也能够保持优异的抗生物污染能力。

蛋白质的吸附对细菌在材料表面的黏附起着至关重要的作用。因此，具有优异抗蛋白质吸附能力的两性离子涂层同样具有优异的抗细菌黏附及抑制生物被膜形成的能力，在生物材料(如导管、隐形眼镜和牙齿等)表面改性领域被广泛应用。基于 PC 和 SB 的两性离子聚合物涂层已被证明具有优异的抑制细菌黏附的能力，并且能够预防生物被膜形成。例如，有研究表明 PC 基共聚物改性的羟基磷灰石在 24 h 内能够有效抑制超过 80%的变形链球菌的黏附，且在流动条件下，该改性表面可以在营养充足的条件下具有超过 3 天的抑制铜绿假单胞菌生物被膜形成的能力[43]。类似地，Loose 小组[44]的研究表明，在与菌液共培养 24 h 后，PSBMA 涂层能够抑制导管表面 96%的大肠杆菌和金黄色葡萄球菌的黏附。CB 基的两性离子涂层也具有优异的抑制生物被膜形成的能力。2009 年，江绍毅小组[45]就已证明，经 PCBMA 改性的玻璃可以在室温下抑制表面生物被膜形成长达 10 天。2017 年，Cao 小组[46]开发了一种具有抗细菌黏附和耐久性的 CB 基涂层。这种涂层可以具有极强的抑制大肠杆菌和金黄色葡萄球菌黏附的能力，并且在长达 30 天的时间里完全抑制生物被膜的形成。除了构筑两性离子表面涂层，还可以直接将两性离子引入树脂组分中实现抑制细菌黏附的目的。例如，Cheng 小组[47]将具有两性离子组分的扩链剂引入到聚氨酯膜的制备中，这种改性聚氨酯能够在 14 天的时间内不形成生物被膜。随后，为了进一步提高两性离子聚合物的长期抗生物被膜和机械性能，他们进一步优化了聚氨酯的配方。研究发现，即使在持续暴露于养分充足的环境下长达 6 个月之后，也几乎没有任何细菌黏附在表面并形成生物被膜[48]。

不同的表面构建策略也被应用于两性离子聚合物涂层的制备。例如，Tzanov 小组[49]通过表面酶促反应来在导管表面共价固定两性离子聚合物制备防污涂层，涂层对铜绿假单胞菌和金黄色葡萄球菌均具有抑制作用，研究结果证明与未改性的表面相比，两性离子改性后的导管减少约 80%生物被膜的形成，并在 7 天内对人成纤维细胞的活力几乎没有任何损伤。聚多巴胺(PDA)是一种贻贝仿生类材料，可由多巴胺(DA)在弱碱性环境下自聚而得。PDA 具有诸多优良特性，如简单的制备方法和良好的生物相容性等。PDA 结构中含有大量的邻苯二酚和一级胺、二级胺，使得 PDA 可以吸附在几乎所有固体物质的表面，形成一层 PDA 膜。此外，吸附在材料表面的 PDA 可以作为反应“桥梁”，通过迈克尔加成或席夫碱反应，进一步和含有亲核基团的试剂发生反应，从而在材料表面引入其他功能性基团。基于这些独特的性质，PDA 广泛用作连接层将两性离子引入到材料表面，用于抵抗细菌黏附。例如，Jiang(江绍毅)小组[50]合成端基为 DA 结构的两性离子聚合物 DOPA-PCB，该聚合物可以在水溶液中锚定在各种常用生物材料的表面，赋予表面优异的抗细菌黏附能力。此外，Chang 小组[51]在玻璃基材上沉积了 PDA 作为连接层，接着沉积两性离子支化的聚乙烯亚胺-*g*-聚(磺基甜菜碱甲基丙烯酸酯)共聚物制备了

抗细菌黏附涂层，发现涂层在 24 h 内可抵抗超过 93%的细菌黏附，同时也能够显著降低蛋白质吸附。

6.2.3 基于超疏水表面

细菌和材料表面相互作用十分复杂，受到细菌类型、环境因素(包括温度、pH 等)及材料表面性质(包括表面能、润湿性、粗糙度等)等因素的影响。其中材料的表面形貌及表面化学性质是两个重要的影响因素，通过改变表面的粗糙度和/或改变表面化学成分可以影响细菌与表面的黏附行为。一般，具有中等润湿性的表面更容易黏附细菌，而超浸润性表面由于特殊的自清洁作用，往往会抑制细菌的黏附[52]。

自然界中，一些具有特殊浸润性的表面表现出独特的性质，例如，荷叶表面表现出自清洁和防污性能。研究发现，荷叶表面是一种兼具分级微/纳米结构和较低表面能的超疏水表面。微/纳米结构中截留的空气层可以防止材料表面与生物污垢之间的接触，从而抑制生物污垢黏附。受荷叶表面的启发，科研人员开发了一系列超疏水表面用以阻止细菌黏附。制备超疏水表面需要遵循结构和低表面能结合的原则，通常有以下两种方式：其一是基材通过自上而下或自下而上等方法构建分级微/纳米结构，并通过适当的化学修饰降低其表面能；其二是将纳米材料通过一定的方式沉积或固定在基材上形成分级微/纳米结构，并通过适当的修饰降低其表面能。

1. 金属基超疏水抗黏附表面

金属材料广泛地用于制备超疏水表面。通常可以用刻蚀、水热、阳极氧化等方法在金属表面构建微纳米粗糙结构，而后经过低表面能材料处理或改性获得超疏水表面。

刻蚀法是一种常用的结构表面制备方法，主要包括物理刻蚀法和化学刻蚀法。物理刻蚀通常需要用到激光和等离子体处理等方式，所制备的结构表面较为规整。激光技术具有加工速度快、加工精度高和加工范围广的特点，可用于在材料表面制造较为规整的微纳结构，进一步经过疏水化修饰便可以得到超疏水表面。受到荷叶效应的启发，Ivanova 小组[53]利用飞秒激光技术制备了仿荷叶表面的分级微纳尺度的超疏水钛表面。该表面底层由 10～20 μm 的大颗粒状凸起特征组成，而在这些颗粒表面存在大约 200 nm 宽的不规则波纹。研究表明，该表面对金黄色葡萄球菌和铜绿假单胞菌表现出不同的黏附作用。由于相对较高的成本及较低生产速度，飞秒激光并不适用于工业生产中的大规模制备。相比于飞秒激光，皮秒激光具有较低的成本及较快的速度，因此成为制备超疏水表面的更好选择。例如，刘文文小组[54]利用更为先进的皮秒激光技术制备了一种微乳头状的纹理表面[图 6-4(a)]，再经过硬脂酸修饰后得到超疏水表面。这种表面在振荡状态下可以抵抗 99%的大肠杆菌和 93%的金黄色葡萄球菌的黏附，在静止状态下几乎没有任何细菌黏附。其抗黏附机制可能与表面与液体之间的空气层和层次化的微纳结构有关。另外，该超疏水表面还表现出优异的防腐蚀和抗破坏能力，具有优异的抗菌耐久性。化学刻蚀法包括溶液化学刻蚀和电化学刻蚀等方法，相比于物理刻蚀法成本更低，广泛用于制备具有抗细菌黏附的超疏水表面。例如，Razmjou 小组[55]利用盐酸刻蚀铝表面和后续的沸水处理得到分层微纳结构铝表面，再经过含氟硅烷处理得到超疏水表面。该表面可以有效阻止绿脓杆菌、金黄色葡萄球菌、表皮葡萄球菌及牛血清白蛋白的黏附。此外，研究人员通过氨水刻蚀和含氟硅烷修饰，制备了微纳米结构的超疏水 5083 系列铝镁合金表面，其具有典型的金字塔状微三角锥体和梯形纳米结构，水接触角高达(167.8 ± 1.5)°，滚动角为(2 ± 1)°，具有良好的防水性能和自清洁能力[56]。溶液化学刻蚀法的缺点在于刻蚀过程中需要使用危险的强酸强碱溶液，且通过该方法制备的表面结构规整度较低。相对于溶液化学刻蚀法，电化学刻蚀法是一种更为安全且可以制备较高结构规整度的方法。通常，在电化学刻蚀过程中，样品被置于阳极，在电解质和电流的作用下不均匀溶解，得到具有粗糙度的表面。例如，王树涛小组[57]通过电化学刻蚀镍钛弓丝及随后的含氟硅烷的后处理，制备了一种多功能超疏水弓丝。由于表面空气层的存在，该弓丝减少细菌与表面的接触面积，因此能够有效减少细菌黏附。另外该弓丝能够抑制镍离子的释放，避免了超敏个体的镍过敏。

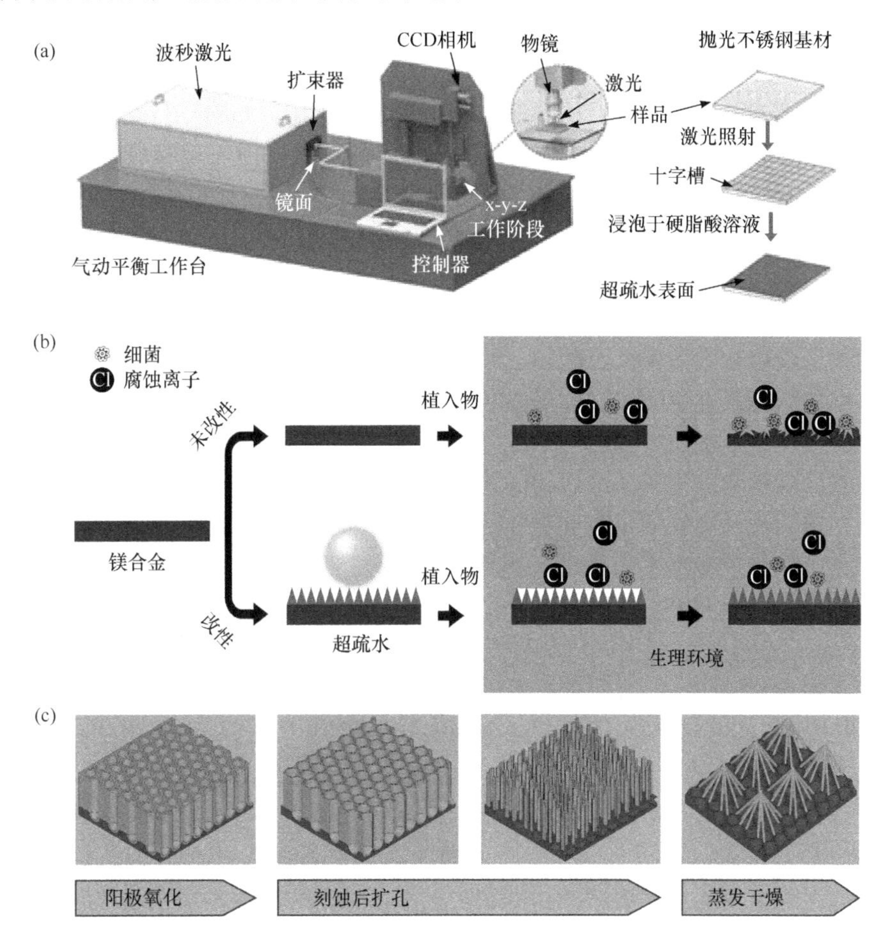

图 6-4　(a)皮秒激光技术制备超疏水不锈钢抗菌表面示意图[54]；(b)水热法制备超疏水 $Mg(OH)_2$ 纳米片表面示意图[58]；(c)阳极氧化制备超疏水氧化铝纳米结构表面示意图[60]

水热法是一种简单、低成本的湿法化学技术。水热反应通常是在高温高压下，在基材上生长纳米结构，从而增加表面粗糙度用于制备超疏水表面。例如，李青小组[58]通过将镁合金浸入到氢氧化钠溶液中进行水热反应及后续的硬脂酸处理，制备了一种超疏水纳米片表面[图 6-4(b)]。该表面的接触角为 155°，滚动角约为 2°。细胞毒性试验表明，超疏水膜能有效降低镁合金的毒性。另外该表面能够明显抵抗细菌在镁合金表面的黏附，从而降低了植入手术中/后感染的风险，显著提高镁合金作为植入材料的性能。Zhang(张杰)小组[59]通过水热刻蚀和含氟硅烷修饰获得了具有不同润湿性的表面。分级微纳结构和低表面能都有助于疏水和超疏水表面的构建。得到的超疏水表面对大肠杆菌的抗菌率为 99.8%，对金黄色葡萄球菌的抗菌率为 99.6%，具有显著的抗细菌黏附性能。

阳极氧化的过程是在金属表面形成一层纳米结构氧化层，经过疏水化后可以获得超疏水表面。例如，Choi 小组[60]采用阳极氧化法制备纳米多孔氧化铝表面，随后经过磷酸的刻蚀及聚四氟乙烯的修饰得到超疏水纳米柱结构表面[图 6-4(c)]。在动态环境中，金黄色葡萄球菌和大肠杆菌在超疏水表面的数量分别减少 99.9%和 99.4%。这项研究中用于铝基板的阳极氧化和电化学刻蚀技术简单、可扩展，并且适用于各种类型的金属材料。此外，Popat 小组[61]通过阳极氧化及后续的硅烷化修饰表面，制造了超疏水和超亲水二氧化钛纳米管阵列。与未修饰的钛表面和超亲水表面相比，黏附在超疏水表面上的细菌最少。值得注意的是，虽然超疏水表面没有完全排斥细菌，但在 24 h 的培养后并没有观察到生物被膜的形成。

2. 非金属基超疏水抗黏附表面

硅基、碳基和聚合物基等非金属材料也常用于制备超疏水表面。通常硅基材料可以通过刻蚀法形成硅纳米阵列，石墨烯、碳管等碳基材料可以通过自上而下的方式在基材上构建微纳米结构，进而修饰获得超疏水表面。

常见的超疏水硅基材料包括硅纳米阵列和硅纳米纤维。通过物理或者化学法刻蚀硅片表面得到的硅纳米阵列，经过后续的修饰可以成为超疏水表面。另外通过硅氧烷的缩聚，可以在硅基材上形成不同的微纳米结构。例如，Seeger 小组[62]发现硅纳米纤维、硅纳米棒及火山结构表现出不同的浸润性及细菌黏附行为。硅纳米纤维和硅纳米棒在静态下能够减少大肠杆菌和表皮葡萄球菌的黏附，而火山结构则没有阻止细菌黏附的效果。另外，Vollmer 小组[63]发展了一种在导管内部沉积硅纳米纤维的方法，经过后修饰导管内部表现出超疏水浸润性，从而有效阻止细菌黏附。

电纺技术可以生产直径为纳米到微米级的聚合物细丝，这些细丝连在一起可以形成具有微纳粗糙度的表面，是一种常用的制备聚合物超疏水表面的方法。如图 6-5(a)所示，石贤爱小组[64]将聚己内酯在微孔大小的尼龙网状模板上电纺制得疏水外层，用吡格列酮明胶电纺制得亲水内层，得到双面浸润性不同的电纺膜。具有分级微-纳米结构的敷料的近似超疏水外层具有良好的防水和防止细菌黏附的能力，而亲水内层通过其纳米纤维结构和生物相容性明胶成分促进细胞的增殖、迁移和血管生成。另外，崔文国小组[65]通过一步共电喷涂聚(L-丙交酯)[poly(L-lactide)，PLLA]和介孔二氧化硅纳米粒子(mesoporous silica nanoparticle, MSN)在基底上构建了一种微/纳米粗糙结构和超疏水可生物降解涂层(PLLA/MSN)。与 PLLA 涂层相比，电喷雾 PLLA/MSN 涂层降低了 C3H10T½ 细胞和金黄色葡萄球菌的黏附。细菌和细胞黏附的减少可能是由于超疏水涂层的微米/

纳米级粗糙结构，以及细菌或细胞与涂层之间的接触面积减少。电喷涂措施得到的超疏水复合涂层具有表面粗糙度可调、表面性质可控、骨架材料选择范围广、适用于任何基底(无论尺寸或几何形状)等优点，使得该方法有望用于医疗器械涂料的开发。

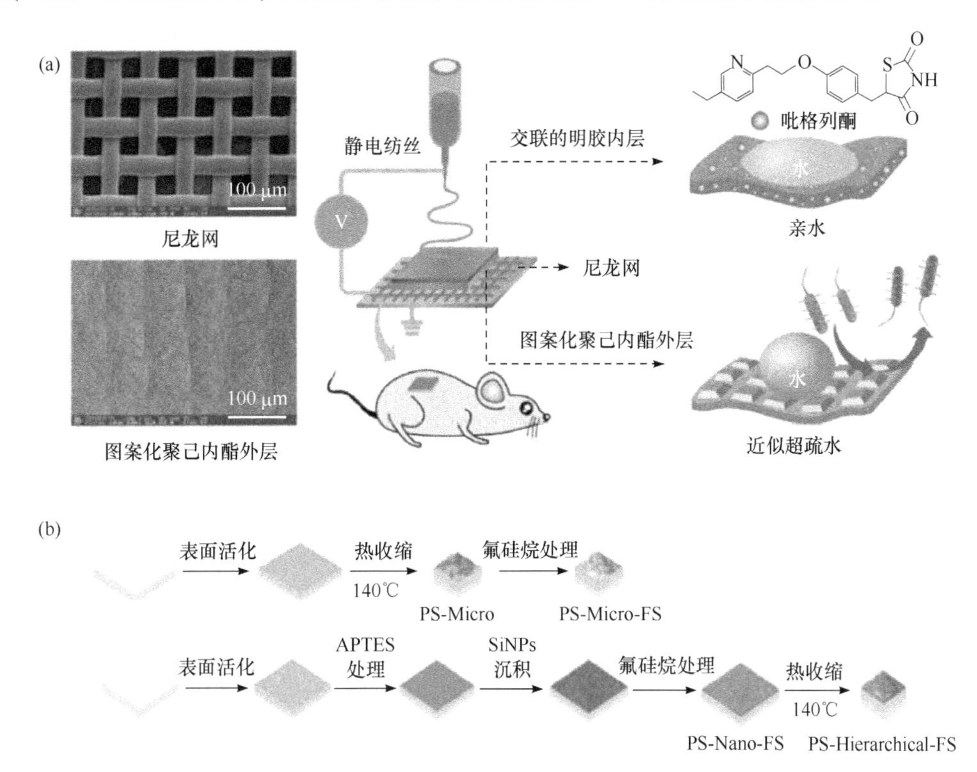

图 6-5　(a)高度疏水外层的非对称可湿性复合创面敷料制备过程及抗菌效果示意图[64]；(b)超疏水塑料包装制备过程示意图[67]

通过溶剂-非溶剂处理、褶皱等方式可以在商用塑料表面制备超疏水表面。受荷叶天然自清洁能力的启发，Rohanizadeh 小组[66]结合使用溶剂(四氢呋喃)和非溶剂(乙醇和甲醇)方法形成具有不同疏水性的聚氯乙烯(PVC)表面。通过改变溶剂成分可以改变 PVC 表面形貌和浸润性。在溶剂(四氢呋喃)和合适比例的非溶剂(乙醇和甲醇)作用下，超疏水 PVC 表面铜绿假单胞菌 PAO1 的初始附着分别延迟到了 18 h 和 24 h。塑料包装表面可通过产生褶皱的方法形成具有粗糙度的表面，经过后续的低表面能处理可获得超疏水塑料表面。如图 6-5(b)所示，Didar 小组[67]利用褶皱法制备了超疏水塑料包装表面。与对照组相比，这类塑料超疏水表面上细菌数量减少了 85%，能够有效延缓生物被膜的形成。

6.3　具有杀菌功能的抗菌表面

细菌污染在工业生产及公共卫生领域都造成巨大的问题，同时也是维护安全、质量和健康的主要挑战。例如，在海洋工业中，细菌所带来的生物淤积及强腐蚀会对船舶和其他设备产生严重影响，缩短其使用寿命并且增加维护成本。特别是在生物医学应用中，致病菌在植入材料和器件表面的附着和定植可能导致严重感染甚至是死亡。

目前制备抗菌表面的两种策略是构建抗细菌黏附表面和杀菌表面。其中，抗细菌黏附表面主要通过防止表面与生物环境成分之间发生非特异性相互作用，特别是蛋白质在表面上的吸附，从而减少初始细菌的附着，并在早期抑制生物被膜的形成[68]。但是，这类表面随着时间的推移，有效的功能层会逐渐被消耗，从而使表面抗细菌黏附的能力减弱甚至是完全消失，最终表面不可避免地会被细菌污染。相比之下，构建具有杀灭细菌功能的表面为防止生物被膜生成提供了一种更可靠、更直接的方法。这类表面通常是基于两种不同的杀菌机制制备的：①固定有杀菌剂的接触型杀菌表面；②能够释放共价或非共价结合在表面的杀菌剂的释放型杀菌表面。

6.3.1 接触杀菌机制

接触型杀菌表面的制备通常是通过共价键将杀菌物质固定在材料表面，其中杀菌物质包括天然生物大分子(如抗菌肽和抗菌酶)，以及人工合成化合物或聚合物(如 QACs、*N*-卤胺等各种聚阳离子)。由于这些杀菌物质是不可逆地附着在材料表面，因此在使用时杀菌物质不会浸出，环境不会受到污染。通常接触型杀菌表面会对细菌细胞造成物理损伤，或使细菌产生非特异性氧化应激，因此细菌不会产生类似于耐抗生素的抵抗力。

1. 季铵盐等阳离子

在接触型杀菌表面中，含有季铵基团的聚阳离子是常用的杀菌聚合物之一。季铵基团是带正电荷的有机分子，含有四个共价连接到中心氮原子的烷基(R_4N^+)，它能够破坏细菌细胞膜的完整性并使细菌中的酶失活，对革兰氏阳性菌和革兰氏阴性菌均显示出有效的接触杀灭活性。1890 年，Menschutkin 小组[69]首先通过叔胺与烷基卤化物的亲核取代反应合成了含 QAS 的化合物。“Menschutkin 反应”至今仍然被认为是制备季铵基团的最佳方法。Walters 小组[70]于 1972 年引入了接触型抗菌表面的概念，通过 3-(三甲氧基甲硅烷基)-丙基二甲基十八烷基氯化铵的水解缩合反应来修饰棉织物和玻璃表面，最终改性表面被赋予抗菌活性，同时接枝的物质不会从表面渗出而形成抗菌抑制圈。

对于季铵盐等阳离子改性的接触型杀菌表面的杀菌机制，研究人员也提出多种理论进行解释[71]。对于固定在表面的小分子化合物[这里的小分子是烷基链不足以穿透细菌膜的化合物的统称，如 3-(三甲氧基甲硅烷基)-丙基二甲基十八烷基氯化铵]，徐福建小组[10]提出了一种“磷脂海绵效应”机制，它是指细菌细胞膜上带负电荷的磷脂会选择性地吸附在带正电荷小分子修饰的表面上[图 6-6(a)]。另一种机制为“聚合物间隔链效应”[图 6-6(b)]，它适用于聚合物间隔链足够长的情况，即聚合物链能够穿透附着在表面的细菌的细胞膜(聚合物链长约 19 nm 或聚合物分子量为 160000)，最终导致细胞内容物渗出从而杀死细菌。

Tiller 小组[72]合成了一系列大分子预聚物，它由 *N*，*N*-二甲基十二烷基胺、长度不同的聚合物间隔物(20～117 个重复单元)和可聚合的甲基丙烯酰胺端基组成。之后将该预聚物与甲基丙烯酸 2-羟乙酯(HEMA)和甲基丙烯酸 1,3-甘油酯共聚到甲基丙烯酸甲酯改性的载玻片上，以制备含有 QAS 的表面。这项研究证实了含有 QAS 的表面对革兰氏阳性菌具有抑制活性，并且其中的抗菌成分没有被释放，即使在对处理过的样品进行大量清

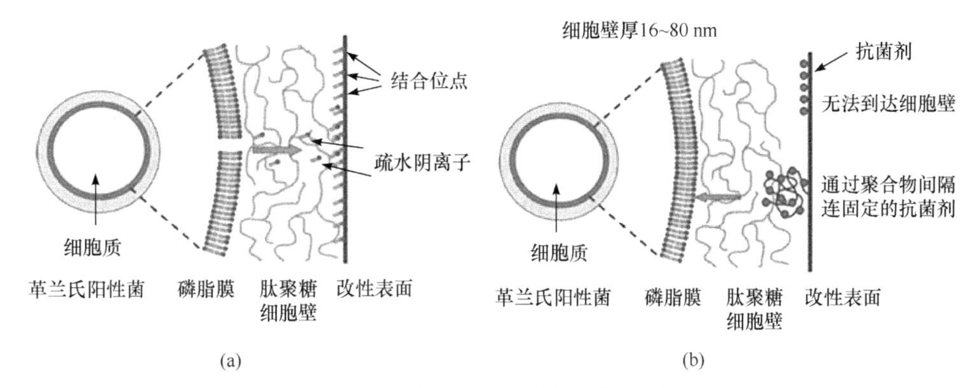

图 6-6　接触型杀菌表面的杀菌机制[10]

（a）磷脂海绵效应：细菌细胞膜上带负电的磷脂会选择性地吸附在带正电荷的小分子修饰的表面上；（b）聚合物间隔链效应：聚合物链能够穿透附着在表面的细菌的细胞膜

洗后，表面仍保持了充分的抗菌活性。季铵化聚甲基丙烯酸二甲氨基乙酯(PDMAEMA)已被用作阳离子表面活性剂，并显示出高水平的抗菌活性。Russell 小组[73]将引发剂 2-溴异丁酰溴固定在固体表面，以 DMAEMA 为单体，通过表面引发原子转移自由基聚合技术，在基材表面制备高密度聚合物刷层，然后采用烷基溴化物将聚合物刷的叔胺基进行季铵化，以得到具有抗菌活性的表面。该方法可以实现在聚合过程中对聚合物链分子量的精确控制。他们也开展类似的工作来探究电荷密度对聚合物刷抗菌活性的影响。结果表明，表面电荷密度是使表面获得最大杀伤效率的关键因素，大多数抗菌表面上可接近的季铵电荷密度应至少大于$(1\sim5)\times10^{15}$ 个/cm^2[74]。Gozzelino 小组[75]首先通过溴化烷基对 DMAEMA 的季铵化制备可聚合的季铵化单体 QAM，在引发对 UV 敏感的光引发剂时，将 QAM 与交联剂聚(乙二醇)二丙烯酸酯共聚，最终在聚苯乙烯(PS)基底上形成阳离子聚合物网络涂层，它对常见的革兰氏阴性菌大肠杆菌展现出优异的抗菌作用。

尽管具有强大的抗菌活性，但季铵盐类阳离子的细胞毒性仍然是个棘手问题。同时这些阳离子聚合物容易引起溶血和炎症，这也阻碍了此类材料在生物医学中的实际应用。为了克服这些限制，能够实现杀伤-释放、血液相容、促细胞增殖和具有凝血能力的多功能抗菌材料成为近年研究热点之一。

2. 抗菌肽/抗菌生物分子

为了避免阳离子聚合物改性的接触型杀菌表面不良的生物相容性，来源于天然免疫防御系统的抗菌肽，是实现有效广谱抗菌活性且具有良好生物相容性的替代候选物。抗菌肽是由 12～50 个氨基酸组成的短多肽链，净电荷为+2～+7，其中部分氨基酸为疏水氨基酸，具有两亲性的二级结构，即分子一侧显示疏水性，另一侧显示阳离子亲水性。它通过接触杀灭机理实现抗菌，因此诱导耐药性的趋势较低。截至 2014 年，已从天然来源中鉴定出 2300 多个抗菌肽序列。天然衍生的抗菌肽，如马加宁、乳链菌素、蜂毒毒素、组织蛋白酶、甲氧西林和防御素等，已在抗菌表面工程中得到应用。在与细菌细胞膜相互作用时，抗菌肽通常在生理环境中携带正电荷，并可以折叠成二级结构，包括α-螺旋、β-折叠、环状、延伸状及混合结构[76]。一般而言，抗菌肽的抗菌作用来源于膜溶解机制[77]，如图 6-7 所示，其中带正电荷的片段通过静电相互作用吸附到带负电荷的细菌细胞膜上，其中的疏水片段则通过疏水-疏水相互作用插入磷脂双分子层中，在膜上形成孔隙甚至更大的缺陷，导致细菌细胞质泄漏，最终导致细菌死亡。此外，研究人员还合成了抗菌肽的模拟物，即阳离子和疏水亚基被同时结合到分子中从而使其具有两亲性结构，作为一种低成本高效率替代物，也被普遍用于构建抗菌表面，其抗菌机制类似于抗菌肽。同时，由于细菌细胞膜上的负电荷相较正常哺乳动物细胞更多，因此，抗菌肽优先作用于细菌，从而展现出优异的细菌靶向性和良好的细胞相容性[78]。

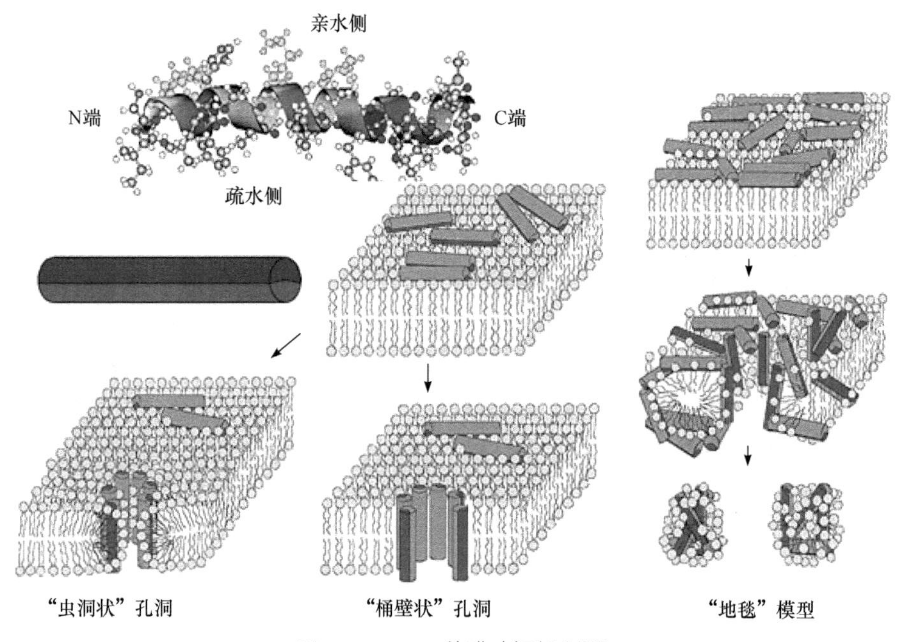

图 6-7　AMPs 的膜破坏机制[77]

由于其广谱抗菌活性、良好的生物相容性，抗菌肽在许多研究中已经被用于构建抗菌表面。例如，通过 PEG 的交联作用将抗菌肽 Magainin I 接枝到氧化钛表面，其中 PEG 具有抗黏附作用，接枝后表面的菌落数为空白对照组的 50%，同时对黏附细菌的生长也具有一定抑制作用。Tamerler 小组[79]则借助自动肽合成器制备出一种嵌合多肽(TiBP1-GGG-AMP，TiBP2-GGG-AMP)，并将其修饰到钛表面，显著减少了变链球菌、大肠杆菌和表皮葡萄球菌的存活率。基于这种多肽的嵌合方法，可设计出针对多种细菌的抗菌肽，扩大抗菌肽的应用。近年来，韩静小组[80]以嗜盐古菌合成的一种具有优良生物相容性的聚羟基丁酸羟基戊酸共聚酯(polyhydroxybutyrate hydroxyvalerate copolyesters, PHBV)为基底，利用微生物合成了融合抗菌肽(PhaP-Tac，即将抗菌肽 tachyplesin I 与聚羟基脂肪酸酯颗粒结合蛋白 PhaP 融合表达)，随后利用 PhaP 与疏水材料表面间的疏水作用，将抗菌肽锚定到疏水材料表面，赋予材料抗菌活性。结果表明，经过 PhaP-Tac 修饰的 PHBV 可有效地抑制革兰氏阳性菌和革兰氏阴性菌的生长，同时提高了成纤维细胞在材料表面的黏附和生长。

此外，生物抗菌酶(如溶菌酶和酰化酶)也可以固定在表面上，通过催化细胞膜上多糖的降解或群体猝灭效应，与细菌接触后根除细菌。例如，El-Kirat-Chatel 小组[81]利用生物素与链霉亲和素之间的高亲和相互作用，将用生物素化的溶菌酶(一种降解细菌肽聚糖细胞壁的酶)接枝在链霉亲和素受体包被的表面。结果显示，经溶菌酶改性后的表面对黄体微球菌的抗菌作用明显增强，并且在长期性能测试中，改性表面仍能维持杀菌能力。

尽管天然衍生的抗菌肽和抗菌酶表现出强大的抗菌活性，不易使细菌产生耐药性，但在使用过程中它们容易受水解酶的影响发生降解。此外，它们的长序列也导致生产成本较高。为了解决这些问题，使用人工合成的方法制备类抗菌肽聚合物已成为研究重点之一。

3. 其他接触杀菌剂

除了上述的季铵盐阳离子和抗菌肽以外，其他聚阳离子如聚乙烯亚胺衍生物、聚六亚甲基盐酸胍、壳聚糖衍生物及 *N*-氯胺的接触型杀菌表面也引起广大研究人员的兴趣。含有酰胺、酰亚胺或氨基的物质常被用作 *N*-氯胺前体用于构建接触型抗菌表面。例如，Worley 小组[82]在阳离子表面活性剂十六甲基溴化铵存在下，通过 *N*-氯胺前体 3-(4-乙烯基苄基)-5，5-二甲基乙内酰脲的胶束聚合制备了抗菌棉纤维。近年来，具有抗菌功能的天然纤维已经引起了相当大的关注。然而，开发简单策略来改性天然纤维仍然是一个挑战。在朱蔚璞小组[83]的研究工作中，天然棉纤维在水溶液中被高碘酸钠部分氧化，使其表面含有多个醛基，然后利用聚六亚甲基胍(polyhexamethylene guanidine, PHMG)的末端氨基与醛基直接形成席夫碱键将其化学接枝到氧化棉纤维上，最后通过氰基硼氢化钠还原碳氮双键，将 PHMG 共价结合到棉纤维表面。这些功能化的纤维显示出强大且持久的抗菌活性，即使在水中连续洗涤 1000 次，改性棉纤维对大肠杆菌和金黄色葡萄球菌的完全抑制作用仍保持不变。

尽管接触型杀菌表面具有强大的杀菌效果，但是在杀灭细菌后，细菌细胞内成分或碎片仍然会附着在表面，这可能会掩盖表面的抗菌活性成分并降低杀菌性能。同时，只有与表面接触后，细菌才会被杀灭，对于表面周围未定植的浮游细菌并不会产生影响。此外，长期暴露在表面的抗菌活性成分会对人体组织和细胞造成不良影响。理想的抗菌涂层应该融合多种功能，结合两种或多种协同作用的杀灭机制以增强抗菌效果，并且能够自主去除死细菌和其他碎片，从而保持表面清洁和长期抗菌活性。

6.3.2　释放杀菌机制

释放型杀菌表面通过长时间浸出负载的抗菌物质来发挥其抗菌活性，该策略对附着在材料表面的细菌和表面附近的浮游细菌均有杀灭作用。抗菌物质主要通过扩散到水性介质中、侵蚀或降解材料、水解共价键等作用来实现释放。与传统的抗菌剂递送方法相比，这种逐步释放策略可以提供局部递送抗菌物质的高浓度，并且只在需要释放的位置提供抗菌活性，从而最大限度地减少潜在的全身反应。

释放型杀菌表面中的抗菌物质主要包括抗生素、金属纳米粒子、氮氧化物和负载/嵌入材料表面中的其他杀生物剂等。

1. 抗生素

自发现青霉素的近百年来，科研人员展开了对青霉素的研究，随后发现了各种天然抗生素及人工合成抗生素。图 6-8 展示了 6 种结构复杂的天然抗生素及 3 种结构相对简单的合成抗生素，其中包括青霉素、红霉素、磺酰胺类、氟喹诺酮类和噁唑烷酮类抗生素等[84]，它们为开发抗生素药物提供了重要基础，也是目前治疗细菌感染较为有效的策略。

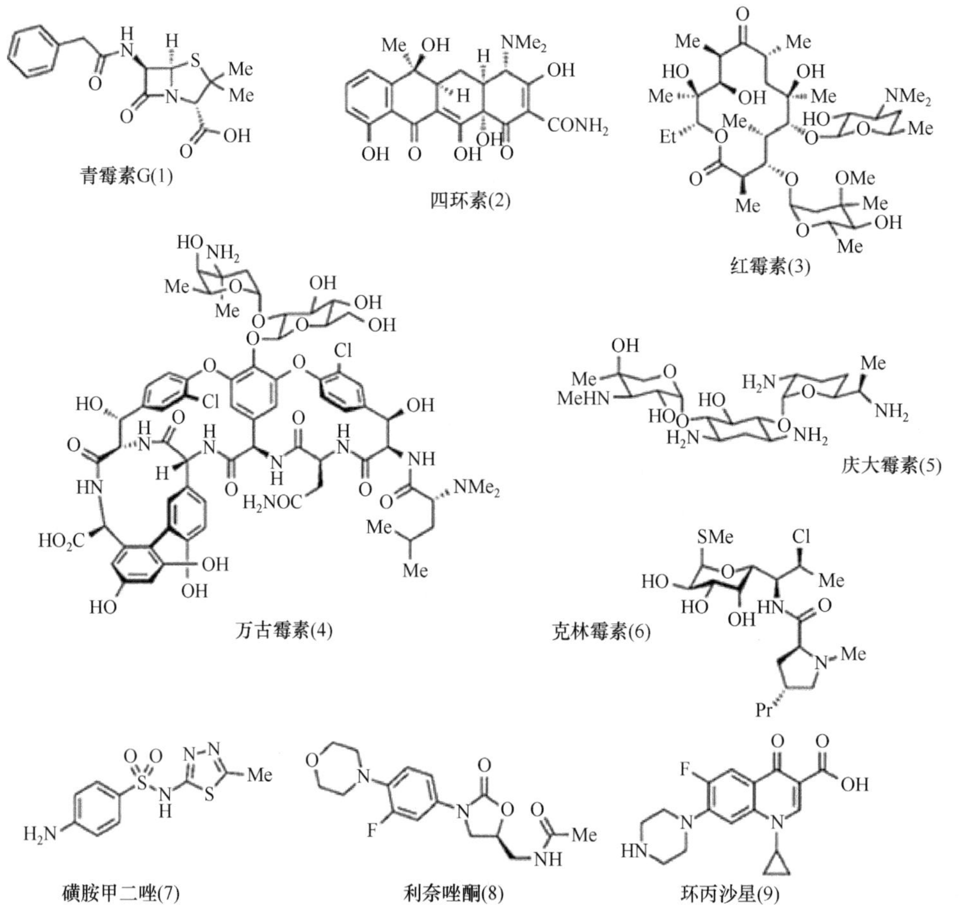

青霉素G(1)　四环素(2)　红霉素(3)

万古霉素(4)　庆大霉素(5)　克林霉素(6)

磺胺甲二唑(7)　利奈唑酮(8)　环丙沙星(9)

图 6-8　现代抗生素的代表性种类[84]

(1)β-内酰胺类；(2)四环素类；(3)大环内酯类；(4)糖肽类；(5)氨基糖苷类；(6)林可酰胺类；(7)磺酰胺类；(8)噁唑烷酮类；(9)氟喹诺酮类

抗生素作为抑菌剂，顶替了细菌生长过程中所需的一部分物质，能够参与到细菌细胞的正常生命活动中，并阻碍其过程的进行，从而实现抗菌。抗生素的抗菌机制主要包括：β-内酰胺类化合物，如青霉素和头孢菌素，能够抑制细胞壁前体肽聚糖的转肽交联步骤，从而阻止了细胞壁的合成；天然产物衍生的大环内酯类、噁唑烷酮类、四环素类以细菌核糖体为目标，与核糖体的大小亚基结合，堵塞肽的出口通道，抑制蛋白质的合成；人工合成的氟喹诺酮类抗生素以 DNA 促旋酶或 RNA 聚合酶为目标，能够解开复制的 DNA 抑制 DNA 或 RNA 的合成；磺酰胺类药物是叶酸生物合成中的关键前体——对氨基苯甲酸的结构类似物，能够抑制叶酸的生物合成。

在释放抗生素的杀菌表面中，纳米载体碳纳米管已经被证明能够用于递送生物活性剂，如抗炎药物或生长因子。Hirschfeld 小组[85]在钛合金表面均匀涂覆多壁碳纳米管(multiwall carbon nanotube, MWCNT)后，利用毛细管力有效负载抗生素利福平。在试验过程中，负载极低浓度的利福平就能够形成明显的抑菌圈并且抑制表皮葡萄球菌生物被膜的形成，即使在 5 天后，改性表面仍保留抗菌效果，这表明抗生素能够被缓慢释放。此外，该表面允许成骨细胞等宿主细胞的黏附和增殖，这为设计具有抗菌功能的假体植入设备提供思路。

抗生素从抗菌表面的可控持续释放目前仍然是一个挑战。为了解决这一问题，Leeuwenburgh 小组[86]采用电泳沉积技术，在不锈钢板上沉积了含有凝胶纳米球的壳聚糖基质复合涂层，该明胶纳米球中可以负载万古霉素和莫西沙星。其中万古霉素与明胶纳米球的相互作用较强，在试验过程中以持续的方式释放，而莫西沙星由于与明胶纳米球的弱亲和力而以爆发性方式释放。此外，可以通过调整明胶纳米球和壳聚糖的质量比，调节涂层的表面粗糙度和润湿性，修饰后的表面对金黄色葡萄球菌具有显著的抑制效果。

但是，数十年来，由于抗生素的不规范使用，细菌对抗生素的耐药性激增，并且进化出不同的耐药性机制[84]，主要包括以下三种：①在细菌细胞膜上表达一种蛋白质作为外排泵，将进入胞内的抗生素药物排出；②抗生素靶向结合位点的突变，例如，在核糖体上修饰甲基，占据抗生素的结合位点，使抗菌作用下降；③药物降解，例如，细菌进化出 β-内酰胺酶，使含有内酰胺环的抗生素药物裂解，造成该类药物的失效。同时，由于细菌生物被膜的复杂结构，抗生素难以渗透到生物被膜内部来杀死细胞外基质包裹的细菌，这也是释放型杀菌表面面临的棘手难题。此外，受控释放、多功能集合及长期稳定性也是抗生素释放型杀菌表面目前面临的挑战，仍需继续研究来解决这些现有问题。

2. 金属纳米粒子

金属纳米粒子和金属离子具有有效的生物杀灭能力，是公认的优秀的抗菌剂，多种相关产品已投入商业使用。其中，铜、银、锌和二氧化钛纳米粒子作为迄今最广泛使用的抗菌抗炎金属纳米粒子，在医学上的应用具有悠久历史。近年来这些金属纳米粒子也常与聚合物结合使用，用于构建释放型杀菌表面[87]。

铜纳米粒子和银纳米粒子都可以通过静电相互作用吸附到细菌细胞膜上，并进一步渗透到细胞质和细胞核，参与到细菌正常代谢过程中，破坏蛋白质和核酸的正常产生渠道，影响细菌活性及细菌细胞之间的信号传递。此外，它们还会破坏线粒体呼吸链，在细胞内产生活性氧(reactive oxygen species, ROS)，从而产生抗菌和抗病毒能力。例如，在使用光聚合技术的基础上，聂俊小组[88]提出了一种在聚(*N*-异丙基丙烯酰胺)(PNIPAAm)修饰的表面上原位制备银纳米粒子的一步光聚合简便方法。该方法利用光引发剂在波长为 365 nm 的紫外光照下产生自由基，它既可以诱导 *N*-异丙基丙烯酰胺(*N*-isopropylacrylamide, NIPAAm)单体的聚合，又能够将银离子还原为金属银，然后结合形成银纳米粒子，最终形成具有防污抗菌性能的表面。席夫碱键能够以断裂的形成响应pH 的变化，因此常用于制备可降解涂层或水凝胶，从而构建释放型杀菌表面。例如，程义云小组[89]通过席夫碱键，利用氧化多糖与包封有银纳米粒子的阳离子树突状聚合物制备了一种纳米复合水凝胶。由于细菌生长的微环境呈现弱酸性，席夫碱键在低 pH 条件下发生断裂，使银纳米粒子能够从水凝胶基质中释放，从而起到杀菌作用。该纳米复合凝胶具有良好的注射性，阳离子树突状大分子与银纳米粒子的结合在治疗细菌感染方面表现出协同作用，对革兰氏阴性菌和革兰氏阳性菌均有较强的抗菌活性，可进一步用于伤口愈合和植入装置。

锌及氧化锌纳米粒子通过释放游离的 Zn^{2+}并进入细胞内，与蛋白质和酶上的巯基反应，影响电子及信号传递，破坏细菌的代谢平衡，达到杀菌目的，并且在杀灭细菌后，Zn^{2+}可以从细胞中游离出来再次重复上述过程。同时，氧化锌纳米粒子与细菌相互作用时，纳米粒子能够导致细菌形态的变化和内容物的泄漏，并且诱导氧化应激基因表达增加，产生 ROS。此外，有些氧化锌纳米粒子(如 VK-J30)具有光催化性，在可见光或紫外线的照射下，可以产生光学毒性并对细菌产生致死作用。刘镇宁小组[90]研究了一种具有双重杀菌活性和抗黏附性能的聚二甲基硅氧烷(PDMS)纳米柱阵列。在制备过程中，研究人员通过水热法获得氧化锌纳米柱，然后通过光还原反应引入等离子体金纳米粒子。所制备的表面具有良好的物理抗菌性能，在黑暗条件下，氧化锌组分释放 Zn^{2+}进行杀菌，其杀菌率为 65.5%。此外，在可见光照射下，利用氧化锌的光催化性，改性表面在30min 内杀灭细菌的效率达到 99.9%。引入铜纳米粒子后，增强了光催化作用和仿生纳米结构的力学性能，使改性后的表面具有细菌致死率高、作用时间短的优点。同时，纳米柱修饰的 PDMS 还可以作为超疏水表面，有效抑制 99.9%以上的细菌黏附。

二氧化钛纳米粒子因光催化性能及其在细菌和病毒灭活中的应用而备受关注。二氧化钛纳米粒子的抗菌机制与光吸收、电子/空穴生成及产生氧化应激的 ROS 有关，其中ROS 通过价带空穴和导带电子生成超氧阴离子和羟基自由基，这些都会导致脂质膜紊乱和遗传信息受损，最终导致细菌细胞死亡或病毒失活。在 Seyfi 小组[91]的研究中，壳聚糖与二氧化钛纳米粒子被修饰在超疏水棉织物上，形成高度填充覆盖的纳米级结构。研究发现，该纳米复合涂层织物在修饰后仍保持超疏水性，具有良好的抗细菌黏附性能，同时，壳聚糖与二氧化钛纳米粒子的协同作用增强其对大肠杆菌和金黄色葡萄球菌的杀灭能力。这一研究为抗菌棉织物成为临床应用的自清洁抗菌服装和口罩奠定基础。Zhang(张玉峰)小组[92]通过改变石墨二烯片材(graphite diene sheet, GDS)和二氧化钛纳米纤维的表面电荷，利用静电力成功地将 GDS 组装到二氧化钛上，合成了二氧化钛/石墨二炔复合材料。该纳米纤维表现出优异的光催化性能，同时由于光催化产生了 ROS，诱导细胞成分氧化和细菌细胞壁穿孔，导致细胞膜渗漏、结构破坏，最终导致细菌死亡。此外，二氧化钛纳米结构与 GDS 的协同作用使 ROS 释放时间延长，这也进一步防止耐甲氧西林金黄色葡萄球菌生物被膜的形成。

然而，对于这类抗菌金属纳米粒子而言，它们作为植入类生物材料的用途目前仍相当有限。这是由于它们在生理环境中可能会发生腐蚀或不可控的爆发性释放，导致局部释放的活性离子浓度过高，造成局部毒性。更严重的是，这些过多的活性离子可能会在远端靶器官中积聚，在与细胞表面缔合后，通过释放损害酶功能或 DNA 的有毒离子或产生导致氧化应激的ROS来造成严重的生物体损害。此外，金属纳米粒子，尤其是重金属，在环境中的富集也一直是人们关注的问题。因此，实现金属纳米粒子的可控释放也成为目前研究热点之一。

3. 其他释放杀菌剂

除了抗生素和金属纳米粒子，还有一些生物活性物质或气体也常被用于构建释放型杀菌表面。例如，一氧化氮(NO)已被证明会影响细胞凋亡、血管生成、神经传递和其他生理过程。最近，NO在抗菌和伤口愈合材料领域得到了广泛的探索。NO的抗菌机制包括脂质过氧化、膜蛋白硝化和产生活性氮即一氧化二氮(nitrous oxide, N_2O)。此外，NO可以破坏细菌生物被膜中的胞外聚合物成分，提高杀菌和抗细菌生物被膜的能力。为了发挥NO的抗菌性能，严锋小组[93]在PDMS表面开发了一种能够释放NO的离子液体涂层。在该研究中，离子液体 *N*-{2[(2，3-二甲基丁-3-烯基)氧基]乙基}-*N*，*N*-二甲基辛-1-溴化铵和 2-甲基-2-丙烯酸 2-(2-甲氧基乙氧基)乙酯通过硫醇点击化学反应共价接枝到PDMS 表面，然后通过与溴离子的阴离子交换引入 L-脯氨酸(L-proline)阴离子(L-Pro^-)以吸附 NO 气体。改性后的表面能够长时间释放 NO(>1440min)，释放浓度较高(88 μmol/L)，可以有效抑制伤口感染和减少体内炎症。

然而，尽管文献中报道了大量构建释放型杀菌表面的方法，但是到目前为止，很少有研究能够真正进入临床研究和实践。造成该结果的原因之一是目前用于测试抗菌材料的体外方法还未涉及很多复杂的体内条件，如生物污垢、多微生物群落、共培养模型、宿主免疫反应等。释放型杀菌表面的长期稳定性评估与预期应用也同样被忽视。因此，需要充分进行结构化研究，不断开发标准化且能够被广泛接受的验证方法。

6.3.3 新型杀菌机制

1. 光热杀菌表面

光热杀菌表面的主要成分是合适的光热剂(photothermal agents，PTAs)。它能吸收一定波长的光，并将吸收的部分光能转化为热能。传统的 PTAs 包括贵金属纳米材料，如金纳米材料，二维层状纳米材料。通常，光热杀菌表面是通过多种物理和化学方法将PTAs 固定在基材表面制成的。制造的光热杀菌表面在特定波长和特定功率的光照下可以将光能转化为热能，杀死表面的细菌。尽管光热杀菌疗法(antibacterial photothermal therapy，aPTT)已被证明可以有效治疗细菌感染和消除成熟的生物被膜，但是单独使用aPTT 时，完全根除细菌所需的辐照强度通常高于美国国家标准学会激光安全标准辐照极限(0.32 W/cm^2)。此外，在某些情况下，局部热疗可能导致邻近正常细胞和组织的严重损伤，因此单独的光热疗法的实际应用前景仍然受到限制。

为了解决当前单一光热疗法存在的缺陷，研究人员将光热杀菌手段和其他抗菌手段相结合，获得了杀菌效率更高的抗菌表面。其中一种策略是在光热杀菌表面上引入抗污层(亲水性聚合物、超疏水表面)，得到具有抗污功能的光热杀菌表面。这类双功能表面一方面在很大程度上可以减少细菌的初始黏附，另外少量突破抗污层的细菌在较低功率的光照下几乎完全被杀死，是一种较为有前景的策略。例如，徐福建小组[94]通过金纳米棒(Au nanorods，AuNRs)和 PEG 的组合开发了一种自清洁聚氨酯(PU)网状物(PU-Au-PEG)。通过利用 AuNRs 和 PEG 改性，PU-Au-PEG 具有两种材料固有的防污和光热杀菌性能。在近红外光(near-infrared Radiation，NIR)照射下，PU-Au-PEG 可有效杀灭包括多重耐药菌等病原菌。由于其固有的防污性能，PU-Au-PEG 还可以在没有外部刺激的情况下防止细菌碎片的积累。如图 6-9(a)所示，于谦课题组[95]通过简单地沉积含有单宁酸(tannic acid，TA)/铜络合物和 PEG 的后修饰得到具有长期的抗生物被膜性能的复合涂层(TA/Cu-PEG)。由于 PEG 固有的防污性能，改性后的表面可以在早期阶段抵抗大多数细菌接触表面。此外，在 NIR 辐照下，突破防污层的细菌可以被完全杀灭。基于上述性质，该表面具有优异的抗生物被膜性能，可在 15 天内防止生物被膜形成。更为重要的是，该体系不涉及常规杀菌剂，因此复合涂层在体外表现出可忽略的细胞毒性，在体内

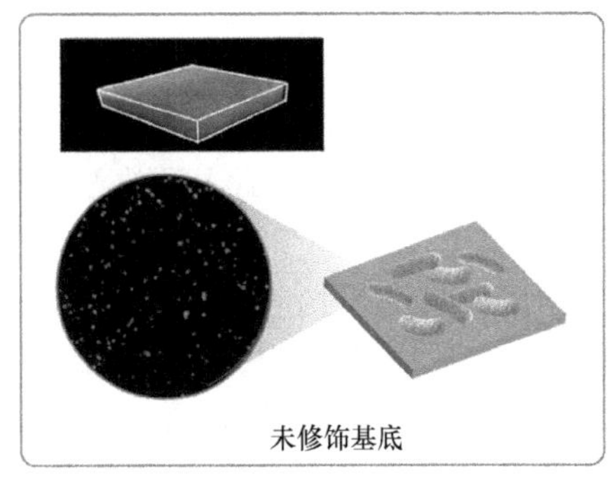

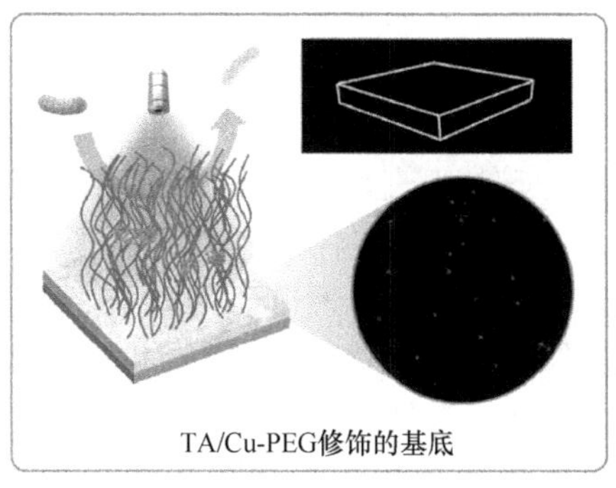

(a)

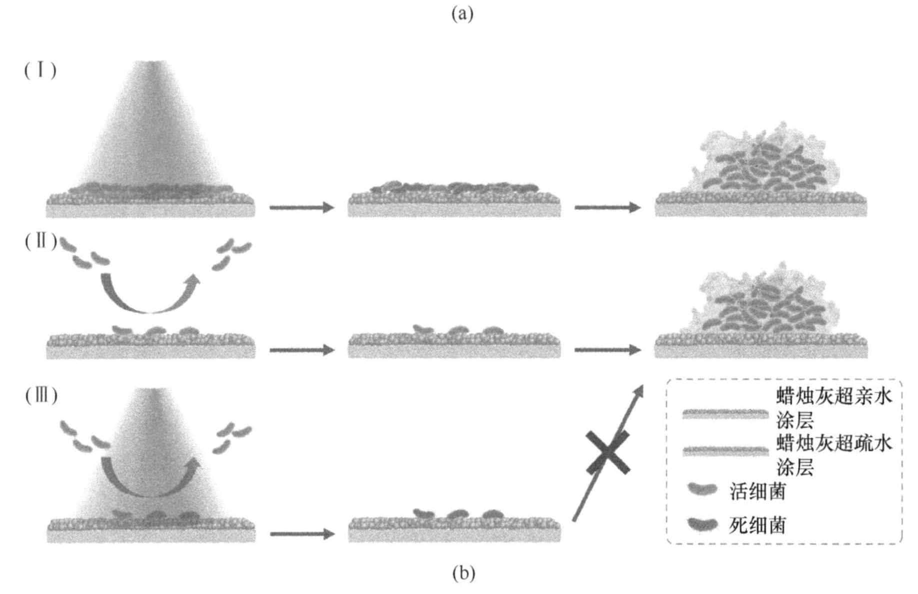

(b)

图 6-9 (a) 具有抗污和光热杀菌功能的 TA/Cu-PEG 涂层的抗菌效果示意图[95]；(b) 基于蜡烛灰的超疏水光热杀菌涂层阻止生物被膜形成示意图[96]

表现出良好的组织相容性。此外，基于具有固有层次结构和优异光热性能的蜡烛灰，Lin 等[96]开发了一种具有抗细菌黏附和 NIR 激活杀菌特性的双功能涂层[图 6-9(b)]。该涂层表现出超疏水特性，可以在很大程度上抵抗初始细菌黏附，并通过短期 NIR 照射消除残留的附着细菌，显示出增强的抗菌性能，有效防止生物被膜的形成。此外，该涂层显示出良好的储存稳定性和基材普适性，可以简单地沉积在不同的基材上。该策略为解决现实中材料和设备的生物被膜相关问题提供了一种有前景的方案。

此外，研究人员还将 aPTT 与其他杀菌方式结合到同一表面上，制备具有双重甚至多重抗菌机制的表面。通过其他杀菌方式的互补及协同方式，光热杀菌所需的功率有望得以降低。例如，Szunerits 小组[97]通过静电纺丝聚丙烯酸(PAA)和还原氧化石墨烯(reduced graphene oxide，rGO)的混合物获得了亲水性纳米纤维。该纳米纤维在水性介质中表现出优异的稳定性，而在 980 nm 的近红外光照射下表现出良好的光热性能，并且可以释放抗生素达到协同抗菌效果。此外，通过简单地浸入相应的抗生素溶液中，纳米纤维可以有效地负载抗生素，恢复杀菌活性。除了抗生素外，研究人员将具有高效杀菌的银纳米粒子和光热剂整合在一起获得具有更强杀菌效果的表面。这类表面通过协同 aPTT 和银纳米粒子(silver nanoparticles, AgNPs)的抗菌机制实现更高的杀灭效率和更低的细胞毒性。光热剂产生的局部热量破坏细菌膜以促进银离子更容易进入细菌内部，降低光强度和 AgNPs 的剂量。赵长生小组[98]首先使用具有优异光热性能的氧化石墨烯(graphene oxide, GO)纳米片作为载体来装载 AgNPs，随后用多巴胺和海藻酸钠(sodium alginate，SAS)修饰得到复合纳米抗菌材料(Ag@G-SAS)，最终通过 LBL 技术与带正电荷的壳聚糖季铵化的氧化石墨烯纳米片共沉积在聚醚砜膜上得到抗菌表面。该表面在细胞和血液水平均表现出增强的抗菌活性和良好的生物相容性，在血液透析和组织工程中表现出巨大的应用潜力。

2. *光动力杀菌表面*

光动力疗法(photodynamic therapy，PDT)是一种利用光和光敏剂产生的光动力效应进行疾病诊断和治疗的技术。目前，光动力疗法已应用于临床治疗顽固性局部感染性疾病。光动力杀菌疗法(antibacterial photodynamic therapy，aPDT)是一种新型的治疗方法，其机理如下：利用最合适波长的光照射细菌感染部位的光敏分子，通过羟基自由基(·OH)、超氧阴离子(O_2^{-})、过氧化氢(H_2O_2)、单线态氧($^1O_2$)等 ROS 反应产生细菌的超氧化[99]。随着耐药细菌对常规抗生素的耐药性越来越强，光动力杀菌因其独特的优势而吸引了研究人员的注意。目前，光动力疗法已应用于口腔细菌感染等顽固性局部感染性疾病的临床治疗[100]。但是单一的光动力疗法也存在一些缺陷，例如，感染部位的缺氧环境极大降低了 aPDT 的效果。另外，高浓度的 ROS 也会对正常组织造成伤害。通常对于抗菌表面，单纯地利用光动力杀菌方式来应对细菌感染并不足以解决问题。研究人员通常将光动力疗法作为一种杀菌手段，结合或协同其他抗菌方式来获得具有高效杀菌的抗菌表面。例如，方立明小组[101]开发了一种具有增强抗菌活性的 PCL/Cur@ZIF-8 复合膜。该复合膜将天然光敏剂姜黄素负载到高度多孔的金属有机框架——沸石咪唑酯骨架-8(zeolitic imidazolate framework-8，ZIF-8)纳米晶体中，以改善其较差的水溶性和稳定性。该复合膜可释放锌离子和姜黄素，在蓝光照射下，姜黄素分子产生单线态氧。在锌离子和单线态氧的协同作用下，当Cur@ZIF-8负载量大于15%时，复合膜对大肠杆菌和金黄色葡萄球菌的抑制率达到99.9%，对黏附菌群的抑制率达到99.9%。

此外，一些研究发现少量ROS可以增强细菌的热敏感性，降低杀死细菌所需的温度，而高温可以破坏细菌的细胞膜，促进ROS渗透到细菌中。因此，aPTT和aPDT的组合提供了一种有效的方法，是在不损害正常细胞活力的情况下对抗细菌感染的安全方法。如图6-10(a)所示，基于二硫化钼(MoS_2)的光热(808 nm)和光动力(660 nm)特性，吴水林小组[102]利用电泳沉积法在钛(Ti)材料表面修饰了壳聚糖(chitosan, CS)功能化的MoS_2涂层(CS@MoS_2)。当同时使用两种波长的光照射表面时，能够激发MoS_2的光热和光动力特性，增强杀菌效果。但两种波长的激光照射增加了其使用的复杂性。为了解决上述问题，他们在后续的工作中选择了一种在NIR照射下可以产生热量和ROS的光敏剂(IR780)作为构建光热/光动力抗菌表面的原料。通过红磷的化学气相沉积，以及IR780和多巴胺的后修饰，制备了RP/IR780复合涂层[图6-10(b)][103]。该涂层在NIR照射下可在短时间内根除体内已形成的生物被膜。

3. 气体杀菌

在过去的十年里，抗菌气体疗法引起了人们的极大关注。NO、一氧化碳(carbon monoxide，CO)、二氧化硫(sulfur dioxide，SO_2)、硫化氢(hydrogen sulfide，H_2S)是已知的内源性信号分子，在许多病理过程中起着关键作用。这些气体被认为是有吸引力的杀菌剂，因为它们能够杀灭细菌，分散生物被膜，促进细菌感染的伤口愈合，同时避免耐药性。近年来一些科研人员开发了一系列基于气体疗法的杀菌表面，其中研究较为广泛的包括释放NO和CO杀菌表面。

NO可与细菌呼吸过程中产生的超氧化物反应生成NO自由基(NO·)、过氧亚硝酸根($ONOO^-$)和三氧化二氮(dinitrogen trioxide，N_2O_3)，通过引起氧化或亚硝化应激(如脱氨和脂质过氧化)对各种细菌显示出抗菌作用[104]。常见的NO抗菌策略包括在表面负载或者接枝*S*-亚硝基硫醇(R-SNO)类物质。另外，基材表面通过接枝聚合物刷后修饰R-SNO的方法可以让表面的NO负载量更高，从而达到更强的抗菌效果。

通过将*S*-亚硝基-*N*-乙酰青霉胺(*S*-nitroso-*N*-acetylpenicllamine，SNAP)与聚丙烯腈(polyacrylonitrile，PAN)纤维进行共价连接，Handa小组[105]得到能够释放NO的抗菌表面。由于NO的抗菌活性，SNAP-PAN纤维上金黄色葡萄球菌的数量降低了一半。此外，SNAP-PAN对金黄色葡萄球菌的抑菌圈试验表明，NO除了影响与材料直接接触的环境外，还具有影响材料周围环境的能力。NO的释放、PAN的亲水性和纤维网络的结合导致成纤维细胞的增殖和附着增加，扩大了纤维作为改进的细胞支架平台的潜力。这项研究展示了一种具有NO释放能力的功能纤维的制备和设计，为该领域相关材料的设计提供了参考。在另一项研究中，他们通过将SNAP引入固定有抗菌小分子二苯甲酮基季铵盐(benzophenone quaternary ammonium salt，BPAM)的聚合物表面制备了具有双重机制杀菌表面[106]。结果表明，SNAP和BPAM分别对革兰氏阳性菌和革兰氏阴性菌有不同程度的毒性，而SNAP和BPAM联合能够增大抗菌效率。与对照组相比，SNAP-BPAM

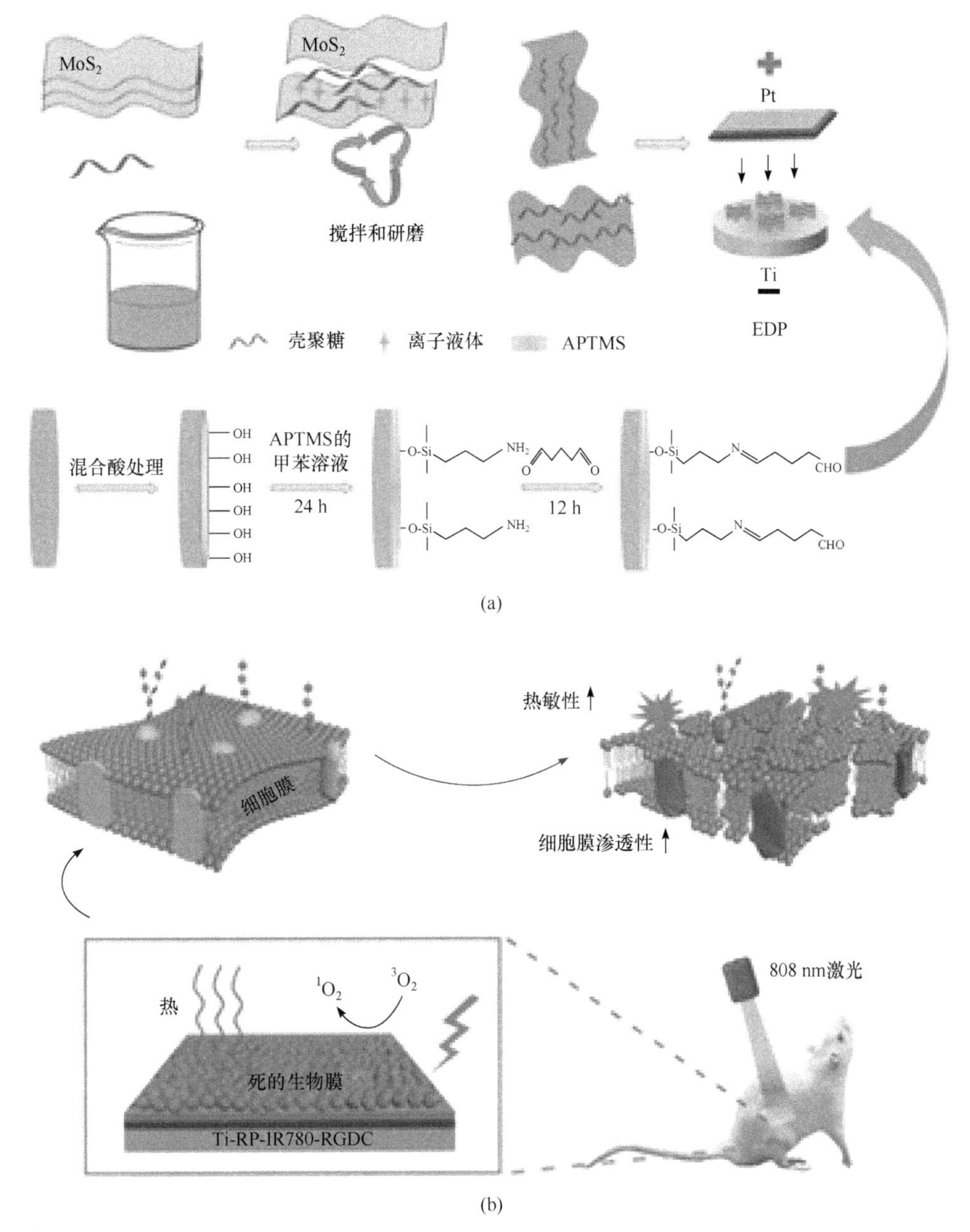

图 6-10　(a)CS@MoS_2 涂层改性 Ti 表面制备过程示意图[102]；(b)NIR 光照下 RP/IR780 复合涂层清除生物被膜示意图[103]

组合使附着的活铜绿假单胞菌减少了 99.0%，金黄色葡萄球菌减少了 99.98%。

通过在表面接枝聚合物刷和后续修饰的方式可以获得更高的 NO 供体密度的表面，这类表面通常具有更好的抗菌性能，可作为抗生物被膜表面。Boyer 小组[107]通过等离子体聚合开发了一种含有 NO 供体的抗生物被膜涂层。这些涂层缓释 NO 的时长超过 2 天，并且 NO 的负载量可以通过聚合物膜的厚度来调节。研究结果表明，聚合物刷层越厚，抗菌效果越强。Kumar 小组[108]在两种胺类聚合物涂层中通过加压来引入偶氮鎓二醇盐

(diazeniumdiolates，NONOates)得到NO释放涂层。胺表面暴露在NO气体中，涂层上的伯胺和仲胺基团与NO分子反应生成NONOates作为NO供体。该涂层在空气中具有稳定性，并且可通过水介质激活释放NO，进而有效减少常见致病菌的生物被膜的形成。Chan-Park小组[109]报道了一种精密结构的两嵌段共聚物刷，它由聚甲基丙烯酸磺酸乙酯和NO功能化的聚甲基丙烯酸羟乙酯组成。该涂层表现出比单功能抗污表面和仅仅释放NO的表面更好的抗菌效果，对革兰氏阳性菌和革兰氏阴性菌的体外生物被膜抑制率达到99.99%以上。它对哺乳动物细胞的毒性可以忽略不计，并且具有良好的血液相容性。在小鼠皮下感染模型中，与银质导管相比，革兰氏阳性菌和革兰氏阴性菌的生物被膜减少99.99%以上；而在猪中心静脉导管感染模型中，植入5天后，耐甲氧西林金黄色葡萄球菌(methicillin resistant *Staphylococcus aureus*，MRSA)的生物被膜减少99.99%以上。

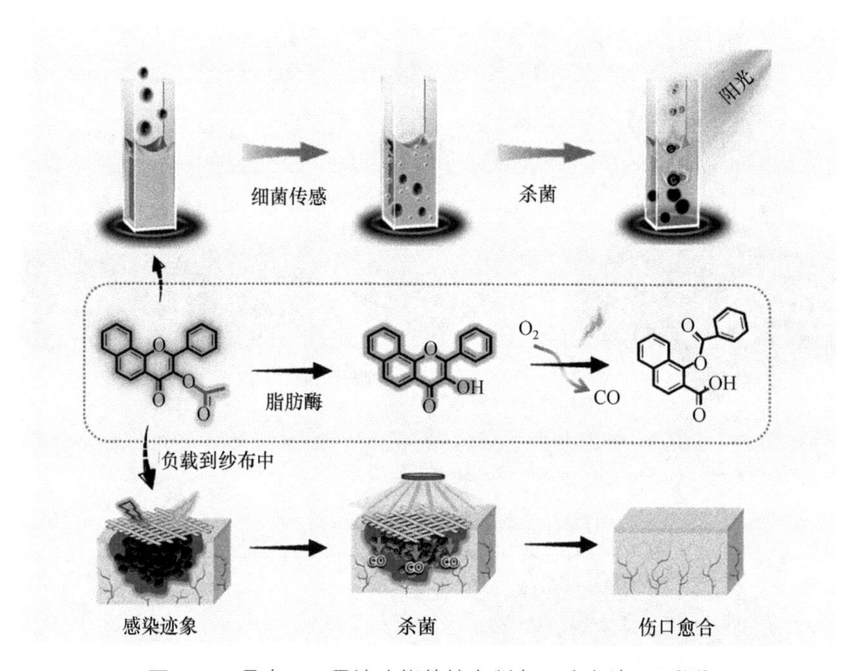

图6-11 具有CO释放功能的纱布制备及治疗效果图[110]

将CO释放分子(carbon monoxide releasing molecule，CORM)负载于合适的基质上，能够得到具有CO释放功能的敷料。栾世方小组[110]报道了一种简单可行的单分子治疗诊断探针：*O*-乙酰基保护的CO释放分子(*O*-acetyl group protected CORM，CORM-Ac)，用于实时检测细菌感染和后续治疗。如图6-11所示，通过利用外源性细菌脂肪酶作为靶标，CORM-Ac可以通过酶促裂解*O*-乙酰基并转化为CORM，从而轻松激活激发态分子内质子转移过程，并通过可视化荧光信号对感染进行早期预警。然后可以通过在光激发时从CORM中释放CO，将CORM负载于纱布上可用于感染伤口的治疗诊断。结果表明，CORM-Ac纱布通过光诱导的CO释放可有效指示伤口感染和加速伤口愈合。

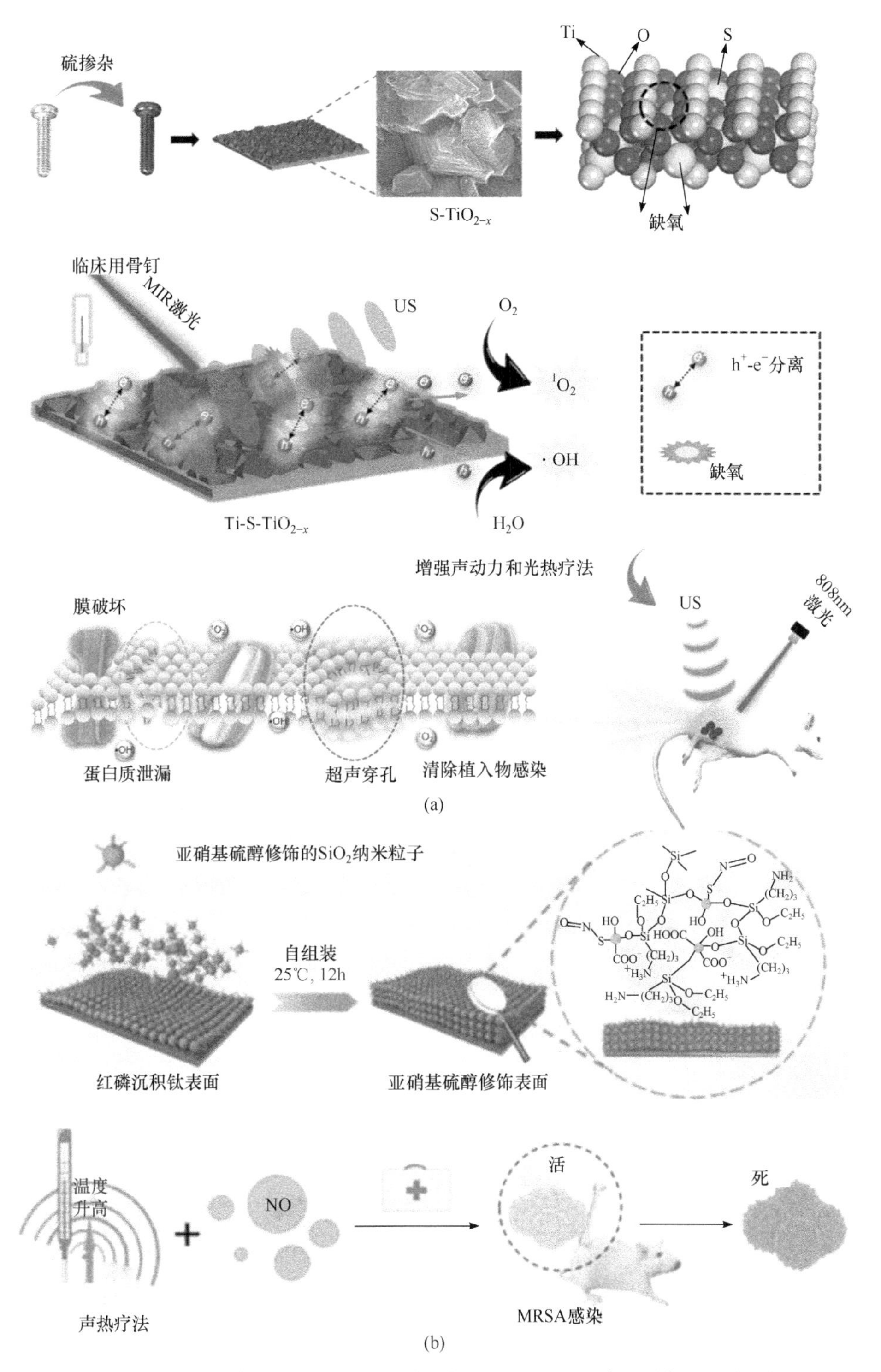

图 6-12　(a)Ti-S-TiO$_2$ 涂层制备及其治疗机制示意图[113]；(b)Ti-SNO 涂层制备及其治疗机制示意图[114]

通过季铵化壳聚糖(quaternized chitosan，QCS)上氨基与苯甲醛封端的 F108(F108-

CHO)胶束上 ALDE-Hyde 基团之间的动态席夫碱反应，研究人员研制了一种基于 CO 气体疗法的多功能水凝胶敷料(ICOQF)[111]。动态席夫碱键不仅赋予 ICOQF 良好的组织黏附性、可注射性和自愈性，还赋予其持续可控的胰岛素释放能力。此外，ICOQF 可以通过消耗活性氧在发炎的伤口组织中快速产生 CO。产生的 CO 可通过激活血红素加氧酶的表达来有效抗氧化应激；通过诱导细菌细胞膜破裂和线粒体功能障碍并抑制三磷酸腺苷的合成来抗菌；通过抑制活化巨噬细胞的增殖和促进 M1 表型向 M2 表型的极化来抗炎。由于这些突出的特性，ICOQF 显著促进了 STZ 诱导的 MRSA 感染的糖尿病伤口的愈合，同时具有良好的生物相容性。这项研究表明，ICOQF 是一种多功能水凝胶敷料，在治疗糖尿病伤口方面具有巨大的应用潜力。

4. 其他杀菌机制表面

除了基于以上杀菌机制制备的表面，科研人员还开发了一系列新型的抗菌表面。这类抗菌表面往往使用一些新型抗菌剂(益生菌[112])或者新的抗菌方式(催化疗法、热疗法等)。超声疗法是近年来在肿瘤领域较为火热的治疗手段，主要包括声动力疗法(sonodynamic Therapy，SDT)和声热疗法。与光动力疗法在光照下可以产生 ROS 类似，SDT 所用到的声敏剂在超声作用下产生 ROS 以实现治疗。如图 6-12(a)所示，吴水林小组[113]通过在钛上掺杂硫得到了兼具声动力性能和光热性能的钛植入物。硫的掺杂提高了钛植入物近红外光的吸收和电子-空穴分离的效率，从而使植入物具有很强的声动力和光热能力。当近红外光和超声波作用 15 min 时，对金黄色葡萄球菌的抗菌率达到 99.995%。这项方案提供了一种简单的工艺策略，无须引入外部抗菌涂层即可赋予植入物表面外源抗菌能力。这种抗菌修饰策略在皮下植入物中具有广阔的应用前景。然而，SDT 的治疗效率受到深部伤口组织或感染部位缺氧微环境的限制，而声热疗法则可以用来解决这个问题。如图 6-12(b)所示，吴水林小组[114]通过开发金属-红磷的超声界面工程来创建一种声热表面，随后通过亚硝基硫醇的修饰获得了具有 NO 释放功能的表面。在超声作用下表面产生的热量促进 NO 释放，协同声热效应进一步提高表面抗菌性能。声动力疗法和光动力疗法类似，本质上属于催化产生 ROS 以杀死细菌，与这类催化抗菌手段类似的还包括化学动力疗法(chemodynamic therapy，CDT)。近年来一些研究人员利用 Fe(Ⅲ)/Fe(Ⅱ) 或 Cu(Ⅱ)/Cu(Ⅰ) 氧化还原循环引发的类芬顿反应杀菌，并制备了 CDT 杀菌表面[115, 116]。与传统的杀菌表面比，这些新型抗菌表面具有较高的抗菌活性，且不会产生耐药性，是较为有前景的抗菌策略。

6.4 具有抗黏附和杀菌双功能的抗菌表面

如上所述，具有抗细菌黏附功能和杀菌功能的抗菌表面可以通过“被动防御”和“主动进攻”的方式抑制细菌在生物材料表面的定植及后续生物被膜的形成。但这些单一功能的表面或多或少存在各自的缺陷，无法赋予表面长期抗生物被膜性能。近年来，研究人员提出将这两种策略结合起来，制备出既能抵抗细菌初始黏附，又能杀死附着到表面的细菌的双功能表面，可以有效避免二者的不足之处，提高表面的抗生物被膜性能，实现“1+1>2”的效果，为解决表面细菌污染和相关感染提供了一种新的思路。在本小节中，将重点介绍这种同时具备抗细菌黏附和杀菌性能的双功能抗菌表面的最新进展。通常，抗细菌黏附组分和杀菌组分可以通过共聚合法、共固定/共沉积法、层层组装法、交联法和负载法等方式结合以对表面进行改性，如图 6-13 所示。

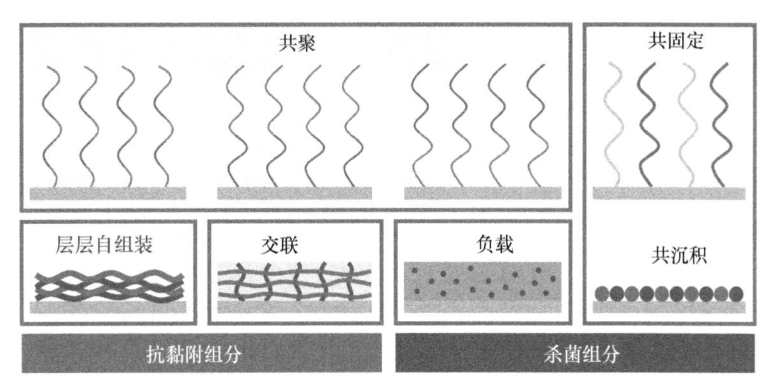

图 6-13　制备具有抗黏附和杀菌的双功能抗菌表面的主要策略示意图

6.4.1　共聚合法

表面引发聚合是一类高度可控的表面改性方法，接枝的聚合物刷能够方便地引入各种官能团，已被证明可以有效调节材料表面的物理和化学性质，为表面科学工程的研究提供了理想模型[117]。通过表面引发聚合分别具有抗细菌黏附和杀菌性能的两种单体，可以以一种方便和快捷的方式对多种表面基材进行“抗黏附-杀菌”双功能化。例如，杨晋涛小组[118]将两个具有不同引发活性的引发剂分子固定到硅片基材上，接着通过光引发诱导亲水性单体 *N*-羟乙基丙烯酰胺聚合来对表面进行抗黏附改性，随后通过阳离子单体 2-甲基丙烯酰氧基乙基三甲基氯化铵的原子转移自由基聚合对表面进行杀菌改性，得到接枝有混合聚合物刷的双功能表面。基于这种策略，通过调整两种引发剂在表面的接枝比例，即可改变表面接枝的抗黏附组分和杀菌组分的密度，进而得到一系列具有不同抗菌功能的表面，因此具备一定的可定制性。

然而需要指出的是，上述方法需要通过“两步”聚合过程才能实现抗黏附和杀菌这两种功能的引入，这意味着需要分别合成两种具有不同引发活性的引发剂，因此并不利于工业化生产。此外，更为重要的是，在该方法中第一步接枝到表面的聚合物刷可能会因为位阻效应等原因，对第二步接枝的聚合物刷的功能产生负面影响。通过将具有抗黏附和杀菌功能的两种单体通过“一步”共聚法接枝到表面上，可以避免上述缺陷。例如，南开辉小组[119]采用表面引发的可逆加成-断裂链转移聚合，在 PDMS 表面接枝了由阳离子聚合物和亲水性聚合物组成的共聚物刷，并进一步进行季铵化，使表面同时具有抗黏附-杀菌双功能。抗菌试验表明，该表面能够高效地抑制革兰氏阴性菌和革兰氏阳性菌的黏附，并杀死突破防污层的细菌，从而降低 PDMS 表面被感染的风险。除了无规共聚物外，研究人员还采用了具有层次化结构的双嵌段共聚物刷对表面进行双功能化。例如，Elimelech 小组[120]使用表面引发电子转移-原子转移自由基聚合，在表面接枝了内层为具有抗黏附性能的两性离子聚合物 PSBMA，外层为具有杀菌性能的聚甲基丙烯酰氧乙基三甲基氯化铵{poly[2-(methacryloyloxyethyl)] trimethylammonium chloride, PMETA}的层次化聚合物刷，赋予表面双功能抗菌活性。基于这种“活性”聚合策略，可以方便地调控外层和内层聚合物刷的厚度，从而进一步调节二者的性能。此外，与无规共聚物刷相比，双嵌段共聚物刷可以在一定程度上减少两种功能之间的相互干扰，使得表面具有更为优化的抗菌性能。

最近，李鹏小组[121-123]开发了一种制备双功能抗菌表面的新策略。该策略首先在单链上聚合得到由 PEG 和杀菌聚合物组成的“双功能大单体”，而后通过对杀菌聚合物进行调控得到一系列双功能抗菌表面。他们首先将不同长度的PEG与甲苯磺酰基团和甲基丙烯酸酯基团异质官能团化，其中甲苯磺酰基团用于与化学合成的 AMP 集成，而甲基丙烯酸酯基团则促进了该“大单体”在硅橡胶表面进一步通过紫外线诱导的聚合反应进行表面接枝。抗菌试验表明，所制备的涂层不仅可以杀死 99%以上的黏附细菌，而且大大减少了蛋白质和血小板的非特异性黏附，并且对正常细胞没有毒副作用。然而，由于 AMP 的生产成本比较昂贵，该涂层的临床转化前景可能受到限制。因此，在后续工作中，他们以具有广谱杀菌活性、低毒性且较低成本的胍类聚合物，如聚六亚甲基双胍(polyhexamethylene biguanide, PHMB)或聚六亚甲基胍(polyhexamethylene guanidine, PHMG)取代上述工作中的 AMP，制备了一系列双功能抗菌表面。例如，他们合成了具有双功能模块的烯丙基封端的嵌段分子 PEG-*co*-PHMB，以相似的方法在硅橡胶表面接枝了瓶状聚合物刷涂层。体外和体内的试验结果均表明，改性后的表面具有良好的广谱抗菌性能，可有效预防动物模型感染[122]。虽然紫外光诱导接枝的策略均可在上述两个例子中快速高效地改性表面，但由于该策略难以实现均匀改性，因此并不适用于形状复杂的生物材料(如具有内腔的导管)。为了突破这一限制，他们采用一种简单的等离子体/高压釜辅助策略，通过热引发聚合反应来对表面进行改性。利用热稳定性更高的 PHMG(热分解温度达 390 ℃)取代 PHMB，有效解决了改性均匀性的问题，为生物材料相关感染的治疗提供了一种简便高效的策略[123]。

6.4.2 共固定/共沉积法

通过共固定/共沉积法将抗黏附和杀菌组分引入到材料的表面构筑双功能涂层是一种更为直接的方法。除了 6.4.1 节中通过“grafting from”的方法引入双功能聚合物刷外，研究人员还预先合成了具有抗黏附和杀菌功能的聚合物，然后通过“grafting to”的方法将两种组分共固定到基材上，赋予表面双重抗菌功能。这种方法的主要优点在于可以通过预先对合成的聚合物进行各种物理/化学的表征，来对其进行精密的设计，并且这种表面改性的策略相对而言更为简单方便。

基于“grafting to”策略的关键在于聚合物链末端官能团与表面互补的反应基团之间的偶联反应。例如，Kang 小组[124]在不锈钢基材表面引入了硫醇基团和叠氮基团，分别以这两个基团作为聚合物接枝的“锚点”，通过“硫醇-烯烃”和“叠氮-炔烃”两种经典的点击化学反应，接枝烯基封端的抗黏附两性离子 PMPC 和炔基封端的阳离子杀菌聚合物 PMETA。虽然在上述工作中，正交点击化学反应提供了一种快速有效的方法来偶合两种不同功能的聚合物链，从而避免了二者之间的互相干扰，但是需要预先在表面引入特定官能团作为“锚点”，该过程通常较为烦琐，不利于工业化生产。因此，在其他工作中，研究人员受贻贝化学的启发，将具有广谱黏附性的 DA 和 TA 引入到聚合物链段中，用于简化共固定/共沉积的过程。例如，傅强小组[125]合成了接枝有 DA 基团的季铵盐聚合物 D-PQAS 和两性离子聚合物 D-PSBMA，通过简单的浸渍法即可将这两种功能单元牢固地结合到硅片基材表面，用于制备兼具抗黏附和杀菌功能的表面。此外，他们还发现双功能改性表面的抗菌性能受到 D-PQAS 和 D-PSBMA 的比例及 D-PQAS 中烷基链段链长的影响。类似地，Kang 小组[126]将两性离子聚合物 PMPC 和阳离子聚赖氨酸(polylysine, PLys)链段与 TA 偶合，合成了 Y 型高分子，通过“一步涂覆”的工艺，赋予表面双功能抗菌性能。该策略可以更精确地控制两种聚合物刷的比例。抗菌试验表明，改性后的表面在海水中具有优异的抗菌性能及超过 30 天的耐久性，因此具有潜在的转化应用前景。

除了将聚合物作为功能组分外，共固定法也可应用于其他功能材料。金属-多酚网络(metal-phenolic networks, MPNs)是由金属离子和多酚配位而成的超分子网络结构，近年来因其广谱黏附性和易于改性功能化等优点而受到了广泛关注[127]。例如，赵长生小组[128]在聚醚砜基材表面首先沉积了 TA/Fe 涂层，然后将银离子与聚乙烯亚胺(PEI)的两性离子衍生物 PEI-S 共固定到 TA/Fe 层改性的表面，从而对表面进行双功能抗菌化。在该体系中，TA/Fe 涂层不仅能够将银离子原位还原成 AgNPs，赋予表面杀菌性能并避免 AgNPs 烦琐的合成过程，还能与 PEI-S 进行交联，使涂层具有抗黏附性能的同时也增强了表面涂层的力学性能和稳定性。这种绿色、简单且通用的改性方法使得表面具有长期的抗菌性能，可推广用于构建其他双功能表面。

使用共沉积策略将具有微/纳米结构的低表面能材料结合到表面上也是制备双功能抗菌表面的有效途径。如 6.2.3 节中所述，超疏水表面可以显著降低细菌对材料表面的黏附力，进而促进其从表面的去除。大量报道表明，铜离子及其纳米材料作为一种具有杀菌活性的金属成分，对多种微生物均具有很强的毒性。基于该原理，Parkin 小组[129]报道了一种通过气溶胶辅助化学气相沉积(aerosol assisted chemical vapor deposition, AACVD)制备双功能抗菌表面的方法。他们将 PDMS 和铜纳米粒子(copper nanoparticles, CuNPs)共同沉积在玻璃基材上，得到水接触角为(151±2)°的超疏水表面。以类似的方法，贺军辉小组[130]在玻璃基材表面依次喷涂沉积疏水性二氧化硅纳米粒子和氧化铜纳米粒子，制备得到具有极低细菌黏附力和杀菌能力的超疏水表面。微观表征表明，二氧化硅纳米粒子和氧化铜纳米粒子的组合表面为层次化的微/纳米级结构，从而赋予表面超疏水性，其水接触角为 160°。此外，改性后的玻璃表面表现出较高的透光率(最大透光率为 96.6%)，使其能够应用于生物光学器件、家用器件和触摸屏等领域。

虽然上述表面具有优异的双重抗菌性能，但是铜离子的释放引发的潜在细胞毒性等问题不可忽略。Akbulut 小组[131]则选择了一种生物相容性更加优异的天然 AME 溶菌酶作为杀菌组分，对表面进行改性。首先，在铝基材表面沉积了一层致密的二氧化硅纳米粒子；然后，通过静电作用吸附溶菌酶；最后，通过有机含氟硅烷的缩合反应对二氧化硅纳米粒子表面进行氟化，赋予表面超疏水性。研究表明，溶菌酶的加入在不影响表面超疏水性能的前提下，能够实现高效杀菌，对鼠伤寒沙门菌和英诺克李斯特氏菌的抗菌效率均超过 99.99%。

6.4.3 层层自组装法

层层自组装(LBL)是一种简单而通用的表面改性方法。该方法通过交替沉积具有互补化学/物理相互作用的组分，以循环的方式在表面构筑具有各种功能的多层膜[132]。通常，LBL 涂层的功能是由所沉积组分的性能决定的，因此可以通过 LBL 分别组装抗黏附组分和杀菌组分制备双功能抗菌表面。

王建军小组[133]通过静电相互作用在聚(3-羟基丁酸酯-*co*-4-羟基丁酸酯)基材表面沉积了由阴离子 HA 和富含氨基的聚酰胺-胺树状大分子[poly(amidoamine) dendrimer, PAMAM]组成的 LBL 涂层。PAMAM 上的氨基在细菌感染的酸性微环境中被质子化，从而带正电荷，可以靶向并破坏细菌的细胞膜，从而具有杀菌活性。HA 是一种高亲水性的天然多糖，能够有效抑制细菌的黏附。此外，由于 HA 是一种天然的生物大分子，因此引入 HA 后，LBL 多层膜的整体细胞毒性被大大降低，有利于其应用在生物医学领域。

除了阳离子聚合物，一些富含阳离子的小分子也可以作为 LBL 组装的功能单元构筑双功能抗菌表面。例如，如图 6-14 所示，王志小组[134]将氨基糖苷类抗生素妥布霉素(tobramycin, TOB)和带有负电荷的聚丙烯酸(PAA)依次沉积在聚酰胺反渗透膜的表面，并通过将其浸泡在 EDC/NHS 溶液中进行交联，进而增强表面涂层的稳定性。改性后的表面展现出对牛血清白蛋白和海藻酸钠的抗黏附性能，能够杀死 99.6%以上的黏附细菌。此外，在进行碱性/酸性条件下循环处理和长期交叉流动的试验后，该表面涂层仍然能够保持稳定性，因此具有在一些恶劣环境下应用的前景。

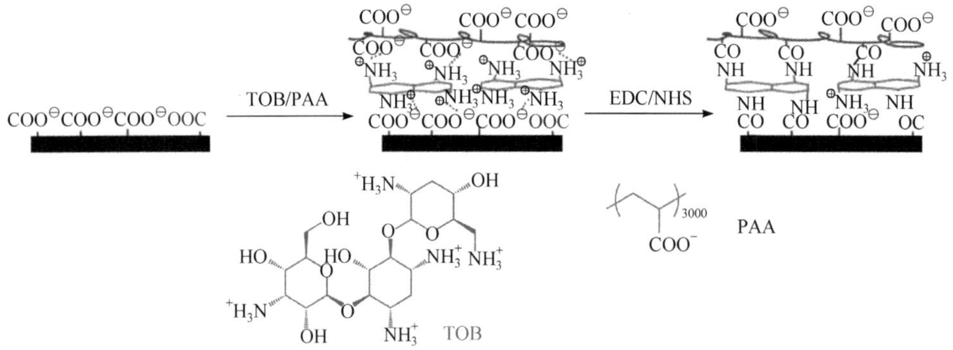

图 6-14 通过 LBL 沉积由 TOB 和 PAA 组成的多层膜制备双功能抗菌表面的示意图[134]

6.4.4 交联法

通过物理或化学相互作用，将具有抗黏附和杀菌功能的组分在基材表面交联，可以形成一层薄层结构的双功能水凝胶涂层，这种策略已被证明可以提高表面的抗菌性能。壳聚糖(CS)作为一种代表性的天然杀菌聚合物，已被广泛应用于抗菌领域。此外，CS 的分子骨架内含有多种易于修饰的氨基和羟基，因此便于通过化学修饰来引入其他具有杀菌活性的化合物/基团，以提高 CS 的杀菌效率。例如，研究人员设计了一种接枝有天然杀菌剂丁香酚的 CS 衍生物 CS-*g*-CE，并与两性离子共聚物聚甲基丙烯酸磺基甜菜碱-*co*-甲基丙烯酸 2-氨基乙酯交联，在氨基化的电纺聚碳酸酯基聚氨酯(polycarbonate urethane, PCU)膜上形成微凝胶层。改性后的 PCU 膜表现出优异的抗细菌黏附和杀菌功能，并且保持较低的细胞毒性[135]。

在现实应用中，抗菌涂层容易因为使用环境或操作不当而发生损坏，导致抗菌性能下降。为了解决这一问题，研究人员通过在聚合物基体中引入可逆共价键或非共价相互作用，开发了一系列具有自修复功能的双功能抗菌涂层。这种设计使得涂层基体受损后，能够在较短的时长最大化地恢复结构的完整性及其抗菌性能。例如，Kang 小组[136]以含有动态二硫键的化合物双(2-甲基丙烯酰基)氧乙基二硫化物[bis(2-methacryloyl) oxyethyl disulfide, BMOD]为交联剂，在预先巯基化改性的不锈钢基材上，通过光引发聚合反应制备了 HEAA、META 和甲基丙烯酸聚乙二醇醚[poly(ethylene glycol) methyl ether acrylate, PEGMEA]组成的双功能水凝胶涂层。基于二硫键的可逆反应，该涂层可以在出现划痕的情况下实现自愈合。然而，二硫键的可逆反应通常耗时，导致上述涂层的自愈合时间较长。为了缩短双功能涂层的自愈合时间，傅佳骏小组[137]以 2-羟乙基丙烯酸酯(HEA)、PEGMA 和 4-乙烯基吡啶(4-vinylpyridine, 4-VP)为功能单体，以 1,4-丁二醇二丙烯酸酯(1, 4-butylene diacrylate, BDDA)为交联剂，在不锈钢基材表面制备水凝胶涂层。在该体系中，由于存在 HEA 与 PEGMA 之间的强氢键作用，以及季铵化吡啶中阳离子与阴离子之间的离子相互作用等超分子非共价作用力，涂层展现出快速的自愈合能力。测试试验结果表明，该涂层在被划伤后 15min 内即可自愈，力学性能恢复到原来的93%，在相对湿度为 90%的情况下，其抗细菌黏附性能与损伤前相比几乎保持不变。这种具有自愈合性能的设计，能够进一步提高双功能抗菌涂层在恶劣环境下使用的可能性和有效性。

6.4.5　负载法

除了上述几种抗黏附和杀菌组分的组合外，还可以通过将杀菌剂(如抗生素和金属纳米粒子)负载到抗黏附组分中，在基材表面形成复合涂层来制备双功能抗菌表面。在应用过程中，所负载的杀菌剂通常从表面释放到周围环境中来杀灭细菌，而抗黏附组分则作为“第二道防线”，用于抑制未被杀菌剂杀灭的细菌在表面的黏附。亲水性的水凝胶涂层因具有三维多孔的网状结构、较强的水化能力和优异的药物递送能力而被广泛应用于基于负载法的双功能抗菌表面中。例如，赵长生小组[138]报道了一种抗黏附水凝胶涂层，并负载杀菌剂 AgNPs。他们选择甲基丙烯酰乙基磺基甜菜碱(SBMA)和丙烯酸钠(acrylic acid sodium, AANa)作为功能单体，通过紫外光引发交联，在修饰了双键的聚醚砜膜表面制备水凝胶涂层。其中，AANa 组分能够吸附银离子，并在硼氢化钠的还原作用下得到 AgNPs。在该体系中，水凝胶涂层具有良好的水合能力，可以有效抵抗细菌的黏附，负载的 AgNPs 不仅能够杀死黏附在表面的细菌，还可以释放到周围的环境区域中，抑制细菌生长的时长超过 5 天。

除了亲水性的水凝胶涂层，其他一些组分也可以作为抗黏附组分用于负载杀菌剂。基于仿生猪笼草唇叶结构的液体浸润多孔光滑表面(slippery porous lubricant-infused surface, SLIPS)是近年来新兴的一种表面改性策略。通过将低表面能液体注入多孔的低表面能表面，利用微/纳米级多孔结构锁定润滑油膜，可以赋予表面超疏水性，用于抵抗细菌黏附。与传统的基于微/纳米级结构的超疏水表面相比，SLIPS 的力学性能和稳定性更加优异。此外，含有液体的多孔表面也有利于杀菌剂的负载和释放。例如，Char 小组[139]将聚苯乙烯(PS)/聚丙烯酸五氟苯酯(PPFPA)混合物浇注在硅基材上，随后通过蒸气诱导的相分离策略选择性地去除 PS 组分(图 6-15)。由于五氟苯酯基团对各种伯胺具有较高的反应活性，所制备的薄膜具有良好的胺反应性能。因此，他们将含氨基的分子(DA 和氨基化 PDMS)引入到表面薄膜中，随后加入硅油和银离子，并在 DA 的还原作用下得到 AgNPs，使表面具有杀菌性能。氨基化 PDMS 的引入可以最小化硅油与基材的界面能，以得到高度稳定的 SLIPS 涂层。测试结果表明，改性后的表面表现出优异的超疏水性能，对大肠杆菌的杀菌效率几乎达到 100%。

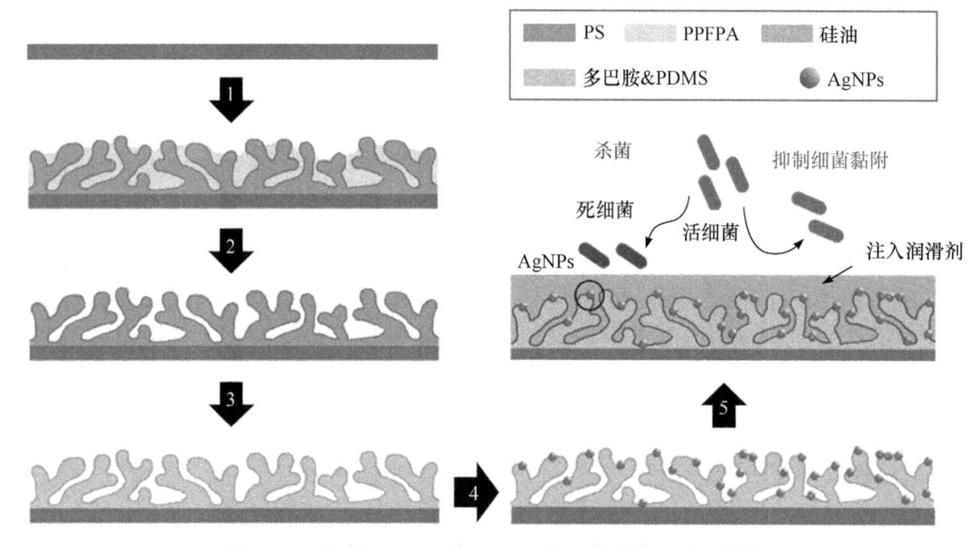

图 6-15　负载 AgNPs 的 SLIPS 涂层的制备示意图[139]

目前，针对生物材料遭受细菌感染等临床问题，具有抗细菌黏附和杀菌能力的双功能抗菌表面正在受到越来越广泛的关注。与传统的仅具有单一功能的抗菌表面相比，这种表面具有更加优异的抗菌性能，能够以协同作用的方式抑制细菌的初始黏附及随后生物被膜的形成，为解决生物材料与细菌感染相关的问题提供了一种有效的解决策略。为此，进一步发展双功能抗菌表面具有很高的研究意义与临床应用价值，有望为人类的健康与安全带来福音。

6.5　具有可控杀菌-释放细菌功能的智能抗菌表面

如上所述，与单一具有阻抗细菌黏附功能的“防御型”表面和具有杀菌功能的“进攻型”表面相比，将二者结合到同一体系中的双功能抗菌表面能够在抑制细菌黏附的同时杀死细菌，表现出更优异的抗菌性能，取得了一定的应用效果。然而，这种双功能抗菌表面存在一定的局限性。对于理想的抗菌表面，其杀菌功能和抑菌功能应该存在一个“响应性”转换的过程，即表面在一种状态下应该只发挥一种功能，进而避免两种“互斥”功能之间相互干扰。

针对上述问题，研究人员提出了一种具有“杀菌-释菌”转换能力的智能抗菌策略，并基于该设计开发了一系列智能抗菌表面。该策略通常是在材料表面同时引入杀菌组分(如杀菌剂)和响应性组分(如刺激响应性高分子)，使得表面首先发挥杀菌功能，杀死附着在表面的细菌，然后在合适的刺激下激活阻抗功能，将杀菌表面转换为抗污表面释放死细菌及其碎片，使表面恢复清洁，以保持长期有效的抗菌活性和生物相容性(图 6-16)。在本小节中，根据刺激源的不同，将这类表面分为五类：温度响应性智能抗菌表面、pH 响应性智能抗菌表面、盐响应性智能抗菌表面、光响应性智能抗菌表面及其他响应性智能抗菌表面。

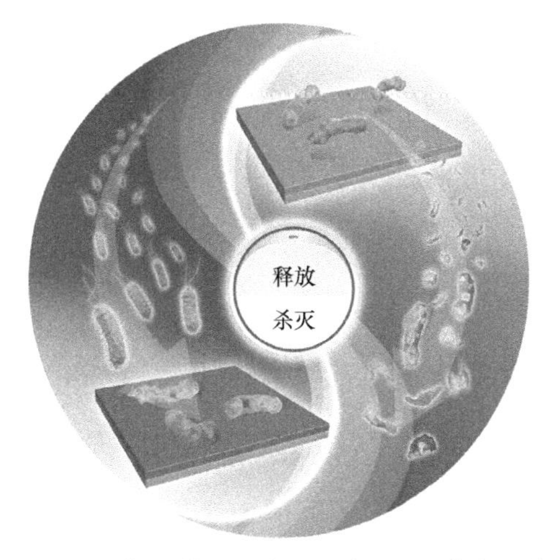

图 6-16　具有“杀菌-释菌”转换能力的智能抗菌表面的示意图[16]

6.5.1　温度响应性表面

温度是一种常用于调控细菌在表面的黏附行为的刺激因子，是研究最为广泛的刺激因子之一。PNIPAAm 是一种典型的温度响应性聚合物，其最低临界共溶温度(lower critical solution temperature, LCST)在 32℃左右，介于室温和生理温度之间。因此，当环境温度在 LCST 附近变化时，其浸润性会发生响应性的变化，进而改变表面与细菌之间的疏水作用，是一种很有前途的可用于释放细菌的材料。此外，可以通过温度控制分子尺度上 PNIPAAm 分子链的构象变化，达到调控微纳米尺度上特定区域内功能分子的暴露与包埋，最终实现表面宏观生物活性的“开关”转换。因此，将 PNIPAAm 与杀菌剂结合，有望获得具有可控的杀菌和释放细菌能力的智能表面。目前，研究人员主要通过化学共价接枝和物理沉积的方法将 PNIPAAm 修饰到表面，与此同时将抗菌剂同时固定到表面，从而有效结合杀菌单元和响应性单元。

利用 PNIPAAm 的独特温度响应性，在 2013 年，López 小组[140]结合相关干涉光刻技术和表面引发聚合制备了图案化 PNIPAAm 聚合物刷表面，并系统地研究了在不同温度下的表面性质。他们发现表面的拓扑结构随温度而发生显著性变化，即当温度高于LCST时，PNIPAAm聚合物刷收缩，形成一个明显的表面条纹状图案；而当温度低于LCST时，PNIPAAm聚合物刷伸展并横向扩散覆盖住邻近的区域使条纹状图案消失。这种温度响应性行为引起的构象变化可以用于调节预先固定在PNIPAAm聚合物刷纳米空隙之间的生物活性分子的暴露和包埋，从而实现对表面生物活性的可逆切换。基于这一发现，该小组通过物理方法将杀菌剂(如QAS、AMEs和单线态氧敏化剂等)固定在纳米图案化PNIPAAm分子链接枝微区之间的空白区域，开发了一系列具有温度响应性杀菌和释放细菌功能的智能抗菌表面(图6-17)[31, 141, 142]。当温度在PNIPAAm的LCST之上时，这些图案化的PNIPAAm/杀菌剂复合表面有助于细菌在材料表面的黏附，并且收缩的PNIPAAm分子链会暴露出杀菌剂杀死黏附的细菌；当温度降低至LCST之下时，PNIPAAm分子链发生伸展且亲水性增强，表面形成的结合水层促进死细菌及其碎片的释放，从而将死细菌从表面释放，使表面恢复清洁状态，实现可逆的温度响应性的杀菌与释放细菌功能。

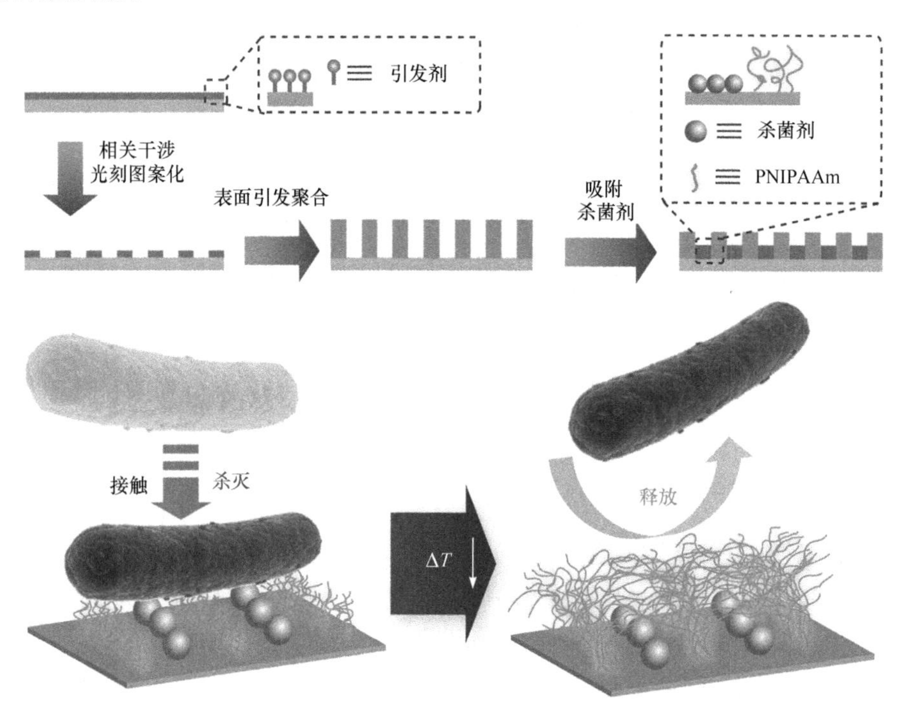

图6-17 结合温度响应性的纳米图案化PNIPAAm和杀菌剂构建的“杀菌-释菌”智能抗菌表面的示意图[142]

近年来，一些更为简单和普适的温度响应性智能抗菌表面的制备方法被开发出来，用于将杀菌剂和PNIPAAm结合到同一表面。例如，基于β-环糊精(β-cyclodextrin, β-CD)与金刚烷(adamantane, Ada)之间的主客体相互作用，赵长生小组[143]将含有Ada末端的PNIPAAm与季铵化聚合物共同结合在预先修饰有β-CD的硅表面，得到的表面同样可以通过PNIPAAm分子链收缩-伸展的构象转变实现表面杀菌与释放细菌之间的温度响应性转换。研究发现，该表面在37℃下暴露出具有杀菌活性的季铵化聚合物，高效杀死表面黏附的细菌；随后经 4℃生理盐水冲洗即可有效释放死细菌。与上述纳米图案化表面相比，这种采用可逆的主客体相互作用构建的表面在方法学上更加简易，且最终获得的杀菌和释放细菌的效率也有所提高。

表面引发聚合除了用于构建抗黏附-杀菌双功能抗菌表面，也可以作为一种简便快捷的表面改性策略用于构建具有“杀菌-释菌”功能的智能抗菌表面。例如，将温度响应性单体与杀菌单体进行共聚为制备温度触发的“杀菌-释菌”智能表面提供了一种有效的方法。王佰亮小组[144]采用表面引发-可逆加成断裂链转移聚合技术，在 PDMS 表面修饰了含温度响应性基团和季铵盐基团的二元共聚物刷 P(DMAEMA$^+$-*co*-NIPAAm)。当温度高于 PNIPAAm 的 LCST 时，具有季铵基团的 PDMAEMA$^+$组分可以通过接触杀菌机理杀死革兰氏阳性菌和革兰氏阴性菌；而 PNIPAAm 则表现出温度响应性，当温度降低至 4℃时能够释放死细菌，使表面保持清洁。随后，他们还以相似的方法构建了一种三元共聚物刷改性的多功能抗菌表面。除了杀菌组分 PDMAEMA$^+$外，该三元共聚物的另外两个组分是一种比 PNIPAAm 具有更低细胞毒性的温度响应性聚合物，即聚(*N*-乙烯基己内酰胺)及用于增强抗黏附和释放污染物性质的两性离子聚合物 PMPC[145]。经过三元共聚物改性后的表面在保证对哺乳动物细胞的低毒性的同时，还保持了杀菌活性和温度响应性释放细菌的功能。

尽管共聚是一种引入多种功能组分构筑智能抗菌表面的有效策略，但是与双功能表面类似，不同组分之间可能会存在相互干扰，最终影响表面功能。因此，在前期的制备过程中，需要系统地研究共聚物的相关物理/化学参数(如功能组分的比例、接枝密度和聚合物链长等)对改性后表面功能的影响，经过一系列复杂的筛选得到具有最佳杀菌效率和释放效率及可重复性的表面。因此，近年来研究人员致力于开发简单而通用的技术来构建具有“杀菌-释菌”功能的智能抗菌表面。其中，共振红外-基质辅助激光脉冲蒸发(resonant infrared, matrix-assisted pulsed laser evaporation, RIR-MAPLE)是一种简单且应用广泛的真空沉积技术，它可以用于沉积组成材料在纳米级尺寸的多组分薄膜，且各组分可以保持它们各自的结构和功能完整性。利用这种技术，López 小组[146, 147]开发了一种在基材表面共沉积 PNIPAAm 和杀菌剂制备智能抗菌表面的策略。他们将杀菌物质(如阳离子 QAS 或具有光增强杀菌活性的寡聚苯乙炔)与 PNIPAAm 共沉积在基材表面，获得的共混膜可以在温度高于 LCST 时表现出较强的杀菌活性，并在温度低于 LCST 时释放死细菌。此外，该类表面的杀菌和释放细菌的效率可以通过简单调节 PNIPAAm 和杀菌剂组分的比例来进一步优化。需要指出的是，该方法制备的智能抗菌表面的释放细菌机理不同于通过表面引发聚合技术制得的含共价固定的 PNIPAAm 聚合物刷的表面：当温度下降至 LCST 以下时，可以促进 PNIPAAm 薄膜的水合作用和潜在的解离。PNIPAAm 薄膜与基底层之间没有共价键连接，解离的 PNIPAAm 很容易在冲洗过程中被冲走，从而导致了细菌在表面锚定点的损失和细菌的脱附。

除了聚合物刷，水凝胶涂层也被用于制备具有温度响应性的智能抗菌表面。例如，赵长生小组[148]报道了一种 PNIPAAm 基智能抗菌水凝胶涂层。他们在基材表面修饰一层双键功能化的 PDA 层，然后通过光引发 NIPAAm 与另一单体的交联共聚，制备具有温度响应性的水凝胶涂层。杀菌剂可以通过物理吸附或者共聚的方式引入到水凝胶涂层中，从而使表面具有杀菌及释放细菌的功能。由于 PDA 具有普适黏附性，因此这种引入涂层“接枝锚点”的策略可以适用于任何基材表面。因此，该方法可用于多种材料和设备表面构建具有温度响应性的智能抗菌表面。

TA 是一种天然的植物多酚，能够与多种金属离子形成络合物并在多种基材表面形成稳定的涂层，同时利用涂层表面自由的酚羟基还可以通过化学反应结合含氨基或巯基的小分子/高分子实现进一步的功能化。更重要的是，TA 和一些金属离子(如 Fe^{3+}和 Cu^{2+})的络合物具有优异的光热性能。基于这些独特的性质，Wang 等[149]在 TA/Fe^{3+}络合物涂层上固定了温度响应性高分子 PNIPAAm，得到了一个“光热杀菌-温度响应释放细菌”的智能抗菌表面(图 6-18)。经过 5 min 的近红外光照射，该表面能杀灭将近 100%表面黏附的细菌(包括耐甲氧西林金黄色葡萄球菌)，同时杀死的细菌可以通过简单的冷水清洗从表面得以释放。

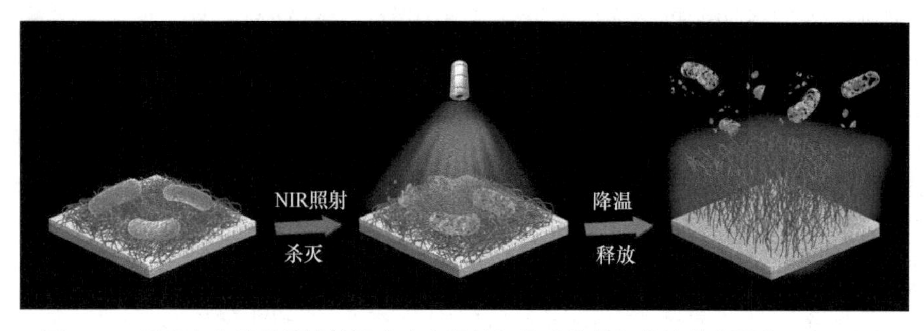

图 6-18　具有光热杀菌活性的温度响应释放细菌功能的智能抗菌表面的示意图[149]

6.5.2　pH 响应性表面

pH 也是一种常用于构建智能抗菌表面的刺激因子。这类抗菌表面可以响应环境 pH 的变化，从而实现从杀菌到释放死细菌的功能的转变。更为重要的是，与人体正常组织相比，在发生细菌感染的部位，细菌增殖迅速和代谢旺盛等因素导致局部糖酵解的发生，产生乳酸等有机酸，导致感染部位的 pH 下降，呈微酸性。因此，pH 可以作为一种感染部位内源性的刺激因子，加速智能抗菌表面的应用转化。pH 响应性聚合物是常用的功能单元。这类聚合物通常是弱聚电解质，其电荷密度与构象取决于 pH。当这类聚合物被固定于基材表面时，环境 pH 的改变可以诱导表面的电荷发生变化，从而引起聚合物链发生构象变化，最终导致改性表面的浸润性等性质的改变来实现细菌在表面的黏附与脱附行为。

例如，聚甲基丙烯酸[poly(methacrylic acid), PMAA]是一种典型的 pH 响应性聚合物。作为一种聚弱酸，在低 pH 时，其分子链呈现收缩构象；而当 pH 升高后，其分子链上所含的大量羧酸基团会发生电离变成羧酸根，分子链由于静电斥力而呈现伸展构象。许多研究表明，PMAA 接枝表面的性质(如浸润性和电荷等)会随环境 pH 的改变而发生响应性变化，进而影响表面与蛋白质、细菌和细胞之间的相互作用。基于 PMAA 的这种特性，栾世方小组[150]开发了一种具有双层分级结构的智能抗菌表面。该双层结构的内层是一种带正电荷的具有杀菌功能的 AMP，其外层被带负电荷的亲水性 PMAA 聚合物层包埋，用于屏蔽内层 AMP 的正电荷以防止其可能产生的细胞毒性。当细菌在表面黏附增殖时，细菌代谢会触发局部环境 pH 的降低，导致 PMAA 分子链收缩暴露内层的 AMP，从而激活表面的杀菌功能。通过升高 pH，使外层 PMAA 分子链发生充分电离，促使 PMAA 分子链的伸展和水合作用，实现杀菌功能到抗细菌黏附功能的转换，有效释放死细菌及其碎片。

除了以聚电解质为代表的传统 pH 响应性聚合物，部分基于两性离子聚合物的酯类衍生物也表现出优异的 pH 响应性。该类化合物中的特定基团可以响应 pH 的变化，在具有杀菌作用的阳离子形式与具有抗黏附作用的两性离子形式之间切换，实现“杀菌-释菌”功能，目前已被用于构建 pH 响应性智能抗菌表面。如 6.2.2 节中所述，两性离子聚合物是指一类分子链上带有等当量且均匀分布的阴离子和阳离子基团的聚合物，具有优异的抗细菌黏附特性。利用其化学多样性与设计灵活性，可以赋予传统的两性离子聚合物杀菌功能性。目前，多个小组通过合理的分子设计，开发了一系列基于两性离子聚合物的阳离子前体用于表面改性，赋予表面可转换的抗菌性能。其中，甜菜碱是一种季铵盐型的两性离子生物碱，其正电荷部分为具有接触杀菌功能的季铵盐基团。因此，若是在该类分子中引入可水解的酯基结构，并将其固定在表面上，即可实现 pH 响应性的杀菌和释放细菌的功能转换。

2008 年，江绍毅小组[151]首次利用一种带有季铵盐基团的阳离子前体聚合物改性金基材表面。该表面表现出优异的杀菌性能，可以杀死表面超过 99%的细菌。当环境 pH 变为中性或碱性时，聚合物侧链的阳离子酯键基团发生水解，导致表面转换为两性离子形式，从而释放杀死的细菌，同时也抑制了后续的细菌黏附[图 6-19(a)]。除此之外，该小组[152]以一种具有广谱杀菌活性的水杨酸分子作为该阳离子聚合物的反离子，开发了一种具有 pH 响应性功能转换的抗菌水凝胶。基于酯基的水解和不同阴离子之间的交换作用，该水凝胶能够持续而可控地释放水杨酸，有效地杀死黏附在表面的细菌和周围环境中的浮游细菌，并通过响应 pH 的变化将杀菌功能切换到抗黏附功能，有效释放死细菌，使表面保持清洁。受此启发，其他研究者开发了一系列类似的基于两性离子聚合物酯类衍生物的智能抗菌表面[153-155]。这些表面均可以响应环境 pH 的升高，促使酯键基团发生水解，从而触发表面功能的转换。

然而，由于阳离子酯键水解过程具有不可逆性，上述提及的智能抗菌表面均只能实现一次功能转换。在释放死细菌之后，这些表面由于不能够恢复至其初始的杀菌状态，在长期应用过程中表面仍然会被细菌污染。因此，为了赋予这类抗菌表面可逆性，江绍毅小组[156]利用可逆的环化-开环反应，设计了一种可以可逆地转换其化学结构的环状物质用于表面改性[图 6-19(b)]。该环状物质可以具有 pH 响应性，可逆地在其阳离子环状结构和两性离子线形结构之间转换。在干态情况下，该表面表现出了优异的杀菌活性，在较短时间内即可杀死超过 99%黏附的细菌；当环境 pH 变为中性或碱性时，阳离子环状结构快速水解成两性离子结构，释放死细菌并抑制后续细菌的黏附。该线形两性离子结构可以在酸性条件下脱水，再生为初始的环状阳离子结构，从而完成多次“杀菌-释菌”循环，具有可重复性。在此工作之后，Cao 小组[157, 158]应用类似的具有可逆转换结构的聚合物制备了一系列具有可逆转换功能的智能抗菌表面和水凝胶。

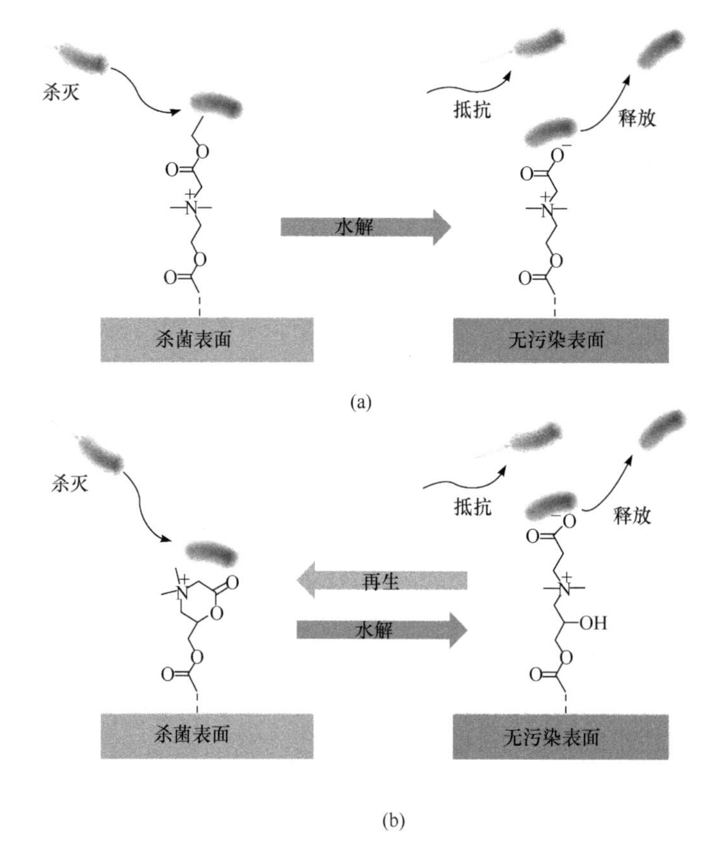

图 6-19 基于两性离子复合物的智能“杀菌-释菌”抗菌表面的示意图

(a) 一次性转换[151]；(b) 可逆转换[156]

对于固定杀菌剂的智能抗菌表面，其杀菌效率往往会随着使用时间的延长或“杀菌-释菌”循环次数的增加而降低。因此，需要表面能够及时“更新”杀菌剂以实现表面长期的杀菌活性。通过改变环境刺激调控杀菌剂与表面之间的相互作用，使其在杀菌过程后从表面释放是一种行之有效的方法。研究表明，纳米结构的引入能够显著增强表面对蛋白质吸附的响应性调控的特点。例如，有研究者发现接枝了 pH 响应性高分子 PMAA 的硅纳米线阵列(SiNWAs)能够通过改变 pH 实现表面对蛋白质的大量结合与高效释放。基于该思路，Wei 等[159]将 PMAA 修饰的 SiNWAs 作为载体用于负载具有杀菌功能的蛋白质溶菌酶，通过改变 pH 调控 PMAA 的分子链构象及其与水分子之间的结合，进而改变了表面与溶菌酶和细菌之间的相互作用，能够逐步精确调控表面功能，实现了在酸性时负载溶菌酶，中性时释放溶菌酶杀菌，碱性时释放死细菌的循环。经历了 3 个“负载-杀菌-释菌”循环后，该表面的负载溶菌酶数量、杀菌效率和释菌效率均没有发生明显下降，表现出很好的可重复性。

6.5.3 盐响应性表面

除了温度和 pH，盐也可以作为一种刺激因素用于调控细菌在材料表面的黏附/脱附行为。例如，杨晋涛小组[160,161]开发了一种具有盐响应性的两性离子聚合物，即聚{3-[二甲基(4-乙烯基苄基)铵]丙基磺酸盐}(poly{3-[dimethyl(4-vinylbenzyl) ammonium] propyl sulfonate},PDVBAPS)。由该聚合物修饰的表面可以吸附大量蛋白质并黏附大量细菌，但是经浓度为 1mol/L 的 NaCl 溶液处理后，盐浓度的增加可以削弱表面修饰的 PDVBAPS 分子链之间的静电引力，引起分子链伸展及与水分子结合的增强，进而导致黏附在表面的细菌发生脱附，从而达到释放细菌的目的。基于该两性离子聚合物刷独特的盐响应性，他们结合 PDVBAPS 和杀菌剂开发了一系列智能抗菌表面[162-165]。首先，通过酚羟基与磺酸基团之间的反应，将一种常见的杀菌剂三氯生固定到 PDVBAPS 高分子刷改性的材料表面，得到了一种具有高效杀菌活性并且能够在高 NaCl 浓度下释放死细菌的抗菌表面。在后续的一系列工作中，他们报道了基于其他杀菌策略的盐响应性智能抗菌表面。例如，他们开发了由含有杀菌组分聚(甲基丙烯酸叔丁基氨基乙酯){poly[2-(tert-butylamino)ethyl methacrylate], PTBAEMA}和 PDVBAPS 的混合聚合物刷改性的表面[163]；一种由杀菌组分 AgNPs、抗黏附组分聚(*N*-羟乙基丙烯酰胺)(poly(*N*-hydroxyethylacrylamide), PNHEMAA]和盐响应组分 PDVBAPS 组成的复合水凝胶[164]；以及一种由杀菌组分 PTBAEMA 或 PTMAEMA 和盐响应组分 PDVBAPS 组成的双层结构表面[165]。这些表面均可以有效杀死黏附在表面的细菌，并在加入盐溶液后，通过聚合物链的伸展和增强的水合能力来释放死细菌。最近，他们又通过一些具有普适性的表面改性策略，如使用 PDA 作为连接层及环氧基团和氨基之间的开环加成反应，将该聚合物接枝到不同的基材表面，为其实用化进程铺平了道路[166, 167]。进一步地，为了克服高盐浓度对其应用领域的限制，该小组采用外加电场作为辅助，应用较低浓度(0.12mol/L)的 NaCl 溶液实现了 95%的细菌释放[168]。

赵杰小组[169]将该盐响应聚合物与具有仿生结构的机械纳米图案化表面结合，在不引入杀菌剂的情况下，实现了表面的盐响应性“杀菌-释菌”功能。基于具有凸起结构的纳米柱自身结构带来的物理“拉伸”作用，该表面可以高效杀死黏附的细菌，随后在高浓度盐溶液的作用下，通过上述类似的释放机制，将死细菌从表面去除。更为重要的是，他们利用大鼠皮下种植体模型，证明该表面可以在动物体内预防手术感染，并保持高度的生物相容性，因此具备临床应用前景。

6.5.4 光响应性表面

在众多的刺激源中，光具有清洁性、可控性及可以远程快速传递等优点。与此同时，作为一种非入侵性的刺激因子，光在应用时通常不会引起强烈的副作用及对周围环境的损害。因此，光是一种理想的用于构筑智能抗菌表面的刺激因子。

邻硝基苄基(*o*-nitrobenzyl, ONB)酯键是一种可以在 365 nm 的紫外光照射下发生断键的酯键，可以用于构建具有光响应性的智能抗菌表面。类似于 6.5.2 节中提及的可水解的甜菜碱酯键，利用 ONB 酯键的光解过程同样可以实现聚合物的化学结构的改变，从而使表面发生从杀菌功能到释放细菌功能的转换。例如，Liu 小组[170]结合一种对光不稳定的 4,5-二甲氧基-2-硝基苄基基团和阳离子的 QAS 基团，制备得到一种具有光响应性的水凝胶。由于 QAS 基团的存在，该水凝胶可以有效地杀死黏附的细菌。经 365 nm 的紫外光照射后，光不稳定的基团发生断裂，从水凝胶中裂解出来，导致聚合物表面电荷从阳离子形式转换为两性离子形式，释放表面黏附的死细菌并抑制细菌的进一步黏附。

基于超分子化学的主客体相互作用为光响应性智能抗菌表面提供了新的方法。β-CD是一种典型的主体分子，疏水性的空腔使其能够与多种客体分子形成包结络合物。特别地，β-CD的小口端有7个羟基，可以通过后修饰的方法同时引入多个功能分子，较高的局部密度可以显著增强功能分子的活性。利用β-CD这些结构上的特点，陈红小组[171-173]合成了一种含有7个QAS基团的β-CD衍生物(CD-QAS_7)作为杀菌剂分子，具有增强的接触杀菌作用。β-CD和客体分子偶氮苯(azobenzene, Azo)是一组典型的具有光响应性的主客体分子对，反式构型的Azo可以与β-CD之间形成稳定的包结络合物，而经过紫外光照射后，Azo基团从反式构型转变为顺式构型，使得β-CD/Azo包结络合物发生解离。利用这一独特性质，Wei等[173]结合含Azo的表面和CD-QAS_7构建了一种具有光响应性的智能抗菌表面(图6-20)。采用紫外光照射可以将CD-QAS_7及死细菌一起从表面释放使表面恢复清洁，而通过可见光照射处理可以使表面的Azo基团重新恢复为反式构型以结合新的CD-QAS_7用于后续的杀菌，因此具有可再生性。

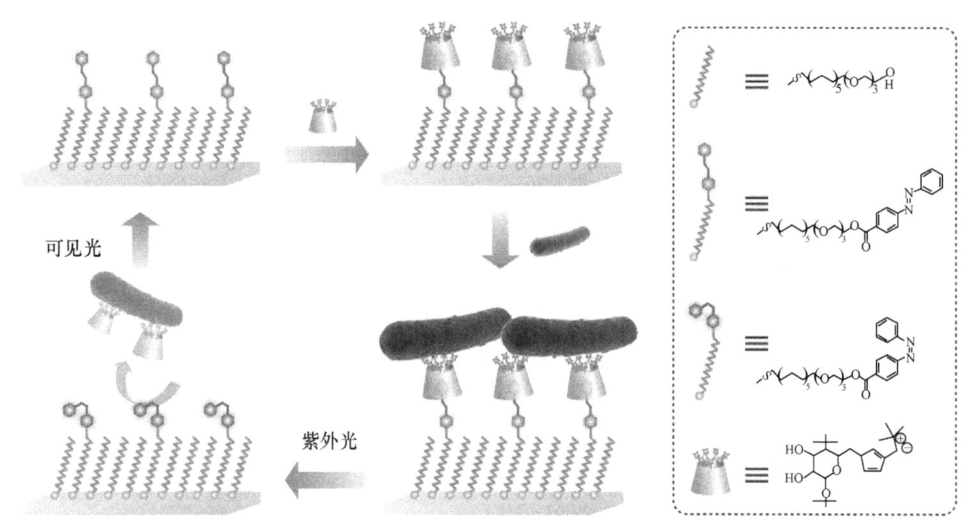

图6-20　基于Azo和CD-QAS_7改性的光响应“杀菌-释菌”智能表面的示意图[173]

6.5.5　其他响应性表面

除了应用温度、pH、盐和光等刺激因子构筑智能抗菌表面，近年来，研究人员还开发了一系列具有其他响应性或结合多重响应性的智能抗菌表面，以求增加智能抗菌表面在多场景的应用可能，并提高其响应灵敏度。

除了可以通过上述提到的利用pH或光的刺激来实现表面由阳离子杀菌形式转换为两性离子抗污形式之外，电压同样可以用于触发阳离子形式与两性离子形式之间的转换。例如，研究人员将导电聚合物与两性离子聚合物相结合，设计了一种以导电的聚(3,4-乙二氧噻吩)[poly(3,4-ethylenedioxythiophene), PEDOT]为骨架，两性离子SB为侧链，具有电响应性的聚(磺酸甜菜碱-3,4-乙二氧噻吩)[poly(sulfobetaine-3,4-ethylenedioxythiophene), PSBEDOT]薄膜，可以实现由电压变化而切换杀菌与释放细菌功能的电响应平台[174]。在施加 0.6 V 的电压 1 h 之后，该导电的 PEDOT 骨架处于氧化态，整个聚合物薄膜带正电荷，可以杀死超过 89%黏附在表面的细菌。降低电压使 PEDOT 骨架处于还原态，整个聚合物薄膜转换为两性离子形式。由于两性离子侧链强结合水作用产生的排斥力，以及带负电荷的细菌与带正电荷的 PSBEDOT 表面之间吸引力的消失，96%黏附在表面的死细菌得以释放。当再次施加 0.6 V 电压时，还原的表面可以进一步转换回杀菌的氧化态，便于重复使用。

环境湿度的变化也被用于构筑智能抗菌表面。例如，Luan(栾世方)小组[175]采用表面引发光聚合技术制备了一种具有双层结构的抗菌表面，其外层为两性离子形式的 PSBMA，内层则为聚阳离子形式的 $PDMAEMA^+$。在干态的情况下，外层的 PSBMA 聚合物链处于塌缩状态，有助于内层的聚阳离子与黏附细菌的接触从而杀死细菌；在湿态的情况下，PSBMA 的强结合水性质导致聚合物链的伸展，形成的结合水层可以促进死细菌的释放并进一步抑制细菌的黏附。

以一些更适用于人体环境的温和性刺激因子作为触发源，来切换表面的杀菌功能和释放细菌功能，更加能够契合临床应用的需求。Qu 等[176]结合金纳米粒子的光热效应和相转变溶菌酶膜(phase-transitioned lysozyme film, PTLF)的可降解性，通过逐步沉积的方法在多种基材表面构建了含有金纳米粒子层(GNPL)和 PTLF 的复合智能抗菌涂层。改性后的表面在近红外光照射下能够快速高效地杀灭表面的细菌；同时经过简单的抗坏血酸处理使表层的 PTLF 发生降解，便可以有效地清除表面残留的死细菌及碎片。由于 PTLF 的降解过程是自上而下的，因此可以通过控制抗坏血酸的浓度和处理时间实现 PTLF 的逐层降解，使得同一个涂层可以多次重复使用。除了上述提到的利用主客体相互作用构建智能抗菌表面，Zhan 等[171]应用苯硼酸酯动态共价键将 $CD\text{-}QAS_7$ 引入到含有苯硼酸(PBA)基团的高分子刷改性表面，得到了具有糖响应性的抗菌表面。PBA 基团能够和 $CD\text{-}QAS_7$ 分子中的邻二醇结构形成苯硼酸酯动态共价键，因此 $CD\text{-}QAS_7$ 被固定到接枝有 PBA 基团的聚合物刷改性表面上，在接触杀菌机理的作用下杀死表面黏附的细菌；而当引入果糖分子后，由于 PBA 与果糖的结合能力更强，因此 $CD\text{-}QAS_7$ 与 PBA 之间解络合，从而释放出死细菌。与其他外源性刺激不同，糖分子本身存在于生物体系中，属于内在生物学刺激，通过糖分子浓度的改变实现细菌的释放几乎不会对正常细胞的活性造成损害。类似地，在陈红小组[172]的另一项工作中，提出了一种以非共价相互作用为驱动力的普适性抗菌表面功能化方法。首先利用层层组装技术在多种基材表面沉积含有 Ada 基团的聚电解质多层膜，而后通过主客体作用引入 $CD\text{-}QAS_7$。得到的表面不仅具有优异的杀菌活性，同时可以通过加入表面活性剂(如十二烷基硫酸钠)破坏主客体作用实现 $CD\text{-}QAS_7$ 和死细菌的释放。这种抗菌表面的构建过程操作简单，条件温和，适用于大部分不同尺寸、形状和化学组成的基材。

尽管具有单一响应性的智能抗菌表面已经展现出良好的杀灭细菌和释放死细菌的能力，但是在复杂的医疗环境下尤其应用于人体时，往往可能存在响应灵敏度不佳等问题。因此，开发具有多重响应性的智能抗菌表面有望突破这一限制，加速这类表面的实用化进程。例如，杨晋涛小组[177]将上述提到的光响应性 β-CD/Azo 主客体和热响应性 PNIPAAm 通过聚合物刷的形式集成到表面上，并在表面引入 AgNPs 作为杀菌成分。当细菌被杀死后，该表面可同时响应光和热这两种刺激，具有较高的细菌释放效率，即使经过三个循环也能释放超过94.9%的死细菌。Zhou等[178]在硅片表面接枝了含有NIPAAm基团和 PBA 基团的共聚物刷，得到了具有温度、pH、糖三重响应性的智能抗菌表面。该表面在 37℃、pH =7.4、无果糖的条件下，共聚物刷中 NIPAAm 基团彼此之间形成分子内氢键使分子链收缩，暴露出 PBA 基团以结合 CD-QAS_7 使表面得到杀菌活性。而温度的降低可以削弱细菌与表面之间的疏水作用，pH 的降低或果糖分子的引入可以破坏 CD-QAS_7 和 PBA 之间的苯硼酸酯键，这三种刺激都可以促进死细菌从表面的释放。特别地，同时改变三种刺激因素可以产生协同效应，获得最高的细菌释放效率。

综上所述，与传统的抗菌表面相比，具有可控杀菌-释放细菌功能的智能抗菌表面能够在杀灭细菌后及时清除表面残留的死细菌，不仅可以保持长期有效的抗菌活性，同时也避免了堆积的死细菌造成的不良后果。这种“智能化”的设计将朝着更加简单、高效、通用的方向迈进，为将来应用于产业化领域打下坚实的基础。

6.6 小　结

本章主要总结了生物材料表面抗菌改性技术的研究进展。研究人员主要从抗细菌黏附和杀菌两个功能维度赋予表面抗菌性能。抗黏附改性主要通过对表面进行亲水化和超疏水化两种策略来实现；杀菌改性主要通过释放杀菌、接触杀菌及近年来一些新兴的杀菌策略来实现。此外，为了避免单一抗黏附或杀菌表面存在的抗菌效率不足和具有潜在细胞毒性等问题，研究者将抗黏附和杀菌功能结合，设计并发展了一系列具有“抗黏附-杀菌”双功能的抗菌表面，本章中重点关注了这类双功能表面的构建策略并对其进展进行了介绍。最后，根据刺激因子的不同，介绍了具有刺激响应性切换杀菌和释放细菌功能的智能抗菌表面，并列举了其中的代表性工作。

综上所述，材料表面改性技术的发展和进步催生了抗菌表面的出现，为人类解决医源性细菌感染问题提供了强大的武器，使得具有抗菌功能的医疗器械逐渐从科学研究走向现实应用。截至目前，抗菌表面还处于蓬勃发展的初期，未来将朝着更低的生产成本、更高的抗菌效率及更多的功能组合等方向不断迈进，服务于人类的健康保健，造福千家万户。

参考文献

[1] Khatoon Z, McTiernan C D, Suuronen E J, et al. Bacterial biofilm formation on implantable devices and approaches to its treatment and prevention. Heliyon, 2018, 4(12): e01067.

[2] Howard S J, Hopwood S, Davies S C. Antimicrobial resistance: a global challenge. Sci Transl Med, 2014, 6(236): 236ed10.

[3] Murray C J L,Ikuta K S,Sharara F, et al. Global burden of bacterial antimicrobial resistance in 2019: a systematic analysis. Lancet, 2022, 399(10325): 629-655.

[4] De Kraker M E A, Stewardson A J, Harbarth S. Will 10 million people die a year due to antimicrobial resistance by 2050? PLoS Med, 2016, 13(11): e1002184.

[5] Li Y Z, Xiao P, Wang Y L, et al. Mechanisms and control measures of mature biofilm resistance to

antimicrobial agents in the clinical context. ACS Omega, 2020, 5(36): 22684-22690.
[6] Song B Y, Zhang E S, Han X E, et al. Engineering and application perspectives on designing an antimicrobial surface. ACS Appl Mater Interfaces, 2020, 12(19): 21330-21341.
[7] Yu Q, Zhang Y X, Wang H W, et al. Anti-fouling bioactive surfaces. Acta Biomater, 2011, 7(4): 1550-1557.
[8] Mehrjou B, Wu Y Z, Liu P, et al. Design and properties of antimicrobial biomaterials surfaces. Adv Healthcare Mater, 2022(12): 2202073.
[9] Wang Y X, Wang S T, Meng J X. Recent progress of bioinspired interfacial materials towards efficient and sustainable scale resistance. Giant, 2022, 11: 100116.
[10] Ding X K, Duan S, Ding X J, et al. Versatile antibacterial materials: an emerging arsenal for combatting bacterial pathogens. Adv Funct Mater, 2018, 28(40): 1802140.
[11] Lex J R, Koucheki R, Stavropoulos N A, et al. Megaprosthesis anti-bacterial coatings: a comprehensive translational review. Acta Biomater, 2021, 140: 136-148.
[12] Mitra D, Kang E T, Neoh K G. Antimicrobial copper-based materials and coatings: potential multifaceted biomedical applications. ACS Appl Mater Interfaces, 2020, 12(19): 21159-21182.
[13] Zou Y, Zhang Y X, Yu Q A, et al. Photothermal bactericidal surfaces: killing bacteria using light instead of biocides. Biomater Sci, 2021, 9(1): 10-22.
[14] Zou Y, Zhang Y X, Yu Q, et al. Dual-function antibacterial surfaces to resist and kill bacteria: painting a picture with two brushes simultaneously. J Mater Sci Technol, 2021, 70: 24-38.
[15] Wei T, Yu Q, Chen H.Antibacterial coatings: responsive and synergistic antibacterial coatings: fighting against bacteria in a smart and effective way. Adv Healthcare Mater, 2019, 8(3): e1801381.
[16] Wei T, Tang Z C, Yu Q A, et al. Smart antibacterial surfaces with switchable bacteria-killing and bacteria-releasing capabilities. ACS Appl Mater Interfaces, 2017, 9(43): 37511-37523.
[17] Jeon S I, Lee J H, Andrade J D, et al. Protein-surface interactions in the presence of polyethylene oxide. J Colloid Interface Sci, 1991, 142(1): 149-158.
[18] Chen S F, Li L Y, Zhao C, et al. Surface hydration: principles and applications toward low-fouling/nonfouling biomaterials. Polymer, 2010, 51(23): 5283-5293.
[19] Prime K L, Whitesides G M. Self-assembled organic monolayers: model systems for studying adsorption of proteins at aurfaces. Science, 1991, 252(5009): 1164-1167.
[20] Prime K L, Whitesides G M. Adsorption of proteins onto surfaces containing end-attached oligo(ethylene oxide): a model system using self-assembled monolayers. J Am Chem Soc, 2002, 115(23): 10714-10721.
[21] Ista L K, Fan H Y, Baca O, et al. Attachment of bacteria to model solid surfaces: oligo(ethylene glycol) surfaces inhibit bacterial attachment. FEMS Microbiol Lett, 1996, 142(1): 59-63.
[22] Ghasemlou M, Daver F, Ivanova E P, et al. Switchable dual-function and bioresponsive materials to control bacterial infections. ACS Appl Mater Interfaces, 2019, 11(26): 22897-22914.
[23] Emoto K, Van Alstine J M, Harris J M. Stability of poly(ethylene glycol) graft coatings. Langmuir, 1998, 14(10): 2722-2729.
[24] Lavanant L, Pullin B, Hubbell J A, et al. A facile strategy for the modification of polyethylene substrates with non-fouling, bioactive poly(poly(ethylene glycol) methacrylate) brushes. Macromol Biosci, 2010, 10(1): 101-108.
[25] Ding X, Yang C, Lim T P, et al. Antibacterial and antifouling catheter coatings using surface grafted PEG-*b*-cationic polycarbonate diblock copolymers. Biomaterials, 2012, 33(28): 6593-6603.
[26] Marie R, Beech J P, Vörös J, et al. Use of PLL-*g*-PEG in micro-fluidic devices for localizing selective and specific protein binding. Langmuir, 2006, 22(24): 10103-10108.
[27] Sofia S J, Premnath V, Merrill E W. Poly(ethylene oxide) grafted to silicon surfaces: grafting density and

protein adsorption. Macromolecules, 1998, 31(15): 5059-5070.

[28] Hu Y, Jin J, Han Y Y, et al. Study of fibrinogen adsorption on poly(ethylene glycol)-modified surfaces using a quartz crystal microbalance with dissipation and a dual polarization interferometry. RSC Adv, 2014, 4(15): 7716-7724.

[29] Lv J H, Jin J, Han Y Y, et al. Effect of end-grafted PEG conformation on the hemocompatibility of poly(styrene-*b*-(ethylene-*co*-butylene)-*b*-styrene). J Biomater Sci, Polym Ed, 2019, 30(17): 1670-1685.

[30] Jiang H, Manolache S, Wong A C, et al. Synthesis of dendrimer-type poly(ethylene glycol) structures from plasma-functionalized silicone rubber surfaces. J Appl Polym Sci, 2006, 102(3): 2324-2337.

[31] Pidhatika B, Rodenstein M, Chen Y, et al. Comparative stability studies of poly(2-methyl-2-oxazoline) and poly(ethylene glycol) brush coatings. Biointerphases, 2012, 7(1): 1-4.

[32] Yoshikawa C, Goto A, Tsujii Y, et al. Protein repellency of well-defined, concentrated poly(2-hydroxyethyl methacrylate) brushes by the size-exclusion effect. Macromolecules, 2006, 39(6): 2284-2290.

[33] Qu Y C, Zheng Y J, Yu L Y, et al. A universal platform for high-efficiency "engineering" living cells: integration of cell capture, intracellular delivery of biomolecules, and cell harvesting functions. Adv Funct Mater, 2019, 30(3): 1906362.

[34] Zou Y, Lu K Y, Lin Y C, et al. Dual-functional surfaces based on an antifouling polymer and a natural antibiofilm molecule: prevention of biofilm formation without using biocides. ACS Appl Mater Interfaces, 2021, 13(38): 45191-45200.

[35] Li Q S, Wen C Y, Yang J, et al. Zwitterionic biomaterials. Chem Rev, 2022, 122(23): 17073-17154.

[36] Ladenheim H, Morawetz H. A new type of polyampholyte: poly(4-vinyl pyridine betaine). J Polym Sci, 1957, 26(113): 251-254.

[37] Xu Y, Takai M, Ishihara K. Protein adsorption and cell adhesion on cationic, neutral, and anionic 2-methacryloyloxyethyl phosphorylcholine copolymer surfaces. Biomaterials, 2009, 30(28): 4930-4938.

[38] Feng W, Zhu S P, Ishihara K, et al. Adsorption of fibrinogen and lysozyme on silicon grafted with poly(2-methacryloyloxyethyl phosphorylcholine) via surface-initiated atom transfer radical polymerization. Langmuir, 2005, 21(13): 5980-5987.

[39] Zheng J E, He Y, Chen S F, et al. Molecular simulation studies of the structure of phosphorylcholine self-assembled monolayers. J Chem Phys, 2006, 125(17): 174714.

[40] Zhang Y, Wang Z, Lin W F, et al. A facile method for polyamide membrane modification by poly(sulfobetaine methacrylate) to improve fouling resistance. J Membr Sci, 2013, 446: 164-170.

[41] Zhou R, Ren P F, Yang H C, et al. Fabrication of antifouling membrane surface by poly(sulfobetaine methacrylate)/polydopamine co-deposition. J Membr Sci, 2014, 466: 18-25.

[42] Wang W, Lu Y, Xie J B, et al. A zwitterionic macro-crosslinker for durable non-fouling coatings. Chem Commun, 2016, 52(25): 4671-4674.

[43] Kang S, Lee M J, Kang M J, et al. Development of anti-biofouling interface on hydroxyapatite surface by coating zwitterionic MPC polymer containing calcium-binding moieties to prevent oral bacterial adhesion. Acta Biomater, 2016, 40: 70-77.

[44] Smith R S, Zhang Z, Bouchard M, et al. Vascular catheters with a nonleaching poly-sulfobetaine surface modification reduce thrombus formation and microbial attachment. Sci Transl Med, 2012, 4(153): e3004120.

[45] Cheng G, Li G, Xue H Z, et al. Zwitterionic carboxybetaine polymer surfaces and their resistance to long-term biofilm formation. Biomaterials, 2009, 30(28): 5234-5240.

[46] Wang W, Lu Y, Zhu H, et al. Superdurable coating fabricated from a double-sided tape with long term "zero" bacterial adhesion. Adv Mater, 2017, 29(34): 1606506.

[47] Wang H F, Hu Y, Lynch D, et al. Zwitterionic polyurethanes with tunable surface and bulk properties. ACS Appl Mater Interfaces, 2018, 10(43): 37609-37617.
[48] Wang H F, Christiansen D E, Mehraeen S, et al. Winning the fight against biofilms: the first six-month study showing no biofilm formation on zwitterionic polyurethanes. Chem Sci, 2020, 11(18): 4709-4721.
[49] Diaz Blanco C, Ortner A, Dimitrov R, et al. Building an antifouling zwitterionic coating on urinary catheters using an enzymatically triggered bottom-up approach. ACS Appl Mater Interfaces, 2014, 6(14): 11385-11393.
[50] Sundaram H S, Han X, Nowinski A K, et al. Achieving one-step surface coating of highly hydrophilic poly(carboxybetaine methacrylate) polymers on hydrophobic and hydrophilic surfaces. Adv Mater Interfaces, 2014, 1(6): 1400071.
[51] Venault A, Yang H S, Chiang Y C, et al. Bacterial resistance control on mineral surfaces of hydroxyapatite and human teeth via surface charge-driven antifouling coatings. ACS Appl Mater Interfaces, 2014, 6(5): 3201-3210.
[52] Dou X Q, Zhang D, Feng C L, et al. Bioinspired hierarchical surface structures with tunable wettability for regulating bacteria adhesion. ACS Nano, 2015, 9(11): 10664-10672.
[53] Fadeeva E, Truong V K, Stiesch M, et al. Bacterial retention on superhydrophobic titanium surfaces fabricated by femtosecond laser ablation. Langmuir, 2011, 27(6): 3012-3019.
[54] Pan Q F, Cao Y, Xue W, et al. Picosecond laser-textured stainless steel superhydrophobic surface with an antibacterial adhesion property. Langmuir, 2019, 35(35): 11414-11421.
[55] Moazzam P, Razmjou A, Golabi M, et al. Investigating the BSA protein adsorption and bacterial adhesion of Al-alloy surfaces after creating a hierarchical(micro/nano) superhydrophobic structure. J Biomed Mater Res, Part A, 2016, 104(9): 2220-2233.
[56] Zhang B B, Guan F, Zhao X, et al. Micro-nano textured superhydrophobic 5083 aluminum alloy as a barrier against marine corrosion and sulfate-reducing bacteria adhesion. J Taiwan Inst Chem Eng, 2019, 97: 433-440.
[57] Liu R X, Liu X, Zhou J, et al. Bioinspired superhydrophobic Ni-Ti archwires with resistance to bacterial adhesion and nickel ion release. Adv Mater Interfaces, 2019, 6(7): 1801569.
[58] Wang Z W, Su Y L, Li Q, et al. Researching a highly anti-corrosion superhydrophobic film fabricated on AZ91D magnesium alloy and its anti-bacteria adhesion effect. Mater Charact, 2015, 99: 200-209.
[59] Lan X A, Zhang B B, Wang J A, et al. Hydrothermally structured superhydrophobic surface with superior anti-corrosion, anti-bacterial and anti-icing behaviors. Colloids Surf, A, 2021, 624: 126820.
[60] Hizal F, Rungraeng N, Lee J, et al. Nanoengineered superhydrophobic surfaces of aluminum with extremely low bacterial adhesivity. ACS Appl Mater Interfaces, 2017, 9(13): 12118-12129.
[61] Bartlet K, Movafaghi S, Dasi L P, et al. Antibacterial activity on superhydrophobic titania nanotube arrays. Colloids Surf, B, 2018, 166: 179-186.
[62] Meier M, Dubois V, Seeger S. Reduced bacterial colonisation on surfaces coated with silicone nanostructures. Appl Surf Sci, 2018, 459: 505-511.
[63] Geyer F, D'Acunzi M, Yang C Y, et al. How to coat the inside of narrow and long tubes with a super-liquid-repellent layer-a promising candidate for antibacterial catheters. Adv Mater, 2019, 31(2): 1801324.
[64] Yu B R, He C H, Wang W B, et al. Asymmetric wettable composite wound dressing prepared by electrospinning with bioinspired micropatterning enhances diabetic wound healing. ACS Appl Bio Mater, 2020, 3(8): 5383-5394.
[65] Hu C M, Liu S, Li B, et al. Micro-/nanometer rough structure of a superhydrophobic biodegradable coating by electrospraying for initial anti-bioadhesion. Adv Healthcare Mater, 2013, 2(10): 1314-1321.

[66] Loo C Y, Young P M, Lee W H, et al. Superhydrophobic, nanotextured polyvinyl chloride films for delaying *Pseudomonas aeruginosa* attachment to intubation tubes and medical plastics. Acta Biomater, 2012, 8(5): 1881-1890.

[67] Imani S M, MacLachlan R, Rachwalski K, et al. Flexible hierarchical wraps repel drug-resistant gram-negative and positive bacteria. ACS Nano, 2020, 14(1): 454-465.

[68] He M R, Gao K, Zhou L J, et al. Zwitterionic materials for antifouling membrane surface construction. Acta Biomater, 2016(40): 142-152.

[69] Menschutkin N. Über die affinitätskoeffizienten der alkylhaloide und der amine. Z Phys Chem, 1890, 5: 589-601.

[70] Isquith A J, Abbott E A, Walters P A. Surface-bonded antimicrobial activity of an organosilicon quaternary ammonium chloride. Appl Microbiol, 1972, 24(6): 859-863.

[71] Börner H G, Lutz J F, Tiller J C. Bioactive surfaces. Adv Polym Sci, 2011, 240: 193-217.

[72] Waschinski C J, Zimmermann J, Salz U, et al. Design of contact-active antimicrobial acrylate-based materials using biocidal macromers. Adv Mater, 2008, 20(1): 104-108.

[73] Lee S B, Koepsel R R, Morley S W, et al. Permanent, nonleaching antibacterial surfaces. 1. Synthesis by atom transfer radical polymerization. Biomacromolecules, 2004, 5(3): 877-882.

[74] Murata H, Koepsel R R, Matyjaszewski K, et al. Permanent, non-leaching antibacterial surface--2: how high density cationic surfaces kill bacterial cells. Biomaterials, 2007, 28(32): 4870-4879.

[75] Gozzelino G, Lisanti C, Beneventi S. Quaternary ammonium monomers for UV crosslinked antibacterial surfaces. Colloids Surf, A, 2013, 430: 21-28.

[76] Ong Z Y, Wiradharma N, Yang Y Y. Strategies employed in the design and optimization of synthetic antimicrobial peptide amphiphiles with enhanced therapeutic potentials. Adv Drug Delivery Rev, 2014, 78: 28-45.

[77] Glinel K, Thebault P, Humblot V, et al. Antibacterial surfaces developed from bio-inspired approaches. Acta Biomater, 2012, 8(5): 1670-1684.

[78] Matsuzaki K. Why and how are peptide-lipid interactions utilized for self-defense? Magainins and tachyplesins as archetypes. Biochim Biophys Acta, 1999, 1462(1/2): 1-10.

[79] Yazici H, Fong H, Wilson B, et al. Biological response on a titanium implant-grade surface functionalized with modular peptides. Acta Biomater, 2013, 9(2): 5341-5352.

[80] Xue Q, Liu X B, Lao Y H, et al. Anti-infective biomaterials with surface-decorated tachyplesin I. Biomaterials, 2018, 178: 351-362.

[81] Beaussart A, Retourney C, Quilès F, et al. Supported lysozyme for improved antimicrobial surface protection. J Colloid Interface Sci, 2021, 582(Pt B): 764-772.

[82] Ren X H, Kou L, Kocer H B, et al. Antimicrobial coating of an *N*-halamine biocidal monomer on cotton fibers via admicellar polymerization. Colloids Surf, A, 2008, 317(1-3): 711-716.

[83] Cai Q Q, Yang S L, Zhang C, et al. Facile and versatile modification of cotton fibers for persistent antibacterial activity and enhanced hygroscopicity. ACS Appl Mater Interfaces, 2018, 10(44): 38506-38516.

[84] Rossiter S E, Fletcher M H, Wuest W M. Natural products as platforms to overcome antibiotic resistance. Chem Rev, 2017, 117(19): 12415-12474.

[85] Hirschfeld J, Akinoglu E M, Wirtz D C, et al. Long-term release of antibiotics by carbon nanotube-coated titanium alloy surfaces diminish biofilm formation by *Staphylococcus epidermidis*. Nanomed-Nanotechnol, 2017, 13(4): 1587-1593.

[86] Song J K, Chen Q A, Zhang Y, et al. Electrophoretic deposition of chitosan coatings modified with gelatin nanospheres to tune the release of antibiotics. ACS Appl Mater Interfaces, 2016, 8(22): 13785-13792.

[87] Imani S M, Ladouceur L, Marshall T, et al. Antimicrobial nanomaterials and coatings: current mechanisms and future perspectives to control the spread of viruses including SARS-CoV-2. ACS Nano, 2020, 14(10): 12341-12369.
[88] Yang H T, Li G F, Stansbury J W, et al. Smart antibacterial surface made by photopolymerization. ACS Appl Mater Interfaces, 2016, 8(41): 28047-28054.
[89] Dai T J, Wang C P, Wang Y Q, et al. A nanocomposite hydrogel with potent and broad-spectrum antibacterial activity. ACS Appl Mater Interfaces, 2018, 10(17): 15163-15173.
[90] Tang Y N, Sun H, Qin Z, et al. Bioinspired photocatalytic ZnO/Au nanopillar-modified surface for enhanced antibacterial and antiadhesive property. Chem Eng J, 2020, 398: 125575.
[91] Raeisi M, Kazerouni Y, Mohammadi A, et al. Superhydrophobic cotton fabrics coated by chitosan and titanium dioxide nanoparticles with enhanced antibacterial and UV-protecting properties. Int J Biol Macromol, 2021, 171: 158-165.
[92] Wang R, Shi M S, Xu F Y, et al. Graphdiyne-modified TiO_2 nanofibers with osteoinductive and enhanced photocatalytic antibacterial activities to prevent implant infection. Nat Commun, 2020, 11(1): 1-12.
[93] Yuan Y, Shang Y, Zhou Y, et al. Enabling antibacterial and antifouling coating via grafting of a nitric oxide-releasing ionic liquid on silicone rubber. Biomacromolecules, 2022, 23(6): 2329-2341.
[94] Zhao Y Q, Sun Y J, Zhang Y D, et al. Well-defined gold nanorod/polymer hybrid coating with inherent antifouling and photothermal bactericidal properties for treating an infected hernia. ACS Nano, 2020, 14(2): 2265-2275.
[95] Wang Y R, Zou Y, Wu Y, et al. Universal antifouling and photothermal antibacterial surfaces based on multifunctional metal-phenolic networks for prevention of biofilm formation. ACS Appl Mater Interfaces, 2021, 13(41): 48403-48413.
[96] Lin Y C, Zhang H X, Zou Y, et al. Superhydrophobic photothermal coatings based on candle soot for prevention of biofilm formation. J Mater Sci Technol, 2023, 132: 18-26.
[97] Altinbasak I, Jijie R, Barras A, et al. Reduced graphene-oxide-embedded polymeric nanofiber mats: an on-demand photothermally triggered antibiotic release platform. ACS Appl Mater Interfaces, 2018, 10(48): 41098-41106.
[98] Fan X, Yang F, Nie C X, et al. Mussel-inspired synthesis of NIR-responsive and biocompatible Ag-graphene 2D nanoagents for versatile bacterial disinfections. ACS Appl Mater Interfaces, 2018, 10(1): 296-307.
[99] Hu X J, Zhang H, Wang Y T, et al. Synergistic antibacterial strategy based on photodynamic therapy: progress and perspectives. Chem Eng J, 2022, 450: 138129.
[100] Dai T H, Huang Y Y, Hamblin M R. Photodynamic therapy for localized infections:state of the art. Photodiagn Photodyn Ther, 2009, 6(3/4): 170-188.
[101] Cai Y, Guan JW, Wang W, et al. pH and light-responsive polycaprolactone/curcumin@ZIF-8 composite films with enhanced antibacterial activity. J Food Sci, 2021, 86(8): 3550-3562.
[102] Feng Z Z, Liu X M, Tan L, et al. Electrophoretic deposited stable chitosan@MoS_2 coating with rapid *in situ* bacteria-killing ability under dual-light irradiation. Small, 2018, 14(21): e1704347.
[103] Tan L, Li J, Liu X M, et al. Rapid biofilm eradication on bone implants using red phosphorus and near-infrared light. Adv Mater, 2018, 30(31): e1801808.
[104] Rong F, Tang Y Z, Wang T J, et al. Nitric oxide-releasing polymeric materials for antimicrobial applications: a review. Antioxidants, 2019, 8(11): 556.
[105] Workman C D, Hopkins S, Pant J, et al. Covalently bound *S*-nitroso-*N*-acetylpenicillamine to electrospun polyacrylonitrile nanofibers for multifunctional tissue engineering applications. ACS Biomater Sci Eng, 2021, 7(11): 5279-5287.

[106] Pant J, Gao J, Goudie M J, et al. A multi-defense strategy: enhancing bactericidal activity of a medical grade polymer with a nitric oxide donor and surface-immobilized quaternary ammonium compound. Acta Biomater, 2017, 58: 421-431.

[107] Sadrearhami Z, Namivandi-Zangeneh R, Price E, et al. *S*-nitrosothiol plasma-modified surfaces for the prevention of bacterial biofilm formation. ACS Biomater Sci Eng, 2019, 5(11): 5881-5887.

[108] Ho K K K, Ozcelik B, Willcox M D P, et al. Facile solvent-free fabrication of nitric oxide(NO)-releasing coatings for prevention of biofilm formation. Chem Commun, 2017, 53(48): 6488-6491.

[109] Hou Z, Wu Y, Xu C, et al. Precisely structured nitric-oxide-releasing copolymer brush defeats broad-spectrum catheter-associated biofilm infections *in vivo*. ACS Cent Sci, 2020, 6(11): 2031-2045.

[110] Wang X H, Chen X, Song L J, et al. An enzyme-responsive and photoactivatable carbon-monoxide releasing molecule for bacterial infection theranostics. J Mater Chem B, 2020, 8(40): 9325-9334.

[111] Chen J P, Chen D F, Chen J L, et al. An all-in-one CO gas therapy-based hydrogel dressing with sustained insulin release, anti-oxidative stress, antibacterial, and anti-inflammatory capabilities for infected diabetic wounds. Acta Biomater, 2022, 146: 49-65.

[112] Tan L, Fu J N, Feng F, et al. Engineered probiotics biofilm enhances osseointegration via immunoregulation and anti-infection. Sci Adv, 2020, 6: eaba5723.

[113] Su K, Tan L, Liu X M, et al. Rapid photo-sonotherapy for clinical treatment of bacterial infected bone implants by creating oxygen deficiency using sulfur doping. ACS Nano, 2020, 14(2): 2077-2089.

[114] Guan W, Tan L, Liu X M, et al. Ultrasonic interfacial engineering of red phosphorous-metal for eradicating MRSA infection effectively. Adv Mater, 2021, 33(5): e2006047.

[115] Zeng Z Y, Jiang G H, Sun Y F, et al. Rational design of flexible microneedles coupled with CaO_2@PDA-loaded nanofiber films for skin wound healing on diabetic rats. Biomater Sci, 2022, 10(18): 5326-5339.

[116] Zhang J C, Gao X Y, Ma D C, et al. Copper ferrite heterojunction coatings empower polyetheretherketone implant with multi-modal bactericidal functions and boosted osteogenicity through synergistic photo/Fenton-therapy. Chem Eng J, 2021, 422: 130094.

[117] Jiang H, Xu F J. Biomolecule-functionalized polymer brushes. Chem Soc Rev, 2013, 42(8): 3394-3426.

[118] Fu Y H, Yang Y, Xiao S W, et al. Mixed polymer brushes with integrated antibacterial and antifouling properties. Prog Org Coat, 2019, 130: 75-82.

[119] Wang B L, Ye Z, Tang Y H, et al. Fabrication of nonfouling, bactericidal, and bacteria corpse release multifunctional surface through surface-initiated RAFT polymerization. Int J Nanomed, 2017, 12: 111-125.

[120] Ye G, Lee J, Perreault F, et al. Controlled architecture of dual-functional block copolymer brushes on thin-film composite membranes for integrated “defending” and “attacking” strategies against biofouling. ACS Appl Mater Interfaces, 2015, 7(41): 23069-23079.

[121] Zhi Z L, Su Y J, Xi Y W, et al. Dual-functional polyethylene glycol-*b*-polyhexanide surface coating with *in vitro* and *in vivo* antimicrobial and antifouling activities. ACS Appl Mater Interfaces, 2017, 9(12): 10383-10397.

[122] Gao Q, Yu M, Su Y J, et al. Rationally designed dual functional block copolymers for bottlebrush-like coatings: *in vitro* and *in vivo* antimicrobial, antibiofilm, and antifouling properties. Acta Biomater, 2017, 51: 112-124.

[123] Su Y J, Zhi Z L, Gao Q, et al. Autoclaving-derived surface coating with *in vitro* and *in vivo* antimicrobial and antibiofilm efficacies. Adv Healthcare Mater, 2017, 6(6): 1601173.

[124] Xu G, Liu P, Pranantyo D, et al. Antifouling and antimicrobial coatings from zwitterionic and cationic binary polymer brushes assembled via “click” reactions. Ind Eng Chem Res, 2017, 56(49): 14479-

14488.

[125] He Y Y, Wan X Y, Xiao K C, et al. Anti-biofilm surfaces from mixed dopamine-modified polymer brushes: synergistic role of cationic and zwitterionic chains to resist staphyloccocus aureus. Biomater Sci, 2019, 7(12): 5369-5382.

[126] Xu G, Liu P, Pranantyo D, et al. One-step anchoring of tannic acid-scaffolded bifunctional coatings of antifouling and antimicrobial polymer brushes. ACS Sustainable Chem Eng, 2018, 7(1): 1786-1795.

[127] Ejima H, Richardson J J, Liang K, et al. One-step assembly of coordination complexes for versatile film and particle engineering. Science, 2013, 341(6142): 154-157.

[128] Xie Y, Chen S Q, Zhang X A, et al. Engineering of tannic acid inspired antifouling and antibacterial membranes through co-deposition of zwitterionic polymers and Ag nanoparticles. Ind Eng Chem Res, 2019, 58(27): 11689-11697.

[129] Ozkan E, Crick C C, Taylor A, et al. Copper-based water repellent and antibacterial coatings by aerosol assisted chemical vapour deposition. Chem Sci, 2016, 7(8): 5126-5131.

[130] Ren T T, Yang M Q, Wang K K, et al. CuO nanoparticles-containing highly transparent and superhydrophobic coatings with extremely low bacterial adhesion and excellent bactericidal property. ACS Appl Mater Interfaces, 2018, 10(30): 25717-25725.

[131] Liu S H, Zheng J, Hao L, et al. Dual-functional, superhydrophobic coatings with bacterial anticontact and antimicrobial characteristics. ACS Appl Mater Interfaces, 2020, 12(19): 21311-21321.

[132] Richardson J J, Björnmalm M, Caruso F. Technology-driven layer-by-layer assembly of nanofilms. Science, 2015, 348(6233): aaa2491.

[133] Zhan J Z, Wang L, Liu S, et al. Antimicrobial hyaluronic acid/poly(amidoamine) dendrimer multilayer on poly(3-hydroxybutyrate-*co*-4-hydroxybutyrate) prepared by a layer-by-layer self-assembly method. ACS Appl Mater Interfaces, 2015, 7(25): 13876-13881.

[134] Wang Y, Wang Z, Han X L, et al. Improved flux and anti-biofouling performances of reverse osmosis membrane via surface layer-by-layer assembly. J Membr Sci, 2017, 539: 403-411.

[135] Li Z G, Hu W H, Zhao Y H, et al. Integrated antibacterial and antifouling surfaces via cross-linking chitosan-*g*-eugenol/zwitterionic copolymer on electrospun membranes. Colloids Surf, B, 2018, 169: 151-159.

[136] Yang W J, Tao X, Zhao T T, et al. Antifouling and antibacterial hydrogel coatings with self-healing properties based on a dynamic disulfide exchange reaction. Polym Chem, 2015, 6(39): 7027-7035.

[137] Wang C, Wang T, Hu P D, et al. Dual-functional anti-biofouling coatings with intrinsic self-healing ability. Chem Eng J, 2020, 389: 123469.

[138] He M, Wang Q A, Wang R, et al. Design of antibacterial poly(ether sulfone) membranes via covalently attaching hydrogel thin layers loaded with Ag nanoparticles. ACS Appl Mater Interfaces, 2017, 9(19): 15962-15974.

[139] Lee J, Yoo J, Kim J, et al. Development of multimodal antibacterial surfaces using porous amine-reactive films incorporating lubricant and silver nanoparticles. ACS Appl Mater Interfaces, 2019, 11(6): 6550-6560.

[140] Yu Q, Ista L K, Gu R P, et al. Nanopatterned polymer brushes: conformation, fabrication and applications. Nanoscale, 2016, 8(2): 680-700.

[141] Yu Q A, Cho J, Shivapooja P, et al. Nanopatterned smart polymer surfaces for controlled attachment, killing, and release of bacteria. ACS Appl Mater Interfaces, 2013, 5(19): 9295-9304.

[142] Yu Q, Ista L K, López G P. Nanopatterned antimicrobial enzymatic surfaces combining biocidal and fouling release properties. Nanoscale, 2014, 6(9): 4750-4757.

[143] Shi Z Q, Cai Y T, Deng J E, et al. Host-guest self-assembly toward reversible thermoresponsive switching for bacteria killing and detachment. ACS Appl Mater Interfaces, 2016, 8(36): 23523-23532.

[144] Wang B L, Xu Q W, Ye Z, et al. Copolymer brushes with temperature-triggered, reversibly switchable bactericidal and antifouling properties for biomaterial surfaces. ACS Appl Mater Interfaces, 2016, 8(40): 27207-27217.

[145] Wang B L, Ye Z, Xu Q W, et al. Construction of a temperature-responsive terpolymer coating with recyclable bactericidal and self-cleaning antimicrobial properties. Biomater Sci, 2016, 4(12): 1731-1741.

[146] Yu Q, Ge W Y, Atewologun A, et al. RIR-MAPLE deposition of multifunctional films combining biocidal and fouling release properties. J Mater Chem B, 2014, 2(27): 4371-4378.

[147] Yu Q, Ge W Y, Atewologun A, et al. Antimicrobial and bacteria-releasing multifunctional surfaces:oligo(*p*-phenylene-ethynylene)/poly(*N*-isopropylacrylamide) films deposited by RIR-MAPLE. Colloids Surf, B, 2015, 126: 328-334.

[148] He M, Wang Q A, Zhang J E, et al. Substrate-independent Ag-nanoparticle-loaded hydrogel coating with regenerable bactericidal and thermoresponsive antibacterial properties. ACS Appl Mater Interfaces, 2017, 9(51): 44782-44791.

[149] Wang Y R, Wei T, Qu Y C, et al. Smart, photothermally activated, antibacterial surfaces with thermally triggered bacteria-releasing properties. ACS Appl Mater Interfaces, 2020, 12(19): 21283-21291.

[150] Yan S J, Shi H C, Song L J, et al. Nonleaching bacteria-responsive antibacterial surface based on a unique hierarchical architecture. ACS Appl Mater Interfaces, 2016, 8(37): 24471-24481.

[151] Cheng G, Xue H, Zhang Z, et al. A switchable biocompatible polymer surface with self-sterilizing and nonfouling capabilities. Angew Chem Int Ed, 2008, 120(46): 8963-8966.

[152] Cheng G, Xue H, Li G Z, et al. Integrated antimicrobial and nonfouling hydrogels to inhibit the growth of planktonic bacterial cells and keep the surface clean. Langmuir, 2010, 26(13): 10425-10428.

[153] Wang X H, Yuan S S, Guo Y, et al. Facile fabrication of bactericidal and antifouling switchable chitosan wound dressing through a'click'-type interfacial reaction. Colloids Surf, B, 2015, 136: 7-13.

[154] Yuan S S, Li Y G, Luan S F, et al. Infection-resistant styrenic thermoplastic elastomers that can switch from bactericidal capability to anti-adhesion. J Mater Chem B, 2016, 4(6): 1081-1089.

[155] Xu G, Liu X, Liu P N, et al. Arginine-based polymer brush coatings with hydrolysis-triggered switchable functionalities from antimicrobial(cationic) to antifouling(zwitterionic). Langmuir, 2017, 33(27): 6925-6936.

[156] Cao Z Q, Mi L, Mendiola J, et al. Reversibly switching the function of a surface between attacking and defending against bacteria. Angew Chem, Int Ed, 2012, 124(11): 2656-2659.

[157] Cao B, Li L L, Tang Q, et al. The impact of structure on elasticity, switchability, stability and functionality of an all-in-one carboxybetaine elastomer. Biomaterials, 2013, 34(31): 7592-7600.

[158] Cao B, Tang Q, Li L L, et al. Switchable antimicrobial and antifouling hydrogels with enhanced mechanical properties. Adv Healthcare Mater, 2013, 2(8): 1096-1102.

[159] Wei T, Yu Q, Zhan W J, et al. A smart antibacterial surface for the on-demand killing and releasing of bacteria. Adv Healthcare Mater, 2016, 5(4): 449-456.

[160] Chen H, Yang J T, Xiao S W, et al. Salt-responsive polyzwitterionic materials for surface regeneration between switchable fouling and antifouling properties. Acta Biomater, 2016, 40: 62-69.

[161] Xiao S W, Ren B P, Huang L, et al. Salt-responsive zwitterionic polymer brushes with anti-polyelectrolyte property. Curr Opin Chem Eng, 2018, 19: 86-93.

[162] Wu B Z, Zhang L X, Huang L, et al. Salt-induced regenerative surface for bacteria killing and release. Langmuir, 2017, 33(28): 7160-7168.

[163] Fu Y H, Wang Y, Huang L, et al. Salt-responsive "killing and release" antibacterial surfaces of mixed polymer brushes. Ind Eng Chem Res, 2018, 57(27): 8938-8945.
[164] Zhang D, Fu Y H, Huang L, et al. Integration of antifouling and antibacterial properties in salt-responsive hydrogels with surface regeneration capacity. J Mater Chem B, 2018, 6(6): 950-960.
[165] Huang L, Zhang L X, Xiao S W, et al. Bacteria killing and release of salt-responsive, regenerative, double-layered polyzwitterionic brushes. Chem Eng J ,2018, 333: 1-10.
[166] Mao S H, Zhang D, He X M, et al. Mussel-inspired polymeric coatings to realize functions from single and dual to multiple antimicrobial mechanisms. ACS Appl Mater Interfaces, 2021, 13(2): 3089-3097.
[167] Mao S H, Zhang D, Zhang Y X, et al. A universal coating strategy for controllable functionalized polymer surfaces. Adv Funct Mater, 2020, 30(40): 2004633.
[168] Wu J H, Zhang D, Wang Y, et al. Electric assisted salt-responsive bacterial killing and release of polyzwitterionic brushes in low-concentration salt solution. Langmuir, 2019, 35(25): 8285-8293.
[169] Liu Z T, Yi Y Z, Song L J, et al. Biocompatible mechano-bactericidal nanopatterned surfaces with salt-responsive bacterial release. Acta Biomater, 2022, 141: 198-208.
[170] Liu Q S, Liu L Y. Novel light-responsive hydrogels with antimicrobial and antifouling capabilities. Langmuir, 2019, 35(5): 1450-1457.
[171] Zhan W J, Qu Y C, Wei T, et al. Sweet switch: sugar-responsive bioactive surfaces based on dynamic covalent bonding. ACS Appl Mater Interfaces, 2018, 10(13): 10647-10655.
[172] Wei T, Zhan W J, Cao L M, et al. Multifunctional and regenerable antibacterial surfaces fabricated by a universal strategy. ACS Appl Mater Interfaces, 2016, 8(44): 30048-30057.
[173] Wei T, Zhan W J, Yu Q A, et al. Smart biointerface with photoswitched functions between bactericidal activity and bacteria-releasing ability. ACS Appl Mater Interfaces, 2017, 9(31): 25767-25774.
[174] Cao B, Lee C J, Zeng Z R, et al. Electroactive poly(sulfobetaine-3,4-ethylenedioxythiophene)(PSBEDOT) with controllable antifouling and antimicrobial properties. Chem Sci, 2016, 7(3): 1976-1981.
[175] Yan S J, Luan S F, Shi H C, et al. Hierarchical polymer brushes with dominant antibacterial mechanisms switching from bactericidal to bacteria repellent. Biomacromolecules, 2016, 17(5): 1696-1704.
[176] Qu Y C, Wei T, Zhao J, et al. Regenerable smart antibacterial surfaces: full removal of killed bacteria via a sequential degradable layer. J Mater Chem B, 2018, 6(23): 3946-3955.
[177] Wang Y T, Wang G Y, Ni Y F, et al. Dual-responsive supramolecular antimicrobial coating based on host - guest recognition. Adv Mater Interfaces, 2022, 9(33): 2201209.
[178] Zhou Y, Zheng Y J, Wei T, et al. Multistimulus responsive biointerfaces with switchable bioadhesion and surface functions. ACS Appl Mater Interfaces, 2020, 12(5): 5447-5455.

第 7 章

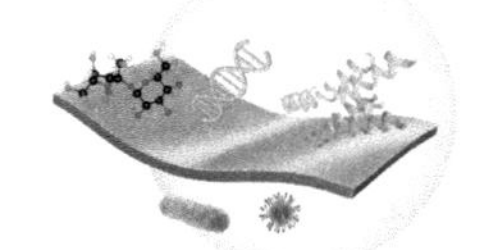

生物材料表面改性技术的应用

生物材料表面改性技术在医疗器械及生命科学实验耗材(简称生科耗材)领域有着广阔的应用市场。目前在心血管科、骨科、泌尿科、口腔科、眼科、消化科、呼吸科、生殖科等领域应用的医疗器械大部分对材料性质有额外的需求。然而目前涂层技术在不同临床领域的应用情况、评价方法各有特点，市场占有率及发展空间也各不相同。本章将结合实际案例对表面改性技术的应用现状及未来的发展方向进行阐述。

7.1　功能性涂层在各类器械中的应用案例

涂层的应用是基于它带来的优势，这些优势包括便利性及功能的升级。高品质的涂层本质上已经和医疗器械形成一个整体。因此，在使用时不用考虑额外措施带来的不良影响。例如，亲水润滑涂层的使用使得导管插入前减少了相应的准备步骤，从而减少了器械污染的风险。润滑涂层在导管的整个使用过程中都保持良好的润滑性，包括反复的插入过程及最终的拔出过程。此外，涂层不会黏在组织表面。涂层成分的可设计性也可以同时兼备润滑、抗菌和抗凝血的需求。

如果说涂层的优势在导尿管的应用中表现得并不惊人，那么在血液环境中，抗凝血涂层的应用往往决定了患者的命运。在 ECMO 的使用过程中，氧合器气体交换膜表面的抗凝血涂层能够防止血栓栓块的形成，避免血栓堵塞。这一措施极大地降低了体外支持设备的应用风险。对于危重患者及部分癌症患者，他们本身的凝血系统存在问题，抗凝血药物的不当使用会导致进一步恶化这一情况。带有抗凝血涂层的器械无疑可以减少抗凝血药物的服用。此外，院内感染引起的细菌耐药性问题已经迫在眉睫，抗菌涂层不仅可以减少介入器械使用过程中的感染情况，并且可以减少抗生素的使用，避免细菌耐药性的进一步发展。

除了临床手术使用的医疗器械之外，还需要关注一个特殊的领域——生科耗材。事实上，带有涂层的高端生科耗材与带有涂层的医疗器械同样重要。涂层的应用使得从更少的标样上获取更多的信息。

本章将分类介绍生物材料表面改性技术在生科耗材、血液接触医疗器械、骨科医疗器械、眼科医疗器械、泌尿科医疗器械等场景中的应用。并以植介入器械的实际案例，阐述涂层应用的重要性。

7.1.1　生科耗材市场

生科耗材又称生物实验室耗材。生科耗材的研究开发和市场规模直接关系到生命科学相关领域科研活动的顺利开展和人类生活健康水平质量的提高。

从市场的角度，生科耗材通常与仪器设备、技术服务等归类为“生命科学工具与服务”，属于生物技术产业链的基础环节。生科耗材指广泛使用在分子生物学、细胞生物学、生物化学、微生物学、遗传学、医学、免疫学、生态学、食品药品检验及临床诊断检测等相关领域的快速消耗品，其又可细分为生化试剂、一次性塑料耗材和其他耗材[1]。其中，一次性塑料耗材主要由医用级别的聚合物制成，由于其良好的力学性能和化学稳定性，价格低廉，一次性使用避免了传统材质多次使用导致的消毒和感染，易于表面改性从而满足不同的特定试验需求等诸多优点，有效提高试验效率和便捷性，在生命科学研究领域的应用越来越广泛。

根据中金企信国际信息咨询《2021—2027年中国生命科学耗材市场发展分析及未来投资潜力可行性报告》公开数据，2020年全球生科耗材市场规模为445.51亿美元，2014～2019年均复合增长率达到5.1%。欧美发达国家生命科学研究及其相关产业已有一百多年的发展历史，因此全球生科耗材市场以欧美为主。随着不断增长的生物技术产业方面的新增投资，亚太地区，尤其以中国、印度和新加坡为代表的国家生科耗材市场增长迅速。2018年，中国一次性生科耗材的市场容量为231.26亿元，2020年增长为333.02亿元，中国市场正以庞大的人口基数与快速增长的生物医药需求逐渐成为生科耗材的新兴市场，潜力巨大，预测未来每年增长率为20%。

目前全球生科耗材的供应商主要集中在美国、德国等欧美发达国家。以赛默飞（Thermo Fisher）、康宁（Corning）、VWR、通用电气医疗（GE Healthcare）、默克（Merck）和碧迪（BD）为代表的国际跨国公司以其强大的研发及品牌优势长期主导着生科耗材行业的供应，占据了国内95%的市场份额[2]。中国生命科学领域研究相对欧美国家起步较晚，国内生科耗材市场占全球市场份额较小。目前，国内生科耗材生产企业主要集中在长三角和珠三角地区，如广州洁特生物过滤股份有限公司、浙江硕华生命科学研究股份有限公司、无锡耐思生命科技股份有限公司等国内高端生科耗材企业。江苏海门地区主要由生产低端实验室耗材的企业组成，产品附加值低。大部分企业自主研发能力差，产品质量参差不齐，行业集中度低，在品牌影响力、市场占有率等方面与欧美跨国企业相比仍有巨大差距，产品市场占有率仅约5%。

总体来讲，目前我国生科耗材的生产和销售，特别是高端生科耗材大多被国际型跨国公司所垄断。近年来，随着国家对生物技术、医疗、卫生健康和药物开发等领域的重视，各项政策支持力度不断加大，生科耗材的需求量明显增加并带动了国内相关产业的快速发展。可以预见，中国生科耗材市场在未来几年必将呈爆发式增长。

1) 表面改性涂层技术的应用

材料表面改性技术是发展高端生科耗材的关键环节和卡脖子技术。生命科学的快速发展对生科耗材的表面性能提出了更高的要求，通常需要表面具备促细胞吸附生长、亲水或疏水、防粘连等特性，从而来适应生物医药行业的发展需求。

2) 细胞培养领域

各种生物包被表面、ECM模拟表面等功能性细胞培养耗材在肿瘤研究、细胞治疗研究、干细胞研究、3D细胞培养、类器官研究等国际前沿领域发挥着巨大作用。

例如，康宁的ECM模拟表面涂层，其中包含生物活性肽，专有的共价连接使多肽在无血清、无异种和无动物培养基配方中获得最佳的细胞结合和信号传导效果，支持一系列干细胞、原代细胞类型的增殖和分化。

进行类器官培养时需要利用成体干细胞或多能干细胞进行体外三维(3D)培养，培养过程中为了使细胞更好地形成3D结构，往往培养耗材表面需要进行超低黏附处理。康宁利用一种亲水、中性带电的水凝胶涂层，共价结合在培养的聚苯乙烯耗材表面从而形成超低黏附表面。这种水凝胶会抑制特异性和非特异性的固定化，迫使细胞进入悬浮状态，从而实现 3D 球形的形成。

除此之外，含氨基(正电荷)或含羧基(负电荷)的物质常被用于改变耗材的表面电荷，从而改善苛刻类型的细胞附着和生长，如在低或无血清环境下的原代或转染细胞系。

3) 体外诊断领域

随着诊断行业自动化程度的提高和快速发展，常规的体外诊断耗材已不能满足应用要求。开发满足自动化系统的高端配套耗材需要通过产品的全新设计及耗材表面处理技术共同实现。无论是实验室自动化系统，还是生化诊断自动化系统、免疫诊断自动化系统、分子诊断自动化系统，在其高速、高通量、高自动化和高智能化发展的道路上，各个模块功能的实现和系统化都离不开各种新型耗材产品的配套。

酶联免疫吸附分析(ELISA)是较为普遍的一种体外诊断技术，其操作简便、快捷灵敏、结果精准且价格低廉，其最主要的耗材为聚苯乙烯(PS)[3]。但由于 PS 表面惰性不容易对其表面进行修饰，已经不能够达到目前阶段 ELISA 检测中对抗原/抗体吸附的要求[4]。因此，人们往往在附着生物活性化合物之前进行表面功能化处理，接入特定功能化物质来优化表面，提高 PS 孔板的吸附性能。

微流控芯片是一种集成性的可用于生物化学分析检测的芯片，可以提高样品分析检测效率。玻璃或石英材料制备的微流控芯片加工难度大、成本高，不利于批量化生产。聚合物材料因价格低廉、易于加工、能够很好地适用于大批量生产等优点越来越受到研究者关注[5]。然而，聚合物微流控芯片也存在着亲水性不够、液体难以顺利进入微流道等问题。表面亲水涂层改性工艺简单，对基体表面无损伤，易于实现批量化，制备方式多样，能够有效控制表面涂层厚度，具有良好的均匀性和稳定性，已被广泛应用于微流控领域。

7.1.2　血液接触类医疗器械

随着医学的发展，越来越多的血液接触类器件被应用于心脑血管类疾病的治疗。血液接触器械是指在使用过程中会与人体血液发生接触的医疗器械，如血管通路产品(留置针套管、中心静脉导管等)、体外生命支持产品(血液透析器、膜式氧合器等)、心血管植入产品(人工血管、心脏瓣膜等)。

当这些医疗器械进入人体接触血液时，大多数高分子材料类医疗器械由于表面具有较高表面能，因此会吸附血液中蛋白质及血细胞。最初吸附的蛋白质层触发了三种不良反应：通过内在途径的血浆凝固，血小板黏附和活化及导致炎症和瞬时细胞消耗的白细胞相互作用。由纤维蛋白、血小板和红细胞组成的血栓，最初局限于表面，但是可以栓塞到下游部位，如心脏(引起心肌梗死)和大脑(引起中风)。

所以长期植介入类血液接触器械在应用过程中仍需要辅以抗凝血治疗，但即便如此，仍然无法完全避免血栓在材料表面生成，因此需对整个系统中血液接触的材料表面附加抗凝血涂层。

1. 抗凝血涂层技术

抗凝血涂层是解决器械表面血栓问题的最有效途径。抗凝血涂层的设计目标是确保器械在与血液接触时防止凝血和血小板的活化。下面区分了两种解决这个问题的一般方法：

(1) 表面的设计使得血液相互作用被阻止或最小化，即血液无法有效地接触材料表面，这被称为惰性抗凝血涂层;

(2) 通过掺入适当的生物活性物质或基质来抑制凝血反应的发生[6]。

惰性抗凝血涂层的主要成分一般为具有生物惰性的亲水性聚合物或生物分子，如聚乙二醇、聚氧化乙烯、聚吡咯烷酮、聚甲基丙烯酸羟乙酯、磷酸胆碱等[7-10]。该类涂层的主要功能是降低产品表面对血液蛋白质及血细胞的吸附，从而降低凝血反应程度。因此，可以通过石英晶体微天平、酶联免疫标记试剂盒、同位素标记等定量检测蛋白质吸附的方法评价惰性抗凝血涂层的抗凝血效果。

活性抗凝血涂层中应用最广泛的是肝素化涂层，基于肝素自身对血液中抗凝血酶的激活作用，可以阻断凝血反应。肝素化表面可以追溯到 20 世纪 60 年代早期，开始于 Gott 等[11]的工作，他们制备的材料被称为“石墨苯扎氯铵肝素”(GBH)：肝素通过与中间带正电荷的苯扎氯铵层的静电相互作用作为底物附着在石墨上。自 GBH 出现以来的五十年中，已经见证了大量的肝素化表面，这些表面具有基于底物类型、表面附着方法和肝素变体的各种设计，其中一些已经商业化开发和临床应用。评价肝素涂层抗凝血活性的参数有活化部分凝血活酶时间(APTT)、抗Ⅹa 因子活性。

2. *抗凝血涂层应用案例*

以体外膜肺氧合(ECMO)为例(图 7-1)进行阐述。ECMO 作为目前世界上技术难度最高的体外生命保障系统之一，在 6 h 到 30 天不等的时间内，代替心脏和/或肺功能，从而为抢救提供足够的时间，有效提高患者存活率。但是由于在整个系统中，所有的组件内部和循环管路都会接触血液，而不同的组件基材材质各异，因此在针对 ECMO 开发抗凝血涂层时将会面临巨大的挑战。

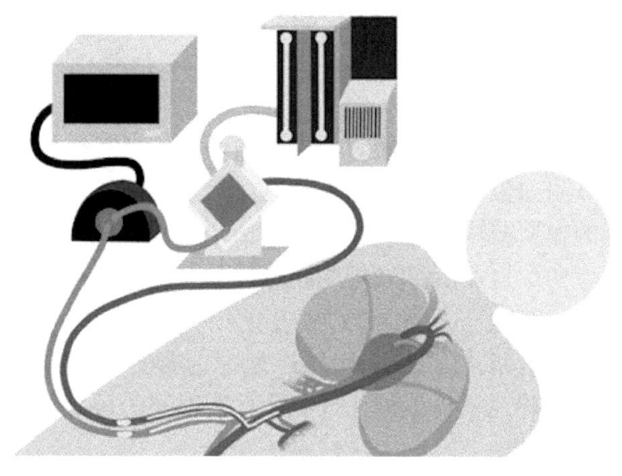

图 7-1　体外膜肺氧合图示

本小节对 ECMO 三巨头——洁定集团（Getinge Group）旗下的迈柯唯（MAQUET）品牌、美敦力（Medtronic）公司、理诺珐（LivaNova）公司中带抗凝血涂层的 ECMO 产品进行介绍。

1) MAQUET

MAQUET 与 3M 公司合作，采用 PMP 膜材的编织技术，优化了血液的流通加热模式，开发出能在 ICU 使用 30 天的心肺体外循环系统——Cardiohelp 系统。多功能 Cardiohelp 系统是一个紧凑的心肺支持系统，将各个设备模块化，把安全性和便携性发挥到了极致，可以快速用于所有需要体外手术的适应证，用于运送需要循环心肺支持的患者。

MAQUET 的 ECMO 产品中，与血液接触的闭合循环通路几乎都有抗凝血涂层，目前市售产品大部分搭载 Softline 涂层或 Bioline 涂层，Bioline 涂层通过在器械表面固化白蛋白和肝素，进而实现生物相容性和抗凝血活性。整套 ECMO 产品包括 Quadrox-i 系列氧合器、涡流离心泵 RF-32 及各类 PVC、PC 血管通路。

2) Medtronic

Medtronic ECMO 的 Perfusion 系统中包含的 Affinity 系列氧合器，膜材主要是聚丙烯(PP)中空纤维，搭载 Cortiva 涂层或 Balance 涂层；而 Nautilus ECMO 氧合器则采用 PMP 纤维膜，搭载 Balance 抗凝血涂层，可提供 48 h 的体外支持。除氧合器外，Affinity 系列中的离心泵及血液接触管路均只搭载 Balance 涂层。上述氧合器与离心泵均搭配 BioConsole 以控制血液流量。

Balance 涂层通过共价键在器械表面结合聚氧化乙烯(PEO)。PEO 具有极强的亲水性，能在材料表面形成水合层，可以有效阻止细胞黏附和蛋白质沉积。

3) LivaNova

LivaNova 旗下的 ECMO 搭载 S5 心肺机，氧合器采用 PMP 膜材，保障了最小的膜面积和最低初始流量。INSPIRE 成人系列和 KIDS 儿童系列氧合器部分搭载 PH.I.S.I.O 涂层，LILLIPUT 儿童系列氧合器则无涂层。LivaNova 氧合器集成式的设计，使其安装便捷快速，是市面上预充体积最小的氧合器。另外，新一代 Essenz 心肺机也即将上市。

PH.I.S.I.O 涂层使用具有电中性的磷酸胆碱和月桂基甲基丙烯酸共聚物模拟了细胞膜外层，其亲水表面改性策略实现了阻止蛋白质黏附，同时抑制蛋白质变性。

7.1.3　骨科医疗器械

1. 骨科植入物涂层

骨科植入物的使用寿命往往受到各种因素的影响，如植入物的磨损或腐蚀、骨整合不良、病灶处的炎症及异物反应、感染等。相关领域的研究者、制造商一直在积极寻找各种新材料、新方法、新技术以提高骨科植入物的性能，降低产品故障风险并最终促进患者的身体康复和功能恢复。除了植入物本身材料、结构及设计上的进展，骨科植入物性能的提升还依赖于不断进步的涂层技术。通过涂层技术改善器械的耐磨性、稳定性、骨整合及抗感染能力，是满足对高性能骨科植入物不断增长的临床需求和改善患者预后的重要途径和有效策略。

2. 骨科植入物表面涂层处理技术

1) 烧结涂层

烧结涂层技术通过将涂层材料(通常为钴合金或钛金属微粒)涂覆于基底材料表面，

塑形后在大气或真空条件下进行高温处理，冷却后形成与基底材料紧密结合的多孔涂层。采用烧结方法制备的涂层与基底材料的结合强度理想，并且可通过控制微粒大小或烧结时间得到理想孔隙率和孔隙尺寸。涂层的多孔结构可以有效促进植入物植入后的骨长入，并增强植入物与骨组织间的牢固性。

2) 化学气相沉积

化学气相沉积(CVD)利用等离子体激励、加热等方法，引发反应物质发生化学反应，并使生成的固态物质沉积在基底材料表面，进而得到固态薄膜或涂层。其中，等离子体喷涂化学气相沉积(PS-CVD)最具代表性，是制备医用生物涂层材料的有效方法。借助电弧等离子气体(如氩、氮和氢等)形成的高温高速等离子体射流将熔化后的特定组分粉末高速喷射到植入物表面，形成以韧性金属为骨架，具有不同厚度、孔隙率、粗糙度涂层的骨科植入物。例如，可以利用真空等离子体在不锈钢接骨板上喷涂钛金属涂层，得到的接骨板产品在拥有不锈钢优异力学强度的同时，也获得了钛金属涂层赋予的良好的生物相容性。涂层孔隙大小可通过控制喷涂粉体颗粒大小、喷涂功率和喷涂气体压力进行调控，以获得理想的形貌、粗糙度等表面性质。

3) 物理气相沉积

物理气相沉积(PVD)是指在真空条件下采用物理方法，如溅射或蒸发等，将材料源表面气化成原子或分子，或通过电离形成离子，在基体表面形成带有特殊功能涂层的技术。目前，物理气相沉积的主要方法有真空蒸发(vacuum evaporation)镀膜、溅射(sputtering)镀膜、离子镀(ion plating)等。物理气相沉积技术制备的涂层具有硬度和强度高、热稳定性好、耐磨性好、化学性能稳定、摩擦系数低、组织结构致密等优点。骨科植入物领域常通过物理气相沉积将氮化钛或氮化钛铌涂层涂覆到钴铬部件表面，以提供出色的耐磨性，并防止基底材料金属离子释放，避免患者的过敏反应。

4) 其他涂层技术

某些骨科植入物结构或涂层技术工艺的限制，导致涂层无法完全覆盖形状复杂或存在隐藏部位的产品表面，因此可通过电化学沉积、电化学处理等涂层技术获得理想植入物功能涂层。例如，麟科泰医疗(LINCOTEK MEDICAL)利用电化学沉积技术，在水溶液中为具有复杂表面的导电基底材料涂覆磷酸钙涂层，提高相关产品的骨长入性能。

3. 骨科植入物涂层作用

1) 低摩擦涂层

骨科植入物需要在服役过程中面对复杂的人体力学和生理环境，包括高载荷及高频重复运动。因此植入物的磨损难以避免，并会导致植入物的过早失效。例如，人工关节的使用寿命通常在 10～15 年，使用过程中由于磨损产生的碎片会引发巨噬细胞因子的级联反应，引起破骨细胞骨吸收，并导致骨溶解[12,13]。另一方面，磨损产生的颗粒会黏附于骨表面，引起骨表面侵蚀，假体周围组织液的高渗状态增加周围炎症因子的渗出，使植入物磨损颗粒进入关节腔，诱导骨细胞死亡。利用具有低摩擦系数的功能性涂层可以有效提高植入物的耐磨性能，显著提高植入物预期使用寿命。南京飞渡医疗器械有限公司黄金膝系统表面采用的氮化钛铌涂层(黄金涂层)拥有自润滑表面和良好的亲水性，具有良好的耐磨性和更长的寿命。该公司旗下另外一款人工颈椎间盘产品，同样利用表面涂层技术，采用钛合金基材配合类金刚石涂层设计，其在服役过程中的耐磨性显著提高。

上海微创®骨科医疗科技有限公司研发设计的锆铌合金股骨头近期通过国家药品监督管理局创新医疗器械特别审查申请，进入特别审查程序。锆铌合金股骨头表面由氧化锆陶瓷层组成，内部是锆铌合金。氧化锆陶瓷层具有高表面硬度、低摩擦系数、低表面粗糙度和良好的亲水润滑性。基于低摩擦系数氧化锆陶瓷构建的髋关节面，可以有效降低关节面的磨损，提高假体的使用寿命，满足患者更高的需求。

作为涂层解决方案提供商，爱恩邦德(Ionbond)公司可以通过物理气相沉积、化学气相沉积和等离子体辅助化学气相沉积等方法为植入物产品提供具有优异防磨损、低摩擦性能的涂层。采用 Medthin™ 01 TiN 涂层的器械已获得多项引用爱恩邦德主文件 1413 的 FDA 510(k)许可。其第二代氮化钛沉积工艺可用于加工各种骨科植入物，包括膝关节、肩关节和髋关节替代物，可减少植入物关节面间 70%的磨损和摩擦，不但可以减少超高分子量聚乙烯和金属植入物在服役过程中碎片或颗粒的产生，同时也延长了植入物的使用寿命。类似地，AST Products 公司旗下 LubriLAST 涂层、特种涂料系统(Specialty Coating Systems)公司的聚对二甲苯涂层，同样具有较低的摩擦系数，可以有效减少植入物界面间的摩擦。

2) 促骨整合涂层

将植入物植入人体后，通过骨组织的长入或贴附实现骨组织与植入物界面的骨整合。植入物与骨组织无法形成直接的骨整合会影响术后短期内的快速成骨修复及植入物长期的服役时间，由此导致的植入物过早失效及二次翻修带来了较大的挑战和风险。通过功能化涂层的帮助，相关产品，特别是脊柱融合和全膝关节植入物，可以有效地增强骨整合的能力。

磷酸钙是骨组织无机相的主要成分，具有优异的生物活性、生物相容性和骨传导性[14]。由于类骨质可以直接在磷酸钙上形成，因此磷酸钙涂层可以增强植入物的骨整合能力。利用等离子体喷涂、电沉积、磁控溅射等方式，磷酸钙可以涂覆到骨科植入物表面，同时可以通过相关工艺控制磷酸钙涂层的孔径和孔隙率，促进骨细胞的长入，增强植入物与组织的骨整合。DOT GmbH 公司利用 BONIT 电化学涂层技术或等离子体喷涂技术可在相关产品表面涂覆磷酸钙医疗涂层，获得的涂层可以确保更快的骨生长，并促进植入物与周围骨组织之间的牢固连接，以缩短患者康复时间。与 DOT GmbH 类似，APS-Materials 公司、HIMED 公司，麟科泰医疗等公司也提供植入物磷酸钙涂层喷涂服务，以增强相关骨科植入物的骨长入能力。

此外，市场上也有产品通过其他功能性涂层以保证植入物的骨整合能力。例如，微创骨科推出的延恒髋臼杯具有独特的球面设计和可靠的骨长入涂层。通过钛珠烧结在产品表面形成微孔表面涂层，促进骨长入，可在髋臼内固定，实现更高的植入物留存率。微创骨科旗下另外一款产品，拔尖股骨柄，基于钛浆等离子体喷涂技术获得促骨长入涂层，促进骨整合，允许骨组织长入并固定股骨柄，以实现优良的植入物稳定性。

3) 抗菌涂层

手术后的植入物相关感染一直是骨科中最大但尚未充分解决的挑战之一。植入物感染不仅会造成骨延迟愈合，出现骨不连、植入物松动等症状，延长患者的住院时间，长时间使用抗生素进行治疗也会导致耐药性的形成并引起其他不良反应，给患者造成身体和经济的双重负担。植入物涂层技术的发展为解决这一问题提供了一种新的方案。

目前抗菌涂层根据其抗菌原理可以分为以下几类[15]：①抗黏附涂层；②抗细菌金属涂层；③载抗生素涂层；④高分子涂层。虽然各种形式抗菌涂层的效果得到了体外试验的证实，但目前应用最为广泛的方法还是利用带有抗生素和银的涂层。艾普医用植入物股份有限公司(aap Implantate AG)于 2021 年启动世界上第一个用于骨折治疗的解剖板和螺钉上的抗菌银涂层技术的人体临床研究。银涂层非常适合涂覆医疗植入物，因为银是一种具有广谱抗菌特性的材料，并且与抗生素不同，目前尚未有对银相关耐药性的报道。在使用该公司抗菌银技术的 LOQTEQ 胫骨/腓骨远端锁定板系统后，取得了良好的治疗效果。同时作为一种平台技术，抗菌银涂层技术具有广泛的应用，不仅可以用于骨外科，还可以用于心脏外科、牙科或其他领域的植入物或医疗器械。

当前抗菌涂层的一个最大问题是抗菌功能成分短时间内大量释放的问题，可能会出现对周围组织有害的抗菌成分爆释。AST Products 公司的 RepelaCOAT 涂层是一种基于离子交换释放机制的抗菌医疗器械涂层。与大多数具有短暂初始活性峰值的抗菌涂层不同，RepelaCOAT 涂层具有受控的初始峰值释放，可以持续释放抗菌功能成分。在 RepelaCOAT 涂层中，抗菌功能成分通过离子键键合到基质材料上。在人体环境中，体液中的钠离子和钙离子会与涂层中的抗菌功能成分进行缓慢的离子交换以防止细菌黏附。因此，RepelaCOAT 涂层可以避免抗菌成分的爆释，且抗菌成分的释放也不会随着时间推移而迅速减弱。

其他骨科植入物抗菌表面处理解决方案供应商还包括 Specialty Coating System、赛恩斯公司(Sciessent LLC®)、BioCote(BioCote®)公司、科瓦隆技术(Covalon Technologies)公司、DOT GmbH 等。

4) 抗异物反应涂层

植入物包括其磨损碎片、颗粒会引发一系列的炎症反应和异物反应。严重的慢性炎症和异物反应会导致骨质溶解。除了通过涂层本身(如氮化钛或氮化钛铌涂层)提供的出色耐磨损性能以减少碎片、颗粒的释放外，其他功能性涂层也可以作为基底材质和人体组织间的阻挡层，减少基底材质(特别是金属材质)离子的释放，降低引起异物反应的可能性。前面提及的爱恩邦德公司的 Medthin 涂层，作为金属离子屏障，可以阻挡 98%金属基植入物释放的钴离子或镍离子，有效减少患者因金属离子释放而可能出现的过敏反应。

4. 骨科植入物涂层评价方法

对骨科植入物涂层的评价应遵循国内外相关的指南文件、国际/国内及行业标准[16]。

1) 成分

涂层的基本成分需要特别关注，尤其是涂覆过程中是否会引入其他成分。骨科植入物涂层的成分可参考标准方法(表 7-1)进行实验。

表 7-1　骨科植入物涂层成分评价

编号		依据标准
1	ASTM F1609-08(2014)	*Standard Specification for Calcium Phosphate Coatings for Implantable Materials* 《可植入材料用磷酸钙涂层的标准规范》
2	ASTM F1185-03(2014)	*Standard Specification for Composition of Hydroxylapatite for Surgical Implants* 《外科植入物用羟基磷灰石成分的标准规范》
3	ASTM F1580-18	*Standard Specification for Titanium and Titanium-6 Aluminum-4 Vanadium Alloy Powders for Coatings of Surgical Implants* 《外科植入物涂层用钛和钛-6 铝-4 钒合金粉末的标准规范》
4	ASTM F1088-2004a(2010)	*Standard Specification for Beta-Tricalcium Phosphate for Surgical Implantation* 《外科植入物用 β-磷酸三钙的标准规范》
5	YY/T 0988.1—2016	《外科植入物涂层 第 1 部分：钴-28 铬-6 钼粉末》
6	YY/T 0988.2—2016	《外科植入物涂层 第 2 部分：钛及钛-6 铝-4 钒合金粉末》
7	YY/T 0988.3—2021	《外科植入物涂层 第 3 部分：贻贝黏蛋白材料》
8	GB 23101.1—2008	《外科植入物 羟基磷灰石 第 1 部分：羟基磷灰石陶瓷》
9	GB 23101.2—2008	《外科植入物 羟基磷灰石 第 2 部分：羟基磷灰石涂层》

2) 生物相容性

为确保涂层在使用过程中的安全性，需要对其进行一系列生物相容性评价。有关骨科植入物涂层的生物相容性，可参考标准(表 7-2)进行评价。

表 7-2　骨科植入物涂层生物相容性评价

编号		依据标准
1	GB/T 16886.3—2019	《医疗器械生物学评价 第 3 部分：遗传毒性、致癌性和生殖毒性试验》
2	GB/T 16886.5—2017	《医疗器械生物学评价 第 5 部分：体外细胞毒性试验》
3	GB/T 16886.6—2022	《医疗器械生物学评价 第 6 部分：植入后局部反应试验》
4	GB/T 16886.10—2017	《医疗器械生物学评价 第 10 部分：刺激与皮肤致敏试验》
5	GB/T 16886.11—2021	《医疗器械生物学评价 第 11 部分：全身毒性试验》
6	ASTM F748-2016	*Standard Practice for Selecting Generic Biological Test Methods for Materials and Devices* 《选择材料和设备的通用生物试验方法的标准实施规程》
7	ASTM F981-04(2016)	*Standard Practice for Assessment of Compatibility of Biomaterials for Surgical Implants with Respect to Effect of Materials on Muscle and Bone* 《外科植入物用生物材料与肌肉及骨骼用材料效应相容性的评定的标准规程》

3) 抗菌性

有关骨科植入物抗菌涂层的有效性评价可参考标准如表 7-3 所示。

表 7-3　骨科植入物涂层抗菌性评价

编号		依据标准
1	ASTM E2180-18	*Standard Test Method for Determining the Activity of Incorporated Antimicrobial Agent(s) In Polymeric or Hydrophobic Materials* 《聚合或疏水材料中掺入抗菌剂的活性测定用标准试验方法》

续表

编号		依据标准
2	JIS Z 2801:2010	*Antibacterial Products-Test for Antibacterial Activity and Efficacy* 《抗菌加工产品-抗菌试验方法，抗菌效果》
3	WS/T 650—2019	《抗菌和抑菌效果评价方法》

4) 机械性能与稳定性

骨科植入物在植入后需要面对人体在各种运动中的复杂力学环境，因此植入物及涂层应具有优异的机械性能及稳定性，可通过标准(表 7-4)验证涂层的相关性能以保证其在服役过程中的可靠性。

表 7-4　骨科植入物涂层机械性能与稳定性评价

编号		依据标准
1	ASTM F1160-14(2017)e1	*Standard Test Method for Shear and Bending Fatigue Testing of Calcium Phosphate and Metallic Medical and Composite Calcium Phosphate/Metallic Coatings* 《磷酸钙和医用金属与复合磷酸钙/金属涂层的剪切和弯曲疲劳试验的标准试验方法》
2	ASTM F1044-05(2017)	*Standard Test Method for Shear Testing of Calcium Phosphate Coatings and Metallic* Coatings 《磷酸钙覆层和金属覆层剪切试验的标准试验方法》
3	ASTM F1147-05(2017)e1	*Standard Test Method for Tension Testing of Calcium Phosphate and Metallic Coatings* 《磷酸钙和金属镀层张力试验的标准试验方法》
4	ASTM F1978-18	*Standard Test Method for Measuring Abrasion Resistance of Metallic Thermal Spray Coatings by Using the Taber Abraser* 《用泰伯耐磨性测试仪测量金属热喷射涂层抗磨损性的标准试验方法》
5	ASTM C633-13	*Standard Test Method for Adhesion or Cohesion Strength of Thermal Spray Coatings* 《热喷涂层黏附力或黏结强度的标准试验方法》
6	ASTM D4060-19	*Standard Test Method for Abrasion Resistance of Organic Coatings by the Taber Abraser* 《用泰伯研磨机测定有机涂层耐磨性的标准试验方法》
7	ASTM F1926/F1926M-14(2021)	*Standard Test Method for Dissolution Testing of Calcium Phosphate Granules, Fabricated Forms, and Coatings* 《磷酸钙颗粒、制品和涂层的溶出度测试的标准测试方法》
8	ASTM F1854-15	*Standard Test Method for Stereological Evaluation of Porous Coatings on Medical Implants* 《外科植入物用多孔涂层立体学评价的试验方法》
9	YY/T 0988.11—2016	《外科植入物涂层　第 11 部分：磷酸钙涂层和金属涂层拉伸试验方法》
10	YY/T 0988.12—2016	《外科植入物涂层　第 12 部分：磷酸钙涂层和金属涂层剪切试验方法》
11	YY/T 0988.13—2016	《外科植入物涂层　第 13 部分：磷酸钙、金属和磷酸钙/金属复合涂层剪切和弯曲疲劳试验方法》
12	YY/T 0988.14—2016	《外科植入物涂层　第 14 部分：多孔涂层体视学评价方法》
13	YY/T 0988.15—2016	《外科植入物涂层　第 15 部分：金属热喷涂涂层耐磨性能试验方法》
14	YY/T 1640—2018	《外科植入物　磷酸钙颗粒、制品和涂层溶解性的试验方法》

7.1.4 牙科医疗器械

由年龄、外伤、口腔疾病等导致的缺牙如果无法得到及时医治，不仅会诱发牙周病、龋齿，甚至会导致牙列的完整性遭到破坏，并致使相邻牙齿出现松动。1969 年，Branemark 教授开发了骨结合式人工种植牙的方法，通过人工材料制成的种植体来修复缺牙或为牙修复提供支持。2017 年，全球种植体和假牙市场规模达到 89 亿美元，并将在 2023 年达到 130 亿美元。未来几年种植牙市场仍将保持高速增长，且种植牙的潜在存量市场巨大。由于涂层可以对牙科种植体的表面进行改性，提供多种种植体所需生物活性功能，牙科种植体涂层也逐渐成为最为活跃和发展迅速的领域之一。

1. 牙科种植体表面涂层处理技术

与骨科植入物涂层类似，牙科种植体也可以通过化学、物理气相沉积等方式获得具有特定功能的涂层。例如，捷迈邦美（Zimmer Biomet）控股公司的 SwissPlus 牙科种植体通过等离子体喷涂技术将羟基磷灰石涂覆到种植体表面，促进植入早期的成骨细胞的黏附与分化，加快骨组织与种植体的骨整合速度。

大颗粒喷砂表面酸蚀技术也是牙科种植体常用的涂层处理之一，这项技术由全球种植牙领导者士卓曼(Straumann)公司开发，目前许多产品，如 Camlog、FRINADENT 等，还在沿用这项技术。通过将氧化铝、二氧化硅、碳化硅等颗粒以高速气流方式冲击种植体表面，使其表面粗糙化，经过冲洗后进行酸钝化处理，可得到具有适合成骨细胞及纤维蛋白黏附的粗糙微纳米结构涂层的种植体。

不同的是，为了解决钛及钛合金可能导致免疫反应及牙槽骨吸收等问题，聚醚醚酮(PEEK)被广泛用于制作牙科种植体，但 PEEK 无法承受等离子体处理时的高温，因此需要通过旋转沉积、气体等离子体刻蚀、电子束沉积等其他涂层技术改善其生物惰性和骨整合能力。

2. 牙科种植体表面涂层作用

1) 耐磨涂层

牙科种植体需要在植入后长期面对口腔清洁产品和咀嚼摩擦的挑战，因此耐磨涂层是现代牙科种植体不可或缺的一部分。DOT GmbH 通过物理气相沉积为种植体提供氮化钛或氮化锆涂层。利用电弧使钛源或锆源释放钛原子或锆原子，经过电离后喷向种植体，并与引入的氮气结合，在种植体表面形成所需的氮化钛或氮化锆涂层。获得的涂层硬度分别可以达到 300 HV 和 500 HV，可以实现出色的磨损保护，减少了种植体的磨损。欧瑞康巴尔查斯（Oerlikon Balzers）公司的 BALIMED TICANA 涂层可用于种植体基台，该涂层具有和牙龈相同的颜色，在保证种植体美观的同时，提供优异的耐磨损、耐腐蚀性能，确保种植体在植入后的使用寿命。

2) 促骨整合涂层

骨整合是牙科种植体发挥功能的基石，快速稳定的骨整合是口腔种植学研究的重要目标。利用涂层技术改变种植体表面的粗糙度、物化性质等，可以有效促进种植体的骨

整合，提高种植体植入后在颌骨内的稳定性。前面提及的 SwissPlus 牙科种植体利用羟基磷灰石涂层，可以加快种植体的骨整合速度并增加种植体与骨组织的接触面积。针对士卓曼种植体的一项 10 年留存率研究表明，带有涂层的种植体的 10 年留存率可以达到 98.8%，证明了促骨整合涂层在提高种植体骨整合能力和种植体长期留存率上的有效性[17]。

诺贝尔拜奥凯(Nobel Biocare)公司的 TiUnit 是一种高性能的种植体表面涂层。基于电化学处理技术，TiUnit 可以在种植体表面形成粗糙度在 1μm 左右的多孔结构涂层，具有高结晶度和骨传导特性。同时，TiUnit 涂层具有更大的表面积供蛋白质、成骨细胞及成纤维细胞进行吸附、增殖、分化，可以加快骨形成，从而提高种植体稳定性，并确保长期的使用效果。与传统种植体相比，带有 TiUnit 促骨整合涂层的种植体具有更大的种植体与骨组织的接触面积，以及更高的种植体长期留存率。

3) 抗菌涂层

由于口腔内复杂的微生物环境，牙科种植体在植入后容易黏附细菌而引起感染，出现种植体牙周炎、牙龈炎等情况。牙科种植体植入 5 年后，种植体周围感染发生的比例达到 14%，是导致种植失败的主要原因之一。为了改善患者植牙后的临床体验并提高种植成功率，可通过抗菌涂层来阻止微生物在种植体表面的黏附与定植，并避免生物被膜的形成。目前研究领域的常用策略是利用涂层作为药物载体，通过有机抗菌成分(如抗菌肽、抗生素等)或无机抗菌成分(如银、铜、锌、氟等)的释放达到抗菌的目的。常用的涂层载体主要包括羟基磷灰石等生物陶瓷类涂层、壳聚糖等天然高分子涂层、聚乙二醇或聚乳酸等聚合物涂层，然而目前尚无这些抗菌涂层临床应用的报道。市场上目前也没有用于抗菌的牙科种植体涂层，仅有一些产品通过表面形貌的控制以减少细菌的黏附。例如，Biomet 3i 公司的 NanoTite 通过酸蚀并离散沉积纳米磷酸钙晶体获得均匀的涂层，通过控制涂层粗糙度，使粗糙度与细菌大小之比大于 1，降低生物被膜形成的可能性。总体上，牙科种植体抗菌涂层的研究目前尚处于实验室阶段，如何实现从“实验台”到“手术台”的转化，许多技术上、工艺上、验证上的问题仍待进一步解决。

7.1.5 眼科医疗器械

1. 概述

根据智研咨询数据，2021 年中国隐形眼镜市场规模约 130.9 亿元，比 2020 年的 106.7 亿元有大幅增长(22.7%)(图 7-2)。《天猫隐形眼镜行业人群洞察白皮书》指出，在 2021 年上半年，彩色隐形眼镜销售额的同比增速达 83%。相比于香港和台湾，虽然内地(大陆)近一半人口有近视问题，但整体隐形眼镜的使用率只有 8%(图 7-3)，可见内地隐形眼镜市场依然有很大发展空间[18, 19]。在隐形眼镜市场中，国际主要公司为爱尔康（Alcon Laboratories）公司、博士伦（Bausch & Lomb）公司、强生视力健（Johnson & Johnson Vision）公司和库博光学（CooperVision）公司。我国主要公司为上海卫康光学眼镜有限公司、台湾精华光学股份有限公司和台湾海昌隐形眼镜有限公司。

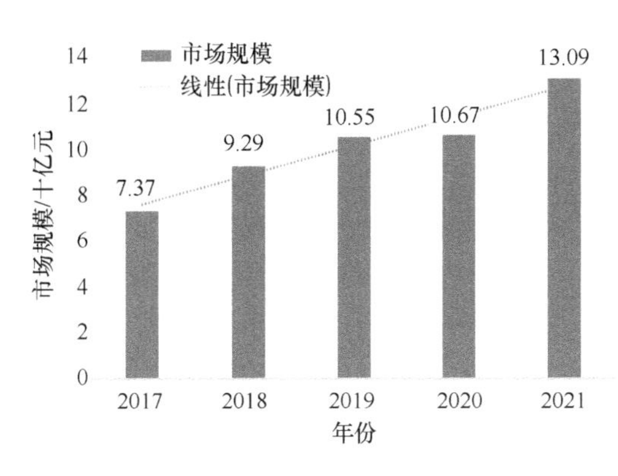

图 7-2　2017～2021 年隐形眼镜市场规模测算

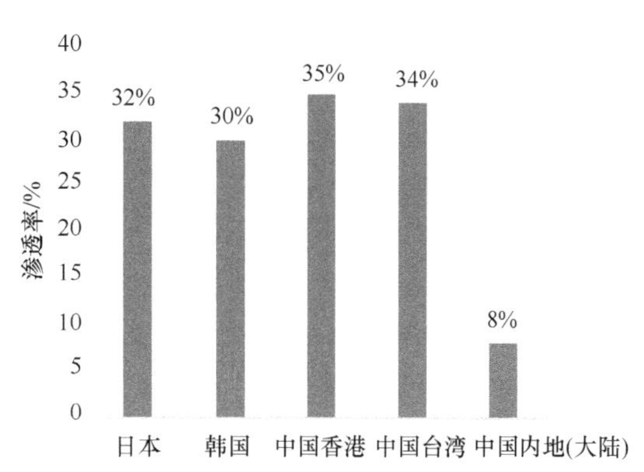

图 7-3　东亚各地隐形眼镜渗透率对比

在人工晶状体市场中，国际主要生产商为爱尔康、强生视力健、博士伦和卡尔·蔡司（Carl Zeiss，简称蔡司）。根据爱尔康财报及估算，爱尔康占全球市场份额的 31%，强生视力健占 22%，博士伦占 6%，蔡司占 4%。四家头部厂商占了全球市场的 63%[20]。我国主要厂商为无锡蕾明视康科技有限公司、河南宇宙人工晶状体研制有限公司和爱博诺德医疗科技股份有限公司。

2. 眼科医疗器械介绍

眼睛在正常发育的情况下，晶状体会变薄，变平，屈光力下降以维持正视。在近视发生的过程中角膜的影响仅次于晶状体的影响，只有当眼前节(晶状体)和后节(轴向生长)之间形成独立时，才会形成近视，而这种独立性可能是由于周围巩膜停止生长[21]。因此在治疗眼睛疾病，如近视、远视、老花、高度屈光不正和角膜炎时，可以通过佩戴隐形眼镜和巩膜镜来进行治疗，而更严重的眼科疾病如白内障和角膜疾病分别可以通过移植人工晶状体和人工角膜来治疗。目前的眼科医疗药物输送系统还不够充分，通过滴眼液作为药物传输工具将会导致 95%的活性物质通过泪液流失[22]。从 2010 年开始就已经着手研究基于隐形眼镜的药物传输系统，在 2021 年 3 月强生视力健推出一款药物释放隐形眼镜，用于治疗与眼睛过敏相关的眼痒，也是全球范围内首款获得监管机构批准上市的药物释放隐形眼镜[23]。

1) 角膜接触镜

(1) 软性隐形眼镜及医疗用途。

目前的软性隐形眼镜(SCL)由两种材料制成：水凝胶和硅水凝胶。近年来，硅水凝胶材料的发展包括对镜片表面进行改性来增加材料的润湿性和泪膜的生物相容性以提高患者舒适度[22]。SCL 的保质期为 1～1.5 年，直径为 12.5～14.5 mm，含水量为 30%～60%，所以更容易受污染发霉。SCL 的主要医疗作用是治疗近视、远视、老花和散光。

(2) 硬性隐形眼镜及医疗用途。

硬性隐形眼镜(RGP)由硅、氟结构的聚合物材料构成，能够大大增加氧气的通过量。与 SCL(水凝胶材料)相比，RGP 既提高了透氧性，又保证材料的牢固性，具有良好的湿润性和抗沉淀性[22]。RGP 的保质期为 2～3 年，直径为 8.8～9.2 mm。角膜塑形镜

(OK 镜)是特殊 RGP，直径为 10～10.6 mm。RGP 对近视、远视、散光的治疗效果比 SCL 更为突出，并且还能治疗由角膜突出引起的圆锥角膜和透明边缘变性，外伤和穿透性角膜移植术引起的不规则散光。

2) 巩膜镜

巩膜镜(ScCL)采用高透氧性材料，如氟硅氧烷丙烯酸酯，与角膜接触镜不同，其直径更大，与巩膜接触，在角膜与镜片之间留有空间不与角膜接触。如图 7-4 所示，巩膜镜主要由三个部分组成：光学区、着陆区、过渡区。巩膜镜直径为 14～20 mm，保质期为 3 年以上。巩膜镜能治疗干燥性角膜炎，角膜外伤和穿透性角膜移植术引起的不规则散光及高度屈光不正[24]。

3) 人工晶状体

人工晶状体(IOL)(图 7-5)是一种可取代天然晶状体植入眼内的人工透镜，两个 C 型支撑袢起到固定人工晶状体的作用。市面上使用最广泛的人工晶状体材料是丙烯酸。人工晶状体的直径为 5.5～6 mm，保质期为 40～50 年。人工晶状体主要运用在白内障手术中。

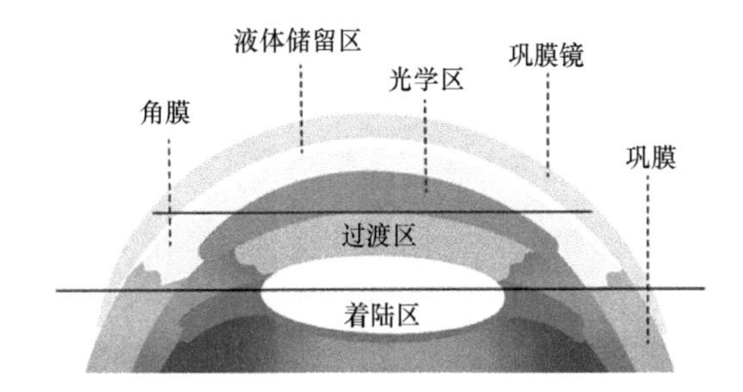

图 7-4　巩膜镜区域展示

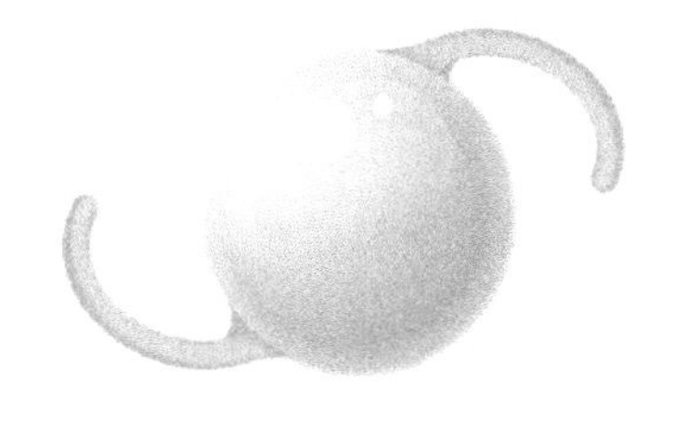

图 7-5　人工晶状体

4) 人工角膜

人工角膜(Keratoprosthesis)是人工合成材料制成的一种屈光装置，可代替病变后的浑浊角膜，终生使用。其直径为 5.5～6 mm，保质期为 40～50 年，主要医疗用途是白内障手术和角膜病。目前全球流行三种人工角膜，分别是波士顿人工角膜(B-KPro)、骨齿型人工角膜(OOKP)和 MICOF 人工角膜[25-27]。其中 B-KPro 是目前全球最流行的人工角膜，MICOF 人工角膜手术后的结果优于 B-KPro Ⅱ型，OOKP 是目前最难实施的人工角膜手术[27]，其移植过程如图 7-6 所示。

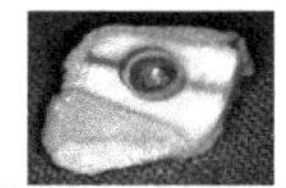

图 7-6　骨齿型人工角膜移植过程[27]

3. 眼科医疗涂层应用及作用

1) 角膜接触镜涂层应用及作用

用于角膜接触镜的抗菌涂层还未上市，是近年来针对隐形眼镜临床的重点研究对象，Mel4 钛涂层是目前能运用于抗菌硅水凝胶隐形眼镜的有效选择。通过对 176 名佩戴者佩戴 3 个月的试验发现，Mel4 钛涂层不会使隐形眼镜产生表面沉积物或引起眼部不良反应，同时也不会影响佩戴过程中的舒适度，表明该涂层具有生物相容性和有助于控制微生物驱动的不良反应[28]。

Tangible Hydra-PEG 涂层是市面上最为流行的亲水涂层，主要运用于角膜接触镜和巩膜镜。Tangible Hydra-PEG 亲水涂层仅有 40nm 含有 90% 水，基于聚乙二醇(PEG) 的聚合物混合物共价(永久)键合到隐形眼镜表面，有效地在镜片材料上形成润湿表面，并将其与眼表和泪膜分开，显著改善了润湿性和润滑性。同时使患有干眼症和圆锥角膜等慢性角膜疾病的患者能够更舒适、更方便地佩戴隐形眼镜生活。

2) 人工晶状体涂层应用及作用

白内障手术会引起角膜炎的风险很高，而含有肝素涂层的人工晶状体可以使其表面更具有生物相容性，使得术后患者感染角膜炎并发症的程度降低。这款肝素涂层人工晶状体在 2017 年 2 月 3 日于欧洲上市。2022 年 9 月 22 日爱尔眼科医院顺利完成国内首例蔡司单焦点预装式肝素涂层人工晶状体的特许植入[29]。

3) 人工角膜涂层应用及作用

波士顿人工角膜(B-KPro)的茎周围容易产生组织坏死和角膜融化的并发症，目前正在通过钛涂层对人工角膜中的 PMMA 结构进行表面修饰，进而赋予人工角膜良好的黏附性，见图 7-7。

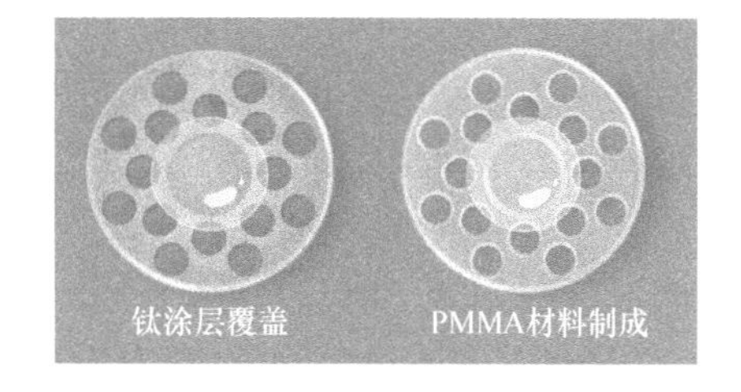

图 7-7　人工角膜涂层

7.1.6　泌尿科医疗器械

1. 概述

随着现代医学技术的发展，医疗器械在预防、诊断、治疗或缓解疾病方面发挥着越来越重要的作用，大大提高了人类的医疗质量。然而，这类器械的应用带来了一些挑战，特别是因生物被膜的存在而导致的植入物相关感染。生物被膜的形成通常是在手术期(生物体在手术中进入伤口或黏附在植入物上)和手术后(生物体在住院期间感染患者)造成的[30-32]。感染性疾病造成数千万人死亡，约占全世界所有死亡人数的 20%。据估计，80%的人类感染与生物被膜的形成有关[33]。尤其是泌尿系统器械相关的感染，导管相关的尿路感染(catheter-associated urinary tract infections，CAUTIs)也被强调为最常见的医疗相关感染[34,35]。CAUTIs 的定义是“留置导尿管超过 48 h 的尿路感染”。据统计，超过 75%的医院获得性尿路感染是由导尿管引起的。根据欧洲的研究，“15%～25%的住院患者和 5%的养老院患者有导尿管，在英国，每年 CAUTIs 的

费用占 9900 万英镑”[34,36]。

2. 泌尿系统及泌尿科医疗器械

正常的尿道为尿液的产生、储存和处理提供了一个有效的系统。尿液产生于肾脏，沿着狭窄的输尿管流入储存设备膀胱。复杂的控制系统确保其通过膀胱括约肌释放到尿道，并因此以适当的间隔释放到外部环境。这些控制功能的丧失可造成脊髓损伤进一步对膀胱神经系统造成创伤。尿路中的结石会阻碍尿液从肾脏和膀胱流出。在男性中，前列腺的增大也会限制尿液通过尿道的流动。尿液滞留在膀胱内是很有害的，因为它会导致膀胱胀痛，尿液回流到肾脏，并对这些器官造成损害。尿失禁会损害许多人的生活质量。不能移动的患者可能需要持续的护理来控制失禁，即使如此，这也可能导致并发症，如皮肤状况、褥疮及最终的血流感染和败血症[30,37]。如果没有一些重要的人工装置的干预，这种尿道功能的丧失可能是灾难性的，泌尿科医疗器械应运而生。

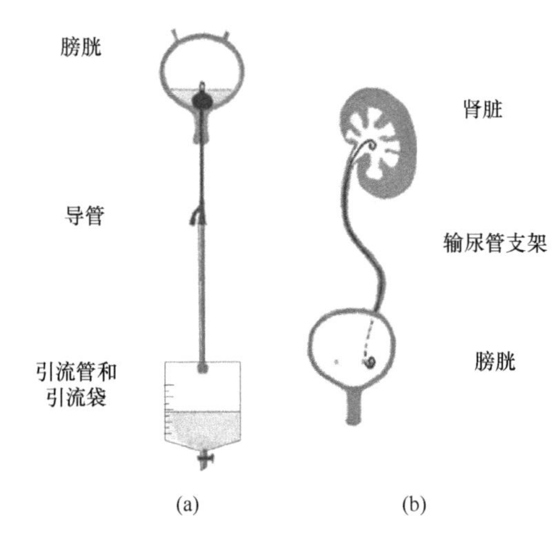

图 7-8 (a)留置膀胱导管及其尿液排泄系统；(b) 输尿管支架位于肾脏和膀胱之间[30]

目前市场上用于泌尿系统的医疗器械，按照其功能可大致分为三类：①通路器械，可通过输尿管镜工作通道，在输尿管镜直视下对输尿管开口处输尿管狭窄部位进行扩张，如输尿管球囊扩张导管；②治疗器械，用可吸收热塑弹性体制造输尿管支架管，替代临床普遍应用的不可吸收支架管，避免二次手术拔出，减轻患者痛苦，如单/双 J 管-输尿管支架；③护理器械，用于通过尿路插入膀胱腔以排尿和冲洗膀胱，如留置式导尿管。这些装置中最常用的是膀胱导管和输尿管支架(图 7-8)[30]。

3. 功能涂层在泌尿科医疗器械的应用

在引入新器械之前，研究人员需要考虑上述 CAUTIs 问题，这类感染可导致轻微至严重的症状，如不及时治疗，可能导致肾脏感染(肾盂肾炎)和血液感染(败血症)，在极端情况下甚至死亡[30, 37]。因此，迫切需要开发新的材料和策略来对抗此类感染。全身抗生素治疗是治疗包括植入式医疗器械相关感染的一种常见方法。然而，由于缺乏对生物材料表面的针对性，对植入式医疗器械相关感染的治疗效果并不理想[38]。增加抗生素的剂量会导致细胞毒性、副作用和抗生素耐药性的风险[39-42]。近年来，研究人员的研究方向主要集中在把防污或杀菌特性或两者结合的涂层材料涂覆在导管表面[43-45]。除了感染问题，研究者同时还需要关注患者的疼痛感及医生的临床操作性问题。例如，在术后护理过程中常用的导尿管，一般由硅橡胶、乳胶、聚氯乙烯(PVC)和聚氨酯等聚合物制成，其表面往往较为疏水，在插入和抽出人体时，极易与组织之间产生较大的摩擦力，致使患者常伴有灼烧感和疼痛感，且容易造成组织损伤和粘连，导致伤口感染等并发症[46]。目前，研究人员已通过在基材表面涂覆亲水润滑涂层以提高基材润滑度，增强其安全性和可操作性，同时减轻患者的痛苦[47,48]。目前用于泌尿科医疗器械的涂层主要包括亲水润滑涂层和抗菌涂层，其适用的产品类型及用途见表 7-5。

表 7-5　带有功能涂层的泌尿科医疗器械

类别	产品名称	涂层类型	产品用途
通路器械	一次性使用输尿管球囊扩张导管	亲水涂层	用于输尿管狭窄的腔内扩张、输尿管镜检查或输尿管取石前扩张输尿管
	高压输尿管球囊扩张导管	HydroPlus™ 涂层	球囊扩张导管设计用于尿路的径向扩张，以缓解狭窄并促进放置较大的手术器械
护理器械	一次性使用乳胶导尿管(三腔标准型)	亲水涂层	用于临床常规导尿、给药、冲洗
	一次性使用无菌硅胶导尿管(三腔标准型)	亲水涂层	用于临床常规导尿、给药、冲洗
	单腔超滑导尿管(PVC)	亲水性涂层	用于临床一次性导尿
	BIP 合金涂层抗感染导尿管	亲水涂层、抗菌涂层	用于患者膀胱排尿或手术后患者膀胱排尿和冲洗
	一次性使用抗菌落沉积导尿管	抗菌涂层	产品具有抗菌落沉积和抗尿盐沉积功能，供临床导尿用
治疗器械	泌尿斑马导丝	亲水涂层	内窥镜下与 J 型导管和微创扩张引流套件配套使用，起支撑、导引作用
	引流导管	亲水涂层	穿刺导引针及猪尾引流导管，供临床经皮插入体腔，进行体腔内(胸腔、腹腔)积液积浓的留置引流
	一次性使用双 J 型导管(猪尾巴管，超滑型)	亲水涂层	放置于输尿管中，为暂时性的尿液通路
	一次性输尿管导引鞘	亲水涂层	适用于输尿管镜下处理肾结石、输尿管结石(包括输尿管石街)手术中建立手术通道
	PTFE 弯头导丝	超滑亲水涂层	适用于泌尿手术中的器械顺利通过曲折通道
	Navigator™ HD 输尿管通路鞘	亲水涂层	为输尿管镜手术过程中引入输尿管镜和设备，提供输尿管扩张和工作通道

4. 抗菌涂层的分类

在以上泌尿科医疗器械中最常用的是导尿管和输尿管支架，所引发的 CAUTIs 也是医疗机构中最常见的感染[34,35]，其形成过程主要由以下几个阶段组成[49-58]：第一阶段是积累阶段，即各类有机质(如多肽、蛋白质、糖蛋白等)的原始积累，通过氢键、静电力和范德瓦耳斯力作用吸附在材料表面，随着环境的变化发生吸附和脱附过程，逐渐形成一层蛋白质膜，为微生物附着和之后生物被膜的形成提供条件；第二阶段是附着阶段，在第一阶段形成的蛋白质膜表面，大量微生物与材料可能会产生化学作用和细胞间的相互作用，从而进行繁殖并黏附在材料表面，由于细胞外产物的分泌，将微生物相互连接形成一层生物被膜；第三阶段为生长阶段，一旦在第二阶段形成生物被膜，后续的微生物持续黏附并逐渐生长，直至覆盖整个材料表面，形成一个循环过程。抗菌涂层的研究主要是围绕第一阶段和第二阶段展开的。根据不同的抗细菌定植机理，通常将抗菌涂层分为触杀型抗菌涂层、抗细菌黏附型涂层和智能缓释型抗菌涂层三大类[59-62]。

1) 触杀型抗菌涂层

触杀型抗菌涂层是研究最早的一类抗菌涂层，其机理是将具有抗菌功能的有机或无机杀菌剂通过物理或者化学作用固定到导管表面[48-61]。根据其杀菌机制的不同，可分为物理杀菌和化学杀菌。物理杀菌是指固定到材料表面的杀菌剂(如纳米银、纳米金属氧化物、纳米金、氧化石墨烯等)利用自身的物理光热效应所产生的局部高温来杀死细菌，或者抗菌剂直接进入细菌的细胞内破坏其物理结构的完整性来杀灭细菌。但是，这种方法通常需要消耗一定的能量来为其提供激发条件。相比之下，化学杀菌通常是将具有抗菌功能的有机分子(如季铵盐、抗菌肽)直接固定到材料表面，利用杀菌剂与细菌分子之间的相互作用，接触并穿透细菌的胞膜溶解细胞膜或抑制胞内酶蛋白的活性而杀灭细菌。此外，杀菌剂可在与细菌接触的过程中，活化或受光催化激发产生活性氧簇、自由基等活性物质，进而通过活性氧破坏细胞完整性而间接杀菌。化学杀菌机制不仅保留了原有抗菌剂较强的抗菌活性，还有助于规避游离态抗菌剂潜在的局限性，如较短的半衰期和可溶性抗菌剂浓度较高导致的高细胞毒性。目前触杀型抗菌涂层的最大问题是在实际使用中蛋白质及死细菌容易在涂层表面黏附聚集，从而影响涂层抗菌性能的持久性和高效性。

2) 抗细菌黏附型涂层

根据涂层材料对细菌等微生物分子的抑制作用，抗细菌黏附型涂层又可分为抗细菌黏附抑菌涂层和抗细菌黏附杀菌涂层[48-61]。抗黏附抑菌涂层是在材料表面构建抗细菌、真菌和蛋白质等生物分子黏附的功能涂层。抑菌涂层不使用传统杀菌剂或抗生素，直接通过对材料进行表面改性，改变材料表面的理化性质，如粗糙度、亲疏水性、荷电性、传导性等，从而抑制病菌的黏附、聚集。目前研究较多的材料主要是超亲水抗污聚合物，如聚乙二醇及其衍生物、两性离子化合物、聚乙烯基吡咯烷酮，主要集中在构建聚合物刷和水凝胶两种形式的抗菌涂层方面。但此类涂层往往无法达到完全的抗细菌黏附的功能，尤其在人体内复杂环境中，抗菌效果不佳。相比之下，抗黏附杀菌涂层可抗细菌、真菌和蛋白质等生物分子黏附并外露或不断释放杀菌成分，同时具有抑菌和杀菌的双重功效。此类涂层通常是通过将抗菌剂通过物理或者化学作用直接载入抗黏附涂层材料中，抗菌剂通过物理吸附的方式存留于涂层孔隙或者聚合物层中，缓慢或者响应性释放而发挥抗菌作用。但抗菌剂通过物理吸附方式固定极可能出现初期“爆发式释放”而后期缓慢少量释放的问题，难以实现杀菌剂的可控释放及感染的长期预防。另外，某些抗菌药物具有不稳定性、潜在毒性和耐药性等问题。

3) 智能缓释型抗菌涂层

鉴于以上触杀型抗菌涂层和抗黏附抗菌(抑菌和杀菌)涂层出现的问题，近年来研究人员有针对性地开发了新型智能抗菌涂层[48-61]。一方面，智能抗菌涂层实现了抗菌过程可控，在没有细菌接触时保持“生物惰性”，而在细菌黏附初期能够“激活”杀菌功能，释放抗菌剂，且可通过调节分子间作用及智能响应性实现抗菌剂的可控释放。这样就避免了大量重金属、抗生素等有毒成分的无规则大量流失而造成的环境污染及危害健康等问题。另一方面，智能抗菌涂层可以通过涂层分子的智能响应性(温度、pH、光、磁等)在杀灭细菌后能够及时清除表面残留的死细菌及碎片，以保持涂层长效抗菌功能。此外，智能抗菌涂层往往具有多种杀菌机制，形成协同效应，以提高杀菌效率并降低细菌耐药性，实现对“超级细菌”的有效杀灭。

7.1.7　其他医疗器械

1. 概述

非血管介入医疗器械是指通过外科手段插入人体或自然腔口中，进行短时间的治疗或检查，完毕即取出的一类医疗器械。其应用非常广泛，覆盖了包括泌尿科、消化科、呼吸科和生殖科等科室。

虽然目前介入医疗器械发展迅速，然而其临床应用也面临着诸多挑战。介入器械在进入人体使用时会跟与之接触的组织发生摩擦，不仅不利于医生的操作，最重要的是致使患者常伴有灼烧和疼痛感，且容易造成组织损伤和粘连，导致感染等并发症[63]。而表面涂层技术成为解决上述问题的关键。通过表面涂层处理不仅能够改变医疗器械的表面性能，如润滑性、耐磨性等，还可以赋予产品多种生物特殊功能，如血液相容性和抗凝血性、耐细菌黏附和抗菌性、抗蛋白质和细胞黏附性等。

消化科常用的鼻饲营养导管、消化道导丝和内窥镜等；呼吸科常见的气管插管、吸痰管和鼻氧管等；辅助生殖科的胚胎移植管、人工授精管和卵母细胞采集器等，均可以通过表面涂覆相应的涂层，从而改善其功能性和安全性，提升产品的附加值。

2. 消化科

消化科常见的消化道导丝、斑马导丝和引流管等医疗器械都是和人体腔道或组织短时间接触的医用耗材。其中，消化道导丝主要用于向狭窄消化道远端引导或导入其他器械。引流管一般是将其部分放置在体腔之中，目的是将人体组织之间或者体腔内的脓液、血液、残留积液或者其他液体引导至体外，以防术后伤口感染。其材质主要为医用硅胶、聚氨酯或医用软聚氯乙烯等。对于这些器械使用频率较高，时间较短，且大多数都需要通过复杂的人体腔道，因此器械表面涂覆亲水润滑涂层不仅可以灵活通过人体腔道，减少操作的复杂性，节约时间，还可以减少器械和组织相互摩擦，减轻患者的痛苦。

而对于鼻饲营养导管和鼻胃肠管等需要长时间留置体内，需要和人体体液长时间接触，用于经鼻向胃或肠内输送营养液，使胃肠减压的医用耗材，在表面涂覆亲水润滑涂层来减少器械和组织相互摩擦，减轻患者的痛苦的同时，由于导管会长时间留置，增加了接触胃液或肠液的机会。胃液和肠液不仅具有很强的腐蚀性，成分也较为复杂，很容易腐蚀损坏导管或滋生大量细菌引起感染，大大降低了器械使用的安全性。因此，在器械表面构筑兼顾润滑、耐体液腐蚀和防物质黏附的功能涂层也很有研究的必要。

内窥镜主要通过人体腔道或手术切口进入人体，检查或诊断器官的疾病，如消化科常见的诊断胃肠疾病的胃镜、肠镜。内窥镜内部包含光学镜头，使用过程中水汽/有机溶剂或挥发性的小分子单体凝结到镜头上，就会导致镜头的清晰度下降，以至于手术无法继续，只得中断手术。目前一台外科内窥镜手术时间可长达几个小时，每台手术进行中需要抽出内窥镜反复擦拭雾气，这个过程不仅增加患者痛苦，增加手术风险，而且很容易对精密的光学器件造成影响，严重影响手术的进度和流畅性，所以内窥镜摄像头的防雾效果关系着手术的成败[64]。目前广泛流行的做法有热盐水预热镜头法、碘伏擦拭方法、组织大网膜擦拭方法等。其中，热盐水预热镜头法具有成本低、取材容易的优点，但有时会发生镜头倒翻、热盐水洒出等现象，增加了污染和镜头损坏的概率；碘伏擦拭方法对碘过敏的患者需要避免使用，另外，碘伏是有色液体，涂擦镜头防雾需要在调节白平衡之前进行，且可能存在长期使用导致镜头黄染的现象出现；组织大网膜擦拭法仅适合在大网膜附近的腹腔镜手术。市面上的各类防雾剂和防雾油，存有成本高、保存难、刺激和毒性，限制了在临床上的使用。因此，在内窥镜表面构筑一种生物安全性好、结合力强的防雾或防污的功能涂层，减少临床使用重复擦拭和清洁的次数，有效阻止镜头上雾气的形成或各种体液物质的黏附，促进内窥镜功能发挥和增加手术的便利性。

3. 呼吸科

气管插管主要是经口腔或鼻腔置入气管，供临床上进行麻醉、急救复苏时使用，其材质主要为硅橡胶、聚氯乙烯等；吸痰管主要与真空负压系统或设备连接，供呼吸道吸引痰液等用，其材质主要为聚氯乙烯、天然胶乳和硅橡胶等；鼻氧管主要与供氧装置配套，供人体吸入氧气用。这些器械需要插入到人体气管或呼吸道，且器械尺寸较大，增加了与人体腔道摩擦的概率，因此表面可涂覆亲水润滑涂层，不仅可以灵活通过人体腔道，减少操作的复杂性，节约时间，还可以减少器械和组织相互摩擦，减轻患者的痛苦。

4. 辅助生殖科

人类辅助生殖技术，是指运用医学技术和方法对人类的配子、合子、胚胎进行人工操作，使不育夫妇妊娠的技术，包括人工授精和体外受精-胚胎移植技术及其各种衍生技术。目前我国面临高龄生育人群数量增加，人口老龄化和出生率下降，适龄夫妇不孕不育等问题。从以前的“不敢生”到如今的“不能生”，还处于较低的生育水平，越来越多的人开始采取辅助生殖技术的方式来生育后代，国家陆续实施的“二孩、三孩政策”，也大大推动了辅助生殖技术的发展。

其中辅助生殖用胚胎移植导管主要是将配子、合子和胚胎向子宫腔内或输卵管内移植时使用；人工授精导管主要是经阴道插入子宫腔内注入体外处理后精子，或子宫颈内注入体外处理后精液；穿刺取卵针主要是穿刺卵巢中卵泡以获取卵母细胞时使用[65]。

以上导管或针管类辅助生殖用医疗器械通常需要输送或穿刺到人体子宫或卵巢内进行显微操作，因此其器械外壁可涂覆亲水润滑涂层，能够大大减轻术中疼痛和出血风险，且增加操作的便利性。此外，配子、合子、胚胎和精子的移植或注入过程，卵子的负压抽吸过程，均需要和器械内壁直接接触从而完成操作。由于导管或针管内部材质及表面形貌的复杂性，配子、合子、胚胎可能会在输送过程中受到各种因素影响而损失活性或遭到破坏，因此可在器械内壁构筑能够有效防止物质和器械内壁粘连的功能涂层，防止粘连及刮擦情况出现，从而保障受精或移植的成功率。

7.2　医疗器械医用涂层的应用案例

7.2.1　带润滑涂层的介入输送系统的案例

1. 亲水润滑导丝的简介

导丝是介入治疗中常见的医疗器械，包括神经介入类、血管介入类、非血管腔道导丝等。图 7-9 为目前市面上主要的导丝结构图。导丝的用途主要是引导器械进入血液、泌尿和消化系统。其中用于引导器械进入腔道或组织的导丝，如一次性使用无菌泌尿导丝，属于Ⅱ类医疗器械。用于引导导管或扩张器插入血管并定位的导丝，如肾动脉导丝、微导丝、导引导丝、造影导丝等，属于Ⅲ类医疗器械。

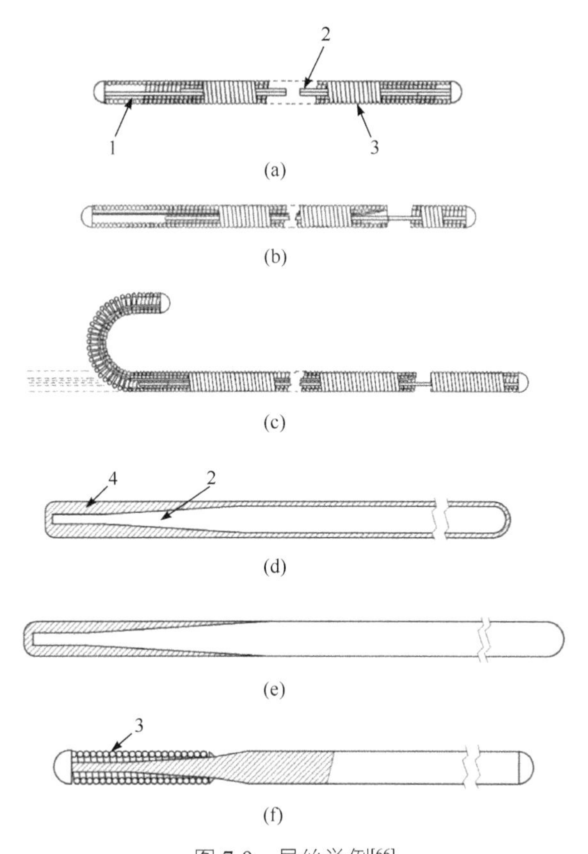

图 7-9　导丝举例[66]

(a)带安全丝的芯丝固定导丝；(b)带安全丝的芯丝可移动导丝；(c)J 型带安全丝的芯丝可移动导丝；(d)全长带聚合物护套的导丝；(e)末端带聚合物护套的圆形芯轴导丝；(f)末端带绕丝的圆形芯轴导丝。1.安全丝；2.芯丝；3.绕丝；4.聚合物护套

润滑性是介入导丝的重要性能之一。尽管高疏水性和高亲水性表面都可以产生润滑性，但是在摩擦阻力大的一些病变中，如钙化、弥漫性病变、迂曲病变和成角

病变等，亲水润滑涂层是一个更好的选择。

导丝的外层高分子材料大部分都是疏水性的，如热塑性聚氨酯(TPU，含有不同显影剂)，聚醚酰胺(Pebax®)和不锈钢和/或镍钛合金等[67]。要在材料表面制备一个亲水涂层，首先选择亲水性物质是很必要的，如何将亲水性物质牢固而又均匀地覆盖在材料表面，并且具有良好的润滑性，是制备亲水涂层的技术关键和难点。

2. 亲水润滑涂层的原理

亲水涂层分子含有大量的亲水基团，如羟基、羰基、酰胺基团等，在接触水时，涂层迅速吸收水分形成亲水凝胶层，并保持一定的形状，形成持续而光滑的表面，降低器械与人体组织间的摩擦系数，从而减小器械与组织间的摩擦，可有效减轻患者的不适感并避免插入过程中由黏膜和组织细胞损伤引起的并发症。

3. 常见亲水涂层常用聚合物材料介绍

医用导丝表面的亲水润滑涂层一般是带有亲水基团的聚合物层。亲水基团主要分为三类：阴离子型，如羧基、磺酸基等；阳离子型，如叔氨基、季氨基等；极性非离子型，如氨基、羟基、醚基等。比较常见的聚合物亲水润滑涂层种类有聚丙烯酰胺(PAM)、聚乙烯基吡咯烷酮(PVP)、聚氧化乙烯(PEO)、聚乙烯醇(PVA)、天然聚合物如多糖及其各种衍生物及共聚物等。其中，聚乙烯基吡咯烷酮和聚丙烯酰胺是目前亲水涂层商业化最常见的聚合物[68]。

1) 聚乙烯基吡咯烷酮

PVP 是一种两亲性高分子，由于结构中有内酰胺结构，分子极性极大，亲水性很强，分子长链上的次甲基和分子环上的亚甲基使其亲油性很强。PVP 在水中的作用机理是：PVP 分子中的亲水基将水分子连接在网状交联结构内部，而亲油基在水中会发生膨胀，形成亲水凝胶，具有较好的亲水性。它具有无毒、生理惰性、生物相容性良好等优点，在医药卫生各方面有广泛的使用。

2) 聚丙烯酰胺

PAM 是一种线形水溶性高分子，分子链上的大量酰胺基团使其具有比其他聚合物更显著的亲水性。同时，PAM 具有良好的细胞相容性和血液相容性，PAM 水凝胶可用于人工血管、人工关节软骨等生物材料领域。除此之外，优异的亲水性能使其在医疗器械领域的研究也越来越广泛。PAM 可涂覆于导丝基材表面，通过交联可以在器械上形成致密的亲水膜。

4. 涂层工艺的应用研究

1) 涂层工艺的简介

聚合物亲水润滑涂层可以显著降低医用导丝与接触部位的摩擦，但是在临床使用过程中涂层本身的稳定性也应受到重点关注。为实现涂层润滑性能和稳定性之间的平衡，通常需要借助合适的涂层工艺将亲水润滑涂层稳定、持久地固定于医用导丝表面，以充分发挥其作为亲水润滑涂层的作用。涂层工艺发展至今，热固化工艺和光固化工艺逐渐发展成为两种最常用的医用导管导丝涂层工艺。

(1) 热固化。

涂覆有热固化涂液的导丝放置在较高温度 (一般为 60～80℃) 环境中，烘干几十分钟到数小时不等，使涂液中的活性基团发生反应，溶剂挥发，最终在管材表面固化成膜[69]。热固化工艺简单，基本只需要浸提和烘干，但是缺点众多，如反应时间较长；会加速导丝表面包覆的高分子层中小分子助剂往表面的迁移；涂层不耐老化等问题比较严重。目前逐步被光固化工艺取代。

(2) 光固化。

光固化是指在光的照射作用下，含有小分子、低聚物或者直接带反应基团的聚合物基质的涂液在产品表面发生反应并固化成膜[70]。目前行业内多采用紫外光作为固化光源。相比热固化工艺，光固化工艺具有固化速度快、环境更友好、稳定性更高等优点，且光固化所制亲水涂层具有更好的牢固度、润滑性、耐老化性和安全性能。光固化涂层加工工艺流程通常为浸提、晾干、固化三步。

2) 光固化工艺在应用中的注意事项

在涂层技术方面，除了工艺方法的区别外，配方、设备和工艺参数的配合在涂层工艺中是非常重要的。从涂层技术的未来发展来讲，需要进一步从技术和工艺的稳定性、产能和环境友好性等方面提升。

确定开发涂层样品前，需要保证的是涂液、工艺及设备之间必须要有很好的匹配度。而针对所涂覆样品，还要采用肉眼或显微镜观察样品表面均匀，平整，无明显的杂质、油污，且由于导丝在加工过程中会添加色素等助剂、存放搬运等过程遭到污染等因素，在生产亲水涂层之前需要对 TPU 导丝表面用乙醇等溶剂进行仔细的清洁。亲水润滑涂层有着很强的吸水性，因此在生产过程中对环境的温度和湿度有着很高的敏感性，需要非常严格的控制才能产生高质量的产品。产品涂覆后，避免高湿环境、避免带涂层产品之间相互接触放置等，以防止涂层吸湿和黏接从而导致产品作废；此外，灭菌方式和包装材料的选择也很重要，存储和运输过程应适当考虑亲水涂层医疗器械的温度、湿度条件。较高的温湿度会使涂层表面吸水，黏附在包装材料上，也会加速涂层的降解，影响涂层的性能。

5. 亲水润滑涂层导丝性能评价应关注的要点

1) 国内外法规对涂层性能的要求

国家药品监督管理局(NMPA)发布的《非血管腔道导丝产品注册审查指导原则》中提到，如产品带有涂层，应开展使用性能(润滑性能、持久性能)、稳定性、安全性等控制涂层破裂、脱落的相关研究[71]。2019 年 10 月 10 日，美国食品药品监督管理局(FDA)发布了《冠状动脉、外周血管和神经血管导丝——性能测试和推荐标识指南》，建议要对涂层的完整性和润滑性进行研究，其中预期用于冠状动脉血管或神经血管的导丝存在严重的临床风险，应当在有代表性的模型中进行涂层完整性评估的同时，对微粒进行评估[72]。2022 年 8 月 23 日，国家药品监督管理局医疗器械技术审评中心(CMDE)公开征求《带有润滑涂层的血管介入器械注册审查指导原则(征求意见稿)》中提到，器械注册性能验证资料要提供对涂层完整性、润滑性、水合性及干湿态外径等性能的研究，其中完整性的评价中提到要对模拟使用过程中产生微粒进行研究[73]。

依据《医疗器械分类目录》，非血管腔道导丝产品一般均按第二类医疗器械管理，而用于血管内的导丝按照第三类医疗器械管理，在使用过程中，尤其是用于冠状动脉血管或神经血管的导丝，如果涂层出现脱落可能引起组织不良反应和血栓形成，甚至引发肺栓塞或梗死、心肌栓塞或梗死、栓塞性卒中、组织坏死和死亡等。由此可见，相较于非血管腔道导丝而言，血管内导丝通常对安全性要求更为严格。

2) 亲水润滑涂层导丝性能评价

(1) 润滑性。

润滑涂层的引入可减少产品在血管内的摩擦，评估摩擦力/摩擦系数大小是评价润滑性能的常用指标。

目前已有的关于涂层润滑性的标准，医药行业标准《非血管内导管表面滑动性能评价用标准试验模型》(YY/T 1536—2017)给出了一次性使用非血管内导管表面滑动性能的标准试验模型，但没有给出具体的试验方法；团体标准《一次性使用亲水涂层导丝》(T/CAMDI 021—2019)给出了亲水涂层导丝的摩擦力试验工装和测试方法，规定了亲水涂层导丝最大摩擦力应低于 0.5 N。

摩擦力或摩擦系数测试思路是：器械在 37℃的水环境下平衡一段时间用以激活表面亲水涂层，然后垂直于样品方向施加一定的夹持力，最后以一定的速度提升样品至规定的距离。可根据具体需求选择不同的摩擦测试次数，收集测试后的摩擦力或摩擦系数值进行数据分析。此外，针对涂层润滑性的评价还应包括涂层润滑性的耐久性，可结合临床实际在血管模型中多次模拟通过后测试产品的润滑性，或通过对多次推进/回撤阻力的变化进行分析。

(2) 稳定性。

涂层是通过一定的物理和/或化学作用附着在器械表面，因此，涂层与器械表面结合的牢固度是决定涂层产品使用有效性和安全性的前提，在某些情况下，涂层可能会自器械表面分离产生颗粒物从而导致不良事件发生。近年来相继报道关注涂层剥落，其危害包括患者体内涂层碎片的残留，局部组织反应和血栓形成，甚至包括肺、心肌栓塞，栓塞性中风，组织坏死和死亡等严重不良事件。

在国内外已经公布的指导原则里，较多地提到了涂层完整性的概念，里面的内容实际上包含的就是涂层的稳定性或牢固度。通常，评价涂层的牢固度之前要进行表面状态确认，确保成品涂层器械表面无明显缺陷、分布均匀等。常见评估方式除了采用光学显微镜检测涂层表面均匀、光滑无气泡、无毛刺无脱落外，还宜通过染色检测、扫描电子显微镜观察等方法评价涂层的完整性。

由于器械使用环境的液体浸泡及使用过程中的摩擦是导致涂层脱落的主要因素，因此器械可在具有代表性的模型中进行模拟试验并收集测试前后数据以评估涂层的牢固度。一般要求评价在模拟使用中可能脱落的微粒，即在模拟使用后对收集的微粒进行量化，包括微粒粒径及数量，也可对模拟使用后的器械进行表面外观检查，观察其有无明显脱落。

其中，器械在代表性血管模型中模拟使用有几点需要注意的是：①模拟使用前应按照产品说明书要求进行预处理，包括在推荐溶液中浸泡合适的时间，用以反映最真实的使用场景；②模拟血管解剖结构模型应能反映产品临床预期用途，挑选适用人群最具挑战的血管解剖结构，例如，对于适用于神经血管的导丝，建议完整的模拟血管解剖结构的模型需从近端穿刺介入位置开始(如桡动脉、股动脉)，至少包括颈内动脉虹吸段，两个 180°弯型和两个 360°弯型；③对于不同作用部位及不同适用范围的产品，在进行评估时，建议结合临床实际制定不同的测试周期/测试次数，应对模拟测试周期/测试次数是否代表临床最不利情况进行判定。例如，血管内导丝在血管中操作时间及操作次数会远多于经导管主动脉瓣膜输送系统。而用于输送经导管主动脉瓣膜的导丝由于在大血管内较易通过，其涂层脱落的风险相对较低，而用于迂曲冠状动脉和神经血管的导丝及用于狭窄病变的产品，可能在反复通过迂曲狭窄血管时造成涂层摩擦脱落的风险相对较高。

(3) 均匀性。

导丝亲水润滑涂层厚度通常约几微米，涂层均匀性也是确保涂层安全有效性的重要评价参数。涂层均匀性包含涂层厚度的均匀性和表面的均匀性。通常表面的均匀性是指涂层表面均匀、光滑无气泡、无液体堆积、无毛刺无脱落等，可通过目视、显微镜或 SEM 进行观察，也可对涂层进行染色后观察。这一步通常可作为企业的出厂检，作为保证后续器械使用安全性的第一道关。

涂层会直接影响到器械的外径，这在湿态时尤为明显，通常亲水润滑涂层吸水后会膨胀一定的倍数，过厚的涂层容易在临床使用时超出血管直径或配套器械的尺寸，增加了和血管或配套器械内壁摩擦的概率。一般在满足润滑性能的条件下较薄的涂层能降低其在血管内脱落的风险。而目前尚无针对涂层厚度的统一的检测和评价标准。目前企业内常用的方法通常包括使用直接测量或轮廓测量的横截面成像法，通过截取器械上代表性的多段部位，收集多组厚度的数据，然后采用数理统计的方式得出厚度的分布范围，从而评价涂层的厚度均匀性。

(4) 化学性能。

在目前的标准和指导原则要求中，医疗器械化学性能的测试检验液的制备方法可参照《医用输液、输血、注射器具检验方法 第 1 部分：化学分析方法》(GB/T 14233.1—2008)推荐的方式。

而对于涂层医疗器械化学性能试验制样也应明确涵盖涂层部分。对于某些器械，如果依旧按照 GB/T 14233.1 推荐的制样方式进行剪碎处理制样，那么这种物理剪切会破坏管材和涂层整体结构，使其断裂口裸露在浸提液中，增加浸提液内的絮状物，最终对试验结果产生影响。考虑到临床实际使用中产品不会被剪切破坏使用，其化学性能的测试结果应该以尽可能不破坏涂层的方式进行浸提。

(5) 不溶性微粒。

导丝产品不溶性微粒通常有三部分来源：①产品本身：高微粒负载的原材料、非净化车间生产的部件、包装材料、涂层材料等成分和物质脱落。②生产过程：生产设备长期磨损，相互摩擦撞击造成的脱落微粒等。一些易产生微粒的过程，如喷涂、打磨、切割等。③环境：空气悬浮粒子、手套粉尘、打印机、纸张带来的微粒，员工的毛发、衣物纤维和皮屑等。

目前关于导丝微粒测试方法可参照的标准为《医用输液、输血、注射器具微粒污染检验方法》(YY/T1556—2017)，判定依据通常会参考2020年版《中华人民共和国药典》四部中不溶性微粒检查法(0903)相关指标。对于微粒试验方法，导丝在 YY/T1556 中分类为实体类，步骤为取导丝 10 个，置入装有 100 mL 冲洗液的锥形瓶内，于振荡设备上振荡 20s 后得到洗脱液。但是该标准并未给出导丝是如何处理，要求在如此小的容器内进行振荡洗脱，企业通常会选择将导丝弯折或剪碎处理，然后置于锥形瓶内振荡洗脱。与化学性能或生物学制样方式类似，无论是折叠处理还是剪碎处理，对于带涂层导丝，按照 YY 1556 规定的制样方式进行操作势必会严重破坏涂层和基材结合的程度。因此，企业可选择在具有代表性的血管模型中进行模拟试验，并收集测试后的微粒进行量化，包括微粒粒径及数量，不仅可模拟临床的实际使用场景，而且能避免产品微粒制样过程中的过度折叠、弯曲和裁剪，引入非必要的影响因素。

(6) 生物相容性。

带亲水润滑涂层血管内导丝属于与循环血液短期接触的外部介入器械，目前根据 GB/T 16886 医疗器械生物学评价系列标准，考虑的生物相容性评价重点需包括：热原、细胞毒性、致敏、皮内反应、急性全身毒性、血液相容性等。

带涂层医疗器械具有一定的特殊性，应区别于由本体材料制备而成的无涂层器械。涂层是通过一定的结合力固定在已成型器械的表面，因此，涂层与器械表面的结合力大小会存在差异，而在制样过程中的某些特殊浸提条件下，这种结合力的差异势必会引起浸提液中释出物的组成及含量差异，进一步影响最终的生物学试验结果。因此，在对带涂层医疗器械进行生物学评价时，生物学试验样品的制备需格外谨慎。

GB/T 16886.12—2017 中关于样品制备方法提到，对于弹性体、涂层材料、复合材料、多层材料等，由于完整表面与切制表面存在潜在的浸提性能差异，因此应尽量完整地进行浸提。此外，由于涂层原料和工艺的不同及涂层性能的不同，取样时应尽量规避折叠、摩擦及剪切等。

(7) 其他性能。

除了上述常规的评价指标外，还有一些其他可以关注的点。例如，对于有特殊高保水要求的导丝，还可评估其保水性，通常可结合润滑性中摩擦力测试的方法，首先通过测量晾干不同时间前后的摩擦力值，也可以测试晾干前后涂层的接触角，来评价保水性。涂层的吸水率可通过称量吸水前后涂层器械的质量来判断。由于涂层在使用时激活，还需对产品与其他器械联用兼容性进行考察(如与鞘管兼容性、与导引导管兼容性等)。当对导丝通过性有特殊要求时，还需要评价导丝涂覆亲水涂层后是否影响涂层头端硬度或塑形能力等。此外，当评价亲水润滑涂层产品货架有效期时，带涂层产品的加速老化温度不能过高，包装验证时要研究涂层吸水发黏后和包装材料的粘连情况等。这些在带涂层产品开发过程中均应被注意到。

7.2.2 带抗凝血涂层长期植入器械的案例

心脑血管疾病是心脏血管和脑血管疾病的统称，泛指由于高血脂、动脉粥样硬化、高血压等所导致的心脏、大脑及全身组织发生的缺血性或出血性疾病。全世界每年死于心脑血管疾病的人数高达 1500 万人，居各种死因首位。现代医学发展至今，历经数十年的研究与实践，已经开发出一系列治疗血管类疾病的长期植入类医疗器械(表 7-6)。这类器械所使用的材料往往需要良好的血液相容性，由于材料表面引发的凝血或血栓问题一直是血液相容性问题中最普遍也是最严重的，患者在使用这些器械的过程中，绝大多数情况需同步使用抗凝血药物。涂层技术的发展为这一问题的解决提供了思路，对材料表面涂覆抗凝血涂层，能有效避免材料表面发生凝血和血栓的形成。

表 7-6　疾病类别与相关植入类医疗器械

疾病类别		长期植入类医疗器械
心血管及结构性心脏病	冠心病	冠脉支架、人工血管
	主动脉瓣狭窄	机械瓣、生物瓣、聚合物瓣
脑血管疾病	脑动脉粥样硬化	颅内动脉支架
	颅内动脉瘤	颅内覆膜支架、血流导向密网支架、弹簧圈
人动脉疾病	腹主动脉瘤	腹主动脉覆膜支架
	主动脉夹层动脉瘤	胸主动脉覆膜支架

目前商品化的抗凝血涂层产品因制作工艺的差异，其性能、价格和应用范围不同，各有优劣，尚未出现一种能在所有方面均优异的涂层技术。表 7-7 对已经上市产品应用到的抗凝血涂层进行了汇总。

表 7-7　上市抗凝血涂层总览

涂层类型	涂层名称	所属公司	主成分	作用原理
肝素涂层	Duraflo Ⅱ	Baxter	肝素-苯扎氯胺复合物	离子键结合，肝素与 ATIII 相互作用，抑制凝血反应，缓解机体炎症反应
	Cortiva Bioactive Surface(CBAS)	Medtronic	亲水性基质层和肝素	共价键结合方式，CBAS 涂层具有生物相容性和抗凝血活性，“端点附着”的结合方式保证了肝素分子的活性，亲水性基质层与材料表面紧密结合，避免肝素分子的脱落
	Bioline	MAQUET	固化白蛋白和肝素	离子键和共价键结合，固化白蛋白涂覆于材料表面，作为基材与肝素分子结合的桥梁
	CORLINE	Corline Systems AB	大分子肝素与聚胺分子共轭体	共价键结合，大分子肝素共轭体由约 70 个肝素分子连接而成，含有大量的阴离子基团，能与任何阳离子材料表面紧密结合，线形的聚胺分子为肝素共轭体的稀释液，保证了肝素共轭体与材料表面的平整结合，使得多数肝素分子链朝向血液界面，在血液中自由发挥抗凝血作用
	Trillium Bio-passive Surface(TBS)	Medtronic	肝素，硫酸盐/磺酸盐基团，聚氧乙烯(PEO)和亲水性基质层	共价键结合，PEO 具有极强的亲水性，能在材料表面建立一层隔绝血细胞的水合层，阻止细胞和蛋白质黏附，同时肝素发挥生物活性，抑制凝血反应
	Astute	BioInteractions	肝素，两亲性聚合物	共价键结合，仿天然内皮表面，具有良好的生物相容性，肝素又提供了抗凝血活性，能有效抑制血栓形成

续表

涂层类型	涂层名称	所属公司	主成分	作用原理
惰性涂层	X-Coating	Terumo	聚 2-甲氧基丙烯酸(PMEA)	PMEA 具有两亲性，疏水端结合各种基材形成新的表面，亲水端与血液接触，形成水合层，从而减少蛋白质变性与血小板黏附，抑制血液成分的激活
	PH.I.S.I.O	Sorin	磷酸胆碱，月桂基甲基丙烯酸共聚物	磷酸胆碱作为两性离子，具有电中性；磷酸胆碱，月桂基甲基丙烯酸共聚物模拟了细胞膜外层，阻止了蛋白质黏附，同时抑制蛋白质变性
	SMARxT	Sorin	聚己酸内酯-聚二甲基硅氧烷-聚己酸内酯	聚己酸内酯具有良好的生物相容性，其构筑的涂层表面能够有效抑制血小板的激活，抑制蛋白质变性
	Safeline	MAQUET	固化白蛋白	固化白蛋白通过范德瓦耳斯力与基材表面结合，白蛋白具有生物惰性，能抑制蛋白质黏附
	Softline	MAQUET	两亲性聚合物	Softline 涂层是将 Safeline 和 Bioline 涂层技术结合，形成一种新型生物惰性涂层，从而减少细胞黏附与活化
	Balance	Medtronic	硫酸盐/磺酸盐基团，(PEO)和亲水性基质层	共价键结合，PEO 具有极强的亲水性，能在材料表面建立一层隔绝血细胞的水合层，阻止细胞黏附和蛋白质沉积

本节首先围绕血管支架和人工血管这两类在临床上广泛使用的长期植入类医疗器械进行阐述，主要包括器械发展历程和具体的商业化抗凝血涂层应用案例，其次总结与抗凝血涂层相关的医疗器械性能检测方法与标准。

1. 血管支架

冠状动脉支架技术发展可分为三个阶段，即金属裸支架阶段、药物洗脱支架阶段、生物可吸收支架阶段。

(1) 金属裸支架(bare mental stent，BMS)。20 世纪 90 年代，Sigwart 等和 Palmaz 等首先将不锈钢金属编制而成的支架应用于临床上。此后，各种类型的 BMS 不断涌现，如 Gianturco-Roubin、Palmaz-Schatz、Multilink、AVE、NIR 等支架相继应用于临床。BMS 应用的早期效果是理想的，金属支架作为一个机械支撑，有效地克服了球囊扩张后的血管弹性回缩及血管内再狭窄，维持了血流通畅，但随后逐渐暴露出较高的术后再狭窄发生率。

(2) 药物洗脱支架(drug-eluting stent，DES)(图 7-10)。新内膜增生引起的再狭窄是金属裸支架的一个主要问题。为了解决这个问题，DES 设计引入了免疫抑制剂或细胞毒性药物来抑制新生内膜增生。2000 年问世的第一代 DES 以 Cypher(强生)支架和 Taxus(波士顿科学)支架为代表，但第一代 DES 的药物涂层在抑制平滑肌细胞增殖的同时也抑制了血管内皮修复，易引起晚期支架内血栓形成。第二代 DES 被设计用于克服这些缺陷，如使用更薄的钴铬合金，新的细胞周期抑制剂(依维莫司/佐他莫司)和更具生物相容性的聚合物(含氟聚合物/磷酸胆碱聚合物)[74]。新一代 DES 对载药涂层进行的改良策略，可分为生物相容性聚合物涂层、可降解聚合物涂层两种。生物相容性聚合物涂层 DES 以 Xience(雅培制药)支架、PROMUS(波士顿科学)支架、Resolute(美敦力)支架为代表；可降解聚合物涂层 DES 以 BioMatrix(百盛)支架、Nobori(泰尔茂)支架、Orsiro(百多力)支架为代表。

项目	生物相容性聚合物涂层支架		生物可降解聚合物涂层支架					无聚合物药物洗脱支架		生物可吸收药物洗脱支架
制造商	Abbott/Boston	Medtronic	Biotronic	Terumo	Translumina	Boston	Biosensors	B.Braun	Biosensors	Abbott
名称	Xience/Promus	Resolute	Orsiro	Ultimaster	Yukon Choice PC	Synergy	BioMatrix	Coroflex ISAR	BioFreedom	ABSORB
材料与药物	CoCr/PtCr-EES	CoNi-ZES	CoCr-SES	CoCr-SES	316L-SES	PtCr-EES	316L-BES	361L-SES/probucol	316L-BES	PLLA-EES
形状	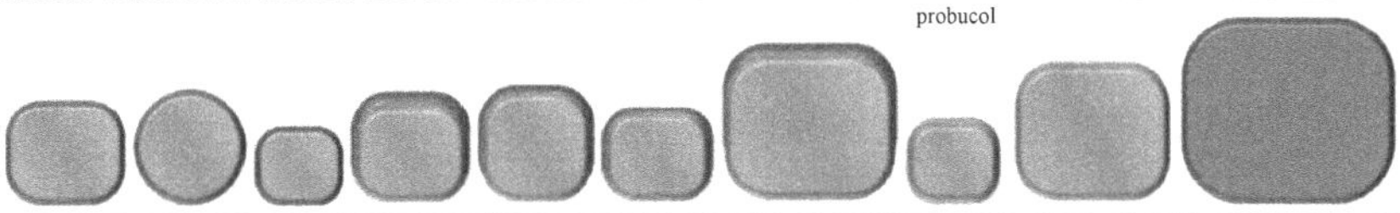									
支柱厚度	81 μm	91 μm	60 μm	80 μm	87 μm	74 μm	120 μm	65 μm	112 μm	150 μm
涂层	圆周的			管腔的						圆周的

图 7-10　药物洗脱支架的主要特征概述[75]

Abbott/Boston: 雅培制药/波士顿科学; Medtronic: 美敦力; Biotronik: 百多力; Terumo: 泰尔茂株式会社; Translumina: Translumina GmbH,一家德国公司; B. Braun: B. Braun Melsungen AG，一家德国公司，简称贝朗; Biosensors: 生物传感器国际集团有限公司，简称百盛

大多数可生物降解的聚合物药物洗脱支架具有传统的金属框架和由聚乳酸或聚乳酸乙醇酸组成的聚合物基质。这些聚合物的降解是聚合物内酯键的水解，导致重复丙交酯单元间长链断裂成多个小分子，并最终转化为二氧化碳和水。这一过程通常需要 6 周到 24 个月，取决于聚合物构型的分子量和结晶度。生物可降解聚合物药物洗脱支架的假设优势是，支架主干上没有聚合物残留，可能会降低支架术后后期不良事件的发生率。然而，尽管与第一代聚合物药物洗脱支架相比，生物可降解聚合物药物洗脱支架在后期随访中可能有更好的结果，但没有证据表明它们长期优于当前一代耐用聚合物药物洗脱支架[76]。

(3) 生物可吸收支架(bioresorbable scaffold，BRS)。为解决支架的长期存留导致的炎症反应、贴壁不良等问题，开发出由天然材料和合成可生物降解聚合物构成的 BRS，实现了血管功能的完全恢复，完成了从“血管再通”到“血管再造”。2000 年，首款 BRS Igaki-Tamai 支架应用于人体，2010 年 12 月，雅培制药公司推出的 ABSORB BVS 获得了欧洲 CE 认证。但因其存在各种各样的实际问题 2017 年被大规模撤回，不再销售。2019 年 2 月 27 日乐普医疗(北京)的 NeoVas BRS 正式获得国家药品监督管理局批准上市，成为国内首个上市的 BRS。NeoVas 是我国生产的一种采用完全可降解聚合物材料聚乳酸(PLA)作为基体材料的西罗莫司(15.3μg/mm)洗脱支架，表面喷涂一层完全可降解聚合物载体涂层药物，载体为完全可降解外消旋聚乳酸(PDLLA)。该支架上市后适合部分人群，没有特别广泛的使用。

2. 带抗凝血涂层的血管支架实际案例

尽管冠状动脉支架的临床应用取得了重要进展，但该技术的普遍适用性仍存在重要限制。单纯的金属裸支架并不能够从根源上解决血管斑块的问题，有 20%～30%的病例会发生支架内再狭窄(ISR)。即使使用阿司匹林和噻氯匹定的抗血小板方案，(亚)急性支

架血栓形成的风险仍然很高。此外，噻氯匹定的使用会带来血液学并发症的严重风险。因此，开发有效的支架表面钝化方法，最终降低血栓形成风险并减少对伴随药物治疗的需求，正在成为一种趋势。

1) 磷酸胆碱涂层

代表产品：Endeavor Sprint 药物洗脱冠状动脉支架系统(美敦力)、Pipeline shield 血流导向密网支架(美敦力)。

Endeavor Sprint 支架涂有高度生物相容性的聚合物，称为 PC(磷酸胆碱)技术。PC 聚合物的表面设计为模拟天然红细胞的表面，防止支架的存在引起炎症或血栓形成。PC 在医疗植入物方面有着悠久的历史，是 FDA 批准的第一种应用于冠状动脉支架的聚合物。PC 可以抑制血管内皮增生。凝血酶生成试验证实，Pipeline shield 较其他血流导向装置的栓子形成发生率明显降低，从而降低血流导向装置术后缺血事件的发生率[77]。

2) 含氟聚合物涂层

代表产品：Xience 支架(雅培制药)。

Xience 金属支架由 L-605 钴铬合金制成，支架的底涂层材料为聚甲基丙烯酸正丁酯(PBMA)，药物涂层由依维莫司和偏氟乙烯-六氟丙烯共聚物(PVDF-HEP)组成。PVDF-HFP 涂层在置入第 1 天就会释放 25%的依维莫司，1 个月内释放 75%，4 个月时基本完全释放。PVDF-HFP 和 PBMA 在多年的 Xience 冠状动脉支架植入后仍保持其化学完整性[78]。氟碳化合物是化学惰性最大的有机物。氟聚合物表现出出色的热稳定性、抗氧化性和耐水解攻击性。这种特性可以转化为出色的体内稳定性。

3) 肝素涂层

代表产品：Palmaz-Schatz 支架(强生)、Wiktor 支架(美敦力)。

肝素是一种糖胺聚糖，高度带负电荷，由葡萄糖醛酸糖和葡萄糖胺组成。通过其特定戊糖序列与抗凝血酶Ⅲ(AT-Ⅲ)结合，使之构型改变，大大增加其抗Ⅹa 为主的抗凝血活性。1983 年，Larm 等 [79]将肝素分子部分降解，形成尾端有活性的醛基，其尾端通过末端连接法(end-point attachment)共价结合于涂层物质聚乙烯亚胺(PEI)上，另一端伸入血流，仍保留结合 AT-Ⅲ的活性位点。许多研究证明，这种方法是目前最佳方式。

Palmaz-Schatz 肝素涂层支架[80]：Palmaz-Schatz 支架为不锈钢刻蚀而成，带关节连接。不锈钢表面涂以多聚物，分三层，内外两层为多聚胺，中层为硫酸葡聚糖。部分降解肝素的醛基与外层多聚胺共价结合，另一端保留了 AT-Ⅲ结合位点的活性序列。每个支架的肝素活性通过测定其与抗凝血酶的结合活性确定，以 pmol/支架表示。

Wiktor 肝素涂层支架[81]：根据 Hepamed(美敦力)涂层程序(与经典的 Carmeda 涂层程序相反)，肝素与钽支架表面共价结合。简而言之，聚(乙烯基硅氧烷)作为第一层共价结合到钽表面。使用自由基聚合工艺，将共聚物接枝到聚(乙烯基硅氧烷)层的侧乙烯基上。结果是亲水性共聚物共价结合到第一层。聚乙烯亚胺(第三层)以多胺互穿接枝共聚物的方式共价结合到共聚物的羧基上。作为第四层也是最后一层，肝素通过还原剂与多胺共价偶联。

4) 含糖聚合物

代表产品：pCONUS1_HPC 支架[菲诺克斯有限公司(Phenox GmbH)]、p64/p48 系列密网支架(Phenox GmbH)。

Phenox GmbH 的支架表面有该公司专利亲水聚合物涂层(pHPC)。pHPC 是基于聚糖的亲水性多层聚合物涂层，约 10nm，模拟糖萼的生物学特性，用于镍钛合金表面。pHPC 没有药物副作用。体外试验证实该材料具有有效抗血栓特性[82,83](图 7-11)。

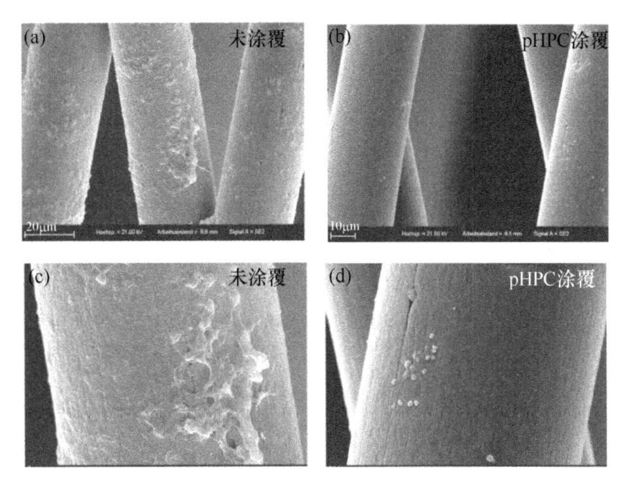

图 7-11　无涂层[(a)、(c)]和 pHPC 涂层 p48FD[(b)、(d)]的 SEM 照片[82]

3. 人工血管

血管移植物主要用于需要新的长期血运重建的血管疾病的外科治疗，包括腹主动脉瘤、主动脉缩窄和慢性血液透析。为了达到这个目的，首选患者的自体移植物，通常是来自胸廓内动脉(ITA) 或隐静脉(SV)。然而，自体脉管的可用性是有限的，需要侵入性的采集技术。此外，随着时间的推移，自体血管的质量可能难以保证，术后并发症的发生率也更高[84]。因此，获得具有血管功能的血管假体，以恢复堵塞周围的血流量或更换受损的血管具有重要的临床意义。

1958 年，De Bakey 等[85]提出了涤纶血管假体作为尸体同种异体移植的替代品，这种移植容易发生晚期并发症。随后，大多数研究人员将重点放在其他各种合成材料上，其中涤纶、聚氨酯和膨胀聚四氟乙烯(ePTFE)已被证明是血管手术中最可行的材料。

图 7-12 列出了人造血液生成的几个重要时间点和主要研究领域，展示了人造血液血管的发展历史。

截止到 2017 年，已有数十个人工血管产品在中国获得了批准。在中国，人工血管市场完全由外资品牌把控，迈柯唯、泰尔茂分别把控 70%、20%市场份额，剩下 10%市场份额由戈尔(Gore)、巴德(Bard)、贝朗、Jotec GmbH、LeMaitre Vascular、Perouse Medical、Nicast 分割。表 7-8 列举了目前中国市场主要的人工血管供应商。

4. 带抗凝血涂层的人工血管实际案例

合成聚合物赋予生物材料强度。然而，它们的细胞相容性普遍较差，大多数降解产物已被证明会引起不良的免疫反应活体内。在这方面，为了进一步提高合成聚合物的有效性和安全性，必须采取合适的策略方法来改变其表面。

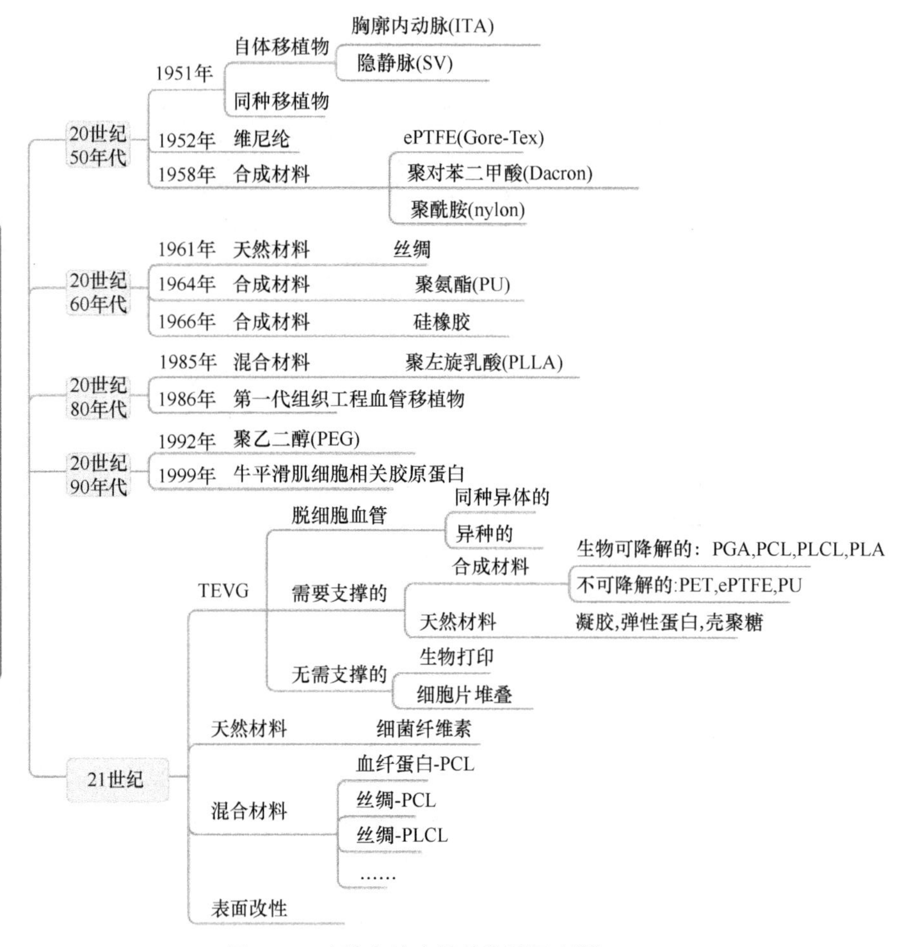

图 7-12 人造血液血管的发展历史[86]

ePTFE：膨胀聚四氟乙烯; PCL：聚己内酯; PGA：聚(乙醇酸) ; PLA：聚乳酸; PLCL：聚(L-丙交酯-己内酯)

表 7-8 中国市场主要的人工血管供应商

序号	供应商	商品名
1	戈尔	Gore-Tex
2		Propaten
3		Acuseal
4	泰尔茂	Vascutek
5	迈柯唯	Hemashield Platinum Double Velour Vascular Graft
6	上海索康	Hemothes
7	巴德	Vascular Graft

1) 胶原蛋白涂层

代表产品：Hemashield Platinum(迈柯唯)、VASOLINE(江苏百优达生命科技有限公司)。

迈柯唯的 Hemashield Platinum 由含有牛胶原和甘油的双绒编织聚酯构成。

江苏百优达生命科技有限公司的 VASOLINE 人造血管主要由 PET 线编织制成，涂覆有牛胶原蛋白和甘油，用于动脉的替换、修补和旁路手术。VASOLINE 是我国首个经 NMPA 批准上市的国产人工血管，其用于主动脉及其分支血管的置换或旁路手术。涂层工艺极大地降低了渗水率，具有更好的柔顺性，零渗血，穿刺后易于止血。

2) 白蛋白涂层

代表产品： FUSION(迈柯唯)。

迈柯唯的 FUSION 血管移植物由两层构成。内层由膨胀聚四氟乙烯(ePTFE) 组成。肝素涂层通过白蛋白(人类血液中的主要血液蛋白质)黏合到该内层。外层由针织涤纶织物组成。这两层用专用的聚碳酸酯-聚氨酯黏合剂融合在一起。FUSION 移植物结合了 ePTFE 和聚酯人工血管的优点，具有平滑的内部 ePTFE 表面和外部聚酯层的密封特性。其通畅率等于或超过其他非生物活性血管移植物，相比许多肝素涂层假体研究的数据具有优势[87]。

3) 肝素涂层

代表产品：Propaten(戈尔)、 Acuseal(戈尔)。

戈尔(Gore)公司在 1969 年开发了 ePTFE 材料，这种材料如今广泛使用在医疗、纺织、石油、航空航天等许多领域。戈尔公司也成为 ePTFE 行业的绝对龙头。戈尔公司的 Propaten 和 Acuseal 两款人工血管，已获得了原国家食品药品监督管理局批准上市。这两款产品在人工血管材料纯膨体四氟乙烯管腔内表面引入以共价键方式结合的生物活性肝素——肝素抗凝血涂层 CBAS(Carmeda BioActive Surface，Carmeda)，极大提高了人工血管的抗血栓性和通畅率[88]。

4) 明胶涂层

代表产品：Vascutek(泰尔茂)。

泰尔茂的 Vascutek 由聚酯(聚乙烯对苯二甲酯)制成，采用明胶封闭，无保存液。明胶涂层仅存在于人工血管外表面，该涂层在体内大约 14 天内水解。

5) 衬碳层

代表产品：人造血管 Vascular Graft(巴德)。

巴德外周血管产品由膨体聚四氟乙烯或表面衬碳层的膨体聚四氟乙烯制造。内移植物表面的碳涂层存在于壁厚内四分之一处的移植结构中，因此没有最终颗粒栓塞的危险。由于碳涂层的负电位，增加了膨体聚四氟乙烯材料本身的负电位，阻止血小板和其他物质与人工血管内壁黏附，产生了优异的抗血栓形成表面。

5. 抗凝血涂层性能检测

医疗器械涂层往往从三个方面进行评价，即涂层安全性、涂层完整性及涂层本身的功能。针对这三点，YY/T 1492—2016 明确规定了对心肺转流系统中，与血液接触产品的表面涂层的要求。涂层是医疗器械的一部分，对涂层的检测需要将涂层搭载在基材上，再对该基材进行相关的性能检测。

一切医疗器械开发的过程中最注重的是产品安全性。尤其是直接与血液接触的材料，往往需要具有良好的生物相容性，涂层作为医疗器械的一部分，也同样如此。评价涂层安全性的检测项目主要有以下 4 个部分：化学性能、生物相容性、微粒度和货架有效期。

1) 化学性能

抗凝血涂层材料的化学性能检测需参照 GB/T 14233.1—2008 中的方法。涂层产品的化学性能检测一般包括浊度和色泽、还原物质、酸碱度、蒸发残渣、重金属含量、紫外吸光度 6 项，该标准中明确规定了检验液的制备方法及相应化学性能项目的测试方法。

2) 生物相容性

生物相容性指材料在机体的特定部位引起恰当的反应。根据国际标准化组织(International Standards Organization，ISO)会议的解释，生物相容性是指生命体组织对非活性材料产生反应的一种性能，一般是指材料与宿主之间的相容性。生物材料植入人体后，对特定的生物组织环境产生影响和作用，生物组织对生物材料也会产生影响和作用，两者的循环作用一直持续，直到达到平衡或者植入物被去除。生物相容性是生物材料研究中始终贯穿的主题。生物相容性包括血液相容性和组织相容性两部分，有关血液接触类医疗器械生物相容性试验方法可参考 GB/T 16886。

(1) 血液相容性。

材料血液相容性的评价可重点参考 GB/T 16886.4—2022，试验包括以下 5 类：血栓形成、凝血、血小板、血液学和补体系统。通常每个类型的试验都有多种评价方法，本小节将指出较为常用的测试方法以供参考。

血栓形成的评价方法较多，大小形状不同的医疗器械往往需要根据自身适宜的方法来评价。例如，对 ECMO 中与血液直接接触的部分进行血栓形成的评价，其中导管和泵头由于透明可观察，可直接通过目测、光学显微镜等较为直接的方法进行评价；而由于氧合器完全封闭，无法直接观察，则可通过观察氧合器产生的压降，流速是否降低及重量分析等方法来间接评价。

血液接触材料的凝血评价往往通过部分凝血酶激活时间(PTT)来测试。该方法操作便捷，稳定性好，随着科技的发展，现在均采用全自动凝血仪来评价。带有抗凝血涂层的材料均可通过 PTT 来评价抗凝血性能，其中肝素涂层因其能直接抑制凝血因子激活，直接表现为 PTT 时间的延长；而惰性涂层由于其抗凝血原理为降低材料表面蛋白质吸附和血细胞黏附，因此不会直接表现出 PTT 的结果差异，但这一结果不能说明该涂层没有抗凝血性能。

血小板评价往往通过血小板计数和血小板黏附的方法来评价，计算血小板黏附率并通过 SEM 辅助观察血小板激活情况，具体试验方法可参考 GB/T 14233.2—2005 中附录 B 的方法，也可参考 YY/T 1649.1—2019。然而就该测试方法的合理性需要更加深入的研究，具体测试方法仍需根据材料自身特性来适当调整。

血液学通常用溶血来评价，也可通过白细胞计数的方式同步评价，具体可参考 YY/T 1651.1—2019 的评价方法。溶血评价分直接法和间接法两种方式，直接法即将材料直接与血液接触后测试，而间接法则是使用样品的浸提液进行测试。通常对血液接触材料的溶血评价是将样品裁剪后进行试验评价，然而部分材料较为坚硬，裁剪困难，裁剪过程中引入的毛边可能会破坏血细胞从而导致测试结果误差，因此需根据材料自身特性选择合理的测试方法。除此之外，部分医疗器械因其结构特殊，需考虑使用场景中医疗器械结构导致对血细胞的力学破坏。例如，ECMO 中氧合器的结构有圆有方，血液回路中的碰撞可能导致血细胞的破坏，这种情况下需将整个器械与血液接触，通过模拟实时使用场景，以最极限条件下的参数进行试验，并评价其溶血性。

补体系统是先天免疫系统的一部分，由数种血浆蛋白质组成，包括酶和细胞受体，补体成分产出的效应分子与炎症、吞噬作用和细胞溶解有关，因此对血液接触材料的补体评价非常重要。补体系统评价通常采用 C3a 或 SC5b-9 的 ELISA 试剂盒来试验，具体可参考 GB/T 14233.2—2005 或 YY/T 0878.3—2019 的试验方法。

(2) 组织相容性。

材料的组织相容性评价可参考 GB/T 16886 系列标准，试验包括：体外细胞毒性试验、刺激与皮肤致敏试验、全身毒性试验等，植入类产品需进行植入后局部反应试验、遗传毒性试验等。根据不同医疗器械的标准规定，进行相应法规中强制要求的试验评价。这些评价方法中，体外细胞毒性评价是最简便快速，结果呈现最直接的，因此企业在产品研发过程中可自行试验，其余试验项目均需在有资质的检验所进行，因此该小节不过多赘述试验方法。

3) 微粒度

一次性医疗器械通常是无菌的，而在器械生产过程中，往往会因为水、空气、人员和生产环境等因素引入肉眼不可见的不溶性微粒，倘若大于毛细血管直径的微粒进入人体，会直接导致毛细血管栓塞，造成血液循环障碍，进而引起器官衰竭，后果不堪设想，因此对医疗器械的微粒度控制至关重要。

为了减少微粒的引入，需严格控制生产环境的工艺用水、生产环境的洁净度、生产过程中人员的管理和医疗器械的制备清洗过程等，除了严格控制过程，还需对产品微粒度进行检测。血液接触类医疗器械微粒度检测方法可参考 YY/T 1556—2017，若有直接相关医疗器械标准规定的微粒测试方法，应直接参考该标准。

4) 货架有效期

医疗器械货架有效期是保证医疗器械终产品正常发挥功能的期限。影响货架有效期的因素有两类：外部因素和内部因素。

外部因素包括：储存条件、运输条件、生产方式、生产环境、包装、原辅材料来源改变的影响、其他影响因素等。

内部因素包括：医疗器械中各原材料/组件的自身性能；医疗器械中各原材料/组件之间可能发生的相互作用；医疗器械中各原材料/组件与包装材料(包括保存介质，如角膜接触镜的保存液等)之间可能发生的相互作用；生产工艺对医疗器械中各原材料/组件、包装材料造成的影响；医疗器械中含有的放射性物质和其放射衰变后的副产物对医疗器械中原材料/组件、包装材料的影响；无菌包装产品中微生物屏障的保持能力。

内部因素和外部因素均可不同程度地影响医疗器械产品的技术性能指标，依照医疗器械包装检测结果，当超出允差后便可造成器械失效。需要强调的是，并不是所有的医疗器械均需要有一个确定的货架有效期。当某一医疗器械通过医疗器械包装检测结果得知原材料性能和包装材料性能随时间推移而不会发生显著性改变时，则可能没有必要确定一个严格的货架有效期；而当某一医疗器械的稳定性较差或临床使用风险过高时，其货架有效期则需要进行严格的验证。涂层作为医疗器械的重要组成部分，一旦失效则会直接影响产品性能，因此对涂层的货架有效期验证是必要的。

医疗器械货架有效期的验证试验类型通常可分为实时老化试验和加速老化试验两类。实时老化顾名思义，即将某一产品在预定的储存条件下放置，直至监测到其性能指标不能符合规定要求为止。在实时老化试验中，应根据产品的实际生产、运输和储存情况确定适当的温度、湿度、光照等条件，在设定的时间间隔内对产品进行检测。由于中国大部分地区为亚热带气候，推荐验证试验中设定的温度、湿度条件分别为：(25±2)℃，(60±10)% RH。

加速老化试验是指将某一产品放置在外部应力状态下，通过考察应力状态下的材料退化情况，利用已知的加速因子与退化速率关系，推断产品在正常储存条件下的材料退化情况的试验。加速老化评价方法可参考 YY/T 0681.1—2018 进行，通过老化条件(温度、时间)来计算加速老化因子和加速老化时间。需要说明的是，当医疗器械的原材料/组件(如生物活性物质)在高温状态下易发生退化和损坏时，则不应采用加速老化试验验证其货架有效期。例如，肝素涂层中的肝素作为一种活性物质，在高温下倾向于失活，这种情况下加速老化测试结果则没有直接参考意义。

涂层的安全性直接影响产品的上市，对产品安全性负责是对患者负责，因此除以上4部分安全性评价外，需要对材料和涂层本身的毒性进行评价，通常评价 LD_{50} 数值以判定其自身安全性。

6. 涂层完整性

涂层完整性主要体现为涂层的覆盖度及稳定性。

1) 涂层覆盖度

覆盖度即表面涂层对与血液或组织接触的装置的有效覆盖程度，目前没有明确的测试方法。通常肝素涂层往往采用一定浓度的甲苯胺蓝溶液进行染色，肝素对甲苯胺蓝具有异色性，因此具有肝素涂层的材料经甲苯胺蓝染色会呈现紫色，进而可通过目测观察材料表面甲苯胺蓝染色情况来判断涂层的覆盖度。进一步地，可采用图像处理技术分析未显色的区域，来计算涂层覆盖度。惰性涂层同样可采用使涂层材料显色的染色液进行染色来计算其覆盖度。

2) 涂层稳定性

涂层稳定性是评价涂层产品的重要指标。ECMO 系统的涂层稳定性评价一般通过模拟临床使用场景，使用心肺机以产品性能指标中最极限条件下进行模拟冲刷，通常是在(37±1)℃条件下，采用模拟血液以最高流量连续冲刷，冲刷时间以产品宣传最大使用时长为限。冲刷后的涂层产品通过检测涂层覆盖度和/或涂层脱落率来评价涂层的稳定性。

7. 涂层抗凝血性能

针对以降低产品表面对血液蛋白质及血细胞的吸附量为目标，具有生物惰性的亲水性聚合物或生物分子的抗凝血涂层，可通过蛋白质吸附测试和血小板黏附测试来初步评价其抗凝血性能。其中蛋白质吸附测试通常选择凝血系统关键蛋白——纤维蛋白原，测试方法包括同位素标记法、荧光标记法、洗脱液浓度测定法(如BCA法)等。

针对广泛使用的肝素抗凝血涂层，利用其对血液中抗凝血酶的激活作用，可以通过PTT测试评价肝素涂层的抗凝血性能。另外，目前尚未有国家标准明确规定关于医疗器械材料表面固定化肝素的活性测试方法。基于抗Xa因子活性法来检测固定化肝素的活性是一种有潜力的表征方法。

8. 展望

涂层材料可减少患者机体反应、减少并发症的优点是公认的。随着科研水平的不断进步，我国的涂层技术不断发展，目前各类抗凝血涂层技术也在积极研制或已投入临床使用中，相信随着此类产品价格的降低，国内认知度的提高，中国普及高质量耗材的日子指日可待!

7.3 小 结

生物材料表面改性技术在医疗器械/生科材料的应用，无疑使相关产品在临床和/或试验领域适用性更高。但我们也要清楚地认识到改性技术解决问题的同时也会带来新的挑战，例如，涂层的牢固度，特别是带有涂层的植介入医疗器械，其重要性不亚于涂层材料的本身生物安全性；再如，对涂层抗凝血性能的持久性的需求，在植入类医疗器械显得特别重要。

因此，改性技术的优化是眼下最重要的课题，同时配合涂层技术优化，相关检测方法、设备及标准也有待开发和完善，生物材料改性技术及相关检测方法的发展任重道远。

参考文献

[1] 赖淑萍, 谭友文, 戚以萍, 等. 一次性医用耗材按材质分类编码探讨. 卫生经济研究, 2015 (2):11-14.
[2] 刘佳, 吴茉莉. 生命科学实验耗材市场及关键制造技术的现状、挑战与对策. 中国医疗器械信息, 2019, 25(13):35-39.
[3] 王立言，李基，王缨. 低温等离子体对酶标板性能改进初步研究. 第五次全国免疫诊断暨疫苗学术研讨会论文汇编，2011.
[4] 郑力行，王华山. 等离子体法聚苯乙烯多孔板表面接枝顺丁烯二酸酐. 塑料, 2012, 41(4)：76-78,75.
[5] Makamba H, Kim J H, Lim K, et al. Surface modification of poly(dimethylsiloxane) microchannels . Electrophoresis, 2003, 24(21): 3607-3619.
[6] Liu X, Yuan L, Li D, et al. Blood compatible materials: state of the art. J Mater Chem B, 2014, 2(35): 5718-5738.
[7] Chen Q, Yu S, Zhang DH, et al. Impact of antifouling PEG layer on the performance of functional peptides in regulating cell behaviors. J Am Chem Soc, 2019, 141(42): 16772-16780.
[8] Liu XL, Xu YJ, Wu ZQ, et al. Poly(*N*-vinylpyrrolidone)-modified surfaces for biomedical applications.

Macromol Biosci, 2013, 13(2): 147-154.

[9] Feng W, Zhu SP, Ishihara K, et al. Adsorption of fibrinogen and lysozyme on silicon grafted with poly(2-methacryloyloxyethyl phosphorylcholine) via surface-initiated atom transfer radical polymerization. Langmuir, 2005, 21(13): 5980-5987.

[10] Wang SS, Li D, Chen H, et al. A novel antithrombotic coronary stent: lysine-poly(HEMA)-modified cobalt-chromium stent with fibrinolytic activity. J Biomater Sci Polym Ed, 2013, 24(6): 684-695.

[11] Gott V L, Whiffen J D, Dutton R C. Heparin bonding on colloidal graphite surfaces. Science, 1963, 142(3597): 1297-1298.

[12] Ching H A, Choudhury D, Nine M J, et al. Effects of surface coating on reducing friction and wear of orthopaedic implants. Sci Technol Adv Mater, 2014, 15(1): 014402.

[13] Hallab N, Jacobs J. Biologic effects of implant debris. Bull NYU Hosp Jt Dis, 2009, 67(2): 182-188.

[14] Samavedi S, Whittington A R, Goldstein A S. Calcium phosphate ceramics in bone tissue engineering: a review of properties and their influence on cell behavior. Acta Biomater, 2013, 9(9): 8037-8045.

[15] 张腾, 刘忠军. 骨科内植物的非金属涂层研究进展. 中华医学杂志, 2017, 97(17): 1357-1360.

[16] 张家振, 翟豹, 闵玥, 等. 用于人工髋关节领域的表面涂层评价方法. 生物骨科材料与临床研究, 2018, 15(2): 76-80.

[17] Buser D, Janner S F M, Wittneben J G, et al. 10-year survival and success rates of 511 titanium implants with a sandblasted and acid-etched surface: a retrospective study in 303 partially edentulous patients. Clin Implant Dent Relat Res, 2012, 14(6): 839-851.

[18] 前瞻网. 2021 年中国隐形眼镜行业发展现状及市场规模分析 市场渗透率较低、线上市场火热. [2021-09-18].https:// www.qianzhan.com/analyst/detail/220/210918-0a99471c.html.

[19] 香港贸发局经贸研究. 中国眼镜市场概况. [2022-10-06]. https://research.hktdc.com/sc/article/MzA4NzAyMjMz.

[20] 动脉 vcbeat. 灵魂砍价助推人工晶体行业增长，国内企业如何破壁跨国巨头. [2022-02-26]. https://new.qq.com/rain/a/20220226A01CQ400.

[21] Mutti D O, Mitchell G L, Sinnott L T, et al. Corneal and crystalline lens dimensions before and after *Myopia* onset. Optom Vis Sci, 2012, 89(3):251-262.

[22] Rykowska I, Nowak I, Nowak R. Soft contact lenses as drug delivery systems: a review. Molecules, 2021, 26(18):5577.

[23] 众成医械. 重大突破！全球首款药物释放隐形眼镜获批上市！[2021-03-29]. https://www.sohu.com.

[24] John D. Specialty lenses for irregular cornea and ocular surface disease. Contact Lens Spectr, 2020, 35: 20-25.

[25] Culla B S , Kolovou P E . Roundup of advances in B-Kpro research. Ophthalmology，2014,18: 37-43.

[26] Fu L, Hollick E J. Artificial Cornea Transplantation. Treasure Island: StatPearls Publishing, 2023.

[27] Kaur J. Osteo-odonto keratoprosthesis: innovative dental and ophthalmic blending. J Indian Prosthodont, 2018, 18(2): 89.

[28] Dutta D, Kamphuis B, Ozcelik B, et al. Development of silicone hydrogel antimicrobial contact lenses with Mel4 peptide coating. Optom Vis Sci, 2018, 95(10): 937946.

[29] 左妍. 特许引进蔡司新一代预装式肝素涂层人工晶状体，解决白内障患者多年困扰. [2022-09-23]. https://wap.xinmin.cn/content/32236228.html.

[30] Stickler D J. Surface coatings in urology//Driver M. Coatings for Biomedical Applications. London: Woodhead Publishing, 2012: 304-335.

[31] Lynch A S, Robertson G T. Bacterial and fungal biofilm infections. Annu Rev Med, 2008, 59: 415-428.

[32] Busscher H J,Vander Mei HC,Subbiahdoss G, et al. Biomaterial-associated infection: locating the finish line

in the race for the surface. Sci Transl Med, 2012, 4(153):e3004528.

[33] Beaglehole R, et al. World Health Report 2004: Changing History. B World Health Organ, 2004. [2023-10-15]. https://iris.who.int/handle/10665/42891.

[34]Yamini Kanti S P, Csóka I, Jójárt -Laczkovich L O,et al. Recent advances in antimicrobial coatings and material modification strategies for preventing urinary catheter-associated complications. Biomedicines, 2022, 10(10): 2580.

[35] Werneburg G T. Catheter-associated urinary tract infections: current challenges and future prospects. Res Rep Urol, 2022, 14:109-133.

[36] European Centre for Disease Prevention and Control. Field Epidemiology Manual Wiki. 2016. [2022-02-22]. https://wiki. ecdc.europa.eu/fem/Pages/CAUTI.aspx.

[37]Singha P, Lockin J, Handa H. A review of the recent advances in antimicrobial coatings for urinary catheters. Acta Biomater, 2017, 50: 20-40.

[38] Krishnasami Z, Carlton D, Bimbo L, et al. Management of hemodialysis catheter-related bacteremia with an adjunctive antibiotic lock solution. Kidney Int, 2002, 61(3): 1136-1142.

[39] Chodak G W, Plaut M E. Use of systemic antibiotics for prophylaxis in surgery: a critical review. Arch Surg, 1977, 112(3): 326-334.

[40] Wang J M, Pang X Y, Chen C M, et al. Chemistry, biosynthesis, and biological activity of halogenated compounds produced by marine microorganisms. Chinese J Chem, 2022, 40(14): 1729-1750.

[41] Huang J W, Li C J, Yang J Z, et al. Guajamers A—I,rearranged polycyclic phloroglucinol meroterpenoids from *Psidium guajava* leaves and their antibacterial activity. Chinese J Chem, 2021, 39(5):1129-1137.

[42] Ding Y, Zhang L, Yang S, et al. Synthesis, antimicrobial activity, and molecular docking of benzoic hydrazide or amide derivatives containing a 1,2,3-triazole group as potential SDH inhibitors. Chinese J Chem, 2021, 39(5): 1319-1330.

[43] Ding X K, Duan S, Ding X J, et al. Versatile antibacterial materials: an emerging arsenal for combatting bacterial pathogens. Adv Funct Mater, 2018, 28(40): 1802140.

[44] Huang D N, Wang J, Ren K F, et al. Functionalized biomaterials to combat biofilms. Biomater Sci, 2020, 8: 4052-4066.

[45] Wang X H, Shan M Y, Zhang S K, et al. Stimuli-responsive antibacterial materials: molecular structures, design principles, and biomedical applications. Adv Sci, 2022, 9(13): 2104843.

[46] 封亮廷，王小妹，伍雪芬. 亲水润滑涂料的制备及在医用聚氨酯导管中的应用. 应用化工, 2017, 46(5): 1017-1019,1023.

[47] 夏毅然，赵成如，文志平,等. PVP 在医用导管表面润滑处理中的应用研究. 生物医学工程学杂志, 1999, 16(S1):117-118.

[48] 王聘. 医用导管表面亲水润滑改性. 大连: 大连工业大学, 2014.

[49] Kirschner C M, Brennan A B. Bio-inspired antifouling strategies. Annu Rev Mater Res, 2012, 42: 211-229.

[50] Gatenholm P, Holmström C, Maki J S, et al. Toward biological antifouling surface coatings: marine bacteria immobilized in hydrogel inhibit barnacle larvae. Biofouling, 1995, 8(4): 293-301.

[51] Rosenhahn A, Schilp S, Kreuzer H J, et al. The role of “inert” surface chemistry in marine biofouling prevention. Phys Chem Chem Phys, 2010, 12(17): 4275-4286.

[52] Wang S T, Liu K S, Yao X, et al. Bioinspired surfaces with superwettability: new insight on theory, design, and applications. Chem Rev, 2015, 15(16): 8230-8293.

[53] Bixler G D, Theiss A, Bhushan B, et al. Anti-fouling properties of microstructured surfaces bio-inspired by rice leaves and butterfly wings. J Colloid Interface Sci, 2014, 419: 114-133.

[54] Yebra D M, Kiil S, Dam -Johansen K. Antifouling technology-past, present and future steps towards

efficient and environmentally friendly antifouling coatings. Prog Org Coats, 2004, 50(2): 75-104.

[55] Banerjee I, Pangule R C, Kane R S. Antifouling coatings: recent developments in the design of surfaces that prevent fouling by proteins, bacteria, and marine organisms. Adv Mater, 2011, 23(6): 690-718.

[56] Ju J, Bai H, Zheng Y M, et al. A multi-structural and multi-functional integrated fog collection system in cactus. Nat Commun, 2012, 3: 1247.

[57] Yang Y, Wikiel A J, Dall' Agnol L T,et al. Proteins dominate in the surface layers formed on materials exposed to extracellular polymeric substances from bacterial cultures. Biofouling, 2016, 32(1): 95-108.

[58] Salwiczek M, Qu Y, Gardiner J, et al. Emerging rules for effective antimicrobial coatings. Trends Biotechnol, 2014, 32(2): 82-90.

[59] Cloutier M, Mantovani D, Rosei F. Antibacterial coatings: challenges, perspectives, and opportunities. Trends Biotechnol, 2015, 33(11): 637-652.

[60] Chu X T, Yang F P, Tang H Y. Recent advance in polymer coatings combating bacterial adhesion and biofilm formation. Chinese J Chem, 2022, 40(24):2988-3000.

[61] 王大贵，陈雅捷，简琦，等. 聚合物抗污涂层的研究进展. 高等学校化学学报, 2020, 41(12)：2638-2647.

[62] 武衡，王翔. 介入导管的表面改性研究进展. 科技资讯, 2010,8 (10): 12-13.

[63] Bernard M, Jubeli E, Pungente M D, et al. Biocompatibility of polymer-based biomaterials and medical devices-regulations, *in vitro* screening and risk-management. Biomater Sci, 2018, 6(8): 2025-2053.

[64] 万良财. 鼻内镜防雾材料研制及防雾机理探讨. 广州：南方医科大学, 2013.

[65] 许耘，邹艳果，许欣. 人类体外辅助生殖用耗材类产品技术审评要点. 中国计划生育和妇产科, 2018, 10(7): 6-9.

[66] 全国医用输液器具标准化技术委员会.一次性使用无菌血管内导管辅件 第 1 部分：导引器械:YY 0450.1—2020.北京：中国标准出版社. 2020.

[67] 姜玲梅. 介入导丝表面亲水超滑涂层的制备及性能研究. 大连：大连理工大学, 2017.

[68] 李业，杨贺，方菁嶷,等. 医用导管聚合物亲水润滑涂层研究进展. 中国医疗器械杂志, 2021, 45(1): 57-61.

[69] Jang H, Choi H, Jeong H, et al. Thermally crosslinked biocompatible hydrophilic polyvinylpyrrolidone coatings on polypropylene with enhanced mechanical and adhesion properties. Macromol Res, 2018, 26(2): 151-156.

[70] Xie Y C, Yang Q F. Surface modification of poly(vinyl chloride) for antithrombogenicity study. J Appl Polym Sci, 2002, 85(5): 1013-1018.

[71] 国家药品监督管理局. 非血管腔道导丝产品注册审查指导原则(2021 年第 102 号).

[72] U.S. Food & Drug Administration. Intravascular catheters, wires, and delivery systems with lubricious coatings-Labeling considerations.(2023-01-18). https://www.fda.gov/regulatory-information/search-fda-guidance-documents/intravascular-catheters-wires-and-delivery-systems-lubricious-coatings-labeling-considerations.

[73] 国家药品监督管理局医疗器械技术审评中心.带有润滑涂层的血管介入器械注册审查指导原则(征求意见稿). [2022-08-23]. https://www.cmde.org.cn/flfg/zdyz/zqyjg/zqyjgwy/20220823134832196.html.

[74] Foerst J, Vorpahl M, Engelhardt M, et al. Evolution of coronary stents: from bare-metal stents to fully biodegradable, drug-eluting stents. Comb Prod Ther, 2013, 3(1): 9-24.

[75] Byrne R A, Stone G W, Ormiston J, et al. Coronary balloon angioplasty, stents, and scaffolds. Lancet, 2017, 390(10096): 781-792.

[76] Byrne R A, Kastrati A, Kufner S, et al. Randomized, non-inferiority trial of three limus agent-eluting stents with different polymer coatings: the intracoronary stenting and angiographic results: test efficacy of 3 limus-

eluting stents(ISAR-TEST-4) trial. Eur Heart J, 2009, 30(20): 2441-2449.
[77] Girdhar G, Ubl S, Jahanbekam R, et al. Thrombogenicity assessment of pipeline, pipeline shield, derivo and p64 flow diverters in an *in vitro* pulsatile flow human blood loop model. eNeurologicalSci, 2019, 14: 77-84.
[78] Kamberi M, Pinson D, Pacetti S, et al. Evaluation of chemical stability of polymers of XIENCE everolimus-eluting coronary stents *in vivo* by pyrolysis-gas chromatography/mass spectrometry. J Biomed Mater Res B Appl Biomater, 2018, 106(5): 1721-1729.
[79] Larm O, Larsson R, Olsson P. A new non-thrombogenic surface prepared by selective covalent binding of heparin via a modified reducing terminal residue. Biomater Med Devices Artif Organs, 1983, 11(2/3): 161-173.
[80] Serruys P W, Emanuelsson H, Van der Giessen W, et al. Heparin-coated Palmaz-Schatz stents in human coronary arteries. Early outcome of the Benestent-Ⅱ Pilot Study. Circulation, 1996, 93(3): 412-422.
[81] Vrolix M CM, Legrand VM, Reiber J HC, et al. Heparin-coated Wiktor stents in human coronary arteries(MENTOR trial). Mentor trial investigators. Am J Cardiol, 2000, 86(4): 385-389.
[82] Bhogal P, Bleise C, Chudyk J, et al. The p48_HPC antithrombogenic flow diverter: initial human experience using single antiplatelet therapy. J Int Med Res, 2020, 48(1): 1-11.
[83] Henkes H, Bhogal P, Aguilar Pérez M, et al. Anti-thrombogenic coatings for devices in neurointerventional surgery: case report and review of the literature. Interv Neuroradiol, 2019, 25(6): 619-627.
[84] Caliskan E, De Souza D R, Böning A, et al. Saphenous vein grafts in contemporary coronary artery bypass graft surgery. Nat Rev Cardiol, 2020, 17(3): 155-169.
[85] De Bakey M E, Cooley D A, Crawford E S, et al. Clinical application of a new flexible knitted Dacron arterial substitute. Am Surg, 1958, 77(5): 713.
[86] Hu K, Li Y X, Ke Z X, et al. History, progress and future challenges of artificial blood vessels: a narrative review. Biomater Transl, 2022, 3(1): 81-98.
[87] Assadian A, Eckstein H H. Outcome of the FUSION vascular graft for above-knee femoropopliteal bypass. J Vasc Surg, 2015, 61(3): 713-719.
[88] Begovac P C, Thomson R C, Fisher J L, et al. Improvements in GORE-TEX®vascular graft performance by Carmeda® bioactive surface heparin immobilization. Eur J Vasc Endovasc Surg, 2003, 25(5): 432-437.